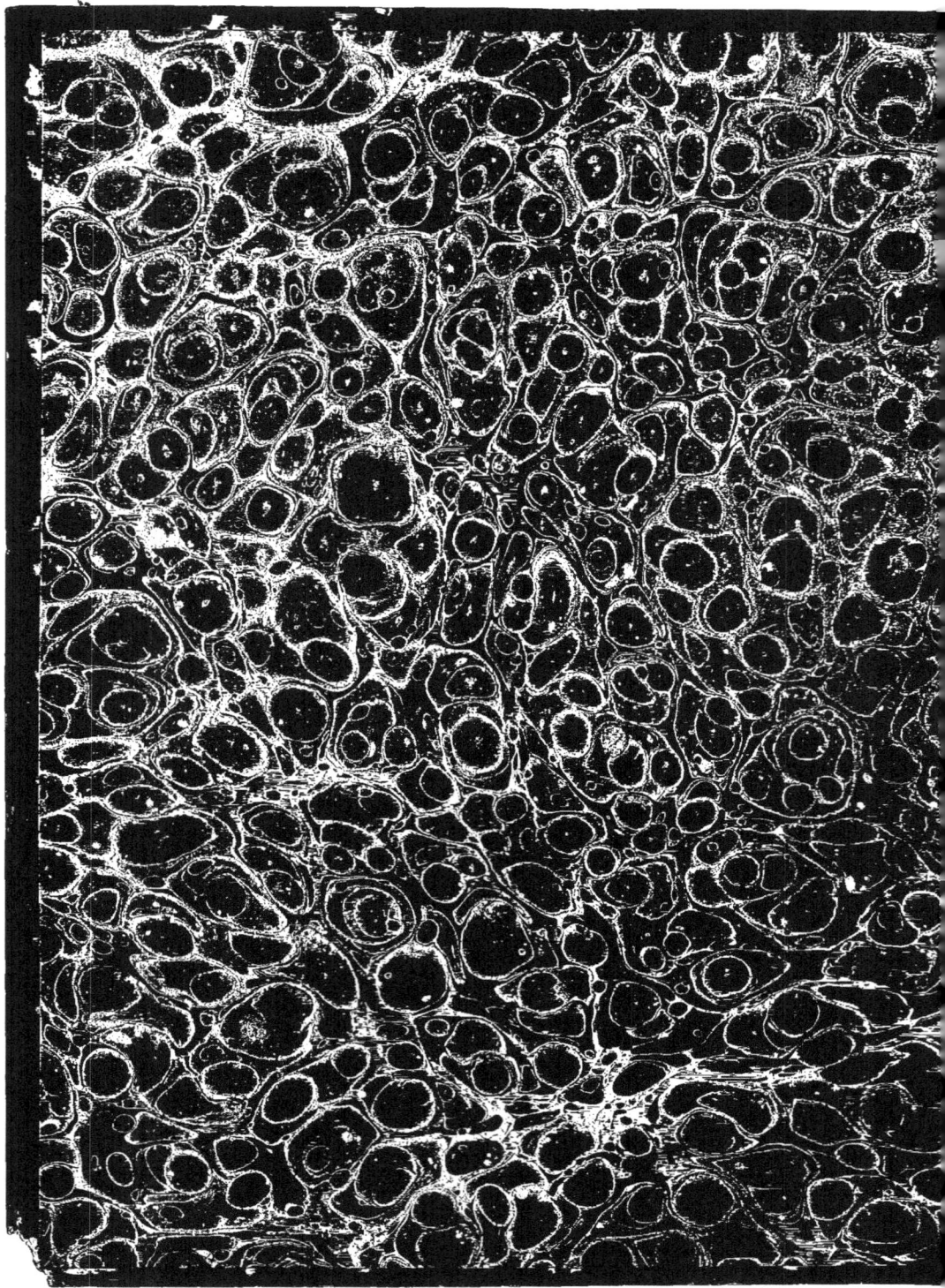

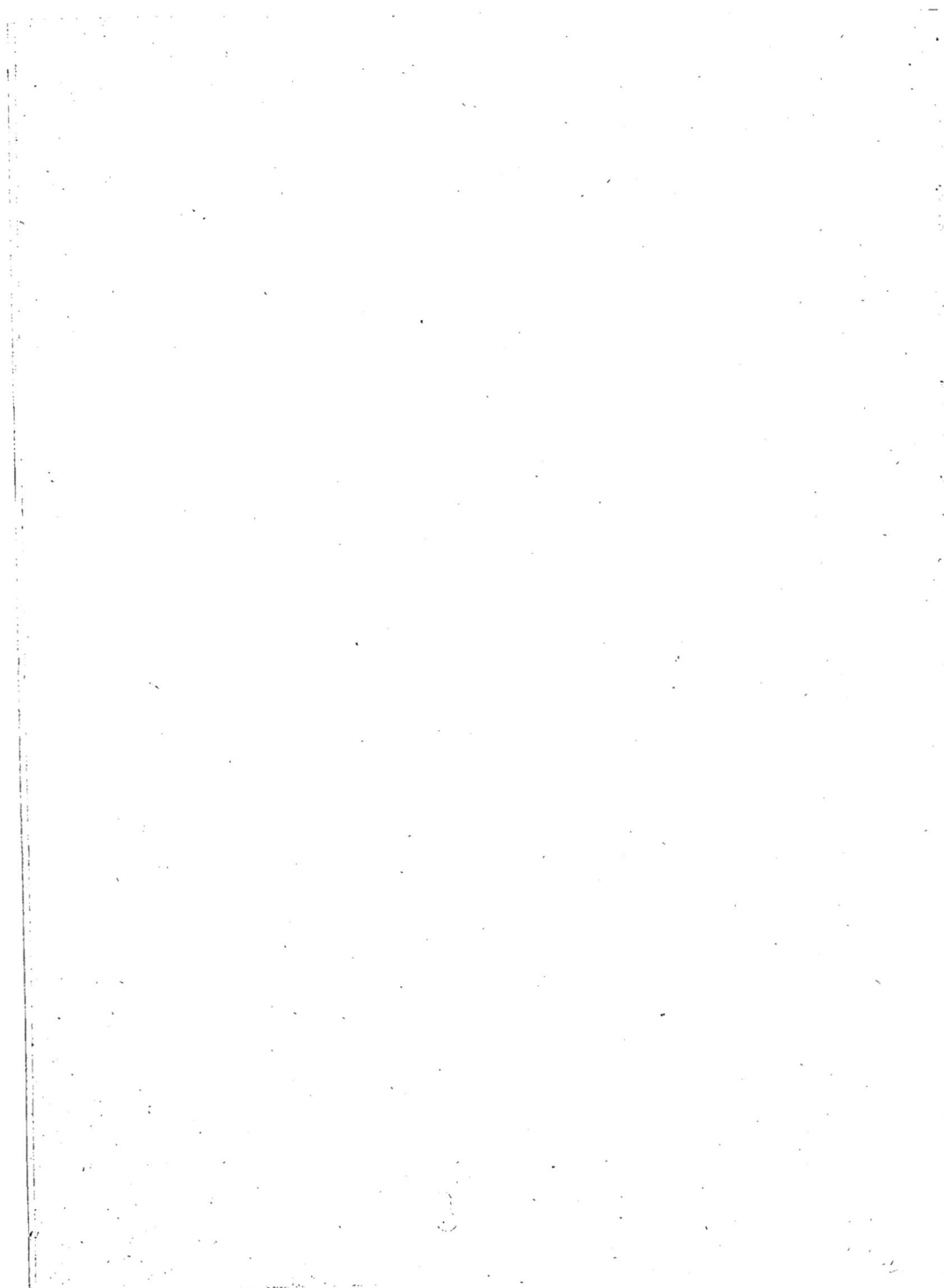

MÉMOIRES

POUR SERVIR

A L'HISTOIRE DES SCIENCES.

DE L'IMPRIMERIE DE D. COLAS,

Rue du Vieux-Colombier, N° 26, faubourg Saint-Germain.

MÉMOIRES

POUR SERVIR A L'HISTOIRE DES SCIENCES

ET A CELLE

DE L'OBSERVATOIRE ROYAL

DE PARIS,

SUIVIS DE LA VIE DE J.-D. CASSINI,

ÉCRITE PAR LUI-MÊME,

ET DES ÉLOGES

DE PLUSIEURS ACADÉMICIENS

MORTS PENDANT LA RÉVOLUTION;

PAR J.-D. CASSINI, *ci-devant Directeur de l'Observatoire royal de Paris et Membre de l'Académie Royale des Sciences ; de l'Institut et de la Légion d'Honneur.*

A PARIS,

Chez BLEUET, successeur de JOMBERT, fils aîné, Libraire, rue de Thionville, N° 18.

1810.

AVANT-PROPOS.

Dans la séance particulière de l'Académie royale des Sciences du 14 mai 1774, je fis lecture du prospectus d'une Histoire céleste de l'Observatoire royal de Paris (1), devant comprendre cent années d'observations, à partir du 14 septembre 1671, jour où cet édifice étant achevé, J.-D. Cassini vint s'y établir. Il y commença dès-lors cette suite d'observations astronomiques que mon grand-père, mon père et moi avons continuée après lui, sans interruption, jusqu'en 1793, époque où la révolution me força de quitter l'Observatoire.

Ce ne fut point alors une annonce vague de ma part, puisque je présentai en même tems une suite de dix années de cette histoire, qui devaient être bientôt suivies de dix autres. Quelqu'immense que fût cette entreprise, j'avais l'espérance de l'amener à sa fin; et elle serait en effet tota-

---

(1) Voyez *Pièces Justificatives*, N° 1.

lement terminée, sans les contrariétés, les obstacles et les malheurs que j'ai éprouvés, et qui
m'ont fait perdre tant de tems et de travaux.

Dès 1776, je commençai à être fréquemment
distrait de mon ouvrage par les sollicitations et
les démarches qu'il fallait renouveler sans cesse
pour l'Observatoire, prêt à tomber en ruine et
dénué d'instrumens. Une année, j'obtins la réparation des anciens cabinets d'observations;
une autre année, on m'accorda quelqu'addition
qu'il était indispensable d'y faire; à quelque
tems de là, on essaya une réparation partielle
des voûtes du grand bâtiment (1). J'arrivai
ainsi péniblement jusqu'en 1784, où, à force
d'importunités, et secondé par d'heureuses circonstances, je parvins enfin à déterminer le
Gouvernement à restaurer complètement l'Observatoire, à le meubler de grands instrumens,
à former un établissement utile aux progrès de
l'astronomie. La position où je me trouvai au
milieu de ces créations nouvelles exigea de ma

_____

(1) Voyez *IIᵉ Mémoire*.

part des soins et des occupations qui ralentirent encore l'avancement de mon histoire céleste. Dans la crainte que j'eus alors de voir sa publication trop reculée, je pris le parti d'en faire imprimer divers fragmens dans mes extraits astronomiques de 1786, 1788, 1789 et 1790. Arriva bientôt cette époque désastreuse de bouleversemens, de persécutions et de terreur dont peu de savans ont senti les effets aussi longuement que moi. Pendant sept mois et demi que je restai en détention en 1794, mes papiers, livrés deux fois à l'examen des révolutionnaires, furent culbutés, dispersés. A peine mis en liberté, je fus obligé de sortir de Paris, de me retirer et de vivre à la campagne. Sorti de l'Observatoire, n'ayant plus ses registres à ma disposition, dénué de livres qu'on ne trouve que dans la capitale, j'ai passé nombre d'années dans la privation des moyens et des secours nécessaires pour poursuivre mon ouvrage. Est-ce au bout de trente-cinq ans, est-ce vers la fin de ma carrière qu'il me sera possible de le reprendre et de le terminer? Sans y renoncer tout-à-fait, je n'ose m'en flatter : mais j'ai pensé que je pourrais au moins donner quelques fragmens intéressans de l'Histoire de l'Observatoire royal de Paris, dans des Mémoires particuliers tels que ceux que je publie aujourd'hui. Si je ne m'acquitte pas mieux des grands engagemens que j'avais contractés autrefois, si je n'ai pas rendu aux sciences tous les services qu'elles devaient attendre de moi, j'ai la consolation de pouvoir dire que c'est plutôt la faute des circonstances que la mienne. La lecture des Mémoires suivans va, je l'espère, en donner une preuve convaincante.

MÉMOIRES

POUR SERVIR

A L'HISTOIRE DES SCIENCES

ET

DE L'OBSERVATOIRE ROYAL DE PARIS.

PREMIÈRE PARTIE.

PREMIER MÉMOIRE.

Exposé des établissemens et des travaux faits à l'Observatoire royal de Paris, depuis 1784 jusqu'en 1793.

Lorsqu'il plut à la Convention nationale de décréter, le 30 août 1793, que la direction de l'Observatoire royal de Paris ne serait plus désormais confiée à une seule personne, mais à quatre, qui tour à tour prendraient annuellement le titre et les fonctions de directeur, elle jugea à propos de me mettre du nombre des astronomes choisis par elle ; mes élèves furent les trois autres.

Ce choix fut-il fait à dessein de consacrer jusque dans les

1

sciences ce fameux système de nivellement, ce grand principe d'égalité, si fort à la mode dans ces tems-là? Eut-on l'intention de me conserver la prépondérance, en me donnant pour collègues mes propres élèves, préférablement à des membres de l'Académie mes confrères, qui cependant avaient toute espèce de droits à cette place, et avec qui j'eusse été plus flatté de partager mes anciennes fonctions? Les évènemens qui ont eu lieu par la suite montrent assez ce que l'on doit en penser. Quoi qu'il en soit, parfaitement informé des intrigues qui avaient amené cet ordre de choses, et de l'esprit dans lequel avaient été rédigés les nouveaux réglemens de l'Observatoire, je crus prudent et indispensable de céder la place et d'envoyer ma démission (1). On me donna pour successeur un jeune homme qui, sans doute, s'est montré depuis digne d'occuper un des premiers Observatoires de l'Europe, mais dont le choix, à cette époque, fut, j'ose le dire, d'autant plus extraordinaire, qu'il y avait à peine six mois qu'il s'occupait d'astronomie.

Ayant eu l'honneur de succéder à trois de mes ancêtres dans cet Observatoire royal, auquel la réputation de mon nom était si intimement liée depuis cent vingt-deux ans, dans cet Observatoire où, presque dès l'enfance, je m'étais consacré à l'astronomie, je devrais peut-être au public et à moi-même la justification d'une démarche qui a pu trouver plus d'un censeur : mais, pour démontrer évidemment à tout le monde qu'il m'a été impossible de ne pas abandonner l'Observatoire, il faudrait rappeler des souvenirs et révéler des choses que la sagesse et la prudence ordonnent d'ensevelir dans un

---

(1) Je la remis entre les mains de M. Grégoire, le 6 septembre 1793, jour où, accompagné de M. Arbogast, son collègue au comité d'instruction publique, il se rendit à l'Observatoire pour voir l'éclipse de soleil.

éternel oubli. Je me bornerai donc ici à rendre compte de ce que j'avais fait précédemment pour remplir dignement les fonctions qui m'avaient été confiées, et à faire connaître le véritable état où j'ai laissé cet établissement en l'abandonnant à mes successeurs.

Les détails dans lesquels je vais entrer seront peut-être de quelque intérêt pour ceux qui s'occupent de l'histoire des sciences et des arts. Ils pourront même être utiles à des astronomes qui, plus heureux que moi, mieux secondés par les circonstances, et profitant de quelques-unes de mes idées, exécuteraient plus facilement des plans et des projets que les orages et les malheurs, survenus au milieu de ma carrière, ont entièrement renversés, en m'ôtant pour jamais le courage et les moyens de les reproduire.

Chargé de la direction de l'Observatoire bien avant la mort de mon père, à qui sa mauvaise santé ne permettait plus de s'en occuper, je résolus de réunir tous mes efforts pour obtenir, à quelque prix que ce fût, la restauration d'un édifice prêt à s'écrouler, et que je rougissais d'habiter, s'il ne devait plus lui rester de son antique splendeur qu'un vain nom et des ruines. L'insouciance et la pénurie qui avaient caractérisé les dernières années du règne de Louis XV, avaient laissé les monumens publics dans un délàbrement qui faisait l'objet de la honte de la nation française et de l'indignation des étrangers. Lorsqu'il en venait quelques-uns visiter l'Observatoire, il fallait les conduire avec précaution sous des voûtes dont les pierres, minées par les eaux, se détachaient fréquemment et faisaient courir aux curieux le risque de la vie. Aussi avais-je été obligé d'interdire l'entrée de la grande salle méridienne pendant l'hiver, sur-tout dans les tems de dégel.

Mais il ne suffisait pas de rétablir l'édifice; un Observatoire n'est pas simplement un monument d'architecture; quel

que puisse être son mérite sous ce rapport, il est indigne de
son nom s'il n'est point meublé d'instrumens. C'est le cas où
se trouvait l'Observatoire royal. Au commencement et jusqu'au milieu du règne de Louis XV, le goût particulier du
monarque pour l'astronomie, les grandes opérations et les
voyages entrepris pour la mesure de la terre, avaient donné
lieu à la fabrication de plusieurs beaux instrumens, et avaient
fait naître parmi les artistes français une heureuse émulation
dont l'astronomie sut profiter. L'Observatoire avait été muni
alors de muraux, de grands quarts de cercles mobiles, ouvrages
des Langlois, des Canivet, des Lennel, qui étaient en ces tems-
là les plus célèbres constructeurs d'instrumens d'astronomie.
Mais au moment où je pris la direction de l'Observatoire,
ces vieux talens étaient éclipsés par les Bird et les Ramsden,
artistes anglais qui avaient porté leur art à la plus haute perfection, laissant bien loin derrière eux les Français, à qui ils
avaient enlevé presqu'entièrement le commerce des instrumens d'optique et de mathématiques. C'est ce que je repré-
sentais souvent, c'est ce que je faisais valoir fortement auprès
des ministres, à qui je répétais sans cesse qu'il était illusoire
pour moi de me trouver le directeur d'un Observatoire tombant en ruines et dénué d'instrumens.

Mes plaintes eussent été long-tems vaines (1), si je n'avais
enfin rencontré deux ministres amis des sciences, et auprès
de qui mes sollicitations trouvèrent accès lorsqu'ils les virent
appuyées de vues utiles, et d'un plan vaste dont les moyens
d'exécution ne furent point jugés trop difficiles ni trop dispendieux.

---

(1) Celles de mon père avaient été constamment repoussées sous le ministère
de M. le duc de la Vrillière. Je fus plus heureux auprès de son successeur,
M. le baron de Breteuil.

Après avoir suffisamment prouvé combien la supériorité des instrumens anglais de mathématiques, d'optique et d'astronomie faisait passer d'argent en Angleterre et nuisait à notre commerce, j'osai avancer qu'il était possible de partager au moins avec cette nation rivale une branche d'industrie aussi fructueuse, si l'on parvenait à détruire la prévention outrée qui ajoutait encore beaucoup à la réputation des instrumens anglais. J'assurai que nos ouvriers ne manquaient ni d'ardeur ni de talens, mais d'encouragemens, de moyens et d'occasions de s'exercer. Je connaissais tous les artistes de la capitale; mes relations avec eux me mettaient à même de les juger. Je savais qu'il en était parmi eux de fort instruits, de très-adroits, capables de copier et d'imiter à s'y méprendre les instrumens anglais, pourvu qu'on leur payât le juste tribut de leurs peines, et que l'on n'eût pas cette injustice, dont je gémissais sans cesse, de consentir à payer au poids de l'or un instrument anglais souvent médiocre, et de ne vouloir donner qu'un vil prix d'un bon instrument fait en France. Prévention coupable, manie anti-patriotique qui, s'étant étendue sur des objets bien plus importans, a eu pour nous des conséquences si funestes! Combien de fois je me suis indigné contre des personnes qui, me priant de leur procurer un bon instrument, le marchandaient comme une aune de drap! Quel prix coûtera-t-il? me demandait-on; pas aussi cher, sans doute, qu'un instrument anglais? Pourquoi non? répondais-je; voulez-vous être juste? si l'instrument ne vaut rien, ne le prenez pas : mais s'il est bon, payez-le ce que l'ouvrier demandera, vous le fît-il même acheter plus cher que s'il était anglais. En effet, était-il possible que l'artiste français établît à Paris le même instrument au même prix qu'à Londres? Non, certes, et pour trois raisons principales : la première était le manque de moyens et de machines propres à exécuter plus promptement et à meilleur compte certaines pièces ; la seconde, la pénurie, le défaut de fonds pour faire les premières avances de construction ; la troisième, le peu de débit causé par cette funeste anglomanie qui faisait toujours préférer la marchandise anglaise.

D'après ces considérations, voici le plan que je proposai au ministre. Nos artistes, lui dis-je, sont pauvres ; aucun d'eux n'est en état de faire les dépenses suffisantes pour établir les machines et se procurer les moyens propres à fabriquer les instrumens avec plus d'exactitude, de promptitude et à moins de frais ; c'est donc au Gouvernement à y suppléer. Établissez à l'Observatoire un grand atelier où se construiront et où l'on établira toutes ces grandes machines de première fabrication. Elles nous serviront d'abord pour les instrumens qu'il nous est indispensable de nous procurer ; elles donneront lieu de plus à exercer et à former des ouvriers. Nos travaux finis, vous les mettrez à la disposition des artistes pour les besoins du public et des étrangers. Si vous voulez calculer le prix de ces avances, de ces premiers frais, vous les trouverez modiques, quels qu'ils soient, lorsque vous évaluerez aussi les avantages qui en résulteront par la suite ; savoir, vos artistes exercés, vos moyens de construction facilités, accélérés, perfectionnés, votre commerce plus étendu, et la conservation de votre argent, qui ne passera plus, comme à présent, chez l'étranger.

Voyant que ces idées commençaient à obtenir un accueil favorable, j'ajoutai : Le plan que je propose, s'il est exécuté et suivi avec intelligence et opiniâtreté, ne peut manquer d'avoir les plus heureux succès. Ils pourront être un peu tardifs, mais rien encore n'est plus facile que d'en hâter l'époque. Il faut convenir que l'artiste le mieux secondé, le mieux pourvu de moyens extérieurs, n'en tirera qu'un médiocre parti, s'il n'a en lui-même le génie et le talent propre à faire valoir toutes les ressources que vous lui procurerez. Le génie, à la vérité, ne se donne point; mais le talent s'acquiert, l'exercice et un bon maître forment l'excellent ouvrier. Choisissez donc, parmi ceux qui chez nous montrent d'heureuses dispositions, deux ou trois sujets que le Gouvernement enverra à Londres dans les grands ateliers, sous les plus habiles artistes. Quatre années leur doivent suffire, et au bout de ce tems ils rapporteront chez nous les méthodes, les procédés, et ce qu'on appelle *le faire anglais*. Accordez une pension à celui qui à son retour prouvera qu'il a le mieux profité, donnez aux deux autres une gratification ; par de tels moyens je garantis que d'ici à dix ans vous enleverez à l'Angleterre une partie de son commerce en instrumens de mathématiques et d'astronomie, et qu'en conséquence vous retirerez cent pour cent de vos avances.

Après avoir établi de grands et beaux instrumens, il faudra les entretenir, les perfectionner, y ajouter, y corriger. D'ailleurs, en suivant les progrès de l'art et de la science, on aura besoin, de tems en tems, d'en construire de nouveaux. S'il faut à chaque fois importuner le Gouvernement et solliciter de nouveaux fonds, il arrivera, ce que nous éprouvons depuis vingt ans, que votre Observatoire retombera dans le même dénuement où il se trouve aujourd'hui. Pour obvier à cet inconvénient, il faut affecter un fonds annuel et fixe pour l'entretien et l'augmentation des instrumens, fonds qui servira d'ailleurs à alimenter les ouvriers et à conserver l'art.

Mais la restauration de l'Observatoire, la construction de nouveaux instrumens d'astronomie n'étaient que le prélude d'un nouvel établissement que je méditais depuis long-tems, qui faisait la partie la plus essentielle de mon plan général et devait en être le complément; partie sans laquelle l'utilité des

Ier
MÉMOIRE.

deux autres n'eût été ni aussi étendue, ni aussi assurée ; partie qui selon moi réunissait de nombreux avantages et devait concourir aux progrès rapides de l'astronomie en France. L'état de cette science me semblait tel alors que pour agrandir et accélérer ses pas c'était aux observations, et aux observations suivies et exactes, qu'il fallait s'attacher. Nos illustres géomètres se plaignaient de trouver de fréquentes lacunes dans les registres des astronomes, et de manquer souvent d'observations assez nombreuses et d'une exactitude suffisante pour établir ou vérifier leurs brillantes et délicates théories. Leur génie impatient accusait la lenteur des travaux des observateurs. Il faut en convenir, depuis un siècle le champ de l'astronomie était devenu si vaste qu'il était impossible à un seul homme d'en embrasser toute l'étendue ; chaque astronome ne pouvait en cultiver que quelque partie. L'un suivait plus particulièrement le cours du soleil ; l'autre celui de la lune. Celui-ci adoptait telle planète, celui-là les satellites ; un autre se consacrait à la recherche des comètes. Chacun, isolément et avec des moyens qui ne pouvaient être absolument les mêmes, devait éprouver plus d'une fois dans ses travaux des interruptions et des obstacles que font naître trop fréquemment les circonstances, les événemens, et les affaires personnelles.

Combien donc ne devait-il pas être utile pour l'astronomie d'établir dans un même lieu un cours complet et perpétuel d'observations faites avec les meilleurs et les mêmes instrumens par des observateurs qui, réunis sous un même chef, devaient avoir naturellement la même méthode, les mêmes principes, et pour ainsi dire le même œil ! avantage précieux dans l'astronomie pratique. Je demandai donc que trois ou quatre jeunes observateurs, réunis au directeur de l'Observatoire, fussent tour à tour, sans interruption, occupés jour et nuit à faire toute espèce d'observations astronomiques et météorologiques. Les yeux sans cesse vers le ciel, ils devaient suivre le cours de toutes les planètes, rechercher les comètes, observer les étoiles, épier tous les phénomènes astronomiques et physiques qui pouvaient avoir lieu, rendre compte de l'état et de la température de l'atmosphère, des variations des vents, et des mouvemens de l'aiguille aimantée pendant le cours de la journée. En un mot, je voulais que dans l'Observatoire royal, devenu le temple d'Uranie, le feu sacré, comme dans le temple de Vesta, brûlât sans cesse.

Toutes les parties de l'astronomie devant être ainsi menées de front, et toutes les observations possibles devant être faites sans interruption, il ne pouvait qu'en résulter, pour la science, la plus riche collection qui eût encore été rassemblée; et pour les astronomes dispersés, l'avantage précieux de retrouver là le complément des observations qui leur auraient échappé, et de se procurer un point de comparaison ou de vérification pour celles qu'ils auraient faites de leur côté.

Je me proposais encore d'établir à l'Observatoire une école d'astronomie pratique, où les marins et les personnes qui se destinaient à des voyages lointains, pussent venir se former à la pratique des observations, ce dont la géographie eût tiré les plus grands fruits. Enfin, je désirais y faire le dépôt et le lieu d'épreuve des montres marines et des boussoles (1).

Tel fut l'ensemble des projets que je présentai au Gouvernement en 1784 : mais les diverses parties qu'il renfermait ne regardaient point alors le même département. Il fallut

---

(1) Toutes ces différentes vues furent l'objet de plusieurs Mémoires présentés aux divers ministres qui se succédaient. Tous accueillaient d'abord mes demandes, mais finissaient par n'y donner aucune suite. Deux seulement m'ont secondé de tout leur pouvoir; je ne pourrai jamais assez rendre à leur mémoire l'hommage de ma reconnaissance, ni faire trop connaître ce que je leur dois.

2

donc s'adresser à deux ministres. La restauration de l'Observatoire appartenait à l'administration des bâtimens du Roi; c'était l'objet le plus dispendieux. Il eût été le plus difficile à obtenir, si M. le comte d'Angivillers, directeur-général des bâtimens à cette époque, n'eût été un ardent ami des sciences, des savans, et le mien particulier. Malgré cette détresse de la caisse des bâtimens, que ses prédécesseurs avaient opposée sans cesse aux anciennes sollicitations de mon père, il fit arrêter et ordonner par le Roi la restauration entière de l'Observatoire, selon mes désirs et mes vues. Ce premier avantage obtenu m'assura la réussite complète de mes démarches; car les bonnes intentions de Louis XVI pour son Observatoire venant de se prononcer par une première faveur, je ne trouvai pas M. le baron de Breteuil moins bien disposé que M. le comte d'Angivillers pour toutes mes autres demandes. Cette impulsion donnée aux arts par mon nouveau plan, cette activité continuelle dans la pratique de l'astronomie, le frappèrent et lui plurent. Il me fit lire devant lui les diverses parties de mon projet, en discuta avec moi tous les articles, me fit ses objections, écouta avec attention mes réponses et mes explications; enfin, après m'avoir fait rendre compte avec détail de tous mes moyens d'exécution : J'approuve entièrement, me dit-il, toutes vos idées; mais, pour mieux les faire adopter par S. M., je serais charmé d'avoir à lui présenter une approbation ou un assentiment de l'Académie des Sciences; croyez-vous qu'elle vous le donne? Les avis, répondis-je, pourront varier sur quelques moyens particuliers, mais non sur le fond; je connais l'opinion de mes confrères, et cet excellent esprit qui a toujours caractérisé l'Académie et dirigé ses jugemens sur tout ce qui a rapport à l'avantage et au progrès des sciences. Je serai donc le premier à vous conjurer de la consulter.

Un précis de mon plan, exposé dans un Mémoire particulier (1), fut en effet adressé par le ministre (2) à l'Académie
des Sciences, qu'il invita à donner son avis sur l'utilité de
l'établissement proposé. La classe entière d'astronomie fut
chargée du rapport. La discussion fut longue ; plusieurs
membres voulaient admettre le projet dans son entier ;
d'autres, ayant égard à quelques considérations particulières,
ne voulaient approuver que certains articles. On crut devoir
adjoindre aux premiers commissaires les officiers de l'Académie et tous les membres qui, parmi les associés et dans les
autres classes, s'occupaient d'astronomie. Je me doutais de ce
qui pouvait porter ombrage ; je m'en expliquai vis-à-vis de la
commission, tant verbalement que par écrit (3) ; je cherchai
tous les moyens de conciliation, et je prouvai tellement la
pureté de mes intentions, que les commissaires furent
unanimement d'accord de rendre justice à ma manière de
penser et d'agir dans cette occasion. Les plus opposés à l'admission totale du projet eurent l'honnêteté de me dire que si
je devais être éternellement directeur de l'Observatoire, ils
ne feraient aucune difficulté d'adopter toutes les dispositions
de mon plan ; mais que les restrictions qu'ils demandaient
regardaient mes successeurs, dont ils ne pouvaient être aussi
sûrs que de moi. Honoré autant que flatté de cette explication, je pressai le rapport ; il fut fait dans la séance du 4 août
1784 (4). C'est pour moi un titre précieux de l'estime dont

(1) *Voyez* Projet d'établissement à l'Observatoire royal ; *Pièces justificatives*,
N° II.

(2) Le 26 mai 1784.

(3) *Voyez* Éclaircissemens à joindre au projet d'établissement ; *Pièces justificatives*, N° III.

(4) *Voyez* Rapport fait à l'Académie des Sciences ; *Pièces justificatives*, N° IV.

m'honoraient mes confrères, bien qu'ils ne fussent pas de mon avis sur tous les points. Le ministre, après l'avoir lu, ne fut que davantage confirmé dans l'opinion qu'il avait de l'utilité de la chose. En n'adoptant qu'une partie de vos vues, me dit-il, l'Académie me fait suffisamment entendre ce qu'elle pense du reste, et ce que le Roi doit prononcer (1).

Je reçus donc, peu de tems après, la nouvelle ministérielle de l'adoption entière de mon projet par S. M. (2). J'eus bientôt choisi et fait nommer les élèves qui devaient me seconder, et dès le 1er janvier suivant de l'année 1785, le nouvel établissement de l'Observatoire se trouva en pleine activité. Nous commençâmes alors ce cours complet et perpétuel d'observations astronomiques et physiques, qui fut suivi jour et nuit pendant près de neuf années, n'ayant été interrompu que par le décret du 30 août 1793.

La première année était à peine révolue, qu'au mois de mars 1786, je présentai à l'Académie, pour premier fruit de nos travaux, la collection, en 80 pages in-folio, de nos observations originales faites dans le cours de l'année 1785, et de plus un extrait particulier contenant la réduction et le calcul de chacune de ces observations, et leur résultat comparé aux tables, ce qu'aucun astronome n'avait encore été en mesure d'exécuter aussi promptement (3). L'Académie, reconnaissant

_____

(1) En rejetant la création de trois places d'élèves, l'Académie n'avait pu s'empêcher de reconnaître *l'avantage de cette institution*. Ces expressions du rapport montrèrent qu'on n'avait craint dans cet établissement que la trop grande prépondérance qu'acquerrait le directeur de l'Observatoire sur les autres astronomes de l'Académie.

(2) Le 29 septembre 1784. *Voyez* Lettre du ministre portant création de l'établissement; *Pièces justificatives*, N° V.

(3) Je ne fus assisté, dans cette première année, que par le deuxième et le troisième élèves; dom Nouet, à qui j'avais destiné la première place, n'étant pas encore de retour d'un voyage sur mer.

alors les excellens effets de cet établissement de trois places d'élèves auquel elle s'était d'abord opposée, eut la générosité, non-seulement d'applaudir à notre travail, mais même de l'adopter, en arrêtant que l'extrait que je lui présentais serait inséré dans le volume de ses Mémoires, et qu'en outre cent exemplaires seraient tirés séparément pour être envoyés aux astronomes les plus distingués de l'Europe (1).

M. le baron de Breteuil, à qui je portai ce nouveau rapport de l'Académie, en fut très-satisfait. Je m'étais bien douté, me dit-il, que l'Académie me saurait un jour gré de n'avoir pas suivi son premier avis. Pour mieux seconder ses nouvelles et bonnes dispositions, je vais donner des ordres au directeur de l'imprimerie royale pour que votre extrait annuel soit imprimé aussitôt que vous en présenterez le manuscrit, et que les cent exemplaires soient tirés sur-le-champ, afin que les savans en jouissent plus tôt, sans attendre la publication des Mémoires de l'Académie, qui n'éprouve souvent que trop de retard.

C'est ainsi que chaque année, jusqu'à celle de ma sortie de l'Observatoire, j'envoyai à tous les savans de l'Europe un extrait de nos observations, auquel était joint un précis historique de l'état annuel de l'astronomie (2), et chaque année cet ouvrage fut inséré dans les Mémoires de l'Académie.

---

(1) *Voyez* le rapport de l'Académie, du 29 mars 1786; *Pièces justificatives*, N° VI.

(2) Les extraits de 1785, 1786, 1787, 1788, 1789, 1790 et 1791 ont paru successivement; mais celui de 1792 ne put être publié. Ce fut vers ce tems que MM. les élèves, adoptant les nouvelles idées d'égalité et d'indépendance, se laissèrent aller au torrent révolutionnaire et à l'influence de ces brouillons réformateurs, à qui la haine pour tout ordre établi, la jalousie contre toute espèce de supériorité, avaient persuadé que rien d'ancien ne devait subsister, que détruire c'était régénérer, anéantir c'était créer.

Le cours d'observations une fois mis en activité, je ne tardai pas à m'occuper de la fabrication de mes nouveaux instrumens, et de l'établissement de l'atelier (1). Parmi les artistes de la capitale, il en était plus d'un que j'aurais désiré attirer à l'Observatoire et mettre à la tête de mes travaux; mais ils se refusaient à abandonner une maison de commerce, un état fait, pour se livrer à une nouvelle entreprise. Un jeune homme se présenta, il avait déjà donné des preuves d'un talent plus qu'ordinaire; il y joignait le zèle et l'activité nécessaires au succès d'un nouvel établissement. C'était l'homme qu'il me fallait, et je n'hésitais à le prendre que parce que je n'étais pas aussi sûr de la tenue de ses bonnes dispositions que je l'étais de sa capacité. Plus le ministre m'honorait de sa confiance et m'assurait de son acquiescement à tout ce que je voudrais entreprendre, plus ma délicatesse s'effrayait de la responsabilité. Je ne me déterminai donc en faveur du jeune artiste qu'avec le cautionnement d'un de mes confrères qui était son protecteur. Je fis même part au ministre de cette précaution dont je me sus bon gré par la suite.

Notre première opération fut de préparer tous les grands moyens d'exécution. Deux marbres, l'un de 7 pieds et demi de surface carrée, l'autre de 4, après avoir été taillés, dressés et polis à la manière des glaces, furent assis sur une forte voûte dans la tour occidentale de l'Observatoire, au milieu de l'atelier, où ils étaient destinés à la vérification du plan des grands instrumens. Trois règles d'acier corroyé, de 8 pieds de longueur, furent travaillées et usées pendant plusieurs mois l'une sur l'autre, pour obtenir une parfaite ligne droite et servir au tracé des rayons et des divisions. Tous les grands

---

(1) Les travaux y commencèrent le 9 avril 1785.

outils furent disposés pour la construction du quart de
cercle de 7 pieds et demi de rayon, instrument important, à
l'exécution duquel tendaient tous nos efforts. Sa composition,
sa suspension devaient être d'un genre absolument nouveau.
Pour éviter les défauts résultans de la multitude de pièces et
d'assemblages employés dans la fabrication des instrumens
ordinaires, nous avions adopté l'idée de fondre et de couler la
carcasse en cuivre d'un seul morceau, d'un seul jet. Par ce
moyen, plus de vis, plus d'assemblages, parfaite homogénéité
de la matière, et dans toutes les parties solidité extrême, qui
n'aurait point exclu la légèreté, puisqu'elle aurait permis de
diminuer infiniment l'étendue des surfaces, d'où devaient
résulter de grands avantages relativement à la dilatation et au
changement de figure de l'instrument.

L'entreprise était hardie, la réussite douteuse; et si l'on
échouait, la dépense devenait plus considérable (1). Mais, il
faut en convenir, ce n'est pas avec de la timidité et une
étroite économie qu'on obtient des succès dans les arts. D'ailleurs, les grands essais, lors même qu'ils ne réussissent pas
aussi complètement qu'on s'y est attendu, manquent rarement
de procurer quelque connaissance nouvelle, quelque perfectionnement utile qui dédommage au moins en partie celui
qui a tout osé. C'est ce que je fis sentir au ministre, en lui
proposant l'établissement à l'Observatoire d'une fonderie qui
devait être le complètement de notre atelier. Il y donna son
agrément, et se chargea même d'engager le directeur des
bâtimens à ne pas différer d'ordonner la construction des
fourneaux nécessaires. M. d'Angivillers ne montrait pas moins
de bonnes dispositions que M. de Breteuil à seconder nos

(1) Sans doute : mais, dans la supposition contraire, on devait gagner les deux
tiers sur la main-d'œuvre et plus encore sur le tems.

vues. La fonderie fut bientôt établie dans un bâtiment séparé qui existait déjà dans la cour de l'Observatoire, et dès le mois d'août 1786 nous fûmes en état de faire nos premiers essais (1).

Pour procéder avec la sagesse et les précautions que requérait la confiance qui m'était accordée, je commençai par fondre un quart de cercle de vingt-deux pouces de rayon (2), réduction au quart, et modèle du grand instrument que nous projetions d'exécuter. La réussite fut complète, la pièce vint sans cassure ni soufflure ; le travail de la lime n'y découvrit aucun défaut. Un instrument de cette grandeur pouvant être utile et très-commode pour diverses observations, nous résolûmes de l'établir sur un pied en colonne. Nous ne fûmes pas moins heureux dans la fonte de cette seconde pièce. Je me hâtai dès-lors de faire part à M. le baron de Breteuil de nos succès, sa réponse fut de nous engager à tout oser. Mais la prudence nous conseilla de faire encore un nouvel essai. Nous entreprîmes donc de couler également d'un seul morceau une grande roue en cuivre de cinq pieds de diamètre avec tous ses rayons, laquelle devait faire partie de la monture du quart de cercle mural (3). Cette fonte ayant réussi aussi

---

(1) C'est au sieur Héban jeune, fondeur fort instruit dans son art, que nous avions confié les opérations de la fonte de nos instrumens.

(2) *Extrait du procès-verbal de la fonte des instrumens :* Cejourd'hui, jeudi 3 août 1786, sur les quatre heures du soir, on a coulé aux petits fourneaux à soufflet et à deux creusets, le petit quart de cercle de 22 pouces, modèle du grand mural. Au bout d'une demi-heure, l'instrument, coulé à moule ouvert, s'est trouvé parfait. Dégagé des jets et des ébarbes, il ne pesait que 35 livres y compris l'entoilage.

(3) Le 10 octobre 1786, à onze heures du matin, on a mis le feu au grand fourneau, dans lequel on avait jeté 1128 livres de matière, un quart de cuivre rouge, le reste de cuivre jaune. A trois heures après midi, c'est-à-dire au bout de quatre heures, on a coulé la grande roue du quart de cercle, laquelle, après le refroidissement qui n'a eu lieu que le lendemain matin, s'est trouvée parfaite. La roue,

complètement que les autres, il n'y eut plus lieu d'hésiter à se
livrer à la grande entreprise ; elle fut remise à l'année suivante
1787 : il ne fallait pas moins de tems pour la construction
des moules et pour tous les préparatifs nécessaires.

C'est ici le lieu d'observer que S. M. ayant arrêté de faire
construire en France les trois principaux instrumens qui
devaient meubler l'Observatoire renaissant , si j'avais entrepris de faire exécuter sous mes yeux le grand quart de cercle
mural , mon intention n'avait point été d'enlever aux artistes
de la capitale une si belle occasion d'exercer leurs talens.
Bien au contraire , toujours plein de ce principe que j'avais
posé le premier , qu'il fallait tout faire pour exciter l'émulation des artistes français , pour seconder leurs efforts et pour
les mettre en état de rivaliser avec les étrangers , j'avais cru
devoir me charger du seul instrument qui fût au - dessus
de leurs moyens , pour lequel il leur eût fallu un tems et
des avances trop considérables ; mais j'avais laissé les deux
autres à exécuter à ceux qui se sentiraient capables de les
entreprendre. Déjà le sieur Le Noir s'était chargé du cercle
entier de trois pieds de diamètre suivant les principes du
chevalier de Borda mon confrère , qui voulut bien diriger
l'exécution. Il s'empressa même de saisir cette occasion
favorable de perfectionner son invention, et de faire exécuter
en grand pour l'astronomie un instrument qui avec de bien
plus petites dimensions avait déjà produits de si grands effets et
procuré une précision inouïe dans les opérations géodésiques.
Que ne pouvait-on pas attendre de la réunion des talens de
Le Noir et du génie de Borda ? Le troisième instrument était

---

dégagée de ses jets et ébarbes, pesait 600 livres ; les jets et ébarbes 450 livres ; il
est donc sorti du fourneau 1050 livres ; il n'y a eu , par conséquent , que 88 livres
de déchet.

3

un équatorial. Un jeune artiste plein de zèle se proposait de l'entreprendre, mais il avait besoin auparavant d'essayer encore ses forces.

Telle était notre situation à la fin d'août 1786. Il n'y avait pas encore dix-huit mois que notre atelier était monté, et nous pouvions déjà nous féliciter d'avoir rempli ce court espace de tems par des travaux nombreux et des essais heureux; pleins d'un nouveau zèle, nous étions bien éloignés de prévoir les obstacles tout prêts à s'élever, et d'apercevoir cette longue série de contradictions qui allaient retarder notre marche, fatiguer notre courage, et finir par envelopper nous et nos projets dans cette destruction générale qui n'a épargné ni les hommes, ni les choses, et qui, sur les débris du bien, a fait si long-tems régner le mal ou plutôt le néant.

J'avais espéré que dans la restauration générale du bâtiment de l'Observatoire il serait possible de conserver mon atelier placé au second étage de la tour occidentale : mais un examen plus scrupuleux de l'état des voûtes supérieures, fit connaître qu'il n'y en avait pas une seule qui pût être conservée ; leur démolition générale fut donc arrêtée, ce qui nécessita de déloger l'atelier et de suspendre pour quelque tems nos constructions préparatoires. A la vérité notre fonderie se trouvant isolée du bâtiment, nous étions libres de nous occuper de la fonte du grand mural; mais un nouveau contre-tems, plus grave encore que le premier, vint jeter un moment le trouble et le découragement au milieu de nos entreprises. Le chef de notre atelier disparut tout à coup, sans que je pusse savoir d'abord ce qu'il était devenu, ni deviner les motifs de son départ. J'appris par la suite que ses affaires étant en fort mauvais état lors de son entrée à l'Observatoire, il avait espéré trouver auprès de moi certaines facilités pour les rétablir promptement; mais qu'ayant reconnu, ainsi qu'il s'en était plaint, que j'étais encore plus économe des deniers du Roi que des miens propres, il avait pris le parti de chercher des ressources ailleurs et en pays étranger (1).

Cette défection, au reste, me devint moins sensible dans ce moment, où je me trouvais forcé de suspendre mes travaux. Je ne désespérai pas de pouvoir à leur reprise remplacer mon chef d'atelier. Mais bientôt une nouvelle circonstance me fit naître de nouvelles idées et concevoir d'autres projets.

S. M. Britannique, sur une proposition qui lui avait été faite anciennement par mon père (2), avait ordonné d'exécuter en Angleterre les mêmes travaux géographiques que nous avions faits en France, et de former entre les deux méridiennes de Londres et de Paris une suite de triangles qui liât les îles Britanniques au Continent, et l'Angleterre à la France.

Cette opération devait naturellement se faire par le concours de plusieurs savans des deux nations. Je fus du nombre des Français (3) qui furent nommés pour opérer la jonction. Ma satisfaction fut extrême en songeant au parti que je pourrais tirer d'un occasion si favorable à mes vues dans un nouveau plan que j'eus bientôt formé, et dont je ne tardai pas à faire part au ministre.

---

(1) Je m'étais toujours tenu sur mes gardes, ayant soin que tous les ouvriers qui travaillaient à l'atelier fussent régulièrement payés toutes les semaines ; je ne délivrais de l'argent au chef que proportionnellement à l'avancement des travaux, et à la valeur des pièces qui se terminaient. On se rappelle d'ailleurs la précaution que j'avais prise du cautionnement. Aussi le ministre, en partageant mes regrets, ne put qu'approuver ma conduite et ma gestion.

(2) Voyez : *Exposé des opérations faites en France en 1787 pour la jonction des Observatoires de Paris et de Greenwich*, Introduction, page XII.

(3) MM. Méchain et Legendre me furent adjoints.

Ma commission, lui dis-je, doit nécessairement me conduire
à Londres ; il faut même qu'elle soit pour moi un prétexte
spécieux pour y aller , et me procurer tous les avantages que
je me propose de recueillir dans ce voyage : si vous daignez
m'autoriser et me seconder , j'irai voir ces superbes instrumens anglais, examiner ces chefs-d'œuvre de l'art, et ces
modèles que notre première ambition est d'imiter en France.
Que ne puis-je mener avec moi nos meilleurs artistes qui
d'un coup-d'œil sauraient bien mieux saisir les perfections, les
inventions et les leçons que peut offrir l'examen de ces belles
machines ! Mais s'il y a un moment favorable de mettre à
exécution ce que je vous ai précédemment proposé , c'est
celui-ci. J'aurai occasion de voir et de cultiver les Dollond ,
les Strougton , les Ramsden ; je m'attacherai sur-tout à capter
la bienveillance de ce dernier, et je ne désespère pas d'obtenir
de lui la permission d'envoyer deux ou trois de nos artistes
se former à son école et dans ses ateliers. Voilà nos travaux
suspendus ; d'ici à quelques années nous ne pourrons guère les
reprendre. Je n'ai plus de chef d'atelier , il faut tâcher d'en
former un dans cet intervalle ; et ce n'est qu'à Londres qu'il
pourra suffisamment s'instruire à la vue des bons modèles et
par les leçons des grands maîtres. Autorisez-moi à commander
quelqu'instrument à M. Ramsden ; sans doute il sera flatté
de travailler pour l'Observatoire royal de Paris , où il n'y
a encore aucun de ses ouvrages ; son amour-propre et son
intérêt le disposeront en notre faveur, et il n'en écoutera que
mieux la proposition que je lui ferai alors d'envoyer deux
ouvriers dans son atelier pour suivre la construction de l'instrument commandé. Ne poussons pas trop loin , ajoutai-je ,
cet orgueil national qui voudrait ne voir à l'Observatoire de
Paris que des instrumens faits en France. Cela pourra avoir
lieu un jour ; mais, quant à présent , la raison, le bien de la

chose, et l'intérêt de la science nous conseillent de nous
procurer ce qu'il y a de meilleur , ne fût-ce que pour nous
servir par la suite de types et de modèles.

· M. le baron de Breteuil goûta fort mes raisonnemens et
ma proposition. Je fus donc chargé de commander à
M. Ramsden une lunette des passages de sept pieds semblable à celle qu'il avait exécutée pour l'Observatoire de
Palerme, instrument précieux et capital qui avait acquis entre
ses mains le dernier degré de la perfection. On s'en remit
d'ailleurs à moi pour la négociation de la réception des artistes
dans les ateliers de Londres.

Il est une jalousie qu'on ne cherche point à désavouer lorsqu'elle n'est autre chose qu'un sentiment d'émulation entre
des hommes instruits qui cherchent à se surpasser dans la
carrière de la gloire : il est des larcins qui ne sont point honteux , quand ils n'ont pour objet que de s'emparer des
lumières et des découvertes d'autrui pour en faire profiter les
arts et les sciences , pour accélérer leurs progrès. J'avouerai
donc, sans rougir , que fort jaloux de la supériorité de nos
voisins dans la construction des instrumens d'astronomie , je
ne me proposai d'autre but dans mon voyage en Angleterre
que d'y ravir tout ce dont je pourrais profiter en lumières, en
connaissances et en inventions relatives à mon objet. C'est
dans cet esprit que je demandai encore au ministre la permission de mener avec moi un de nos meilleurs opticiens ,
sous prétexte de veiller à la conservation et aux réparations
accidentelles du cercle répétiteur que j'emportais pour la
mesure des angles , mais au fond pour le mettre à même de
prendre une connaissance particulière et détaillée de ces
fameux télescopes qui ont porté les regards de M. Herschell
dans les régions les plus reculées du ciel, et sa réputation dans
tous les points du monde savant. M. Carrochez avait déjà

exécuté sous les yeux et la direction de notre illustre confrère
M. de Rochon des miroirs de platine parfaits, et qui promet-
taient les plus grands effets si on augmentait leurs grandeurs
et leurs foyers, comme l'avait fait M. Herschell pour ses miroirs de métal composé. Il était donc bien précieux pour notre
artiste de pouvoir connaître et examiner ces grands miroirs
dont la composition, les dimensions, la monture et l'exécution absolument nouvelle attestaient l'habileté et le génie de
M. Herschell. Le pied, la monture et les mouvemens du
corps de son grand télescope n'excitaient pas moins notre
curiosité et nous offraient les instructions les plus importantes.
Le ministre sentit tout le fruit que M. Carrochez pouvait
tirer de ce voyage, et il m'autorisa à l'emmener avec moi.

Enfin, pour faire ici ma confession toute entière, je dirai
que voyant avec peine depuis long-tems les recherches, les
essais, les dépenses et les prix proposés pour se procurer
le flingtglass, ne produire aucun résultat heureux, j'avais
pensé que le moyen le plus court et le plus sûr pour réussir
serait peut-être d'attirer en France quelqu'un des premiers
ouvriers des meilleures verreries anglaises ; j'en parlai à M. le
baron de Breteuil : il me représenta toute la difficulté et le
risque d'une pareille négociation, mais il m'assura de sa satisfaction et de tout son appui, si je pouvais y réussir.

Je partis au mois de septembre 1787 pour l'opération de la
jonction des deux méridiennes, avec l'autorisation de faire
tout ce que je croirais avantageux à l'Observatoire royal et au
progrès, en France, de l'art de construire les instrumens
d'astronomie.

Après avoir fait le premier, et avec succès, l'essai en grand
du nouveau cercle répétiteur de Borda ; après avoir fait lutter
avec avantage un petit instrument de dix pouces de rayon
contre le grand théodolite du général Roy, chef-d'œuvre du

premier artiste de l'Europe ; je me rendis à Londres bien empressé d'aller trouver celui que j'avais tant de désir de connaître et d'intéresser à mes projets.

Je dois l'avouer ici, quelque grande que fût l'opinion que j'avais d'avance du mérite et des talens de M. Ramsden, à peine l'eus-je fréquenté quelques jours, à peine dans deux ou trois conversations eus-je vu se développer ses connaissances étendues et ses vues profondes, que tout confus et presque découragé, je reconnus que malgré tous nos efforts nous n'aurions jamais en France un artiste aussi consommé ; toute rivalité, toute comparaison me parurent désormais impossibles vis-à-vis d'un si grand talent.

En effet, je doute encore qu'il puisse exister un homme qui possède davantage la connaissance de son art et de ses ressources, qui sache plus adroitement en vaincre les difficultés, dont le génie dirige mieux la main et dont la main seconde mieux le génie. J'ajouterai qu'il serait également difficile de trouver un savant plus instruit dans la théorie des diverses parties de l'art ; géomètre, astronome, mécanicien, opticien, physicien, M. Ramsden était tout ce qu'il fallait être pour s'élever et planer au-dessus de tous les artistes ses prédécesseurs et ses contemporains. Sa conversation croissait toujours d'intérêt par la nouveauté de ses idées et la finesse de ses aperçus ; il répondait à toute question, résolvait toute difficulté, et vous portait toujours au-delà du but où vous désiriez d'arriver. Sortant un jour d'un de ces entretiens où j'aimais tant à m'engager avec lui et à m'instruire, je dis à un étranger non moins enthousiasmé que moi du mérite de M. Ramsden : En vérité, cet homme est une machine électrique qu'il suffit de toucher pour en tirer une étincelle. Rien de plus juste que votre comparaison, reprit vivement l'étranger, car vous pourriez fort bien ici ne tirer que des étincelles. Sachez, poursuivit-il, que depuis près de deux ans je suis à Londres, très-assidu à faire ma cour à M. Ramsden, pour obtenir de lui quelques instrumens que je lui ai commandés ; je viens le voir sans cesse, il m'accueille à merveille, cause avec moi des matinées entières, me montre mes instrumens commencés, me les promet incessamment, et ne les achève jamais. Nombre de personnes que je pourrais vous citer sont dans le même cas. Ne croyez pas que ce soit indifférence ou paresse de sa part : bien au contraire. Mais une idée nouvelle, une difficulté à vaincre ou un instrument d'un nouveau genre qu'on viendra lui proposer vont attirer toute son attention et lui faire abandonner tout ouvrage commencé. C'est aussi un trop grand désir de perfection, c'est un mécontentement de soi-même, si rare chez les autres, qui portent souvent cet habile artiste à recommencer trois et quatre fois une même pièce, parce qu'il ne lui trouve pas la perfection dont il l'a jugée susceptible. On l'a même vu briser et jeter à la fonte un instrument prêt d'être achevé et dont tout autre se serait fait honneur, mais que lui seul trouvait d'une exécution inférieure à celle qu'il avait conçue. La perte n'est rien pour lui, pas même celle du tems ; aucun sacrifice ne lui coûte pour sa gloire. Il faut avouer aussi que le dernier venu a près de lui un grand avantage lorsqu'il sait bien s'y prendre ; il réussit facilement à enlever de chez lui l'instrument qu'il trouve fait et qui était destiné pour un autre ; sans doute que pour le roi de France, pour l'Observatoire royal et pour vous, M. Ramsden se piquera d'être plus exact à sa parole et sera plus scrupuleux.

Ce que venait de me dire cet étranger m'ayant été confirmé par d'autres personnes, je me promis d'en profiter et de prendre les précautions nécessaires : mais la première fois que je retournai chez M. Ramsden, l'affabilité de ses manières, ses discours , son air de bonr e foi , détruisirent en moi toute méfiance ; dès que je lui parlai de la lunette des passages que je désirais avoir de lui : J'en ai une fort avancée, me dit-il ; je la destinais pour un autre , mais elle sera pour vous ; elle arrivera en France peu de tems après votre retour ; voilà un excellent objectif que j'y adapterai , et je veux que le meilleur instrument des passages sorti de mes ateliers soit pour l'Observatoire de Paris et entre vos mains. L'apparente sincérité d'un pareil propos, et peut-être mon amour-propre, ne me permirent plus le moindre doute. Causant une autre fois avec M. Ramsden de divers instrumens que je me proposais de placer par la suite à l'Observatoire, et lui faisant part de mes projets de distributions dans la restauration générale des voûtes qu'on allait reconstruire : Il faut, me dit-il avec empressement, que vous me réserviez une place pour un instrument que je médite depuis long-tems d'exécuter, et pour lequel j'emploierai toutes mes ressources et mes moyens ; je veux qu'un seul observateur puisse déterminer à trois ou quatre secondes près de degrés, par une mesure directe, la différence d'ascension droite de deux astres quelconques ; j'y réussirai, et je serais flatté que cet instrument fût placé à l'Observatoire de Paris. Je promis à M. Ramsden ce qu'il me demandait ; sur une esquisse que je lui traçai du local, il en arrêta avec moi les dimensions, et je fus plus confirmé que jamais dans ma confiance en ses bonnes dispositions. La proposition que je lui fis alors d'envoyer deux ouvriers dans son atelier fut reçue sans la moindre difficulté. Lui ayant fait part du projet que nous avions, MM. Mechain, Legendre et moi, d'aller à Bleinheim voir les beaux instrumens qu'il avait exécutés pour l'Observatoire du duc de Marlborough, il me dit très-gracieusement qu'il se ferait un plaisir et un devoir de nous y accompagner ; sans nous en

4

rien dire, il prévint le duc de Marlborough, qui eut l'honnêteté de nous devancer pour nous recevoir dans son château,
et ce fut M. Ramsden qui nous introduisit dans l'Observatoire
et nous en fit les honneurs. Je fus émerveillé de la grandeur,
de la beauté et du fini des instrumens, particulièrement du
quart de cercle mural tournant, chef-d'œuvre d'exécution. Je
fis dès-lors une infinité de réflexions sur le tems qu'il nous
faudrait pour dresser et former des artistes, sur le peu
d'espoir de les amener au point d'exécuter des ouvrages d'une
aussi grande perfection, enfin sur les dépenses considérables
que pourraient entraîner les essais et les tentatives. Sans
doute, me disais-je, il est bon et utile, pour l'honneur et
l'intérêt national, de poursuivre le projet que nous avons
d'exciter chez nous l'émulation des artistes et de relever l'art :
mais pour le progrès actuel de l'astronomie, pour l'avantage
présent de l'Observatoire royal de Paris, il sera certainement
plus sûr, plus prompt et moins dispendieux de nous fournir
provisoirement d'instrumens en Angleterre, de saisir sur-tout
le moment où il existe un homme si supérieur qu'on n'en
reverra peut-être plus de pareils après lui. Je résolus dès-lors
d'engager M. le baron de Breteuil à profiter sans délai des
talens et de la bonne volonté de M. Ramsden, et je ne songeai plus qu'à presser mon retour à Paris. Mais il me restait
encore, pour remplir tous les objets de ma mission, de
visiter l'Observatoire de M. Herschell, et de voir ces fameux
télescopes à qui l'astronomie était redevable d'un nouveau
ciel et de nouveaux astres (1). Sans parler de l'intérêt tout

_____

(1) M. Herschell a découvert la nouvelle planète qui porte son nom, avec cinq
satellites ; trois nouveaux satellites à Saturne ; une infinité d'étoiles doubles,
triples et quadruples ; des nébuleuses de formes et d'apparences diverses, entre
autres celles qu'il appelle nébuleuses *planétaires* et nébuleuses *trouées,* qui ont
la forme d'un anneau.

particulier que j'avais à cette visite, il eût sans doute été
aussi ridicule à un astronome de passer en Angleterre sans
voir les télescopes de M. Herschell, qu'à un voyageur en
Égypte de ne point visiter les pyramides. Je me rendis donc
à Slough avec mes collègues. A quelques pas de l'habitation
de M. Herschell, au milieu d'un vaste boulingrin, s'élevait
en plein air, vers le ciel, ce grand télescope de vingt pieds,
qui lui avait servi aux intéressantes découvertes dont il entre-
tenait depuis plusieurs années le monde savant. Malheureusement la nouvelle planète qu'il avait découverte n'était pas
sur l'horizon. Il fallut se contenter d'observer des étoiles
doubles, triples, et ces nébuleuses planétaires et ces nébuleuses trouées inconnues avant M. Herschell. L'effet de ce
télescope nous parut supérieur à tous ceux que nous con-
naissions : mais rien n'attira autant notre examen et notre
admiration que l'élégance et la solidité du support de l'instrument, le mécanisme, la précision et la facilité de ses
mouvemens, et sur-tout l'ingénieuse manière de diriger à
volonté ce long tube vers telle ou telle autre partie du ciel
que l'on veut parcourir, sur tel astre que l'on veut observer
et reconnaître. Placé fort commodément en haut vers l'ouverture du tuyau (1), M. Herschell, isolé et dans une obscurité propice, observe, fait ses remarques, et les dicte à miss
Herschell, sa sœur et sa coopératrice, qui est renfermée dans
un petit cabinet au centre de l'échafaudage formant le pied
de l'instrument; devant elle un mécanisme ingénieux représente et trace sur une carte céleste les degrés d'élévation,
d'abaissement, et les divers mouvemens en tout sens qu'a faits
le télescope depuis le point de départ; ce qui la met à portée
de juger et de faire connaître, même à l'observateur, vers

(1) Il n'avait pas encore alors supprimé le petit miroir.

quel point est dirigé son télescope, et à quelle étoile se rap-
portent les circonstances qu'il observe et qu'il croit dignes de
noter. C'est ainsi que, séparés du reste des hommes, l'esprit
et les regards élevés vers les régions célestes, le frère et la
sœur, unis de pensées et d'actions, s'occupent sans cesse dans
le silence des nuits à parcourir les régions les plus reculées de
la voûte étoilée, cherchant de nouveaux mondes dont la
découverte ne coûtera jamais rien à l'humanité. Nous devons
le dire, et nous ne craignons pas d'être démentis par celui qui
y aurait le plus d'intérêt, c'est à sa digne et inimitable sœur
que M. Herschell est redevable en grande partie de ces observations nombreuses et curieuses sur les étoiles fixes, dont il a
enrichi l'astronomie. En effet, quelle autre que miss Herschell aurait la complaisance, la patience, le courage et le zèle de
s'identifier ainsi à des recherches, à des veilles, à des travaux
aussi longs, aussi ingrats, aussi fatigans ? M. Herschell ne
refusera donc pas de céder quelque portion d'une gloire qu'il
peut partager avec une sœur, sans en rien perdre (1).

Non loin du télescope de vingt pieds, nous aperçûmes les
principales pièces d'un autre instrument du même genre,
mais bien plus considérable : il devait avoir quarante pieds
de foyer. Le corps était déjà tout assemblé, l'un de nous
entra presque debout dans le tuyau. Quant aux miroirs, le
grand était fondu et ébauché; on juge bien que la grandeur
de son diamètre nécessitait une épaisseur suffisante pour que
sa forme et sa courbure ne fussent point altérés dans les
diverses positions qu'il devait prendre, d'où résultait un poids
très-considérable, en y joignant celui du cadre sur lequel il
était monté. Il ne fallait rien moins que l'adresse et l'expé-

----

(1) L'astronomie doit encore à miss Herschell la découverte de plusieurs
comètes.

rience de M. Herschell pour vaincre les difficultés de l'assemblage et des mouvemens des pièces d'un télescope d'une aussi
grande dimension.

Nous partîmes de Slough avec le regret de n'avoir eu ni le
tems ni le loisir d'examiner dans un plus grand détail des
objets aussi intéressans. Nous aurions sur-tout été fort curieux
de pénétrer dans l'atelier de M. Herschell, de voir la manière
dont il montait et travaillait ses grands miroirs, d'en connaître la composition; mais la discrétion nous fut commandée
par la reconnaissance. En effet, il n'est point d'accueil plus
gracieux que celui que nous reçûmes de cet homme célèbre,
dont les talens, l'honnêteté et la modestie méritent le respect
et l'admiration de tous ceux qui ont occasion de le connaître.

En repassant à Londres, je convins avec M. Ramsden
qu'aussitôt mon retour en France je lui ferais une demande
officielle de tous les instrumens que je désirais avoir pour
l'Observatoire. Arrivé à Paris au mois de décembre 1787, je
ne tardai point à voir le ministre et à lui rendre compte de
ma mission. Ayant réussi à lui communiquer l'enthousiasme
que m'avaient inspiré les ouvrages de M. Ramsden, je parvins aisément à lui faire adopter mes idées, et je le décidai
à commander en Angleterre deux instrumens capitaux. J'eus
ordre d'écrire aussitôt à M. Ramsden, et dès les premiers
jours de janvier 1788, je lui demandai de la part du Gouvernement, pour l'Observatoire royal, une lunette des passages
et un quart de cercle mural de huit pieds de rayon, tournant
comme celui du duc de Marlborough (1). La réponse de
M. Ramsden fut telle que je pouvais la désirer. Il hésitait
seulement sur la proposition que je lui faisais d'envoyer dans
son atelier deux Français, dans la crainte que ses ouvriers ne

_____

(1) *Voyez* Lettre à M. Ramsden, et sa réponse; *Pièces justificatives*, N° VI.

voulussent pas les souffrir; mais, comme il me laissait entrevoir la possibilité de lever par la suite cet obstacle, je pris un autre parti, celui de placer d'abord mes apprentis à Londres, dans l'atelier d'un assez bon artiste, nommé Adams, d'origine française, faisant des affaires avec Paris, et qui ne répugnait point à recevoir des ouvriers français. De là, après s'être familiarisés avec la langue et les mœurs anglaises, mes jeunes gens devaient passer chez les frères Strougton, les plus habiles de Londres après Ramsden, chez qui ils finiraient par se présenter, et seraient reçus d'autant plus facilement, qu'ils seraient alors déjà connus parmi les ouvriers anglais, qu'ils parleraient la langue du pays, et se trouveraient plus exercés au travail et à la manière anglaise. Je résolus préliminairement de disposer à ce voyage deux jeunes gens chez qui je reconnaîtrais les dispositions requises; je devais, dans le cours d'une année, leur faire apprendre l'anglais, leur faire donner des leçons de dessin, de géométrie et d'astronomie pratique; leur procurer enfin toutes les instructions préliminaires capables de les tirer de la classe des ouvriers ordinaires, et de les élever à celle d'artistes dignes d'être les élèves d'un grand maître tel que M. Ramsden. Le sieur Hautpoix, jeune homme plein de zèle et de bonne volonté, ayant même des talens déjà éprouvés dans la construction des instrumens d'astronomie, vint s'offrir. C'était déjà se montrer digne de mon choix, que de sentir tout le prix du cours d'instruction que je voulais lui procurer, et d'apprécier l'avantage certain qu'il devait en tirer en tout état de choses. Je le présentai au ministre, qui m'autorisa à lui donner les maîtres nécessaires, et à chercher encore un sujet pareil et propre à remplir nos vues. Je désirais trouver quelque fils d'artiste auquel, après une année d'instruction préliminaire, j'aurais dit comme au sieur Hautpoix : Partez pour l'Angleterre, on vous paiera

votre voyage, et l'on vous procurera toutes les recommanda-
tions et les facilités nécessaires pour être admis et pour travailler successivement chez les meilleurs artistes de Londres.
Là, vous recevrez pendant trois ou quatre ans une pension
suffisante pour votre existence. Ce tems expiré, vous revien-
drez en France, où vous exécuterez l'instrument que vous
croirez être en état de faire le mieux. Le Gouvernement vous
en paiera la valeur, et si l'Académie le juge digne d'éloges,
vous recevrez, avec le brevet de privilégié (1), une récompense proportionnée à l'importance de l'ouvrage et au tems
que vous aurez passé à Londres. Ce mode, qui fut adopté
par le ministre, était le moyen le plus sûr et le plus efficace
pour assurer au Gouvernement le fruit et l'utilité des avances
qu'il voulait bien faire pour le progrès et l'encouragement
des arts.

Sur ces entrefaites, j'eus encore le bonheur de réussir dans
la plus difficile des négociations dont je m'étais chargé. A force
de recherches et d'informations, j'étais venu à bout de découvrir que dans une des premières verreries d'Angleterre, il y
avait un très-bon ouvrier de famille française protestante et réfu-
giée, qui ne demandait pas mieux que de rentrer et de revenir
en France, s'il pouvait être rétabli dans la possession de plusieurs parties des biens de sa famille qui existaient encore,
et à condition qu'on lui procurerait un établissement de verrerie
où il pourrait faire tous les essais convenables pour obtenir,
ainsi que nous le demandions, par un procédé sûr et constant, un flints-glass pur, sans filets, sans stries, propre, en
un mot, aux besoins de l'optique. Ayant trouvé moyen de
lier une correspondance avec cet étranger, par l'entremise
d'une tierce personne, je lui fis connaître combien il me serait

---

(1) *Voyez* le troisième Mémoire.

facile de remplir ses désirs qui s'accordaient avec nos vues ; et après plusieurs explications, je le déterminai à passer en France, non-seulement en l'assurant de la protection du ministre pour obtenir ce qu'il demandait, mais encore en lui promettant des secours particuliers que M. le baron de Breteuil lui offrait, entr'autres un établissement dans une de ses terres peu éloignée de Paris, où il y avait déjà eu précédemment une verrerie (1). Un ministre qui, pour le service de l'Etat, unit ainsi ses propres moyens à ceux que lui donnent son crédit et son pouvoir, ne peut manquer d'opérer de grandes choses et de bien mériter de la patrie.

Je voudrais pouvoir terminer ici un exposé dans lequel je n'ai eu à présenter jusqu'à présent que des succès qui faisaient espérer les plus heureux résultats. Il va m'en coûter sans doute de montrer le revers du tableau, et de raconter comment, en bien peu de tems, je vis successivement renverser tous mes projets, s'évanouir toutes mes espérances, détruire tous mes établissemens, perdre tout le fruit de dix années de peines, d'agitations, de démarches, de sollicitations, auxquelles j'avais sacrifié un tems précieux que j'eusse pu employer beaucoup plus utilement.

La première catastrophe à laquelle je dus être infiniment sensible, fut la retraite de M. le baron de Breteuil, qui sortit du ministère au mois de juillet 1788. En apprenant cette nouvelle, je crus voir la foudre frapper du faîte aux pieds l'édifice de mes projets et de mes espérances pour la régénération de l'art de construire les instrumens d'astronomie. Le nouveau ministre aurait-il les mêmes vues, le même esprit, le même intérêt pour des opérations commencées, et qui n'étaient pas les siennes ? Pouvais-je me flatter de parvenir à

---

(1) *Voyez* Lettre au sieur B. ...; *Pièces justificatives*, Nᵒ VII.

lui inspirer la même confiance que celle dont j'avais joui sous son prédécesseur ? Ces pensées s'offraient naturellement à moi et m'inspiraient une juste inquiétude.

La perte de M. le baron de Breteuil a été, j'ose le dire, un coup funeste pour les sciences et pour les arts ; ce coup eût été beaucoup plus senti et mieux apprécié, si celui dont ils furent frappés dès l'année suivante, par la révolution de 1789, n'eût été plus fatal encore, et même mortel. A cette époque où l'on jugeait les opinions vraies ou supposées d'un homme plutôt que sa conduite, M. de Breteuil fut traité avec une extrême rigueur par plusieurs de ceux dont il avait droit d'attendre plus d'indulgence ; j'osai alors le défendre au péril de partager sa défaveur. Je fais plus aujourd'hui, je le loue. En rappelant ce qu'il a fait pour les ciences, pour les savans, pour les artistes, pour l'Académie (1), j'appelle sur lui les éloges et la reconnaissance de tous les hommes justes et impartiaux ; et reconnaissant ce qu'il a fait de bon et de louable pendant son ministère, je dirai que dans cette foule de ministres qui, depuis le commencement du règne de Louis XV jusqu'à ce jour, se sont si rapidement succédés, il n'en est aucun qui ait accordé une protection plus franche et plus active aux arts et aux talens ; il les a mieux servis que beaucoup d'autres, dont ils avaient droit de tout attendre, et qui n'ont rien fait pour eux ; il a donc plus de mérite qu'aucun d'eux, et doit en recueillir plus de gloire.

On peut juger de l'embarras où je me trouvai au milieu des entreprises commencées et non terminées dont j'ignorais le sort futur. Heureusement je n'avais fait aucun pas, aucune démarche, sans une autorisation par écrit du ministre ; mes comptes et ma gestion étaient tellement en règle, que par la suite la haine révolutionnaire n'a pu, malgré ses recherches,

---

(1) *Voyez* le troisième Mémoire.

y trouver aucune prise. L'exposé que je fis au successeur de
M. le baron de Breteuil de l'état des choses, fut reçu dans
une première audience comme je m'y étais attendu, c'est-à-
dire avec beaucoup de témoignage d'intérêt, de bonne volonté
et d'assurance de protection. Mais bientôt, dans les entretiens
suivans, j'entendis mettre en avant ce prétexte ancien et banal
de réforme, d'économie, sous lequel on avait jadis si long-
tems écarté les sollicitations de mon père et les miennes.
Enfin il me fut prescrit de ne plus aller en avant sur tout ce
qui n'était point consommé. En conséquence, l'envoi des
apprentis en Angleterre, leur instruction préliminaire, les
projets de travaux à l'atelier et à la fonderie de l'Observatoire,
tout fut ajourné indéfiniment. Ce qu'il y avait de plus embarrassant et de plus affligeant pour moi, c'était l'arrivée du
malheureux ouvrier anglais qui, sur ma parole, avait quitté
sa verrerie, et qui ne trouva plus rien de ce qu'on lui avait
promis en dédommagement. J'eus infiniment de peine à
obtenir une indemnité pour les frais de son voyage. Je trem-
blais pour la demande des instrumens faits en Angleterre :
j'eus cependant la consolation de la voir, non-seulement
adoptée par le nouveau ministre, mais même confirmée par
une délivrance de fonds qu'il me chargea de faire passer à
compte à M. Ramsden. Ce succès avait remonté mon courage.
On se croit un moment heureux, lorsqu'ayant craint de tout
perdre on peut sauver quelque chose. En adressant ces fonds,
je crus que la lunette des passages allait enfin arriver, et je
me consolais dans l'espérance de jouir bientôt d'un instrument
plus parfait qu'aucun de ceux que j'avais eus jusqu'alors entre
les mains, et qui allait donner à mes observations et à celles
de mes élèves une précision digne de nos peines et de nos
veilles. Il y avait déjà six mois que M. le baron de Breteuil
avait écrit à M. le marquis de la Luzerne, ambassadeur de

France à Londres, pour faire presser M. Ramsden de tenir sa parole; l'artiste avait fait à son ordinaire les plus belles promesses, et parlé beaucoup de nouvelles perfections dont il s'occupait pour le quart de cercle tournant qu'on ne lui demandait pas encore; de sorte qu'il paraissait avoir, selon sa coutume, quitté le premier instrument pour le dernier. Je fis écrire de nouveau par M. de Villedeuil, et agir diverses personnes à Londres, entr'autres M. Piazzi, astronome de Palerme, qui était enfin venu à bout de faire terminer ses instrumens, non sans peine et après un tems infini; M. Ramsden me faisait toujours dire que la lunette allait partir, et rien n'arrivait. Les choses en étaient à ce point, lorsque la mémorable époque du 14 juillet 1789 vint frapper d'étonnement et de stupeur la France, l'Europe entière. Tous les yeux n'eurent plus qu'un point de vue, tous les esprits n'eurent plus qu'une pensée. Un ébranlement général vint menacer de ruine toute institution, tout établissement. Il suffisait d'avoir été pour devoir craindre de ne plus être; et le mot de *régénération*, synonyme alors à celui de *destruction*, devint un cri de guerre qui poursuivit également le bien et le mal, la chose utile et l'abus. Aucune digue, aucune barrière ne pouvant plus arrêter le torrent révolutionnaire, la carrière fut ouverte aux haines, aux vengeances et aux ambitions. Malheur à qui était en vue! malheur à qui pouvait exciter l'envie! Ma position, à l'Observatoire et dans le quartier où je me trouvais, n'était pas une des moins critiques. Je fus pendant long-tems occupé à me débattre contre les soupçons absurdes, les dénonciations ridicules, les visites et les interrogatoires des ardens et inquiets révolutionnaires. Selon eux, les souterrains de l'Observatoire étaient des magasins de poudres, de farines et de fusils que je recelais; mes télescopes, des canons que je braquais sur Paris; et les tours où j'avais de la lumière pendant la nuit

pour observer, n'étaient autre chose que des salons où je
réunissais des aristocrates. Dans une visite où des hommes
armés m'entraînèrent avec violence au fond des caves, on
enfonça la porte d'un cabinet souterrain où je faisais des
expériences très-curieuses sur le thermomètre et sur les mouvemens de l'aiguille aimantée, à l'abri des impressions de
l'air. Tout fut culbuté, et j'eus la douleur de perdre le fil et
le fruit d'une suite d'expériences commencées depuis long-
tems, et qui devaient durer encore plusieurs années (1).

Au milieu de ces angoisses, quelques rayons d'espérance
luisaient de tems en tems à mes yeux. Mon principal établissement à l'Observatoire subsistait toujours. Malgré les troubles
et les agitations, nous n'avions point interrompu, mes élèves
et moi, le cours des observations astronomiques auquel nous
étions assujétis. Dans un compte que j'eus à rendre à un
commissaire de l'Assemblée nationale, je reçus des témoignages de satisfaction de l'ordre et de l'économie de ma
gestion ; on s'étonna sur-tout qu'il en coûtât si peu au Gouvernement pour un établissement tel que l'Observatoire, et
que l'on avait imaginé devoir être fort dispendieux (2). Je

---

(1) Pour mieux démêler la cause des variations diverses de l'aiguille aimantée,
j'avais imaginé de descendre une de mes boussoles à cent pieds sous terre, dans un
vaste cabinet bien fermé, et où la température ne changeait jamais. Là, je descen-
dais trois fois par jour et n'entrais qu'avec une faible lumière, j'y restais le moins
possible, et prenais toutes les précautions nécessaires à mes recherches. On a
vu le résultat de mes premières expériences dans un imprimé publié en 1791. On
juge du trouble et du fracas qu'apporta dans mon établissement souterrain l'ir-
ruption de cent hommes armés, visitant et renversant tout. Je crus ne pouvoir
me mettre à l'abri de pareilles scènes et acheter ma tranquillité, qu'en portant à
mon district les clés des caves de l'Observatoire, et renonçant pour jamais à
y faire des observations et même à y descendre.

(2) Je montrai que les fonds annuels ne montaient qu'à 8,700 livres, y
compris les appointemens du directeur, et que, pour les dépenses extraordi-

me crus alors sauvé de l'orage. J'avais aussi la satisfaction de voir la restauration du bâtiment tellement avancée qu'il n'y avait pas à craindre qu'elle fût arrêtée. Mais, en 1790 et 1791, la révolution ne faisait que préluder; elle n'en était qu'aux premiers essais, et il était difficile de prévoir à quelle hauteur elle allait s'élever en 1793 et 1794. Les succès de l'audace augmentèrent chaque jour ses entreprises, rien ne fut plus à l'abri de ses attaques. La destruction complète de toute ancienne institution fut arrêtée et *mise à l'ordre du jour*. Je reconnus bientôt qu'il n'y avait pas moyen de se soustraire au sort commun. Je fus averti de celui qui m'était réservé, ainsi que des manœuvres de mes propres élèves, excusables sans doute, dans ce délire universel, de n'avoir pu résister plus long-tems à cette impulsion générale donnée à tout individu, pour sortir de sa sphère, et chercher à s'élever aux dépens d'autrui. J'étais résolu d'attendre tranquillement l'évènement; mais on me fit observer que je pourrais donner lieu à de justes reproches et à des interprétations défavorables, si je ne faisais aucune démarche et si j'affectais un profond silence sur l'Observatoire, au moment où tous les établissemens éprouvaient une revue et une régénération qui sollicitait, de la part des hommes éclairés et des bons citoyens, les renseignemens utiles et la communication des bonnes vues qu'ils pouvaient avoir.

Je fis donc un Mémoire fort détaillé, divisé en trois parties. Dans la première, je traitais de la fondation de l'Observatoire, et de ce qu'il avait été depuis 1671 jusqu'en 1785.

---

naires, telles que l'établissement de l'atelier, de la fonderie, l'achat des cuivres, des marbres, le paiement des fondeurs, des ouvriers pour la construction des premiers instrumens, l'acquisition d'un grand télescope de Dollond de six pieds, les à-comptes sur les instrumens commandés, etc., les sommes extraordinaires délivrées depuis cinq ans, ne s'étaient élevées qu'à 24,000 francs.

Dans la seconde, je rendais compte du nouvel établissement fait en 1785, de la restauration complète de l'édifice, et de son état actuel. Dans la troisième, j'indiquais les nouveaux moyens de procurer à l'Observatoire toute l'utilité dont il était susceptible, relativement à l'astronomie et à l'instruction publique. J'adressai ce Mémoire à un des membres du comité qui prenait à moi quelque intérêt et qui désirait la conservation de l'établissement. Je le priai d'en prendre communication. Il ne l'eut pas plus tôt lu qu'il me fit dire que dans la disposition des esprits, il ne lui était pas possible de présenter au comité d'instruction publique un écrit dans lequel se trouvaient cités, et avec éloges, Louis XIV, ses successeurs et les noms de plusieurs ministres proscrits (il faut se rappeler qu'alors le nom de *Roi* était le plus grand blasphême qu'on pût proférer, il ne pouvait être remplacé que par celui de *Tyran*). Il était à craindre, ajoutait-il, que ce Mémoire attirât sur moi une grande défaveur; enfin, pour mon propre intérêt et celui de la chose, je devais, selon lui, supprimer tout ce qui pouvait déplaire. Je répondis que j'avais cru devoir dire tout ce que j'avais avancé, que je pensais tout ce que j'avais dit, et qu'aucun motif, aucune considération n'étaient capables de me faire faire une bassesse et mentir à ma conscience. Je retirai donc mon Mémoire, et je ne donnai que le projet d'organisation et de décret qu'on trouvera à la suite (1). Ce résumé, isolé des motifs, des explications et de l'ensemble que présentait le Mémoire, ne dut pas faire grande impression sur le comité d'instruction publique; il ne fut peut-être pas lu, aussi n'eut-il aucun effet; car le décret, qui suppri-

---

(1) *Voyez* Mémoire destiné au comité d'instruction publique; *Pièces justificatives,* Nᵒ VIII.

mait la place de directeur de l'Observatoire, fut rendu peu
de tems après, le 3o août 1793 (1).

Sorti de l'Observatoire (2) après plus de dix ans d'agitation,
de démarches et de sollicitations, un de mes plus profonds
regrets fut sans doute de n'avoir pu jouir un instant d'aucun
de ces instrumens pour lesquels je m'étais donné tant de
tourmens. La manière dont je me suis exprimé précédemment
sur le compte de M. Ramsden, doit faire juger combien je
suis affligé d'avoir ici quelques reproches à faire à sa mémoire.
Je voudrais pouvoir l'excuser en disant que peut-être fut-il,
ainsi que moi, découragé d'abord par la retraite de M. le
baron de Breteuil, dont il avait conçu une grande idée (3).
La révolution française, qui suivit de près cet évènement;
mon silence obligé par la cessation de toute correspondance
avec l'Angleterre, suite de nos troubles et de l'émigration ;
enfin l'esprit national, parvinrent peut-être encore à détruire
en lui les bonnes dispositions que j'avais su lui inspirer en
1787. Ce qu'il y a de sûr, c'est que M. Ramsden est mort le
5 novembre 1800, sans avoir livré ni même achevé la lunette
des passages qui devait, suivant ses promesses, me parvenir
dans le courant de 1788. Ce n'est qu'après lui, et par les

---

(1) Il fut précédé de celui du 9 août qui détruisait l'Académie des Sciences ,
et fut suivi de celui du 21 septembre qui m'enleva la direction et la propriété de
la carte de France que je venais de terminer.

(2) Le 6 octobre 1793.

(3) Que vous êtes heureux, me disait M. Ramsden, d'avoir un ministre qui
s'occupe des arts ! Ici, nulle protection, nul encouragement du Gouvernement;
les artistes ne reçoivent de secours et n'attendent de ressources que de la part
des particuliers. Rien n'était plus vrai que ce que disait là M. Ramsden. C'est
tout le contraire de ce qui a lieu en France, où les particuliers ne sont point assez
riches et n'ont peut-être pas cet esprit national et vraiment patriotique qui fait
faire des sacrifices pour le soutien de tout ce qui peut contribuer à la gloire
nationale et à l'utilité publique.

soins de M. Berger, son premier ouvrier, qu'elle a été terminée et qu'elle est enfin arrivée à l'Observatoire en 1804 ;
onze ans après ma retraite. Dès 1789, elle était en grande
partie payée.

Quant au cercle tournant, j'ignore s'il s'en était occupé
autrement qu'en paroles et en méditation.

Dirai-je aussi que je n'ai pas joui davantage des instrumens
que j'avais commandés en France ? Nos artistes trouveront à
la vérité une meilleure excuse à donner que M. Ramsden,
dans cette révolution qui, pendant dix années entières, a
paralysé tous les bras et troublé tous les esprits. J'ajouterai
même, pour la justification de M. Le Noir, qui s'était chargé
de la construction du cercle entier de trois pieds, que dès
l'année 1790 l'instrument se trouvait déjà tout assemblé,
monté sur son pied et garni de ses deux lunettes. Il ne restait plus qu'à porter la division sur le limbe du cercle et à
monter les différentes pièces nécessaires au mouvement et à
la vérification. Le chevalier de Borda s'était chargé de surveiller cette dernière partie d'exécution, sur laquelle il avait
promis de communiquer de nouvelles idées : mais cet académicien fut d'abord long-tems détourné de cet objet par les
travaux de la commission des poids et mesures, auxquels on
sait qu'il a eu la plus grande part. Les expériences qu'il fit
ensuite avec moi sur la longueur du pendule, ne lui permirent pas de s'occuper d'autre chose. Enfin M. Le Noir fut
obligé de se livrer entièrement à la construction des instrumens
nombreux que nécessitèrent ces diverses opérations, sur-
tout celle de la nouvelle mesure du méridien. Il était tout
simple que ces travaux fussent confiés au plus habile de nos
artistes. Moi-même, je ne trouvai pas mauvais qu'il négligeât
pendant quelque tems l'instrument de l'Observatoire pour
des objets plus urgens, bien sûr qu'il m'en dédommagerait

aussitôt qu'il serait plus libre. Mais, sur ces entrefaites, je
quittai l'Observatoire, laissant à mes successeurs une belle
collection d'instrumens tant faits que commencés, commandés
et en partie payés. (1). J'apprends que le cercle de trois pieds
est encore chez M. Le Noir, et que l'on n'a pas jugé à propos
de le faire terminer. Aucun instrument important ne paraît
avoir été exécuté en France depuis quinze ans. Souhaitons
cependant, pour le bien des arts et leur conservation parmi
nous, que l'on fasse travailler davantage les artistes et que
l'on exécute, dans un tems de prospérité et de calme, ce que
j'avais osé tenter dans des circonstances bien moins favorables ;
jamais Gouvernement n'a fourni autant de moyens et de
ressources que celui-ci pour seconder les vœux des savans, et
satisfaire aux besoins des sciences. Peut-on mieux employer
ses largesses qu'au profit des arts et à l'encouragement des
artistes, dont la main rend toujours avec usure ce qu'on lui
prête, et dont l'industrie fait l'aliment du commerce et la
richesse de l'Etat ?

On verra, dans le Mémoire suivant, toutes les dispositions que j'avais fait prendre dans la restauration du bâtiment
de l'Observatoire, pour pouvoir y placer un grand nombre
d'instrumens. Je serais venu à bout peu à peu d'en rassembler
la collection la plus belle et la plus complète qui ait existé en

---

(1) Au moment où, quittant l'Observatoire, j'ai rendu compte de ma gestion
pendant près de neuf ans, il s'y est trouvé pour environ 16,000 francs d'instrumens
nouvellement acquis, servant au cours journalier des observations (voyez *Pièces
justificatives*, N° X) ; plus une somme de 8,400 livres, avancée à diverses
artistes sur de grands instrumens commandés et non encore livrés. Enfin, j'ai
laissé en caisse une somme de 4,053 livres 16 sous, qui a été remise à mes successeurs et dont ils ont pu disposer. La bibliothèque s'est trouvée en outre garnie
de toutes les principales collections astronomiques et autres livres précieux dont
l'acquisition avait monté à 8,435 livres. Tous ces états existent dans les bureaux
de l'intérieur ; un double est entre mes mains.

Europe, avec le secours de ce fonds annuel que j'y avais fait destiner, et qui était sans doute une institution précieuse en ce qu'elle enrichissait également et l'Observatoire et les artistes. D'après ce que j'avais fait dans les huit premières années, on doit juger ce que j'aurais pu exécuter par la suite si les choses fussent restées dans l'état où elles étaient : mais on a cru devoir en ordonner autrement, et sans doute ce n'a pu être que pour le plus grand bien de l'astronomie ; car aujourd'hui l'Observatoire se trouve sous la direction spéciale du Bureau des Longitudes qui, à des lumières supérieures, réunit les plus grands moyens; cet établissement doit donc acquérir tôt ou tard le dernier degré de splendeur et une toute autre célébrité que celle qu'il avait acquise de nos jours. C'est ce que le public a droit d'attendre ; il en jugera par la suite.

Je termine ici l'exposé de ce que, pour le bien de l'astronomie et des arts, j'ai fait et tenté de faire à l'Observatoire tant qu'il a été sous ma direction. Puisse-t-il convaincre ceux qui le liront, qu'il était difficile de ma part d'y mettre plus de zèle et d'activité, et que si je n'ai pas mieux réussi, c'est qu'il y a peu d'exemples de contrariétés plus suivies, plus multipliées que celles que j'ai éprouvées ! Elles ont rendu nuls tous les services que j'ai voulu et que j'aurais pu rendre à l'astronomie, si la moitié de ma carrière n'eût pas été troublée par une fatalité rare d'évènemens qu'il ne m'a pas été possible de prévoir, encore moins de maîtriser.

DEUXIÈME MÉMOIRE.

Exposé de la restauration et des nouvelles distributions faites au bâtiment de l'Observatoire royal, lors du nouvel établissement.

J'AI parlé, dans le Mémoire précédent, de l'état de dépérissement où était parvenu le bâtiment de l'Observatoire royal de Paris. Dès l'année 1760, il menaçait d'une ruine prochaine, quoiqu'il n'eût pas encore un siècle d'ancienneté, quoique sa construction semblât lui assurer la plus grande solidité et lui promettre la plus longue durée. L'infiltration des eaux ayant eu lieu de très-ancienne date, elle avait miné les voûtes supérieures. A tort on accuserait Perrault de n'avoir pas donné assez de pente et de dégorgement aux eaux sur une plate-forme trop étendue; à tort on lui reprocherait de s'être fié sur la bonté d'un ciment dont la couche n'était pas assez épaisse et n'était recouverte que par un pavé de petits carreaux de pierres à fusil de quatre à cinq pouces carrés, qui offraient trop de joints (1). La principale et véritable cause de la destruction des voûtes fut le mouvement qui eut lieu d'abord dans les murs de la partie orientale de l'édifice (2), et par la suite dans la façade méridionale. Il en résulta des crevasses

---

(1) Le ciment de Perrault était si bon qu'on a eu toutes les peines du monde à l'enlever et à le détruire partout où l'eau n'avait pas pénétré; on ne pouvait l'arracher que par gros morceaux, l'outil faisait feu dessus. Je crois, au reste, que l'ancienneté faisait tout son mérite, car sa composition n'avait rien de particulier.

(2) Peu de tems après la construction, il fallut reprendre cette partie sous œuvre.

et des ruptures auxquelles aucun mastic n'aurait pu résister ;
il fallut qu'il se fendît : les eaux, s'infiltrant par là, durent
occasionner des ravages, qui devinrent d'autant plus considérables que pendant plus de cinquante ans on n'y fit aucune
attention, et que l'on ne se décida à y apporter remède que
lorsqu'il n'était plus tems. C'est ce qui n'arrive que trop
souvent en pareilles circonstances. Dans l'origine, la moindre
réparation, la plus petite dépense eût arrêté le mal ; mais,
quand par la suite il fut à son comble, on fut effrayé de ce
qu'il en coûterait pour restaurer ou plutôt pour reconstruire
ces voûtes. Pendant long-tems on n'osa prendre un parti, et
le mal empira. D'ailleurs, vers la fin du règne de Louis XV,
et sous l'administration de M. de Marigny, les fonds des
bâtimens s'appliquaient à toute autre construction qu'à celle
d'un Observatoire. Il fallut donc attendre des tems plus
heureux, ou plutôt des dispositions plus favorables. Elles se
rencontrèrent au commencement du règne de Louis XVI, et
lorsque M. le comte d'Angivillers vint à succéder à M. de
Marigny dans la direction des bâtimens.

Le succès de mes démarches auprès du nouveau directeur
date de 1775. J'obtins sa parole qu'aussitôt qu'il en aurait les
moyens, il s'occuperait efficacement de l'Observatoire et disposerait le Roi à consentir qu'un emploi de fonds suffisans
fût destiné à tirer cet établissement d'un état de dégradation
aussi honteux pour le Gouvernement que préjudiciable aux
sciences. J'avais malheureusement deux objets de demande à
former à la fois.

C'est ici le lieu de répéter ce que j'ai déjà dit et imprimé
ailleurs (1). Il s'en fallait de beaucoup que l'édifice de l'Ob-

---

(1) *Voyez* Extrait de l'Observatoire, année 1786 ; *Mémoire de l'Académie*,
même année.

servatoire fût aussi propre à remplir sa destination qu'il aurait dû l'être. Sa distribution avait été l'ouvrage d'un architecte plutôt que d'un astronome (1). Dominique Cassini, sur les plans qui lui avaient été communiqués en Italie, l'avait fort improuvé. En arrivant en France, il la trouva encore plus défectueuse ; mais il n'était plus tems : le bâtiment était déjà élevé au premier étage, il fallut continuer comme on avait commencé. Aussi, lorsqu'en 1731 il fut question de faire construire un quart de cercle mural de six pieds de rayon, il ne se trouva aucun lieu, dans tout le grand bâtiment, où il pût être placé (2) ; il fallut donc faire bâtir exprès un cabinet extérieur et attenant à la tour orientale. (Voy. *Planche VII et l'explication.*) On eut le même embarras en 1742 pour placer le quart de cercle mobile de six pieds ; un second cabinet fut ajouté au premier pour ce nouvel instrument. Enfin, plusieurs années après, on joignit en avant du premier cabinet une petite tourelle à toit tournant pour l'observation des hauteurs correspondantes, qu'on ne pouvait faire dans le grand bâtiment sans traîner l'instrument d'une fenêtre à l'autre. Ce fut dans ces trois petits cabinets que se firent

---

(1) Il faut en convenir, un architecte, principalement occupé, dans ses conceptions, de *beau style ,* de *grandes masses ,* d'*accord* et d'*harmonie* dans les proportions, a bien de la peine à se plier à des convenances , à des commodités particulières, et à des demandes qui rompent *ses lignes,* détruisent son *ensemble* et blessent l'œil du spectateur. Il suffisait à Perrault d'avoir imposé à la façade et à la masse de l'Observatoire ce caractère grave et grandiose convenable à sa destination ; c'était-là le cachet que son génie était jaloux d'y imprimer ; c'était ce qui devait frapper et flatter l'œil du curieux, du voyageur. Du reste, peu lui importait que l'astronome pût y observer un peu plus ou un peu moins commodément. Beaucoup de ses confrères auraient pensé de même.

(2) Des murs de six pieds d'épaisseur et des voûtes fermées ne permettaient pas de se procurer une ouverture par laquelle on pût découvrir le méridien depuis l'horizon jusqu'au zénith, ce qui était indispensable pour un mural.

dès-lors toutes les observations journalières et les plus importantes. Ce fut là le véritable Observatoire. Tout le grand
bâtiment ne servait que dans les cas où il fallait faire usage de
longues lunettes (1); il n'était plus, pour ainsi dire, qu'un
édifice de représentation. C'est ce qui me porta à présenter à
M. le comte d'Angivillers, pour premier objet de mes demandes, la restauration de ces cabinets, même avant celle
du grand Observatoire. Construits anciennement aux frais
de l'Académie des Sciences, et par conséquent avec beaucoup
d'économie, ils n'étaient pas très-solides. M. d'Angivillers
n'hésita pas de les mettre sur l'état des bâtimens du Roi, et
commença par les faire reconstruire en 1777 avec toute la
solidité convenable (2). Il fit plus : à ma sollicitation et
d'après mes plans, à la place de la petite tourelle située en
avant, on substitua un nouveau bâtiment (*Voy. Planche VIII
et l'explication*) renfermant un grand mur isolé de pierres
de taille, destiné à porter sur ses deux faces un quart de
cercle mural, et à soutenir un marbre tournant sur un boulet
que M. Lemonnier avait promis de me céder (3). En avant du

---

(1) Il faut dire qu'à l'époque où l'Observatoire fut bâti, les moindres lunettes
dont on servait, avaient 15 à 20 pieds de longueur. Il fallait donc de très-grands
espaces pour les manœuvrer.

(2) Il fit même acquitter sur les fonds des bâtimens ce que l'Académie redevait encore sur les anciens cabinets.

(3) Les muraux, placés dans les anciens cabinets, étaient attachés à la face
extérieure du mur de la tour orientale : mais comme la corniche du bâtiment
forme une grande saillie, on avait été obligé d'écarter beaucoup de la muraille le
plan des instrumens, pour que la lunette, en décrivant le méridien vers le zénith,
ne rencontrât pas cette corniche. En conséquence, on avait suspendu ces muraux
à l'extrémité de longues potences de fer. Cette mauvaise suspension était sujette à
de grands inconvéniens. J'avais donc trouvé indispensable de me procurer un
mur isolé autour duquel on pût tourner et appliquer des instrumens de la manière
la plus commode et la plus solide.

mur étaient deux calottes tournantes sous lesquelles devaient
être placés un instrument pour les hauteurs correspondantes
et un équatorial. Entre ces deux instrumens, était réservée
une place pour une lunette des passages de quatre pieds.
Ainsi, dans la distribution de ce nouveau cabinet, se trouvait ménagé l'emplacement de six instrumens majeurs, c'est-
à-dire de tout ce qui peut composer la collection de l'Observatoire le mieux assorti, et le tout réuni dans un espace de
21 pieds de long sur 13 de large. Je supprimai le toit tournant du cabinet du grand quart de cercle mobile ; on le rem-
plaça par une large trappe horizontale (1), au moyen de
laquelle on découvrait tout le méridien.

En même tems qu'on exécutait ces travaux, qui étaient
pour moi les plus importans (2), on faisait diverses tentatives
pour remédier aux dégradations des voûtes. M. Loriot proposait de couvrir la plate-forme de l'Observatoire d'une
couche de son mastic, si connu dans ce tems-là (3). Cette
espèce de restauration devant être la plus économique,
j'espérai la faire adopter avec moins de difficultés que toute
autre. Nous nous réunîmes, M. de Montucla et moi, pour
tacher de décider M. d'Angivillers à cet essai ; ce ne fut pas
sans peine. M. Loriot fut enfin admis à restaurer la plate-
forme de la tour du nord ; il avait même déjà entamé celle
de la grande salle méridienne, lorsque les architectes des

(1) Cet emplacement, d'où l'on avait l'avantage de découvrir en entier le
demi-cercle du méridien, était destiné à recevoir un jour un grand instrument
des passages. C'est à côté, que dans ces derniers tems, on a placé la lunette
méridienne de M. Ramsden, de 8 pieds.

(2) Ils me mettaient dans le cas de pouvoir me passer du grand Observatoire,
au cas qu'on ne l'eût pas restauré.

(3) Il était bon pour de petites parties où l'on pouvait apporter dans sa composition et dans son application toutes les précautions requises.

bâtimens du Roi , fort opposés à ce genre de restauration ,
parvinrent à la faire suspendre ; ils soutenaient que c'était
une dépense inutile , et qu'avant peu d'années il faudrait en
revenir aux grands et seuls moyens qu'ils proposaient , la
restauration totale des voûtes ; ils s'étonnaient que je pusse
en solliciter une autre. Ma raison était fort simple , si je
n'avais eu qu'à opter , sans doute j'aurais été de leur avis et
j'aurais préféré de la pierre à du mastic ; je ne prenais le
parti de M. Loriot que parce que , à raison du bon marché ,
j'étais sûr que sa restauration serait adoptée et aurait lieu ,
tandis que je craignais fort que la reconstruction proposée par
MM. les architectes , n'effrayât par sa dépense, et que, pour
vouloir faire trop bien , on finît par ne rien faire.

Au milieu de ces débats , qui laissaient le directeur des
bâtimens très-indécis , la saison devint pluvieuse; les eaux ,
retenues sur la plate-forme par les décombres de la partie
restaurée , trouvèrent jour par les joints où M. Loriot s'était
arrêté , et passant par dessous le mastic , elles inondèrent de
nouveau les voûtes. Les architectes ne manquèrent pas de
dire que c'était le mastic qui avait été pénétré par l'eau. En
conséquence, M. Loriot fut éconduit. Je ne tardai pas à m'en
féliciter; car mes sollicitations, secondées par M. d'Angivillers et M. de Breteuil, déterminèrent S. M. à se prononcer
en faveur de son Observatoire, et à ordonner qu'il fût réparé
de la manière la plus solide et la plus complète. Il fut enjoint
à MM. les architectes de préparer leurs projets, de faire les
plans, et surtout de se concerter avec moi pour que l'astronomie pût tirer de cette circonstance tout l'avantage qu'elle
pouvait désirer. C'était tenir une conduite bien différente de
celle qui avait eu lieu en 1666.

On sera sans doute étonné du parti que je proposai d'abord.
Cependant, si l'on se rappelle ce que j'ai dit précédemment

sur tous les défauts de distribution de l'Observatoire, sur
l'incommodité et l'inutilité de cet édifice pour la pratique de
l'astronomie, on ne doit pas trouver extraordinaire que mon
premier avis ait été d'enlever les voûtes supérieures, de les
supprimer, de raser l'étage de la salle méridienne dont la
grande élévation était à peu près inutile, pour y substituer
un nouvel Observatoire plus commode, plus propre aux
nouveaux instrumens, plus adapté au genre actuel des observations et à la pratique de l'astronomie.

A peine eus-je énoncé cette proposition, que M. le comte
d'Angivillers la rejeta. Il me fit observer que l'Observatoire
royal n'était pas un simple bâtiment consacré à l'astronomie,
mais qu'il devait être encore considéré comme un édifice
public, comme un des monumens les plus recommandables
du siècle de Louis XIV, et à ce titre, digne d'un respect
religieux qui ne permettait ni de le détruire, ni de le changer.
Faites tout ce qu'il vous plaira, ajouta-t-il, pourvu que vous
conserviez sa façade et ses proportions. Il ne fut donc plus
question que de trouver les moyens de faire ce qu'il y aurait de
mieux pour l'astronomie, en me renfermant dans les limites qui
m'étaient prescrites. Au reste, je devenais bien moins exigeant depuis que les nouveaux cabinets avaient été construits
en 1777. Ils étaient si commodes et si bien distribués qu'ils
me laissaient peu de choses à désirer.

Je proposai dès-lors à MM. Brebion et Renard, architectes
des bâtimens, chargés de l'Observatoire, d'arrêter leur plan
général de restauration des voûtes, sur lequel je leur ferais mes
observations et proposerais mes additions. Avant de me satisfaire, ils me prièrent de leur dire très-positivement, premièrement, si je tenais beaucoup à conserver la plate-forme
d'un plein niveau, comme elle se trouvait alors, si cela était
indispensable pour les opérations astronomiques; seconde-

7

ment, si la grande salle de la méridienne devait absolument
conserver toute sa largeur et sa voûte en plein cintre. A ces deux
questions ma réponse fut facile. L'on a peut-être cru, leur
dis-je, dans les premiers tems, que les astronomes feraient
un grand usage de la plate-forme de l'Observatoire, s'imagi-
nant sans doute que pour mieux observer le ciel, il faut s'en
approcher de plus près et monter le plus haut possible : mais
on n'a pas prévu combien il serait incommode et difficile de
transporter à une telle élévation des instrumens fort lourds
et peu propres d'ailleurs à être exposés en plein air. Il faut
donc convenir aujourd'hui que la plate-forme n'a guère
d'autre usage et d'utilité que de procurer aux curieux et aux
étrangers une promenade agréable d'où ils découvrent Paris
d'un côté, la campagne de l'autre, ce qui offre le plus bel
horizon, le tableau le plus riche et le plus varié que l'on puisse
voir : mais un simple trottoir réservé dans le pourtour de cette
plate-forme aurait le même avantage. Quant à la grande salle
méridienne, elle n'est utile que dans sa longueur nord et
sud, car on n'a point exécuté le projet qu'on avait eu dans la
création, d'en former une espèce de cadran. Je ne tiens
donc qu'à conserver le gnomon et la ligne méridienne, qui,
sans être d'un grand usage dans l'astronomie moderne, méritent néanmoins de subsister, comme ancien monument et
comme le premier de tous les instrumens qui, dès les tems
les plus reculés, a servi à déterminer les mouvemens du
soleil. D'ailleurs, cette ligne tracée et divisée avec soin sur
une lame de cuivre incrustée dans une bande de marbre
blanc, sur une longueur de 9o pieds, nous représente une
portion visible de cette fameuse méridienne qui traverse la
France et qui a donné lieu à de si mémorables travaux ;
tâchons donc de la conserver.

D'après cette réponse, MM. les architectes ne trouvèrent

plus d'obstacles aux moyens de restauration qu'ils avaient
conçus, et qui ne pouvaient manquer de procurer à l'Observatoire une durée presqu'éternelle. Comme il s'agissait d'empêcher pour toujours les eaux de pénétrer les nouvelles voûtes
qu'on allait reconstruire, ils proposèrent de les garantir par
des dalles de pierre dure de 5 pouces d'épaisseur, recouvrant
les unes sur les autres en échelons, et formant le chevron
avec une pente très-rapide (Voy. *Planches IV et V*). Ces
dalles devaient être supportées par de petites voûtes jetées
par dessus les grandes, qui resteraient à nu et isolées, de telle
sorte que si par la suite l'eau parvenait à percer d'abord les
dalles, ensuite les petites voûtes en brique, elle trouverait
dans les entre-voûtes un air circulant qui en sécherait une
partie, et un espace vide qui donnerait lieu de visiter fréquemment les filtrations et d'y apporter remède, avant que
les grandes voûtes de pierre de taille pussent être atteintes
et endommagées. En laissant la grande salle méridienne
telle qu'elle est dans toute sa longueur, MM. Brebion
et Renard imaginèrent de la diviser en trois parties dans sa
largeur, pour se procurer l'avantage de diviser les combles
des dalles en plusieurs parties, et de leur donner une pente
suffisante, sans une trop grande élévation. De cette manière on conservait la facilité de se promener sur toute
l'étendue de la plate-forme, et les curieux n'y devaient rien
perdre.

On ne pouvait qu'applaudir à un pareil projet. Tel il fut
conçu, tel il fut adopté par M. le comte d'Angivillers, et son
exécution commença au printems de l'année 1786. On trouvera à la suite de ce Mémoire les plans et les coupes des
nouvelles constructions (*Planches IV, V et VI*). A mesure
que la restauration avançait, je tâchais de profiter de ce que
la distribution m'offrait de commode pour mes vues et pour

l'utilité de l'astronomie. C'est ce dont il me reste à rendre
compte.

Je remarquai d'abord que la nouvelle construction des
doubles voûtes me procurait la facilité de disposer le dessus
de chacune des tours pour recevoir des instrumens; je fis
donc réserver une ouverture circulaire de 6 pieds de diamètre
dans la petite voûte supérieure de la tour occidentale T
(*Planche IV*). Cette ouverture, surmontée d'une lanterne
L, était destinée à recevoir un instrument azimuthal qui
serait solidement assis sur la clé de la grosse voûte inférieure
V (*Planche V*).

Une pareille ouverture F, de 12 pieds de diamètre, fut
ménagée au-dessus de la tour orientale T. C'est la place que
j'avais destinée à l'instrument dont M. Ramsden m'avait
parlé à Londres, ainsi que je l'ai rapporté dans le Mémoire
précédent.

Enfin, pour faire en sorte que le cours des observations ne
fût jamais interrompu à l'Observatoire, quelqu'accident qui
pût arriver aux instrumens des cabinets inférieurs, et même
encore pour multiplier les ressources de l'astronomie et
procurer des secours à d'autres astronomes, je trouvai à
propos de faire élever dans la partie du nord de la plate-
forme, en avant de la tour septentrionale (*Planche IV*,
fig. 2), un petit bâtiment O destiné à être le supplément
des anciens et nouveaux cabinets, et qui, dans le plus petit
espace possible, devait renfermer le double de tous nos instrumens (Voy. *Planche IX et l'explication*).

Nos cabinets inférieurs avaient le désavantage inévitable
d'être masqués vers le couchant par le grand bâtiment : mais
celui-ci que j'appelai le *petit Observatoire du Nord*, élevé à
cent pieds du sol, au-dessus de la couche inférieure des
vapeurs de Paris, placé dans la plus belle exposition, n'était

offusqué ni dominé par aucun objet. De plain-pied à la plate-
forme il était de la plus grande commodité pour faire la revue
du ciel, pour chercher les comètes et suivre leurs cours.
C'était le lieu où je me promettais d'observer avec le plus de
constance et d'agrément pendant les deux tiers de l'année.
J'en joins ici les dessins et les plans détaillés (*Planches* 7me
et IX), pour quiconque voudrait à peu de frais se faire
construire un Observatoire où pourraient être réunis dans le
plus petit local possible les instrumens le plus en usage en
astronomie. L'on trouvera aussi dans le Mémoire suivant le
projet d'un Observatoire plus vaste et plus complet, tel qu'un
souverain pourrait en faire construire un, qui serait en même
tems un édifice public, et qui, coûtant dix fois moins que
n'a coûté l'Observatoire royal de Paris (1), serait cependant
infiniment plus commode.

Je fis encore ménager dans les entre-voûtes diverses percées, favorables à des observations particulières que je me
proposais de faire sur les variations de la réfraction des rayons
qui rasent l'horizon au sud et au nord de Paris. Puissent
toutes ces additions, restées sans usage depuis ma sortie de
l'Observatoire, trouver un jour quelqu'un qui les fasse
valoir !

Je ne finirai point sans dire aussi un mot de mon projet
de décoration pour la grande salle méridienne. Depuis long-
tems je désirais infiniment trouver un moyen de me débar-
rasser des visites très-importunes des curieux et des étrangers,
qu'il était d'antique usage à l'Observatoire de laisser entrer
dans les cabinets d'observations. Il arrivait quelquefois qu'on
touchait très-indiscrètement aux instrumens, qu'on les dérangeait malgré la surveillance recommandée à ceux qui condui-

---

(1) Il a coûté deux millions.

saient les étrangers. J'imaginai, lors de la restauration du bâtiment, de rassembler dans la grande salle méridienne une suffisante quantité d'objets propres à satisfaire la curiosité du public qui, dès-lors, ne serait plus dans le cas de venir nous troubler. L'on voit dans la planche VIe la nouvelle distribution de cette salle, dans laquelle le nouveau système de restauration dernièrement adopté avait obligé d'élever quatre piliers pour soutenir les trois berceaux de voûte qui partageaient la largeur de l'ancienne salle. Cette disposition me donna l'idée de fermer en grilles ou balustrades, à hauteur d'appui, les quatre carrés B, b, G, g. Dans les deux premiers proches des croisées, je devais rassembler tous les vieux instrumens, quarts de cercle muraux et mobiles, dont les carcasses en fer, sujettes à plusieurs inconvéniens, sollicitaient la suppression et le remplacement en instrumens tout en cuivre et de nouvelle construction. Les muraux devaient s'appliquer contre les murs des croisées méridionales, et les mobiles être placés en face ainsi que les lunettes simples, parallatiques et autres. Cet appareil d'instrumens n'eût pas été seulement là pour la montre, il devait encore servir pour le cours d'astronomie pratique que j'avais établi et qu'un de mes élèves professait depuis deux ans Cela m'aurait aussi dispensé de livrer mes bons instrumens à des mains novices, qui auraient pu s'exercer tant qu'elles auraient voulu avec ces vieilles machines. Dans les deux autres carrés devaient être placés de grands globes terrestre et céleste, des sphères et autres objets relatifs à l'astronomie que le public aurait pu apercevoir en circulant autour, le long de la méridienne. C'est en S, au milieu de la galerie, entre les deux piliers en face de la porte d'entrée, que devait être placée la statue de Jean-Dominique Cassini, commandée en 1787, au nombre de celles des grands hommes qu'avait eu la belle idée de faire exécuter à diverses époques cet infortuné monarque dont on ne peut trop louer les intentions, ni trop plaindre les malheurs. M. Moitte, chargé d'exécuter cette statue, en a exposé le plâtre au salon de 1790; les connaisseurs le regardent comme un des plus beaux morceaux sortis de l'atelier de ce célèbre sculpteur (1). Les bustes des autres astronomes, montés sur des gaînes, auraient décoré toute la longueur de la galerie de la méridienne. Enfin les 180 feuilles de notre carte de la France, divisées en plusieurs grands tableaux, devaient être exposées sur les murs. Un tel ensemble me semblait fait pour satisfaire la curiosité des étrangers; rien n'était plus convenable au lieu, et comme je possédais presque tous les matériaux nécessaires à l'exécution, elle eût été aussi peu coûteuse que facile.

Tel fut le parti que je cherchai à tirer de la nouvelle restauration de l'Observatoire. Je dois rendre ici un hommage public à la complaisance et à la grâce que mirent MM. Brebion et Renard à seconder mes intentions, à entrer dans mes vues et à les exécuter avec toute l'intelligence et l'adresse qui caractérisent le vrai talent (2). Cette restauration de l'Observatoire royal ne pourra qu'ajouter infiniment à la réputation de ces deux artistes dont nous avons eu depuis à

---

(1) Il est fâcheux que depuis 20 ans le marbre de cette belle statue ne soit pas encore achevé. Au moment où l'on imprime ce Mémoire, la mort prématurée de M. Moitte augmente mes regrets, que partageront tous les amis des arts, et ceux qui savent apprécier les grands talens.

(2) Lorsque je proposais quelque nouvelle construction, j'avais toujours le soin, non-seulement d'en faire moi-même les dessins, mais encore de les exécuter en relief, afin de me faire mieux comprendre de ces Messieurs à qui je soumettais mes idées, et qui les rectifiaient en ce qui ne pouvait pas s'accorder avec l'ensemble de leurs plans. Par cette réunion et cet accord, nous ne pouvions manquer d'atteindre notre but et de faire pour le mieux.

regretter la perte (1). Les travaux ont été commencés au printems de l'année 1786 ; j'ai eu la consolation de les voir ter-
minés en 1793 avant ma sortie de l'Observatoire. Je puis
donc dire qu'en quittant cet établissement j'ai eu le bonheur
d'assurer à jamais sa conservation et sa durée ; ce titre m'est
trop glorieux pour ne pas le faire valoir, et j'ose espérer qu'il
sera ajouté au nombre des services que mes ancêtres et moi
avons rendus à l'Observatoire et à l'astronomie pendant cent
cinquante années consécutives (2).

EXPLICATION DES PLANCHES.

Planche Iᵉʳᵉ.

Vue de la façade méridionale de l'Observatoire royal de Paris, construit
sous le règne de Louis XIV, sur les dessins de Claude Perrault.

L'inauguration en fut faite les 20 et 21 juin 1667. Les premiers membres
de l'Académie des Sciences se transportèrent ces jours-là sur l'emplacement
de l'édifice projeté, pour y tracer un méridien et huit azimuths auxquels
devaient répondre les angles du bâtiment. Les fondemens furent jetés en 1668,
l'édifice ne fut achevé qu'en septembre 1671. Sa construction a coûté deux
millions.

Cette façade, qui regarde la campagne, n'offre vers le sud qu'un rez-de-
chaussée et un premier étage, élevés de 78 pieds, sur une double terrasse
formant en avant une vaste esplanade supérieure, et au-dessous des espèces
de fossés en jardins.

Dans les murs en pierre de taille, M, M, qui soutiennent les terres des
deux terrasses, sont pratiquées plusieurs pièces voûtées dont on voit les
entrées, a, b, c, destinées à servir de laboratoire de chimie (*), E est l'entrée
d'un escalier qui descend de la première à la seconde terrasse.

---

(1) M. Brebion est mort le 25 mai 1796, et M. Renard le 24 janvier 1807.

(2) Les premiers travaux astronomiques de J. D. Cassini datent de 1650.

(*) Voyez *Pièces justificatives*, Nº IX, § Iᵉʳ. De toutes ces ouvertures et constructions sou-
terraines que l'on voit ici, il n'en existe que quelques-unes ; les autres sont prises d'un ancien
plan retrouvé dans les archives des bâtimens, et daté de 1667, et qui indique l'ancien projet
qui a depuis été abandonné.

A, première terrasse élevée de 6 pieds.

B, seconde terrasse élevée de 15 pieds.

J, fossés en jardins.

P, emplacement des cabinets qui ont été construits depuis 1731, de plain-pied, à la tour orientale.

T, tour orientale, dont le rez-de-chaussée a toujours été consacré aux observations vers l'est et vers le midi.

T, tour occidentale, dont le rez-de-chaussée servait anciennement aux observations vers le couchant. MM. de Chazelles et Sedilean y avaient tracé sur le pavé un planisphère terrestre, que M. de la Faye avait rétabli depuis; mais, n'ayant été qu'imprimé et non gravé, il fut bientôt détruit. Cette pièce, dans les derniers tems, a été distribuée en appartemens.

Les trois grandes croisées du milieu du corps-de-logis, au premier, sont celles de la salle méridienne.

Planche II.

Vue de la façade septentrionale de l'Observatoire, tournée vers Paris.

Cette façade a un étage de plus que la méridionale. Le rez-de-chaussée est de plain-pied à la cour et au niveau des rues Saint-Jacques et d'Enfer, par lesquelles on y entre.

On voit sur la gauche les divers cabinets d'observations M, Q, V, qui ont été successivement bâtis, depuis 1731 jusqu'en 1778, dans l'emplacement marqué P, *Planche Iere*; on trouvera ces cabinets plus en grand dans les *Planches VII* et *VIII*.

T, tour orientale octogone.

T', tour occidentale octogone.

t, tour du nord carrée.

Planche III.

Figure 1ere. Plan géométral du premier étage de l'Observatoire, faisant le rez-de-chaussée de la façade méridionale.

Tout ce premier étage a été consacré aux logemens de MM. Cassini, à l'exception de la tour orientale T, qui a toujours été destinée aux observations, et à côté de laquelle on a bâti depuis, ce que l'on appelle les *cabinets d'observation* M, Q, V, N, qui, réunis à cette grande pièce octogone T, sont devenus le véritable et unique Observatoire.

E, grand escalier qui monte du rez-de-chaussée au premier étage, au second étage et à la plate-forme.

S, vestibule sur le pavé duquel est tracée une simple ligne méridienne dont la plaque est placée au-dessus de la porte qui donne sur la terrasse. (Depuis 1793, il sert de remise à un grand télescope de 20 pieds, qu'il faut charrier hors du bâtiment chaque fois que l'on veut s'en servir.)

r, ouverture circulaire dans l'axe de l'escalier en limaçon qui descend au fond des caves. Les voûtes de chaque étage sont percées dans le même axe perpendiculaire; ce qui a servi à des expériences sur la chute des corps qui, du haut de la plate-forme au fond des caves, avaient à parcourir une hauteur de 165 pieds, dont 87 pieds pour la profondeur des caves.

G, grande ouverture octogone, par laquelle on apercevait de ce premier étage la porte d'entrée inférieure *t* de la tour du nord. (Cette ouverture a été bouchée depuis 1793.)

Figure seconde. Plan géométral du second étage.

M, M', M'', grande salle méridienne qui occupe en trois parties toute la profondeur du bâtiment, sur une longueur de 97 pieds et demi du nord au sud; le méridien est indiqué par une lame de cuivre incrustée dans une bande de marbre blanc, sur laquelle sont marqués les signes du zodiaque; l'élévation du gnomon est de 30 pieds 7 pouces 1 ligne. Le pavé de cette salle est à 26 toises au-dessus de la hauteur moyenne des eaux de la Seine. La partie M de la grande salle méridienne, recouverte d'une seule voûte en plein cintre, a été depuis divisée en trois parties, ainsi qu'on le verra dans la *Planche VI.*

T', pièce octogone de la tour occidentale, destinée aux observations vers le couchant, et dans laquelle on avait établi, en 1786, un atelier pour les grands instrumens.

H, H', *h*, logement dans lequel se sont succédés MM. Picard, de la Hire, Fouchy, l'abbé Chappe et Jeaurat. Contre le mur latéral de la fenêtre de la pièce *h*, M. de la Hire avait fait suspendre un quart de cercle mural de 6 pieds, avec lequel on a long-tems observé; il avait le désavantage de ne pouvoir pointer jusqu'au zénith.

T, pièce octogone de la tour orientale destinée aux observations et à l'usage de l'astronome qui occupait le logement H, H', *h*.

C, ancien logement de M. Bouguer, qui l'avait cédé en 1757 pour être le dépôt de la carte générale de la France.

p, p, Puisards servant au dégorgement des eaux de la plate-forme, et dont on avait profité pour monter des cheminées nouvelles qui pussent rendre habitables les logemens établis dans les différentes pièces du bâtiment.

Planche IV.

Figure première. Plan géométral de l'ancienne plate-forme de l'Observatoire. Cette plate-forme était recouverte d'une couche épaisse de ciment, sur lequel était assis un pavé de petits carreaux de pierres à fusil de 3 pouces d'épaisseur sur 5 pouces carrés de largeur. Les eaux ne s'écoulaient que par une pente très-douce, et n'avaient pour dégorgement que deux puisards *p* et P.

B, bassin de 2 pieds et demi de profondeur, pratiqué au-dessus de la tour occidentale, destiné à l'instrument des anciens nommé *scaphe*, le même qu'Eratostène fit construire à Alexandrie (Voyez *IIIe partie*, Anecdotes de la vie de J. D. Cassini.) Cet instrument n'ayant pas été exécuté, ce bassin a servi à contenir des vases pour mesurer l'eau de la pluie.

T, tour orientale évidée et formant puits; une grille de fer *g*, *m*, *d*, à hauteur d'appui, fermait l'approche de cette grande ouverture.

E, issue du grand escalier, et entrée de la plate-forme, recouverte par un simple auvent qui n'excédait point les parapets.

t, Tour du nord, élevée au niveau des parapets du reste de la plate-forme, et qui n'en avait point : on montait dessus par les petits gradins *n'*, *n*.

N, escalier par lequel on descendait dans la pièce supérieure G (*Pl. V*, *fig.* 1ere) de la tour du nord, et dans la voûte de laquelle était pratiquée l'ouverture circulaire S. (Voyez Anecdotes, *IIIe partie*.)

r, Ouverture par laquelle l'œil peut plonger à 165 pieds de profondeur du haut de la plate-forme jusqu'au fond des caves.

c, *c'*, Seuls tuyaux de cheminées pratiqués dans le bâtiment. On a pratiqué depuis celles marquées P, *p*, qui montent dans les puisards.

b, *b*, Escaliers pour descendre et aller ajuster des objectifs au gnomon de la méridienne.

Figure seconde. Plan géométral de la nouvelle plate-forme, recouverte de dalles de pierre dure en échelons, avec les divers caniveaux qui reçoivent et dégorgent les eaux.

L, ouverture de 6 pieds de diamètre au-dessus de la tour occidentale, surmontée d'une petite tourelle destinée à un instrument azimuthal.

F, ouverture de 12 pieds de diamètre au-dessus de la tour orientale, destinée à un instrument nouveau pour mesurer la distance directe des astres.

O, nouveau petit Observatoire, dont on trouvera la description *Planche X*.

p, *p*, Cheminée montée dans les puisards. E, escalier.

Planche V.

Figure première. Coupe des nouvelles voûtes sur la méridienne.

On y voit le nouveau pilier P, élevé vers l'est pour soutenir les premières voûtes de pierre de taille de la méridienne, au-dessus desquelles on aperçoit les secondes voûtes supérieures en brique qui soutiennent les dalles.

t, Tour du nord. G, ancienne pièce pour les observations au zénith. *s*, petite ouverture supérieure.

r, Percée dans l'axe de l'escalier des caves.

d, Escalier qui descend au trou de la méridienne.

Figure seconde. Coupe des nouvelles voûtes sur la perpendiculaire à la méridienne, ou parallèle à la façade méridionale passant par le centre des deux tours orientale et occidentale.

T, Tour orientale; *T'*, tour occidentale, salle de l'atelier.

F, Grande ouverture de 12 pieds de diamètre, recouverte d'une calotte pour y placer un nouvel instrument dont le pied eût posé sur la clé de la voûte inférieure V, ainsi que le faux plancher destiné à porter l'observateur.

M, M', M'', division de l'ancienne grande salle méridienne, en trois berceaux de voûte.

L, petite lanterne pour l'instrument azimuthal dont le pied eût posé sur la voûte inférieure V.

On voit parfaitement dans cette figure la distribution des doubles voûtes, des entre-voûtes et des toits surbaissés de dalle en pierre dure à gradins, avec les caniveaux, et tout le système de restauration adopté pour la conservation de l'édifice.

Planche VI.

Distribution nouvelle de la grande salle méridienne de l'Observatoire royal.

P, *P'*, *p*, *π*, nouveaux piliers élevés pour soutenir les trois berceaux de voûte qui divisent l'ancienne salle carrée de la méridienne.

On voit à chacun de ces piliers des balustrades en équerre à hauteur d'appui, qui devaient partager cette salle en quatre carrés renfermant divers instrumens et attirails d'astronomie propres à intéresser la curiosité du public.

En G et *g*, les grands globes de Coronelli.

L, *L*, Planisphères du ciel austral et boréal.

M, *M*, anciens quarts de cercles muraux.

B, B', anciens quarts de cercles mobiles.

T, t, anciennes machines parallactiques pour les grandes lunettes, etc.

b, b, b, b... Bustes des astronomes français qui ont travaillé à la mesure des degrés du méridien en France, au nord et à l'équateur.

g, k, c, n, bustes de Galilée, Kepler, Copernic et Newton.

S, statue de J. D. Cassini, exécutée par M. Moitte en 1790.

Planche VII.

Anciens cabinets d'observation.

T, tour orientale.

M, premier cabinet bâti en 1731 pour y placer deux muraux N au midi; n, au nord. Le mural N avait 6 pieds de rayon; l'autre n n'en avait que 3 pieds; leur carcasse était en fer.

Q, second cabinet bâti en 1742 pour le grand quart de cercle mobile de 6 pieds, à toit conique tournant.

V, chambre de veille pour l'observateur la lunette méridienne de Ramsden y est aujourd'hui placée.

Ces trois cabinets se trouvaient assis sur un grand mur de terrasse, prolongé de l'Observatoire (Voy. Planche 2°).

C, petite tourelle à toit tournant, bâtie vers 1760 pour l'observation des hauteurs correspondantes.

Planche VIII.

Nouveaux cabinets.

M, Q, V, anciens cabinets reconstruits plus solidement en 1776. On supprime le toit tournant du cabinet Q, et l'on substitue une large trappe horizontale, et deux ouvertures verticales en fenêtres au sud et au nord, pour découvrir le méridien dans sa totalité, destinant ce local à y placer un jour une grande lunette des passages.

N, nouveau cabinet en avant des anciens et à la place de la petite tourelle C (Planche VII), construit en 1780 et 1781.

R, grand mur isolé de 22 pieds de hauteur, 8 de long, 2 d'épaisseur, pour la suspension des muraux.

E, toit tournant conique pour prendre des hauteurs correspondantes.

O, calotte demi-sphérique tournante pour un équatorial.

P, lunette des passages décrivant les deux tiers du méridien supérieur.

Planche IX.

Plan et élévation du petit Observatoire sur la plate-forme.

Figure première. Plan géométral. La petite salle S, de 18 pieds sur 9, était destinée à l'emplacement de la lunette des passages de 4 pieds de longueur, qui était dans les cabinets inférieurs, et à un quart de cercle mural de 4 pieds de rayon.

C, tourelle à toit tournant destinée aux observations des hauteurs correspondantes, soit avec un petit quart de cercle, soit avec un petit cercle répétiteur.

P, petit pavillon carré à toit tournant, destiné à un équatorial ou à une lunette parallactique.

E, Tourelle de l'escalier montant de la méridienne. Au sommet du toit conique devait être placée la cuvette pour la mesure de l'eau de la pluie.

Figure seconde. Elévation de la façade du nord du petit Observatoire.

m, Dalle de pierre pour servir à prendre, d'un point toujours fixe sur la méridienne, les angles des divers objets placés dans l'horizon de l'Observatoire royal.

Figure troisième. Coupe sur la méridienne.

C'est absolument la même distribution, mais avec des dimensions un peu plus grandes, que nous proposons pour troisième modèle d'Observatoire (Voyez IIIe Mémoire, *Planche* 7e).

Pl. 1.

Vue de la façade Méridionale de l'Observatoire Royal de Paris

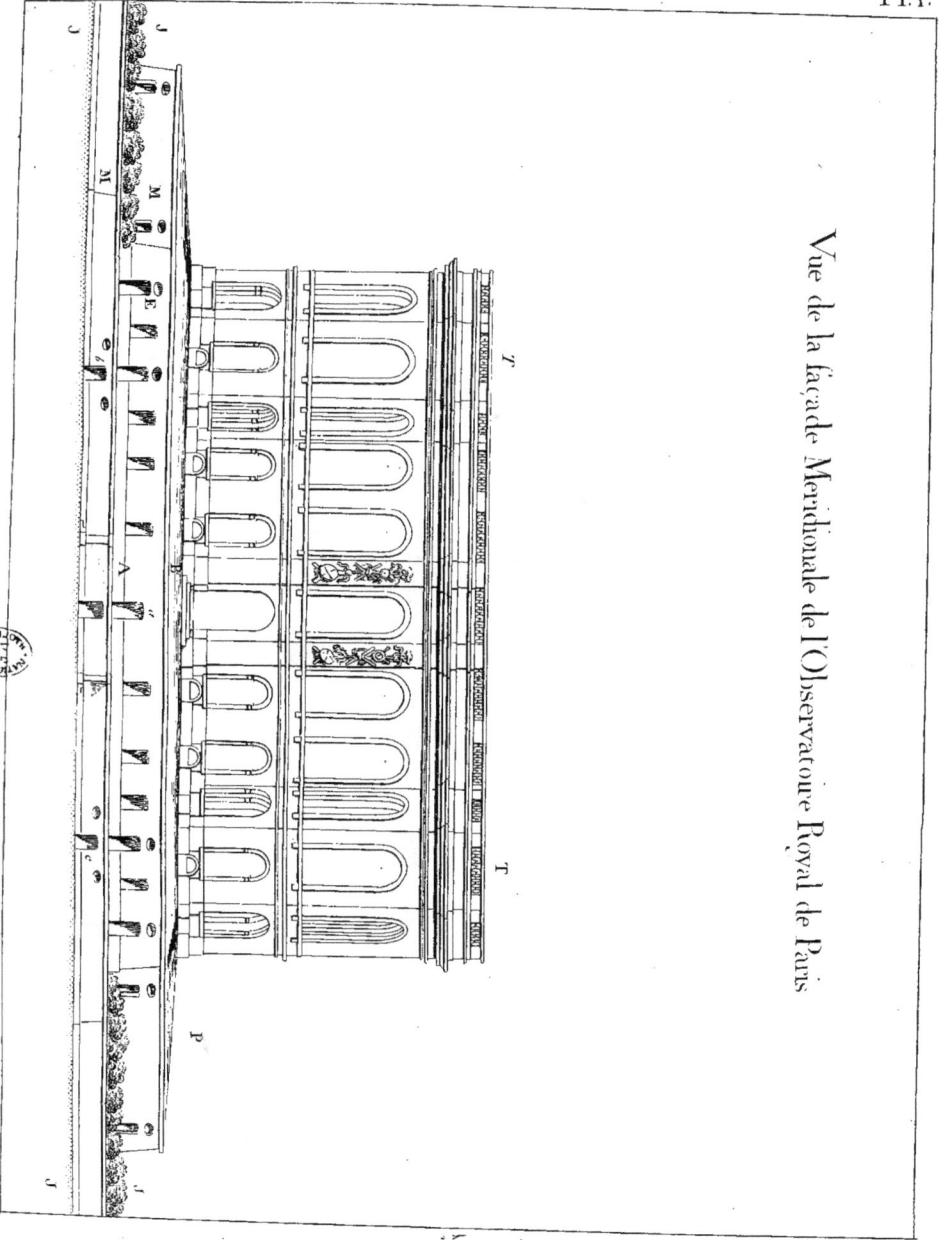

·Pl. II.

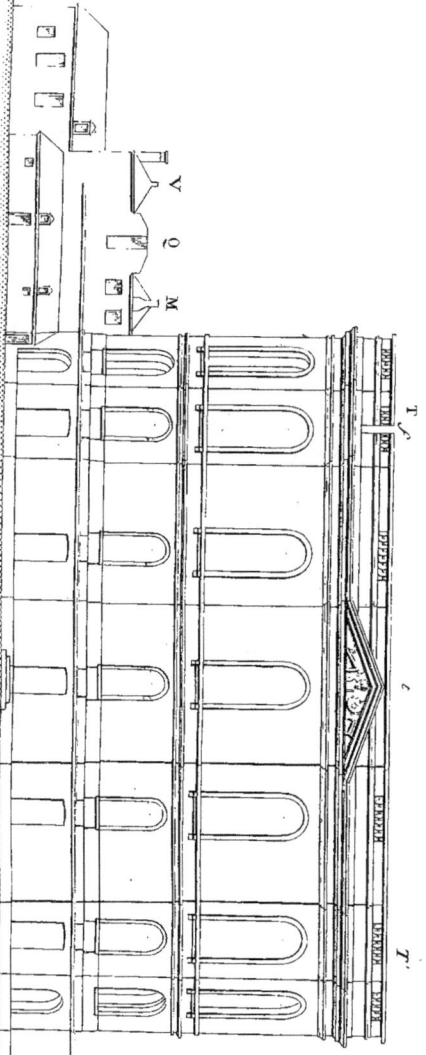

Vue de la façade Septentrionale de l'Observatoire Royal de Paris

Pl. III.

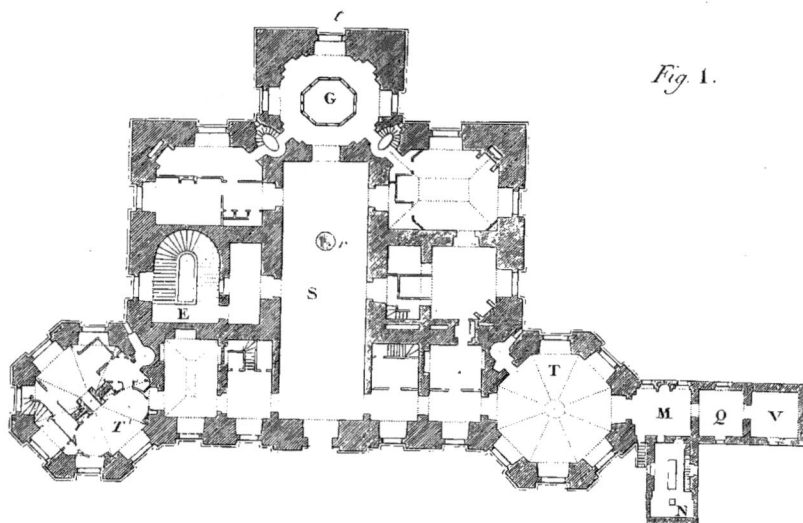

Fig. 1.

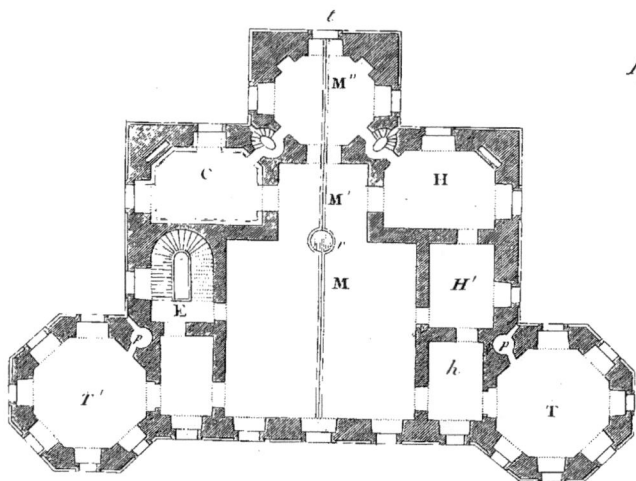

Fig. 2.

6   12   18   24 Toises.

Plan Géométral

⎰ Figure 1re Premier Étage de l'Observatoire Royal.
⎱ Figure 2de Second Étage de l'Observatoire Royal.

Pl. IV

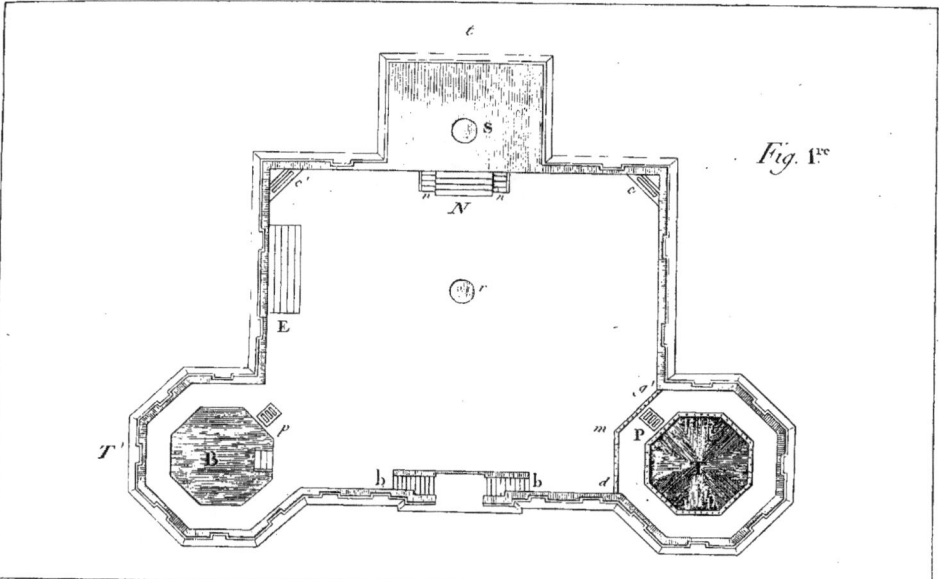

Fig. 1re

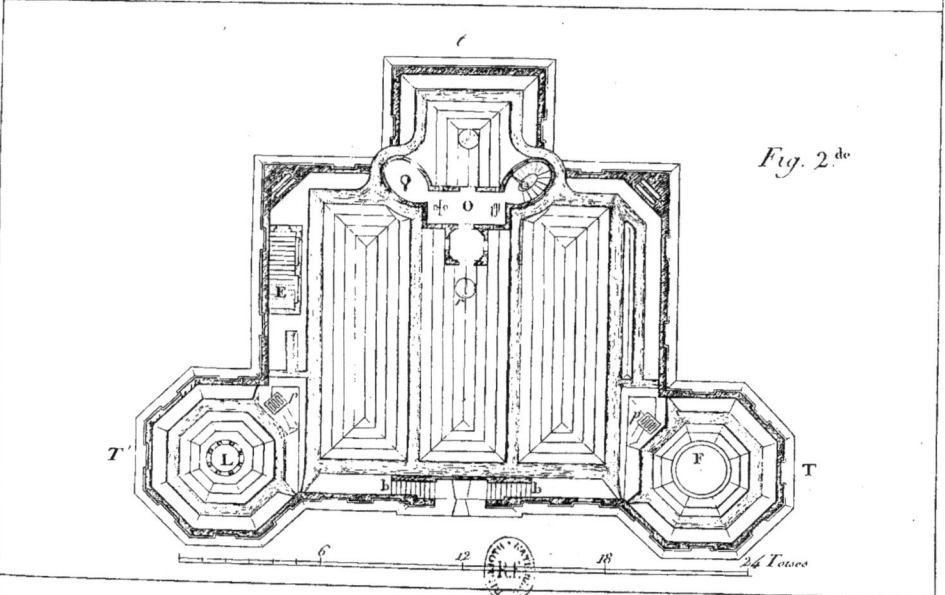

Fig. 2^{de}

Plan Géométral { de l'Ancienne Platte-forme de l'Observatoire Royal: Fig. 1re
{ de la Nouvelle Platte-forme de l'Observatoire Royal: Fig. 2^{de}

Pl. V.

*Fig. 1.*re

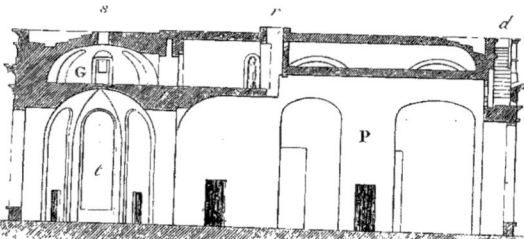

Fig. 2 de

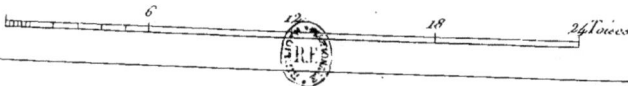

Coupe des Nouvelles Voutes de l'Observatoire Royal.

Pl. VI.

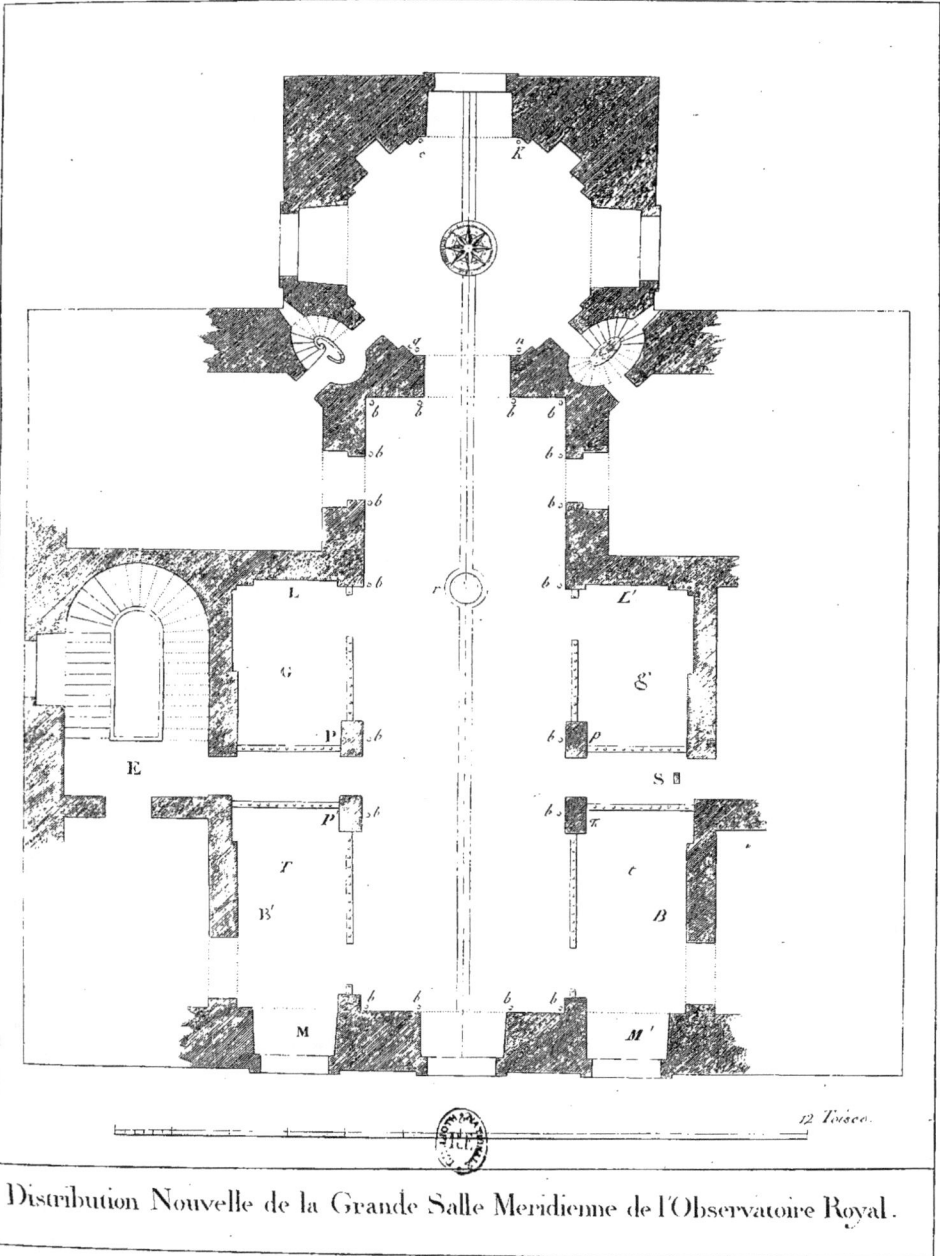

Distribution Nouvelle de la Grande Salle Meridienne de l'Observatoire Royal.

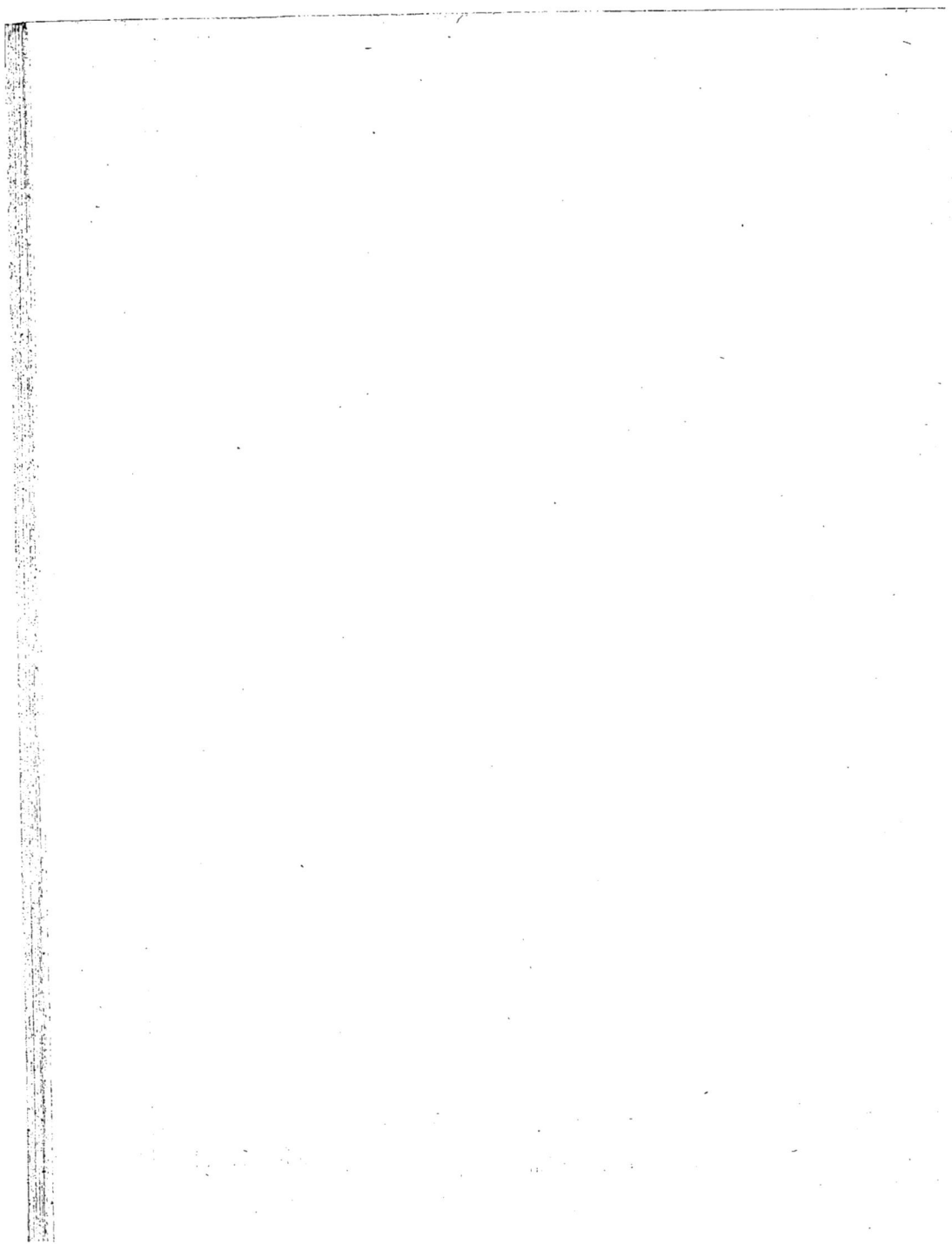

Pl. VII.

Fig. 2.

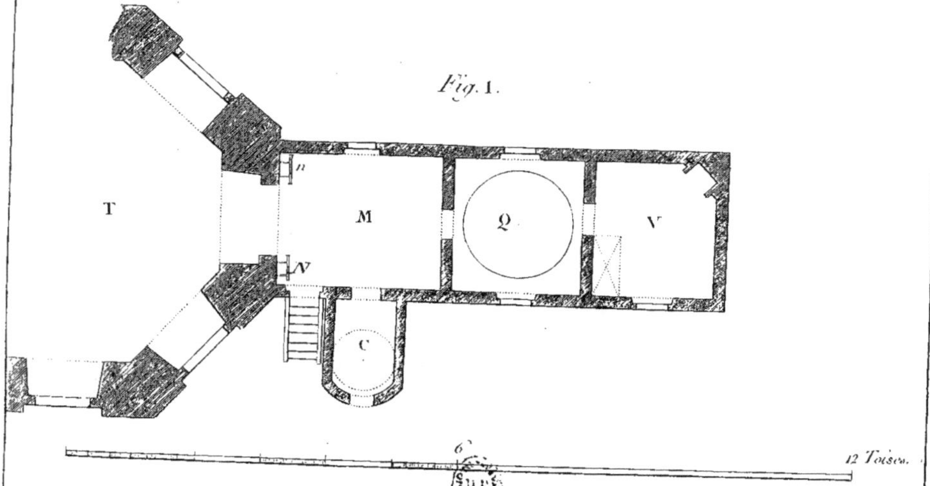

Fig. 1.

12 *Toises.*

Anciens Cabinets d'Observations ..... {Plan Géométral .... *Figure* 1.re
{Élévation .... *Figure* 2.de

Pl. VIII.

Fig 2ᵈᵉ

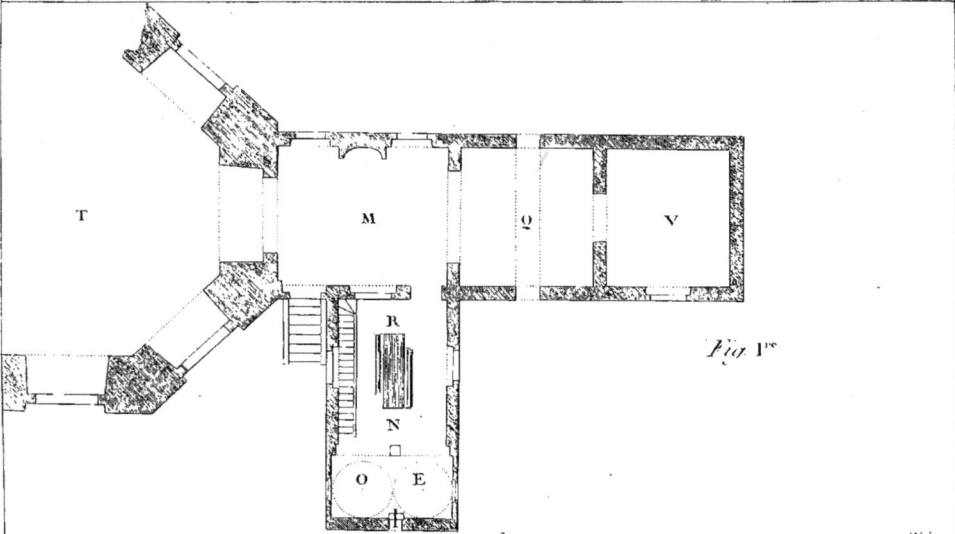

Fig 1ʳᵉ

12 *Toises*

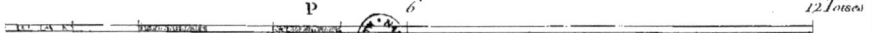

6

Nouveaux Cabinets

Pl. ix.

Fig. 3.

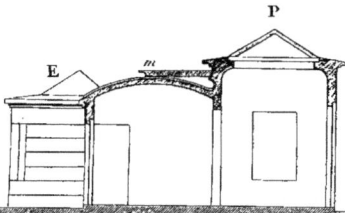

Fig. 2.

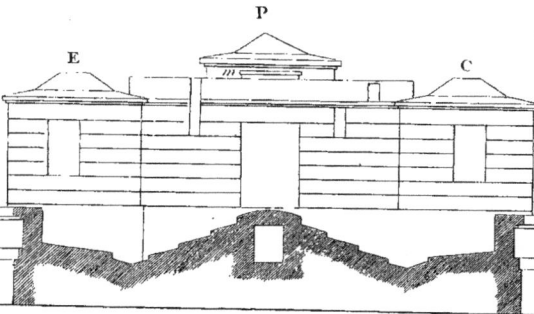

Fig. 1.

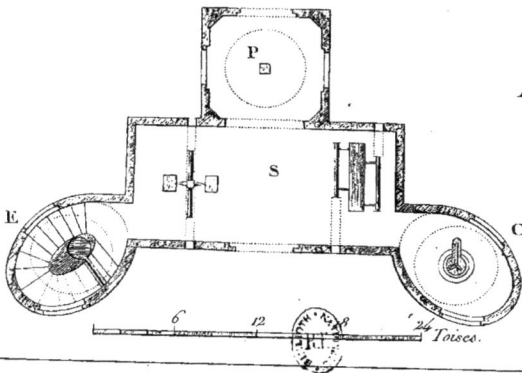

6   12   18   24 *Toises.*

Plan et Élévation du Petit Observatoire sur la Platte-forme

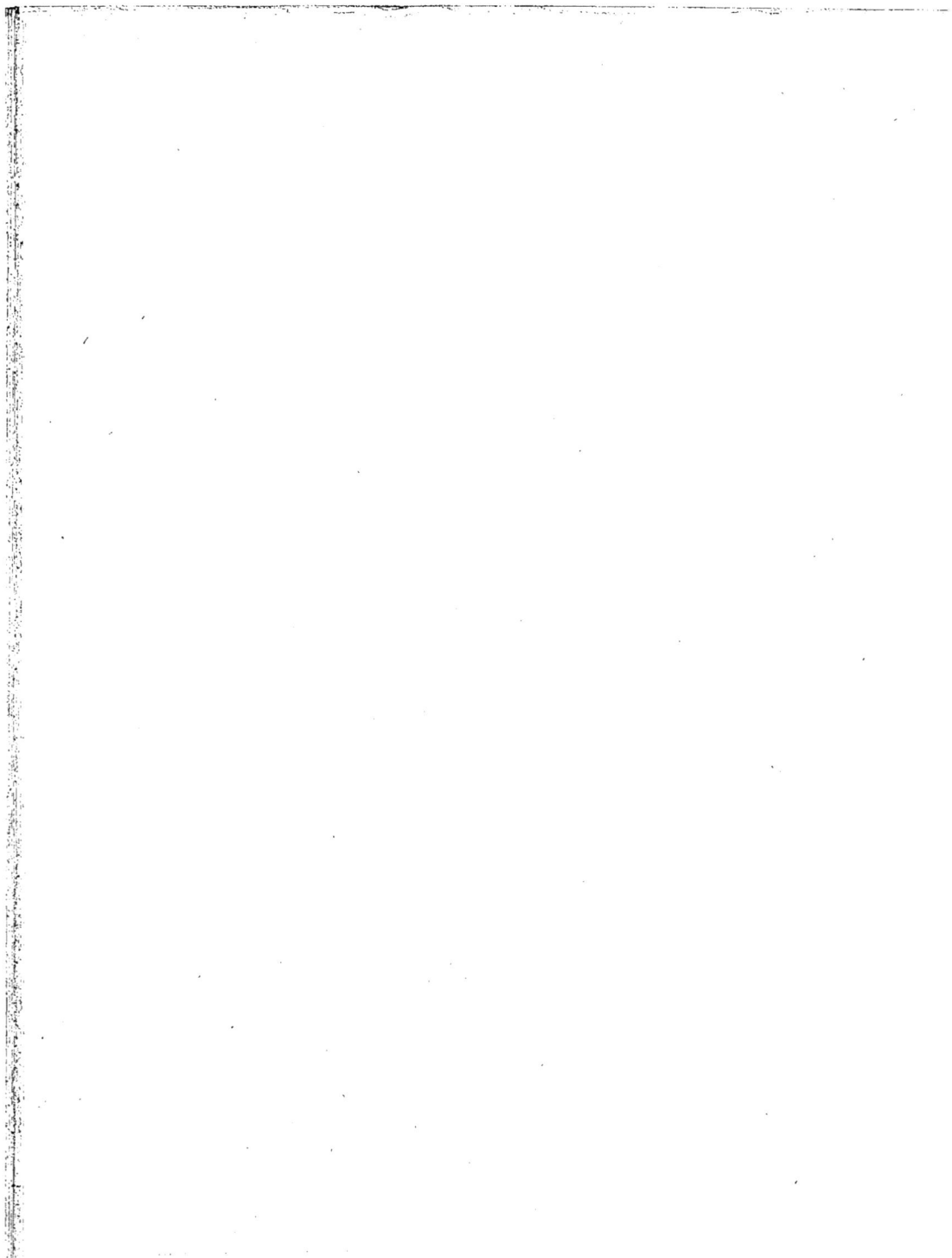

TROISIÈME MÉMOIRE.

PROJET ET DESCRIPTION D'UN NOUVEL OBSERVATOIRE.

Exposé des principes qui doivent diriger les architectes dans la construction et la distribution des édifices destinés aux observations astronomiques.

Le plus habile architecte, s'il n'a point pratiqué l'astronomie, ne saura jamais construire un bon Observatoire. Il n'y a qu'un astronome qui puisse prévoir tous les besoins et remplir toutes les conditions qu'exigent les diverses opérations de l'observateur, et les différens instrumens dont il peut faire usage.

Rien ne doit être plus simple qu'un édifice destiné aux observations astronomiques. Premièrement, il ne doit pas être très-vaste. Le service devient fatigant pour l'observateur, lorsque les instrumens sont fort éloignés les uns des autres ; il lui est infiniment commode de les avoir rassemblés presque sous sa main, et de n'avoir pas à transporter trop loin ceux qu'il se trouve obligé de changer de place. Secondement, des murs trop épais et trop élevés, tels que ceux de l'Observatoire royal de Paris, présentent de grands inconvéniens pour certains instrumens. C'est le sol sur lequel est bâti l'édifice qui doit être très-exhaussé, afin que l'Observatoire puisse dominer sur tout ce qui l'environne, et ne soit masqué par aucun objet qui lui dérobe une partie du ciel ou lui cache l'horizon. Mais les murailles du bâtiment doivent être basses, pour que, dans certains cas, l'observateur puisse, de l'intérieur, pointer ses instrumens par dessus ces murs jusqu'à l'horizon. Cette nécessité, ainsi que celle de découvrir le méridien, tantôt dans sa totalité, tantôt depuis le zénith jusqu'à l'horizon, fait à la vérité le désespoir des architectes qui, pour remplir ces conditions, rencontrent de grandes difficultés dans l'agencement des toitures. D'ailleurs, dans le peu d'élévation du bâtiment, ils ne trouvent plus à satisfaire aux proportions requises par les règles de l'art et pour l'agrément de l'œil, qui se trouve choqué des coupures et des formes bizarres qu'exige le service. Mais, nous l'avons déjà dit, un Observatoire commode n'est point et ne peut être un monument d'architecture : toute décoration lui devient étrangère ou au moins superflue; elle ne doit y être admise que dans le cas où elle ne nuit en rien à l'objet principal, ou bien lorsqu'on a dessein d'en faire un monument public et que l'on n'a point à regarder à la dépense ; car autrement il faut adopter le principe de ne rien épargner pour les instrumens et pour la solidité de leur assiette, mais d'user d'économie sur tout le reste.

Cependant, ne serait-il pas possible de donner à la distribution d'un Observatoire un ensemble, des proportions et et des formes qui, en satisfaisant aux désirs des astronomes, ne déplairaient point trop aux amateurs de l'architecture? Oui, sans doute; et je suis très-persuadé que si les architectes jusqu'à présent n'ont encore rien produit de bon en ce genre, c'est parce que les astronomes ne se sont jamais donné la peine de se concerter avec eux et de leur fournir les instructions suffisantes, les détails et les données sans lesquels les plus belles conceptions de l'artiste seront toujours rejetées du savant, qui ne fait cas que de ce qui lui est véritablement utile. Je me propose ici de rapprocher et de concilier l'un et l'autre. Je vais donner tous les principes de construction pour un Observatoire solide et commode. Je ferai connaître les divers instrumens qui doivent y être rassemblés, et la manière

de les poser, selon l'usage auquel ils sont destinés. J'avertirai
de certaines précautions et des convenances à observer, et
qui ne peuvent être connues que du praticien. J'indiquerai
les commodités qu'il faut tâcher de procurer aux observateurs.
Enfin, pour me faire mieux comprendre, j'essaierai de joindre
l'exemple au précepte, en proposant des plans d'Observatoires qui rempliront toutes les conditions requises. Il y
manquera peut-être la parfaite concordance avec les règles de
l'art ou de la construction ; je ne m'y occuperai pas non plus
des belles proportions, des embellissemens et des décora-
tions que les artistes seuls pourront y ajouter ; il n'appartient
qu'à eux d'y suppléer.

C'est donc un canevas, une espèce de programme que je
vais offrir à MM. les architectes, et que je les invite à remplir.
Je ne leur proposerai mes idées que pour leur en faire naître
de meilleures. Puissé-je y réussir ! J'espère qu'au moins ils
me sauront gré d'un travail qui leur manquait, et dont plusieurs pourront peut-être profiter. J'aurai beaucoup gagné,
j'aurai atteint mon but, si quelqu'un d'eux veut bien prendre
la peine, soit de rectifier mes projets, soit de les embellir,
soit même de les anéantir, pour en substituer d'autres qui
ne pourront manquer d'être préférables.

Commençons par une instruction générale sur les principaux instrumens de l'astronomie, sur leurs usages et sur la
manière de les placer.

Les opérations de l'astronomie pratique se divisent en
deux classes : observations dans le méridien, observations
hors du méridien. Elles ont chacune leurs instrumens particuliers, qui demandent une distribution et un emplacement
différens.

Dans le méridien, on observe les passages et la hauteur des
astres. Deux instrumens sont particulièrement destinés à ces

9

observations. L'un que l'on appelle *Lunette méridienne* ou *des passages,* son nom indique son usage. L'autre, avec lequel on peut prendre en même tems les passages et les hauteurs, s'appelle *Quart de cercle mural.* On fait encore usage dans le méridien d'un troisième instrument qu'on appelle *Secteur au zénith,* parce qu'il ne sert qu'auprès du zénith. L'on sent parfaitement que, pour remplir leur destination, ces instrumens doivent être fixés invariablement dans le plan du méridien. Voyons de quelle manière.

La *Lunette des passages,* qui a ordinairement de 4 à 8 pieds de longueur, tient à un axe autour duquel elle tourne comme le rayon d'une roue tourne sur son essieu (Voyez *Planches* 6ᵉ et 8ᵉ, *figure* 2ᵉ); et par ce mouvement elle doit décrire le demi-cercle du méridien du sud au nord. Pour cet effet, les deux extrémités de l'axe doivent être soutenues par deux piliers P, *p,* élevés à droite et à gauche de la ligne méridienne, avec un écartement de 3 à 4 pieds (1), c'est-à-dire, égal à la longueur de l'axe. Une lunette méridienne n'étant pas un instrument d'un très-grand poids, des piliers de 15 pouces sur 20 seront suffisamment forts. L'essentiel est qu'ils soient bien assis, qu'ils n'éprouvent aucune variation et sur-tout pas le plus petit écartement. A cet effet, il ne faut pas se contenter de les asseoir sur voûte, mais préférablement sur un seul massif carré, *m, M,* plus large que la distance et l'épaisseur des piliers, qui monte de fond jusqu'à la hauteur du sol et réunisse les deux piliers par le pied. Il serait à désirer que chaque pilier, qui ne doit guère avoir plus de 6 pieds de hauteur, fût d'un seul morceau de pierre, de

---

(1) C'est à l'astronome à tracer sur la place les lignes méridiennes, et à indiquer à l'architecte les écartemens et les diverses dimensions des murs et des piliers de suspension, relativement à la grandeur des instrumens qu'il veut placer.

marbre ou de granit (1). Si l'on est forcé de les composer de
plusieurs assises, il faut au moins les goujonner de manière à
ce qu'aucun choc ne puisse les déranger (Voy. *Planche* 6e,
figure 2e, coupe des piliers, P, *p*, et de leur fondation).

Au-dessus de la lunette des passages, le toit doit être percé
ou plutôt interrompu, dans toute sa longueur du nord au sud,
par une ouverture L de 18 pouces de largeur, qui doit aussi
se prolonger dans les grands murs de face, en contre-bas
jusqu'à la hauteur des piliers, et même un peu au-dessous (2).
Ces ouvertures doivent être recouvertes par des volets ou
trappes, ouvrant et fermant hermétiquement par des mouvemens et un mécanisme qui demandent toute l'attention de
l'architecte (3).

Le *Quart de cercle* se fixe dans le méridien, contre un mur

---

(1) La hauteur des piliers dépend de la longueur de la lunette; car, lorsque la
lunette pointe au zénith et devient verticale, dans cette position la posture de
l'observateur serait trop gênante, si son œil ne se trouvait à 3 pieds au moins
d'élévation au-dessus du sol; ajoutez-y la demi-longueur de la lunette, et vous
aurez l'élévation des piliers.

(2) Cette nécessité d'interrompre entièrement la continuité d'une toiture est sans
doute très-préjudiciable à sa solidité, et rend extrêmement difficile la disposition
et l'agencement des trappes; je ne vois pas trop pourquoi l'astronome ne souffri-
rait pas que l'architecte laissât au moins une traverse de jonction à l'arête du
faîtage A (*Planche* 8e, *figure* 1ere), ou en *c* et *c* (*figure* 2e); car, il faut en
convenir, cette traverse ne pourrait nuire que dans la circonstance (qui n'aura
peut-être pas lieu une fois en cinquante ans) du passage d'un astre au point
juste du zénith, auquel cas on l'observerait avec un autre instrument. Il ne faut
donc pas se priver d'un très-grand avantage pour un très-petit inconvénient,
auquel même on peut remédier. D'ailleurs, ces traverses en A ou en *c, c,* pourraient être amovibles pour le moment de l'observation.

(3) La double tôle, recouverte de plusieurs couches de peinture, est ce qu'on
peut employer de meilleur pour les trappes; elles doivent s'ouvrir de l'ouest à
l'est. Leur manœuvre est plus facile sur un plan incliné que sur un plan horizontal.

isolé de pierres de taille, auquel on ne peut donner trop de force ni trop de solidité, vu le grand poids de l'instrument qui a communément 6 à 8 pieds de rayon, et vu l'invariabilité dont cette masse doit être. Ce mur, de 9 à 10 pieds de hauteur (1) sur 6 de longueur et 2 d'épaisseur, doit être composé de hautes assises de pierres de taille du plus beau choix. Sa fondation doit descendre à la profondeur convenable, par échelons et en s'élargissant comme une pyramide, pour mieux résister à la poussée des terres (Voyez *Planche* 6ᵉ, *figure* 4ᵉ).

La lunette *c o* d'un mural, fixe par un bout *c* au centre de l'instrument, décrit, par l'autre bout *o*, le quart d'un cercle *o d* (*Planche* 8ᵉ, *figure* 1ᵉʳᵉ) ; l'on n'a donc besoin que de découvrir le quart du méridien, et cette ouverture du toit n'est pas aussi fâcheuse pour le mural que pour la lunette des passages, car elle ne doit prendre que du point *z* et *y* de la verticale qui passe aux deux extrémités du mur isolé, dans la direction de ses deux faces orientale et occidentale. On a besoin de ces deux trappes opposées, soit pour la vérification du mural qu'il faut quelquefois retourner, soit pour un second instrument pareil, que l'on peut suspendre au même mur et en sens contraire sur l'autre face.

Quelques astronomes, au lieu d'un mur fixe isolé, pourraient demander un mur (2) tournant sur un boulet, comme l'exécuta M. Le Monnier, ou comme celui que le célèbre Ramsden a construit pour l'Observatoire du duc de Marlborough, porté sur un cadre de cuivre tournant sur un axe ; l'architecte alors ne montera son mur fixe qu'à la hauteur de

---

(1) Trois pieds d'élévation pour l'œil, et 6 pieds pour le rayon de l'instrument, demandent au moins 9 pieds pour le mur.

(2) Ce ne peut être alors qu'un seul bloc de pierre ou de marbre.

3 pieds au-dessus du sol, et fera d'ailleurs les autres constructions que demandera l'assiette du pivot et des vis à caler nécessaires à l'immutabilité de l'instrument, et qui seront indiqués par celui qui l'aura construit. La disposition des trappes, dans tous les cas, sera la même. L'architecte n'a besoin, pour régler leur longueur et leur écartement, que des dimensions du rayon de l'instrument et de largeur du support.

Le *Secteur au zénith* n'est destiné qu'à mesurer de trèspetites distances près du zénith. Ce n'est qu'un limbe de quelques degrés, appartenant à un cercle de 12 à 18 pieds de rayon, dont le segment doit être porté par un axe vertical et tournant, portant par le bas sur pivot et soutenu par en haut dans une traverse ou forte barre.

L'architecte n'a donc à disposer pour cet instrument qu'un local peu étendu en longueur, mais fort élevé (1). Sur le sol dans le plan du méridien, et sur une longueur de 3 pieds, il faut établir un bloc de pierre bien fondé de 3 pieds de haut sur 2 de large, pour recevoir le pivot de l'axe et asseoir le limbe. Deux corbeaux de pierre, placés dans le haut ou dans l'étage supérieur, à l'élévation relative au rayon de l'instrument, soutiendront la traverse qui doit maintenir la tête de l'axe vertical; perpendiculairement au-dessus, doit être pratiquée dans le toit une ouverture nord et sud pour découvrir quelques degrés du ciel en-deçà et au-delà du zénith.

Tels sont les principaux instrumens à placer dans le méridien, et dont la disposition est essentielle à bien connaître pour la distribution d'un Observatoire. Nous ferons remarquer que, d'après ce que nous venons de dire, il est facile de

_____

(1) Pour passer l'axe et la lunette qui reste toujours à peu près verticale, puisqu'elle n'observe que près du zénith.

conclure que de grandes pièces et des plafonds ou voûtes très-élevées sont les moins propres à l'emplacement des muraux et des lunettes méridiennes (1), pour lesquels il faut diminuer, autant que possible, la longueur, le poids et la difficulté des mouvemens et du mécanisme des trappes. Nous préviendrons encore d'une attention à avoir, celle de ne pas trop éloigner la lunette méridienne du quart de cercle mural, afin que le même observateur puisse aller de l'un à l'autre pour prendre le passage et la hauteur. Cependant, il faut en même tems avoir soin qu'il y ait entre les instrumens une certaine distance qui permette de circuler librement autour, sans les trop approcher et courir le risque de les heurter. Ils doivent aussi, pour la même raison, être suffisamment éloignés des murs latéraux (2). Passons aux autres instrumens.

Les observations hors du méridien sont de deux espèces : la première a pour objet la fixation de la position des astres dans le ciel, la mesure de leurs distances respectives. La seconde embrasse des phénomènes instantanés. Pour l'une et pour l'autre, nous allons voir que les instrumens et leur emplacement sont différens.

C'est sous des *Toits tournans* que se placent le plus avantageusement les *Équatoriaux* et les *Lunettes parallatiques,* destinées à déterminer les différences d'ascension droite et de déclinaison des comètes et planètes comparées aux étoiles,

_____

(1) L'on voit, *Planche* 8ᵉ , *figures* 1ᵉʳᵉ et 2ᵉ, la coupe du local le plus favorablement disposé pour cet objet , l'élévation des murs et les différentes formes qu'on peut donner aux toits. La forme du toit, *figure* 2ᵉ, a l'avantage de diviser l'ouverture en trois trappes, ce qui les rend moins lourdes et plus faciles à manœuvrer. Elles seraient bien plus légères en les faisant très-étroites ; mais des raisons physiques ne permettent pas de leur donner moins de 18 pouces de largeur.

(2) De 6 pieds, autant qu'il est possible.

ainsi que les *Quarts de cercle mobiles,* ou les petits *Cercles*
répétiteurs propres à prendre des hauteurs correspondantes
ou absolues. Enfin, l'on peut dire que sous un toit tournant,
tout instrument, quel qu'il soit, devient de l'usage le plus
commode et plus agréable pour l'observateur, qui, d'un
même lieu, sans presque changer de place, peut, à l'abri de
l'air, découvrir tel point qu'il veut de l'hémisphère céleste
au-dessus de sa tête, et suivre le cours d'un astre, quel qu'il
soit, depuis l'horizon jusqu'au zénith : tellement qu'il serait
vrai de dire que sans la difficulté, disons même sans l'impossibilité de l'exécution mécanique, on pourrait réduire tout
Observatoire à une seule et vaste rotonde tournante qui
viendrait à volonté présenter devant chaque instrument, et
dans la direction de l'astre à observer, une ouverture verticale. Mais, pour nous renfermer dans le cercle des choses
possibles, nous ne parlerons ici que des toits en forme de
calotte demi-sphérique ou de forme conique, brisée ou tron-
quée, qui recouvre une ouverture circulaire de 6 à 10 pieds
de diamètre, pratiquée au plafond d'une tourelle ou d'un
petit pavillon carré, qui renferme l'instrument placé au
centre (Voy. *Planche* 8e, *figure* 4e, et *Planche* 6e, *figure* 3e).

Nous avertissons que l'exécution, la disposition et l'emplacement de ces toits tournans ne sont pas sans difficulté, et
demandent toute l'attention de l'architecte, sur-tout lorsqu'ils
sont d'un diamètre un peu grand. On ne peut guère les exécuter avec précision qu'en les composant d'une tôle forte (1)

_____

(1) Il faut convenir que les toits tournans en tôle ont le grand inconvénient de
s'échauffer considérablement aux rayons du soleil d'été, et de répandre intérieu-
rement une chaleur qui peut être nuisible aux instrumens. C'est une des raisons
qui doit engager à augmenter le diamètre de la calotte, et à la moins surbaisser,
afin que l'instrument ne soit pas trop proche de la tôle. Une doublure légère de
marouflage intérieure, et un air circulant entre les deux calottes, remédieraient

soutenue par un châssis de fer; le poids de la machine augmente considérablement le frottement qui s'oppose au mouvement circulaire. Mais, par un mécanisme très-ingénieux,
M. Billiaux, ingénieur-mécanicien, a exécuté en 1807, à
l'Observatoire royal de Paris et au Collége de France, des
toits de 6 pieds de diamètre qui tournent avec la plus grande
facilité. Il fait poser et tourner la base du toit sur un petit
charriot circulaire, qui lui-même est mobile sur des roulettes,
ce qui diminue infiniment l'effet du poids et des frottemens.
(Voy. *Planche* 8e, *fig.* 6e *et* 7e, *et l'explication.*)

L'avantage d'un toit tournant étant de procurer à l'observateur placé au-dessous la facilité de suivre de tous côtés la
route des astres, l'on en conclura que l'emplacement de ces
toits doit être tel que rien ne les masque et ne les domine,
qu'en conséquence leur véritable position doit être toujours
dans le lieu le plus élevé de l'Observatoire. C'est sur-tout
pour l'instrument équatorial et les lunettes placées sur des
pieds parallatiques, pour la recherche et l'observation des
comètes, que cette libre étendue d'horizon devient absolument nécessaire; car les instrumens qui ne sont destinés qu'à
prendre les hauteurs correspondantes du soleil et des astres
du côté du midi, n'ont besoin de découvrir que la partie du
ciel est et ouest, et pourraient être placés plus bas.

---

peut-être à cet inconvénient. Je m'étais proposé d'essayer à l'Observatoire de faire
exécuter la calotte extérieure de la forme que représente la *figure* 3e, *Planche* 8e,
et en petites lames de jalousies, qui n'auraient pu s'échauffer à cause de l'air circulant par dessous. Ces moyens, à la vérité, tendent à augmenter le poids du toit
tournant; mais rien n'est plus facile que de diminuer la plus grande partie de ce
poids, au moyen d'une tige de fer en potence qui tiendrait le toit à moitié suspendu
(Voy. *Planche* 8e, *figure* 4e). Cette tige ne nuirait guère plus à l'observateur que
la traverse au-dessus de la lunette méridienne dont j'ai parlé plus haut. Mais le
mécanisme de M. Billiaux, dont nous allons parler plus bas, sera encore préfé-
rable pour ceux qui sauront l'exécuter.

Il faut avoir encore une autre attention; c'est de ne point trop élever au-dessus du plancher le plafond qui doit soutenir la base du toit tournant; car la lunette de l'instrument, pour pouvoir pointer à l'horizon, doit se trouver un peu au-dessus du plan de la base du cône, et l'œil de l'observateur doit pouvoir s'élever à cette même hauteur (Voy. *Planche* 8ᵉ, *figure* 3ᵉ); sans quoi, il faudra pratiquer un faux plancher très-exhaussé, et un escalier autour de la colonne de pierre destinée à supporter l'instrument et à l'élever au centre du toit. Pour éviter autant que possible ces constructions, il faut tenir très-bas les murs des cabinets à toits tournans. Les instrumens placés sous toits tournans doivent être assis sur voûte, pour être à l'abri de tout ébranlement; un plancher sur poutre n'aurait pas la solidité suffisante.

Il nous reste à parler des instrumens destinés aux phénomènes instantanés, tels que les éclipses du soleil, de la lune, des satellites, et les occultations, ainsi qu'à l'inspection et aux recherches à faire sur le disque des planètes. Les *Lunettes* et les *Télescopes*, employés communément à cet usage, ont depuis 4 jusqu'à 10 pieds de longueur; ils ne demandent que de l'espace, et des ouvertures à tous les aspects du ciel; il ne s'agit donc que de leur procurer des salles vastes et percées de hautes fenêtres à toutes les expositions. C'est dans cette partie que le génie de l'architecte aura libre carrière pour se déployer. Jusqu'à présent, nous l'avons, pour ainsi dire, tenu en lisière, par les obligations, les dimensions et les formes que nous lui avons imposées : mais ici nous ne lui demandons plus que des salles et des fenêtres, sans le gêner ni dans ses proportions, ni dans les distributions, ni dans la décoration, ni dans les formes extérieures et intérieures. Nous l'invitons seulement à ménager pour l'observateur un cabinet ou chambre de veille où il puisse, en certains cas,

10.

coucher auprès de ses instrumens ; car, pour de vrais logemens, nous croyons bien difficile de les faire concorder avec la distribution d'un Observatoire bien combiné. Nous pensons qu'on doit sur-tout les exclure de l'édifice, à cause de l'inconvénient des cheminées qui masqueraient les cabinets supérieurs, et répandraient autour une atmosphère de fumée nuisible aux observations. C'est ce qui nous fait penser qu'on devrait éloigner et rejeter dans un terrain plus bas que celui de l'Observatoire, les logemens des observateurs, la bibliothèque, l'atelier, et les autres établissemens convenables qu'on pourrait vouloir y réunir. C'était la meilleure idée qu'ait eue Perrault dans son plan de l'Observatoire royal, et c'est la seule qui n'ait pas été exécutée (1).

PROGRAMME DU PLAN D'UN GRAND OBSERVATOIRE.

(Voyez *Planches* 1ᵉʳᵉ, 2ᵉ *et* 3ᵉ.)

ON ne peut s'occuper de la distribution d'un Observatoire qu'après avoir fixé le nombre, la grandeur, la forme et l'usage des instrumens dont on se propose de le meubler.

Voici la liste de ceux que doit renfermer le nôtre : ils sont divisés en quatre classes, d'après leur usage et la manière de les établir.

Iᵉʳᵉ CLASSE. Un quart de cercle mural, de 6 à 7 pieds de rayon, tourné vers le midi.

---

(1) Nous n'avons pas dit un mot de la position des pendules : c'est à l'astronome à indiquer les places où il convient le mieux de les établir ; elles ne doivent jamais être suspendues aux murs du bâtiment, susceptibles d'ébranlement et de contracter l'humidité, le froid ou la chaleur de l'air extérieur ; elles doivent porter sur des piliers intérieurs isolés, solides, et très-voisins des instrumens, pour que l'observateur puisse, de la lunette, lire l'heure et entendre le battement des secondes.

Un demi-cercle mural, de 8 pieds de diamètre, servant au nord et au midi.

Une lunette des passages de 8 pieds de longueur.

Un cercle entier de 6 pieds de diamètre.

IIe CLASSE. Un quart de cercle mobile ou un petit cercle répétiteur pour les hauteurs correspondantes,

Un équatorial.

Un chercheur pour les comètes.

IIIe CLASSE. Un télescope newtonien, de 6 à 10 pieds de foyer.

Un télescope grégorien, de mêmes dimensions.

Lunettes achromatiques, de 4 à 10 pieds de foyer.

IVe CLASSE. Un secteur au zénith, de 18 pieds de foyer.

Nous allons désigner l'emplacement particulier et différent que chacune de ces classes d'instrumens doit occuper dans notre nouvel Observatoire.

1°. *Galeries basses* (Planche 1ere).

Les instrumens de la première classe, destinés aux observations dans le méridien, et devant être placés sous des trappes, seront distribués dans deux galeries de 26 à 30 pieds de long sur 16 à 18 de large dans œuvre. Dans la galerie *occidentale*, nous plaçons la lunette des passages ou méridienne et le quart de cercle mural, voisins l'un de l'autre pour la commodité de l'observateur, mais assez distans entr'eux, ainsi que des murailles, pour ne pas se nuire et pour laisser autour une libre circulation. Dans la galerie *orientale* sont établis le demi-cercle mural et le cercle entier. La croisée, au bout de chaque galerie, donne sur un balcon d'où il est agréable pour l'observateur de pouvoir examiner l'état du ciel. Les murs latéraux de ces galeries n'ont que 9 pieds d'élévation au dessus du plancher qui porte sur voûte, et s'élèvent de 4 pieds au-dessus du sol, mais les quatre instrumens portent sur des massifs de fond. La lunette du quart de cercle et du demi-cercle mural, dans la position horizontale, pointera par dessus les murs (Voy. *Planche* 8ᵉ, *figure* 1ᵉʳᵉ).

2°. *Grandes salles et corps-de-logis* (Planche 1ᵉʳᵉ).

Entre les deux galeries se trouve le corps-de-logis destiné à renfermer les instruments de la troisième classe, lunettes et télescopes qui n'ont besoin que d'espace et de fenêtres à toutes les expositions.

Ce corps-de-logis présente dans le milieu une grande salle carrée de 38 pieds, percée au midi de trois porte-fenêtres qui doivent s'ouvrir et procurer la facilité de sortir de plain-pied sur un vaste perron, où dans le besoin on puisse amener les télescopes et lunettes ; ce qui est très-avantageux en bien des cas.

Deux autres salles latérales, la *salle de l'est* et la *salle de l'ouest,* de 38 pieds de long sur 15 de large, ont à leurs angles des croisées presque contiguës qui présentent au même instrument deux expositions qu'il peut embrasser presque sans déplacement. Au fond du corps-de-logis est la *salle du nord* de 25 pieds sur 12, percée de deux croisées, l'une à l'ouest, l'autre à l'est, et d'un porte-fenêtre vers le nord, donnant sur un balcon, pour pouvoir de ce côté inspecter et parcourir le ciel.

Ce corps-de-logis se trouve donc percé de douze principales fenêtres, qui seront chacune distinguées par un signe du zodiaque. Trois observateurs au moins pourront séparément observer à la fois à chaque exposition, sans compter les

ouvertures qui éclairent les galeries et le cabinet du secteur,
dont nous allons parler tout à l'heure.

3°. *Cabinets supérieurs des toits tournans* (Planche 2ᵉ).

Les toits tournans destinés aux instrumens de la seconde
classe, ne pouvant être placés au rez-de-chaussée à côté des
galeries où ils se trouveraient masqués par les toits de ces
mêmes galeries, et bien plus encore par le corps-de-logis, il a
été indispensable de les transporter au-dessus. Leurs cabinets
formeront un premier étage en attique au-dessus de la salle
du nord et de l'extrémité septentrionale des salles de l'est et
de l'ouest; tout le reste du corps-de-logis n'aura qu'un étage
en rez-de-chaussée et sera couvert d'une plate-forme en dalles
à recouvrement (Voy. *Planche* 4ᵉ).

Nous établissons trois toits tournans (Voy. *Planche* 2ᵉ,
figure 1ᵉʳᵉ), l'un au-dessus de la salle du nord pour l'instrument destiné à chercher à retrouver les comètes (1); le second
au-dessus de la salle de l'est, pour l'équatorial; le troisième
au-dessus de la salle de l'ouest, pour l'observation des hauteurs correspondantes.

La tourelle T, qui répond à celle de l'escalier, aura son
plancher percé circulairement pour la suspension du secteur

---

(1) On pourrait préférer pour celui-ci un toit fixe à quatre grandes faces, qui
s'ouvriraient chacune en deux parties par de larges trappes carrées qui permet-
traient beaucoup plus d'écart à la lunette que les trappes verticales étroites ouvrant
en volets. La seule calotte serait tournante (Voy. *Planche* 8ᵉ, *figure* 5ᵉ et *l'explication*) pour les cas rares où l'on aurait à observer au zénith. Cette espèce de
toit nous paraît infiniment plus commode pour les recherches dans le ciel, que le
toit tournant, qui ne peut avoir que des trappes étroites; les parties fixes du toit
carré ne peuvent nuire, parce qu'on a la liberté de changer de place le pied qui
supporte le chercheur, et de le placer comme il faut à la faveur des larges
ouvertures.

au zénith, et à son plafond une trappe *p* pour découvrir le ciel (*Planche* 4ᵉ).

Le cabinet du nord N sera de la même grandeur que la salle inférieure ; ceux des toits tournans E, O, de l'est et de l'ouest, auront dans œuvre 15 pieds sur 12 ; leur élévation sous plafond ne sera que de 7 pieds. Les murs de ces cabinets n'ayant que 7 pieds d'élévation pourront être beaucoup moins épais que ceux du rez-de-chaussée qui auront à supporter des voûtes. On ne trouvera donc pas un grand inconvénient dans le porte à faux des murs de face *a c*, *b d*, des deux pavillons carrés E, O, au-dessus des salles de l'est et de l'ouest, dont la voûte sera assez forte pour les supporter sans danger. Le diamètre de la base des toits sera de 10 pieds ; la distance assez grande qui sépare les trois toits empêchera qu'ils ne se masquent les uns les autres. La couverture de ces cabinets sera plate et recouverte en cuivre ou en plomb, avec une pente de quelques pouces seulement pour l'écoulement des eaux. (Voy. *Planche* 4ᵉ.)

Un escalier en limaçon L, montera du rez-de-chaussée des salles à ce premier étage des toits tournans.

4°. *Tourelle du secteur au zénith*. (Planche 1ʳᵉ.)

Entre la grande salle et la salle du nord sont ménagées deux tourelles de 8 pieds de diamètre dans œuvre T, L; l'une sert de cage à un escalier en limaçon pour monter à l'étage supérieur; l'autre est propre à recevoir un secteur au zénith qui, à la faveur des deux étages, pourrait avoir un rayon de plus de 20 pieds.

Tel est le plan que nous proposons d'un édifice qui réunirait le plus grand nombre d'instrumens propres à l'astronomie (1) ; quelque usage qu'on en fasse, nous croirons avoir été utile aux astronomes et aux architectes, en rassemblant les principales données de la construction d'un Observatoire complet et commode, en fixant les idées sur cet objet, en réparant et faisant connaître les parties qu'il faut entièrement sacrifier et soumettre aux dictées de l'astronome, d'avec celles que l'on peut abandonner à l'imagination de l'artiste et à la gloire de l'art.

Mais comme un édifice du genre de celui que nous venons de décrire ne pourrait être exécuté que par un souverain, comme monument national, nous allons donner le projet d'un plus petit Observatoire, à la portée d'un plus grand nombre d'amateurs de l'astronomie.

PROJET D'UN MOYEN OBSERVATOIRE.

(*Planches* 5ᵉ *et* 6ᵉ.)

Il ne faut pas croire que, pour cultiver avec fruit et avec succès l'astronomie, il soit indispensable de réunir un grand nombre d'instrumens dans un très-grand édifice. Il faut en convenir, les plus grands services ont été rendus à la science, et le sont encore tous les jours, dans de modestes donjons, très-peu commodes et fort mal tournés, par des astronomes munis d'un petit nombre d'instrumens, mais dont les talens, l'activité et le zèle infatigables ont surmonté tous les obstacles et méritent la reconnaissance publique.

---

(1) Nous ne voulions d'abord donner ici ni élévation, ni coupe de l'édifice, parce que c'est une partie qui regarde les architectes et que nous leur abandonnons, d'autant qu'ils seront libres de changer même nos distributions, pourvu qu'ils remplissent les conditions prescrites; mais des artistes mêmes nous ont engagé à joindre au moins une esquisse d'élévation telle que nous la concevons, et qui puisse leur servir à mieux saisir nos idées. Nous donnons donc dans la *Planche* 3ᵉ cette élévation, bonne ou mauvaise, sans aucune prétention.

IIIe
MÉMOIRE.

C'est d'après cela, et dans l'intime persuasion où nous sommes qu'il y aurait de grands avantages pour l'astronomie de multiplier les petits Observatoires et de disséminer les astronomes, que nous nous sommes occupés de la distribution d'un Observatoire de moyenne grandeur , moins dispendieux et non moins commode que celui dont nous venons de donner la description , sans nous prescrire de bornes sur les frais d'exécution , et dans l'intention d'ériger un monument.

Or, ce moyen Observatoire se trouve déjà tout conçu et faire partie du précédent ; car l'on va voir qu'avec très-peu de changement , les cabinets supérieurs des toits tournans du grand Observatoire peuvent devenir un Observatoire complet où pourront être placés un mural de 5 pieds de rayon, une lunette méridienne de pareille longueur, un petit cercle répétiteur, un équatorial et une lunette parallatique ; il n'en faut pas davantage pour cultiver l'astronomie dans toutes ses branches.

Les *Planches* 5e et 6e présentent le plan géométral, la façade et les coupes de ce moyen Observatoire (1), sur lequel il nous suffira de donner les courtes explications suivantes.

A, vestibule d'entrée de 16 pieds sur 12.

M, cabinet du mural de 12 pieds sur 12.

L, cabinet de la lunette méridienne de 12 pieds sur 12.

P, toit tournant de 8 pieds pour le cercle répétiteur et les hauteurs correspondantes.

P', toit tournant de 8 pieds pour l'instrument parallatique ; *p*, autre toit de 8 pieds pour un chercheur.

S, salle de 20 pieds sur 10, pour les observations à la lunette achromatique.

_____

(1) Comme cette façade n'est susceptible d'aucune architecture , nous avons osé en donner ici le dessin.

Hauteur sous plafond, 7 pieds.

Enfin ce moyen Observatoire pourrait se réduire encore à un moindre espace et tel qu'on le voit *Planche* 7°, c'est-à-dire à peu près le même que celui que j'ai fait construire au-dessus de la plate-forme de l'Observatoire royal de Paris (Voyez *Planche IX*), mais un peu plus grand de quelques pieds pour donner plus d'aisance à l'observateur.

Nota. On sera peut-être étonné que dans la distribution du premier Observatoire, je n'aie réservé aucun emplacement pour un grand télescope ; mais je pense que pour tout instrument de dimension extraordinaire, il faut une construction séparée et faite exprès pour l'objet, selon sa forme et ses proportions. M. Herschell a établi ses télescopes de 20 et 40 pieds tout simplement en plein air, au milieu d'un vaste boulingrin. Je me proposais d'en placer pareillement un au bout de la terrasse qui est en avant et au sud de l'Observatoire royal ; et si j'eusse essayé de le mettre sous un abri, pour le garantir des injures de l'air, je me fusse bien gardé de remuer et d'ébranler sans cesse une aussi énorme machine, pour la charrier sous sa remise. C'est bien assez de pouvoir donner à une telle masse les mouvemens sur elle-même, le vertical et l'équatorial, nécessaires pour suivre le cours de l'astre. Il y aurait moins de danger et plus de facilité à rendre mobile l'abri même, et à laisser l'instrument fixe sur sa base.

Il paraît que l'on s'est beaucoup occupé à l'Observatoire, depuis que je l'ai quitté, de la construction d'un télescope de 20 pieds capable de rivaliser avec ceux d'Angleterre. On a vu plus haut que tel avait été mon projet en emmenant M. Carrochez avec moi à Londres. Ce nouveau télescope est aujourd'hui placé sous la première voûte du rez-de-chaussée de la grande terrasse ; il est monté sur un pied très-massif ressemblant peu à celui des télescopes de M. Herschell, qui était un très-bon modèle à suivre. On a pratiqué devant la porte une vaste esplanade en massif de pierre, où il paraît que le télescope doit être charrié toutes les fois qu'on voudra en faire usage, la voûte ne pouvant lui servir que de remise. Malheureusement, dans cette position, le bâtiment privera le télescope de la vue de toute la partie septentrionale du ciel, et il est fort à craindre que l'ébranlement causé par le charroi fréquent de cette lourde machine ne lui devienne funeste. Au reste, nous ne devons pas douter que les membres du Bureau des Longitudes, qui président à la construction de ce télescope, ne trouvent les moyens d'en assurer le succès, et ne nous fassent jouir un jour des merveilles qu'avec cet instrument ils découvriront dans le ciel, et qu'ils ajouteront à celles que nous a déjà annoncées le célèbre Herschell, que jusqu'ici nous avons été obligés de croire sur parole, car personne n'a encore pu les vérifier; nous ne les en tenons pas moins pour très-certaines.

Avant de finir ce Mémoire, je crois devoir faire une réflexion. Dans le programme précédent, j'ai dit que pour bien distribuer un Observatoire il fallait préalablement connaître la forme et la grandeur des instrumens qu'on devait y placer. On ne doit donc pas espérer de pouvoir imaginer une disposition d'Observatoire propre à tous les tems; car le progrès des sciences et la perfection des arts amèneront probablement des changemens dans la forme et la grandeur des instrumens. L'édifice propre à tels et tels instrumens, dans tel et tel siècle, ne sera donc plus bon à une autre époque où la manière et les moyens d'observer ne seront plus les mêmes. Nous en avons déjà fait l'épreuve, et c'est ce qui peut en grande partie excuser Perrault sur les défauts que nous reprochons aujourd'hui à l'Observatoire royal de Paris. Dans son tems, les plus petites lunettes dont on se servait étaient de 20 pieds de

longueur. Les instrumens dont les astronomes précédens
avaient fait usage avaient des rayons de la plus grande dimension; on semblait alors vouloir presque rendre sensibles les
secondes sur la division des cercles. Qui se serait imaginé alors
qu'un jour à venir un petit cercle de 16 pouces de diamètre
déterminerait les angles avec beaucoup plus de précision
qu'un quart de cercle de 8 pieds de rayon, et serait préféré à
tous ces grands instrumens? Qui eût pu croire qu'une lunette
achromatique de 4 pieds équivaudrait à une lunette simple
de 20 pieds, et qu'on ne ferait plus usage de ces fameux
objectifs de Campani et de Borelli de 200 et 300 pieds de
foyer?

Quelque fiers que nous puissions être de ces découvertes,
nous ne pouvons encore nous flatter d'avoir atteint le *nec
plus ultrà*. Il n'est pas dit que nos neveux n'iront pas plus
loin que nous. Quoi qu'il en soit, nous n'avons pas cru faire
un travail inutile en nous occupant de la distribution d'un
Observatoire propre à l'état actuel de l'astronomie.

EXPLICATION DES PLANCHES.

Planches 1ere, 2e, 3e, 4e et 5e.

Il n'y a rien à ajouter à ce qui a été dit dans le programme ci-dessus,
page 74.

Planche 6e.

La *figure* 1ere représente la façade méridionale du moyen Observatoire.
L , trappe de la lunette méridienne qui doit découvrir la totalité du méridien
au nord , au sud et au zénith ; l'ouverture dans les murs de face peut être
figurée en fenêtre.

M , trappe pareille pour le mural ; elle n'aurait pas besoin de descendre
aussi bas que pour la lunette méridienne, si ce n'était pour la symétrie. Elle
ne doit aussi découvrir le méridien que jusqu'au zénith ; du côté du nord
la pareille trappe doit être dans le plan de la face orientale du mur isolé.

Le toit de cet Observatoire doit être plat, recouvert en plomb ou en cuivre, avec le seul bombement nécessaire pour l'écoulement des eaux.

La *figure* 2e représente la coupe des piliers P , p , qui supportent la lunette méridienne, et du massif sur lequel ils doivent être fondés et assis , en faisant corps avec lui.

La *figure* 3e est la coupe du pavillon P dans la direction du méridien. C est une colonne posée sur la voûte du plancher; elle sert de support à une plus petite colonne *l* , sur laquelle porte le pied de l'instrument , dont la lunette horizontale doit être élevée à la hauteur du toit.

g m est un faux plancher isolé qui doit porter l'observateur et lui donner la facilité de tourner autour de l'instrument.

La *figure* 4e est la coupe du mur isolé M dans le plan du méridien. On voit que dans la position horizontale O C de la lunette , il faut ouvrir la trappe verticale *a b*, et dans la position C D la trappe horizontale *z a* : le toit n'a donc pas besoin d'être percé dans toute son étendue; si on voulait placer un instrument sur l'autre face du mur isolé , il faudrait une autre trappe *y f* dans le toit , et une *f r* dans le mur opposé.

Planche 7e.

Cette planche offre le plan géométral et l'élévation de la façade méridionale d'un troisième Observatoire diminutif du second et dans les plus petites dimensions possibles. Elle n'a pas besoin d'explication.

Planche 8e.

Figure 1ere. Coupe de la galerie de l'ouest du grand Observatoire dans le plan du mur isolé. La lunette dans la position horizontale passant par dessus le mur , on n'a besoin que de la trappe du toit *f y*.

Figure 2e. Coupe de la même galerie dans le plan de la lunette des passages , en supposant le toit brisé. Tout le méridien devant être découvert , il faut dans les murs de face les deux trappes verticales *a b* , *c d* , et trois dans le toit *b c*, *c c'*, *c' d* , s'il est brisé; deux seulement s'il est en équerre, comme dans la figure 1ere. En A ou en *c c'*, on peut mettre pour la solidité une traverse de fer à crochet qui puisse s'ouvrir et se fermer.

Figure 3e. Carcasse intérieure d'un toit à double cône, en tôle. T , *t* , trappes. On en met quatre opposées deux à deux, pour la justesse de l'équilibre et pour n'avoir à faire faire au toit qu'une demi-révolution.

Figure 4e. Coupe d'un toit suspendu à trois cordes filées de laiton qui, en se

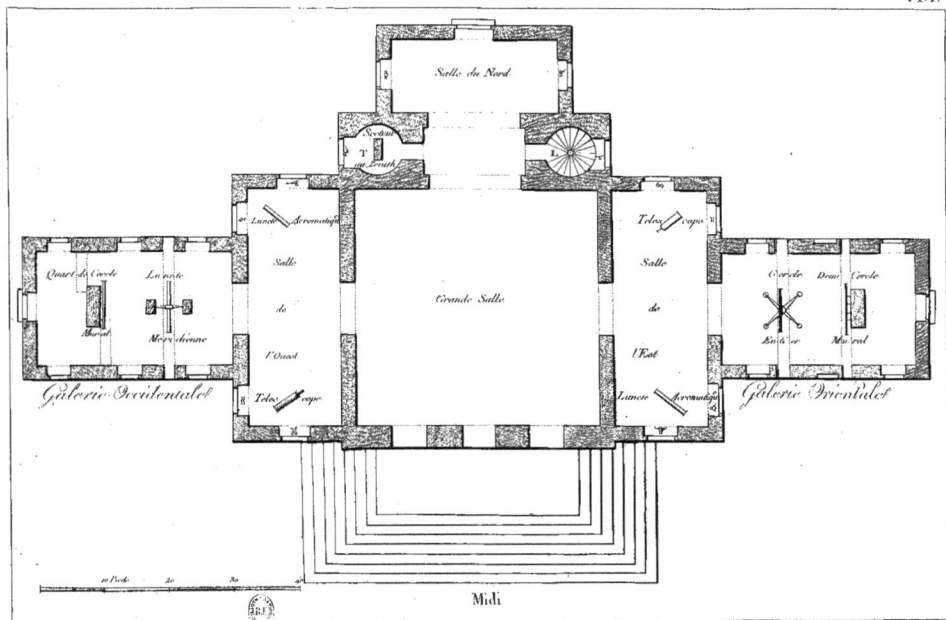

Pl. 1.er

Galerie Occidentale

Galerie Orientale

Salle du Nord

Grande Salle

Salle du Nord

Salle de l'Ouest

Salle de l'Est

Quart de Cercle

Lunete

Demi Cercle

Midi

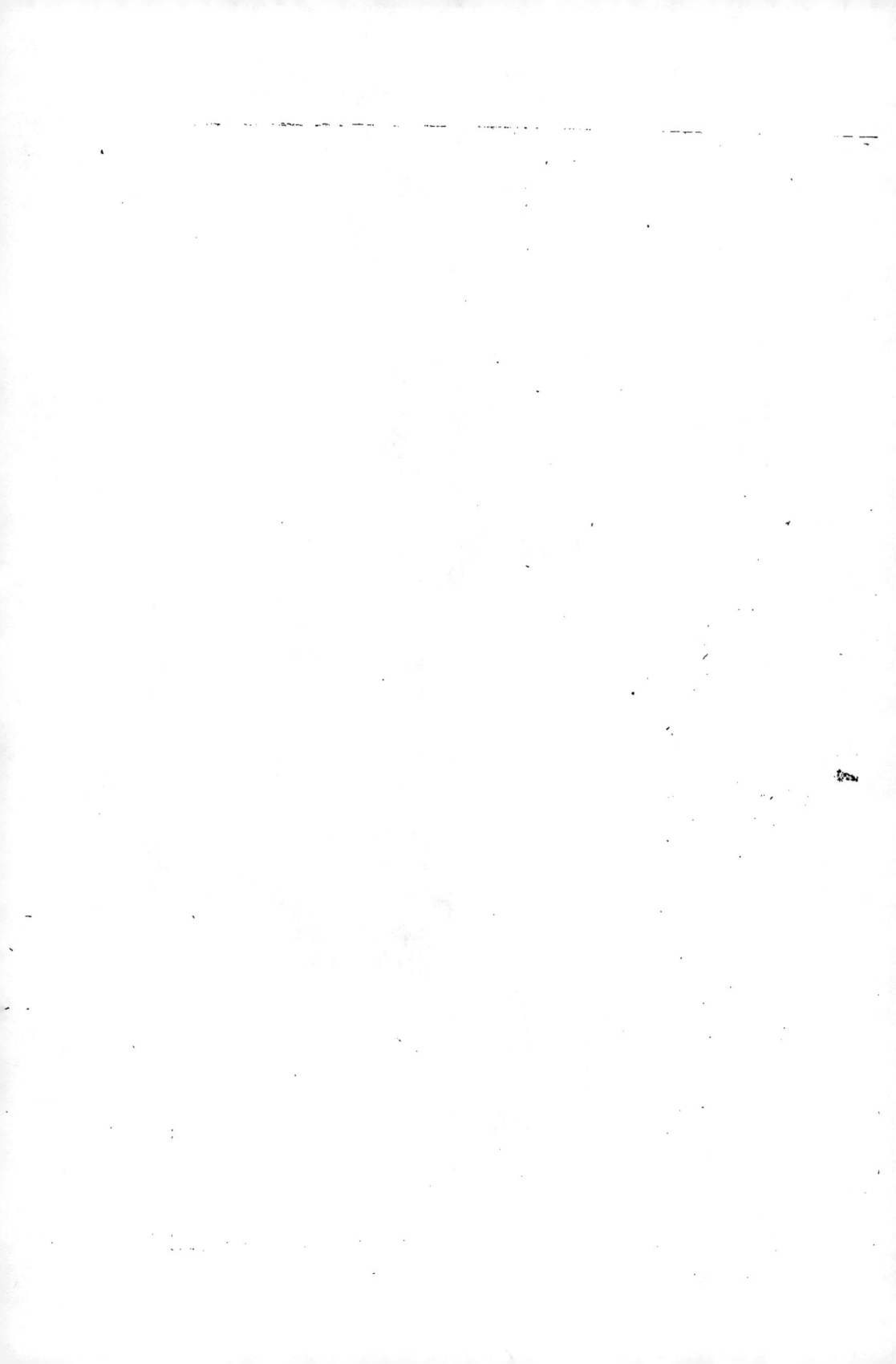

Pl. 2.de

Plan Géométral du Premier Étage en Attique du Grand Observatoire.

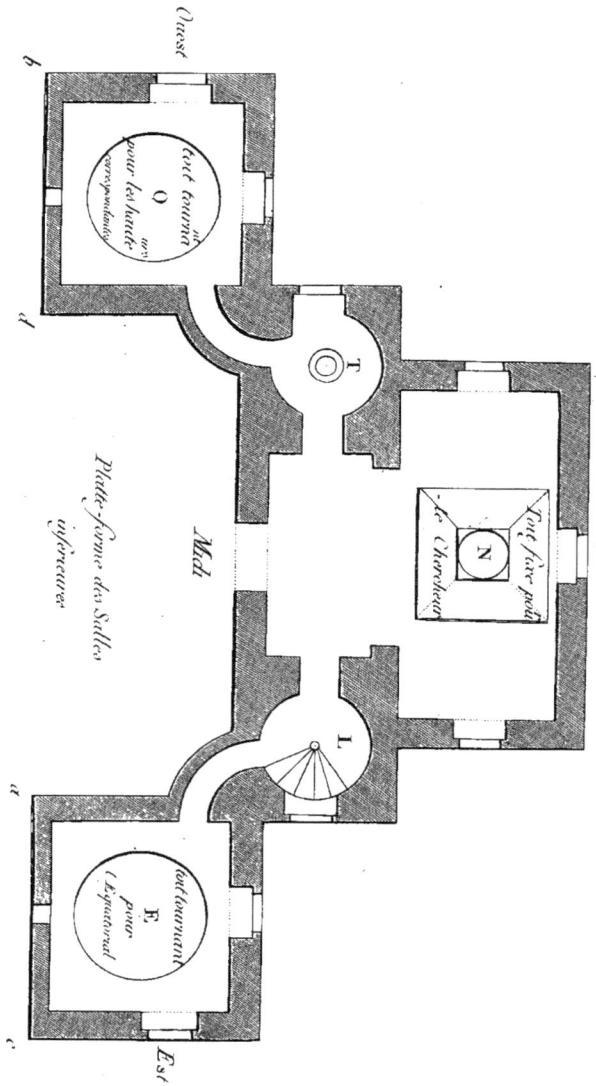

Ouest

Tout tournant
O
un
pour les hautes
correspondances

q

l

T

Midi

Platte-forme des Salles
inférieure

Le Chariteau

Tout s'air petit

N

L

u

Tout tournant
E
pour
l'Equatorial

Est

r

10   20   30   40 Pieds.

Elévation de la façade Méridionale du Grand Observatoire.

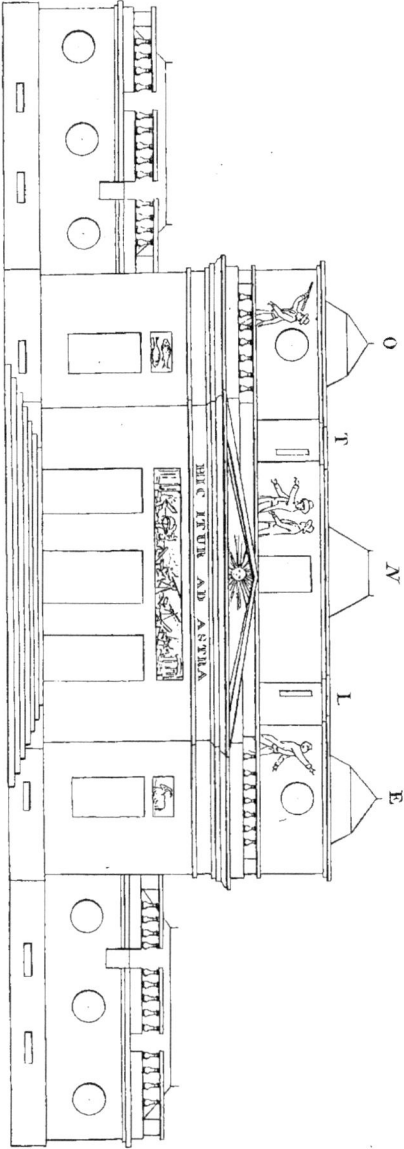

HIC ITUR AD ASTRA

O T N L E

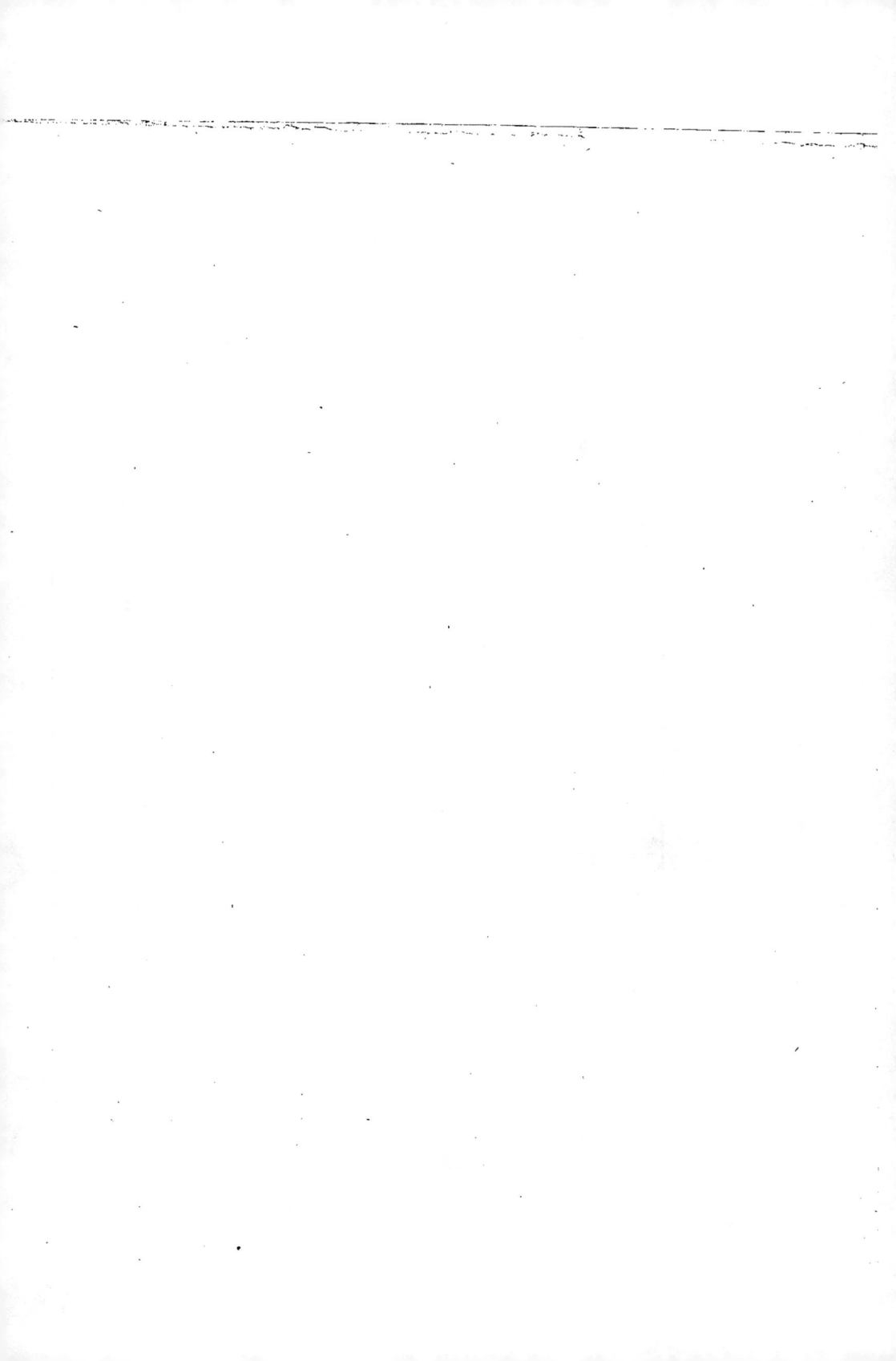

Toits et Plateforme du Grand Observatoire.

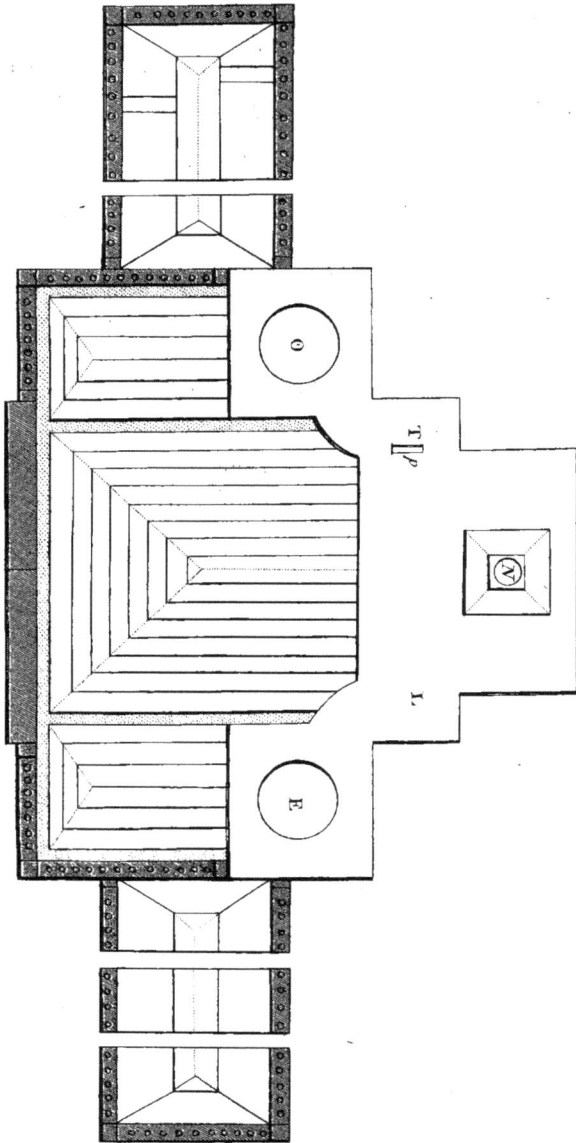

la Piedi

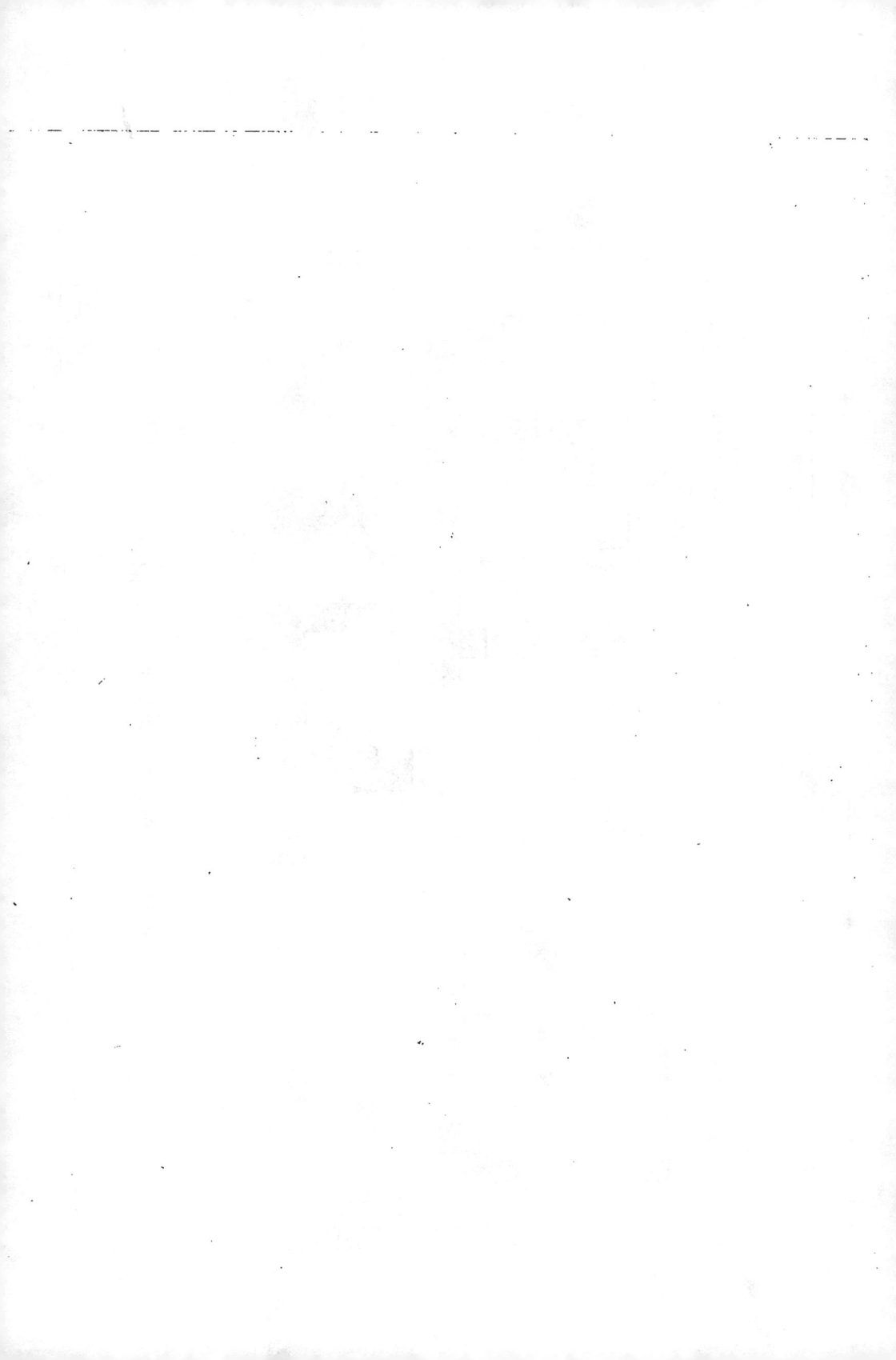

Pl. 5.ᵐᵉ

Plan Géometral d'un Moyen Observatoire.

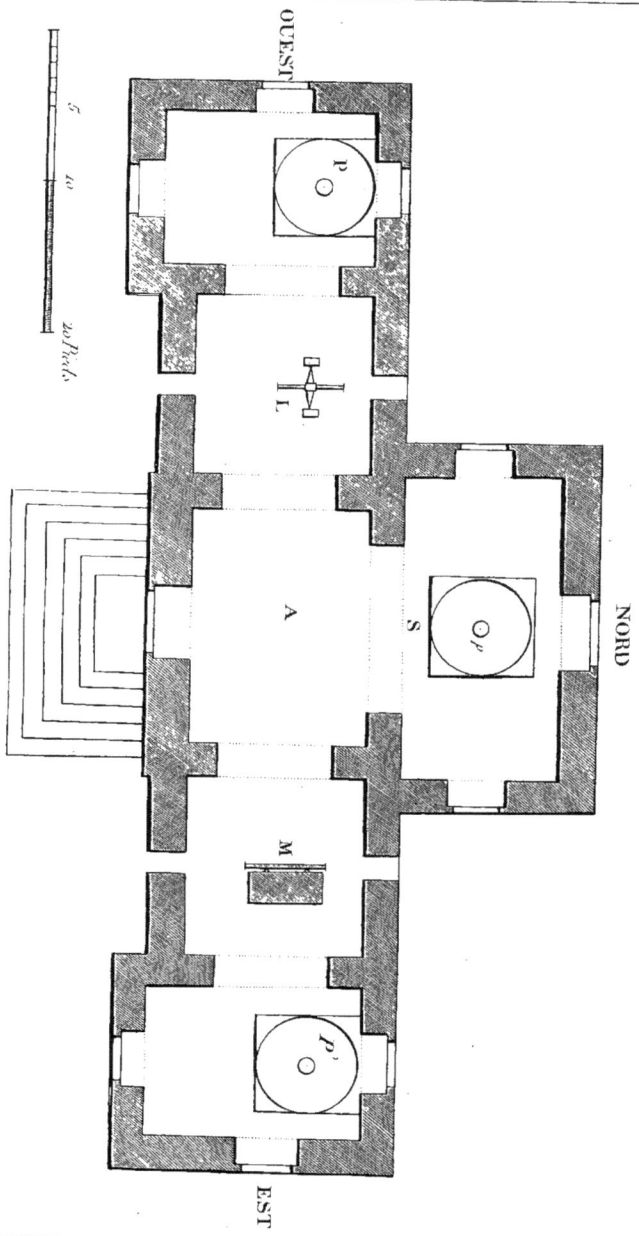

OUEST

P
O

L

A

S
O'

NORD

M

P'
O'

EST

5
10
20 Pieds.

Pl. 6

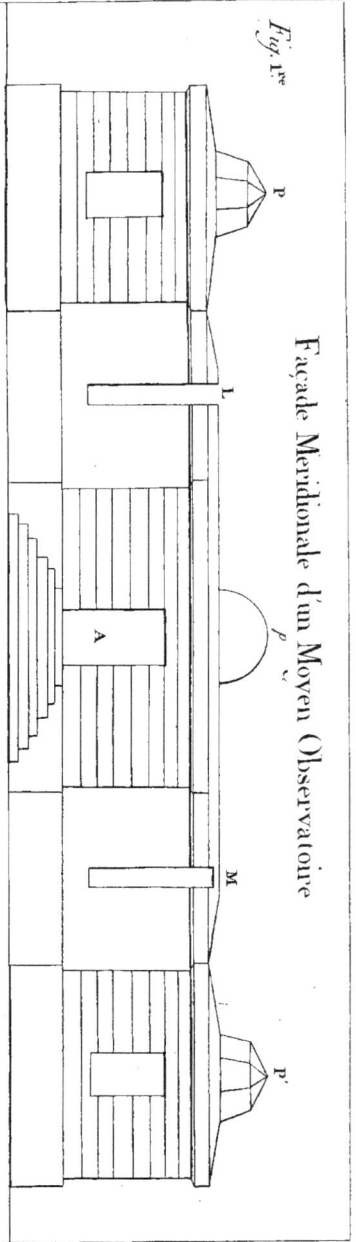

Fig. 1re.

Façade Meridionale d'un Moyen Observatoire

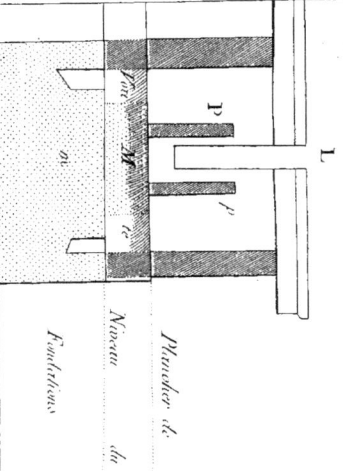

Fig. 2.de

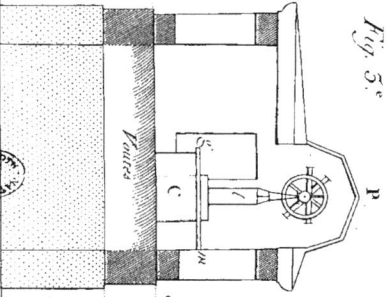

Fig. 3.e

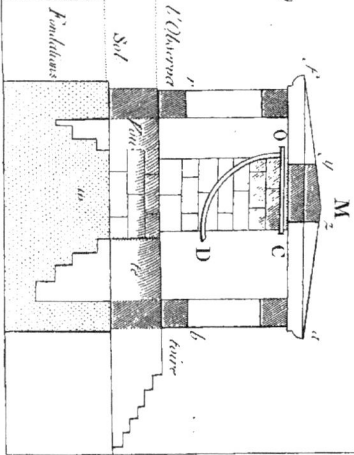

Fig. 4.e

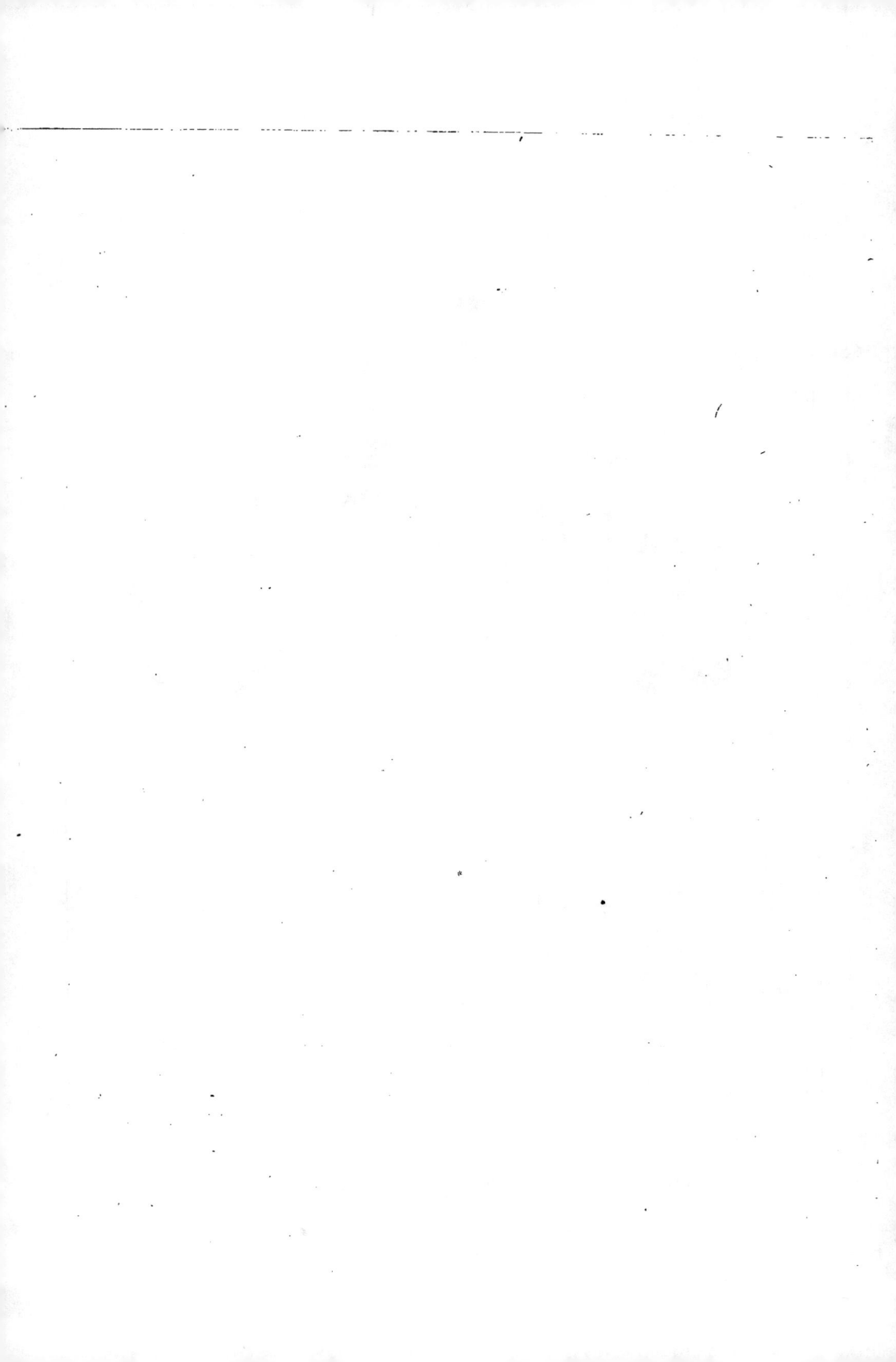

Nord

L   M

P

Ouest   P   P   Est

Sud

P

P   L   M   P

O   E

S

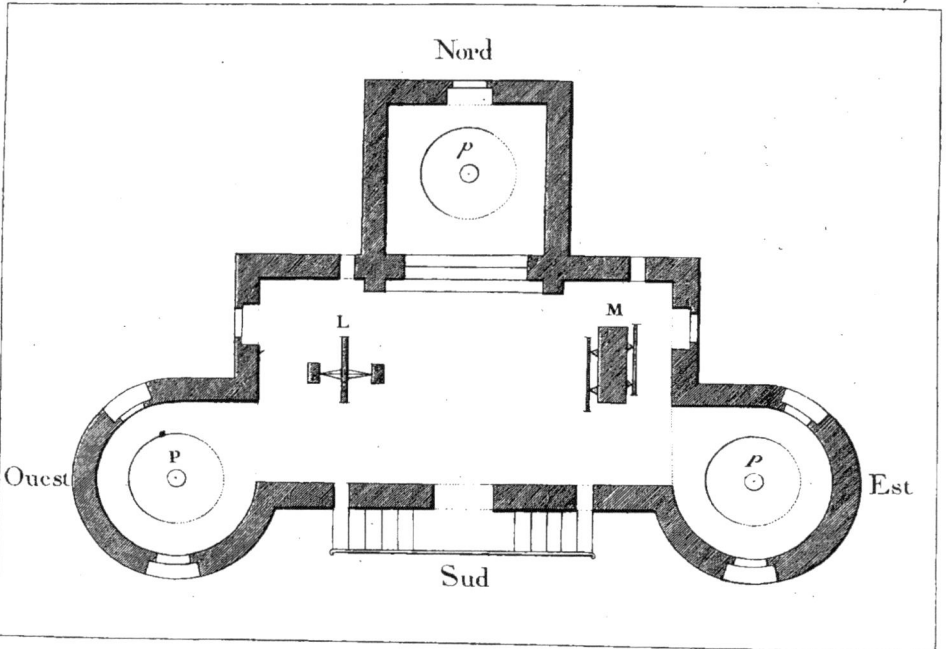

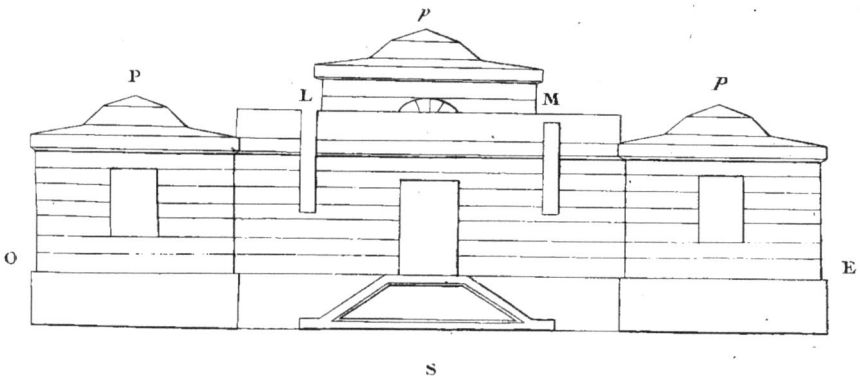

Plan Geometral et Elevation d'un Petit Observatoire.

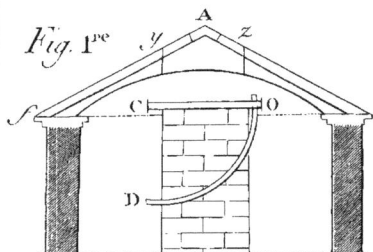

Fig. 1ʳᵉ

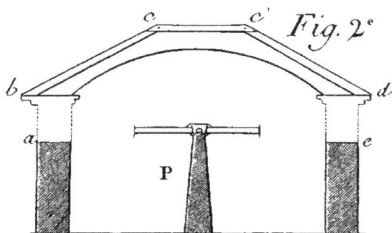

Fig. 2ᵉ

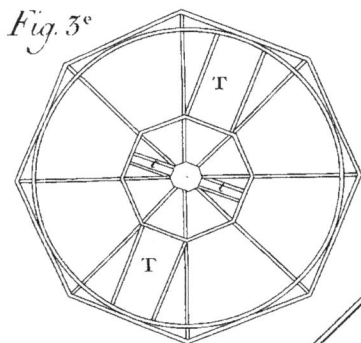

Fig. 3ᵉ

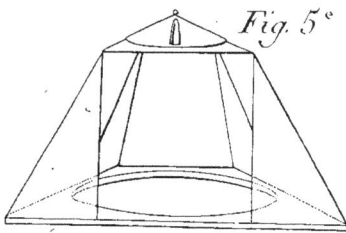

Fig. 5ᵉ

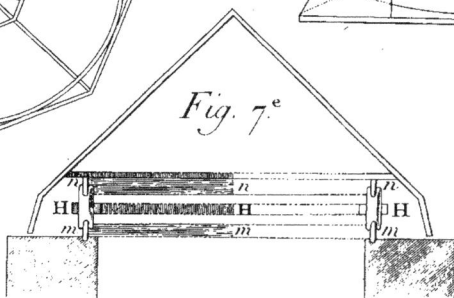

Fig. 7ᵉ

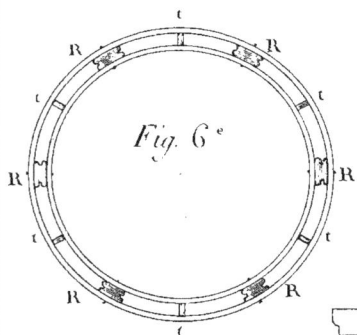

Fig. 6ᵉ

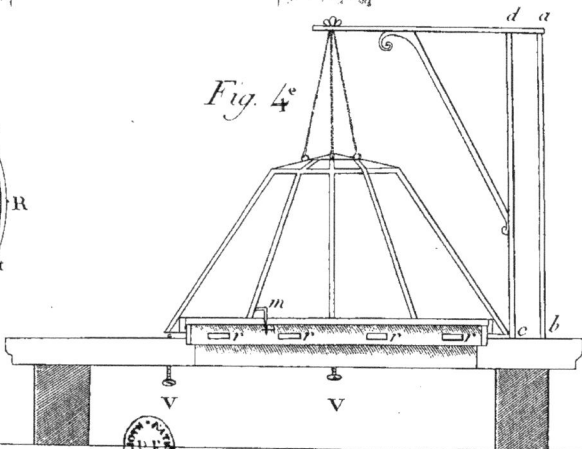

Fig. 4ᵉ

tordant et se détordant, se prêtent au mouvement circulaire du toit : *a b*, principale tige de fer qui se prolonge en contre-bas dans le mur où elle est fortement attachée. *C d*, double tige à talon qui pose sur le toit : *r, r, r*, roulettes pour faciliter la rotation de la base du toit sur la bande circulaire qui garnit l'ouverture du plafond. *m*, main pour fixer le toit. V, V, vis pour soulager la potence du poids du toit.

Figure 5ᵉ. Toit carré fixe à quatre grandes ouvertures, et petite calotte tournante pour les chercheurs.

Figure 6ᵉ. Chariot mobile imaginé par M. *Billiaud*, mécanicien, composé de deux bandes de fer circulaires concentriques, réunies par de petites tringles ou traverses *t, t...* et suffisamment écartées pour contenir entr'elles dix à douze roulettes de cuivre ou poulies R, R... d'un diamètre qui excède la largeur des bandes de fer, et tournant sur un axe fixe.

Ce chariot s'interpose entre la calotte ou cône du toit tournant et le plafond du cabinet, ainsi qu'on le voit dans la figure suivante.

Figure 7ᵉ. Elle représente le chariot mobile H, H vu de champ et posé à plat au-dessus de l'ouverture circulaire du plafond; un cercle de fer *m*, posé sur champ et fortement fixé à la surface dudit plafond, reçoit et supporte le chariot en entrant dans la gorge inférieure des roulettes, par le mouvement desquelles le chariot roule facilement sur sa base à la moindre impulsion qui lui est donnée; tandis qu'un pareil cercle *n*, fixé à la calotte du toit tournant, vient poser en-dessus du chariot en entrant dans la gorge supérieure des roulettes, auxquelles se communique toute impulsion donnée à cette calotte, laquelle tourne ainsi avec la plus grande facilité, et permet de diriger la trappe vers quelque point du ciel que l'on veuille observer.

QUATRIEME MÉMOIRE.

*Des encouragemens et de la liberté accordés en 1787 aux
ingénieurs en instrumens de mathématiques, d'optique et
de physique.*

Dans le tems où l'on s'occupait d'exciter l'émulation des
artistes français, de leur procurer les moyens et l'occasion de
rivaliser avec les Anglais ; au moment où l'on venait de faire
le choix de ceux à qui les instrumens de l'Observatoire royal
devaient être confiés, la communauté des maîtres fondeurs
s'imagina de faire une descente chez l'un d'eux (1), et d'y
exécuter une saisie. Averti de cet évènement, j'en écrivis
sur-le-champ à M. le baron de Breteuil. Le ministre eut
bientôt arrêté les effets de ce genre d'inquisition, qui, dans
ces tems-là, pesait infiniment sur les arts. Je conçus dès-lors
l'idée de les en affranchir, du moins pour la partie qui me
concernait et qui m'intéressait le plus.

Né au siècle des nouveaux systèmes, j'avais pendant
longues années entendu disserter les philosophes et les éco-
nomistes autour de moi, sur la liberté du commerce, la
liberté de la presse, la liberté des arts, enfin sur tous les
genres de liberté qui ont insensiblement amené celle d'agir
contre tout ordre ancien, de détruire le bien comme le mal,
et de nous ensevelir dans un chaos et sous des ruines dont
nous avons eu tant de peine à nous tirer. J'avais d'abord cru
ces autorités sur parole, mais depuis, en observant et exa-
minant les choses de plus près et plus froidement, j'avais

_____

(1) M. Le Noir.

cru reconnaître qu'il pourrait bien se trouver autant d'inconvéniens que d'avantages dans une liberté générale et illimitée
des arts, qui entraînerait la suppression de toutes les jurandes,
la destruction des corporations et de ces institutions qu'une
longue expérience avait sans doute engagé nos pères à établir.
Je pensai donc qu'il était plus sage d'éviter ou d'annuler les
abus inévitables dans toute institution ancienne et humaine,
et de le faire sans rien détruire.

On ne pouvait disconvenir que les entraves mises au développement des talens, par plusieurs des réglemens et priviléges accordés à certaines corporations, ne fussent très-
souvent préjudiciables aux arts : mais, d'un autre côté,
n'était-il pas avantageux que le commun des ouvriers fût
astreint à des réglemens nécessaires au bon ordre; qu'il fût
soumis à une dépendance et à une inspection conservatrices
des droits et de la garantie réciproques entre le fabricant et
l'acheteur, nécessaires même pour assurer la bonne foi, la
confiance et la sûreté dans le commerce? Tel fut sans doute
le but de l'établissement des corps et métiers. Si les lois qui
les régissaient, si les réglemens qui leur avaient été donnés,
avaient peu à peu pris trop d'extension, si l'on en avait abusé
pour exercer quelques actes tyranniques, ne pouvaient-ils pas
être réformés ou restreints dans de justes limites? Cette opération sans doute était fort à désirer; elle demandait un long
et mûr examen; elle sollicitait les lumières des magistrats et
des grands administrateurs; c'était hors de notre compétence.
Mais voici la seule chose que je crus devoir proposer comme
le moyen le plus juste, le plus simple et le plus facile à
prendre pour remédier aux abus, sans troubler l'ancien ordre
de choses.

Dès qu'un artiste montrera le germe d'un talent peu ordinaire, et des moyens capables de concourir aux progrès et à

la perfection de son art, qu'il soit dès lors dégagé de toutes
entraves; qu'à l'abri des recherches des communautés il soit
libre de développer ses ressources. Qu'un privilége spécial,
décerné d'après une juste appréciation de son mérite, et
accordé par des juges compétens, devienne à la fois pour lui
un titre d'honneur et un encouragement. Enfin, que ce soit
l'Académie royale des Sciences qui présente les sujets qu'elle
jugera dignes, parmi les ingénieurs en instrumens d'optique,
de mathématiques et de physique, de former un corps particulier, libre de toute entrave, et indépendant de toutes les
autres communautés. Tel fut le projet que je développai dans
un Mémoire particulier (1); mais, comme il s'agissait ici
d'une innovation qui blessait d'anciens droits et pourrait
exciter la jalousie, je craignis de ne pouvoir seul déterminer
le ministre à y accéder et à s'exposer aux réclamations et aux
plaintes des communautés. J'allai trouver mon confrère et
mon ami M. Bailly, qui partageait avec moi la confiance de
M. le baron de Breteuil; je lui fis part de mes idées, lui
communiquai mon Mémoire, et lui proposai de se réunir à
moi. Ses vues se trouvèrent entièrement d'accord avec les
miennes. Nous allâmes ensemble trouver le ministre, et ce
ne fut pas sans une longue discussion que nous parvînmes à
obtenir son acquiescement et l'exécution du projet. L'on dira,
nous alléguait-il, que tout en vous plaignant des mauvais
effets des anciens priviléges accordés aux communautés, vous
en établissez de nouveaux. Il est vrai, répondions-nous; mais
nous ferons remarquer que nos priviléges ne sont pas exclu-
sifs, ne nuisent à personne, et que nos privilégiés n'auront
droit de saisir ni de troubler qui que ce soit.

---

(1) Voy. *Pièces justificatives*, N° XI; Mémoire pour les ingénieurs en instrumens de mathématiques.

C'est le 7 février 1787 que furent signées les lettres-patentes (1) portant établissement d'un nouveau corps de vingt-quatre ingénieurs en instrumens d'optique, de physique et de mathématiques, qui eussent le droit de fabriquer, vendre librement toute espèce d'instrumens de ce genre, de se servir de tous les outils, et d'employer toute sorte de matière à cet usage. A ces avantages il joignit l'honneur de n'être composé que de membres élus et présentés à S. M. par l'Académie royale des Sciences.

On jugea inutile de consulter l'Académie, ni de la prévenir ; elle ne pouvait être que flattée de la nouvelle marque que cette attribution lui donnait de la confiance et de l'estime de S. M., ainsi que de l'influence qu'elle allait acquérir dans la partie des arts et sur les artistes qui lui tenaient de plus près. Elle ne fut instruite de l'opération qu'en recevant les lettres-patentes enregistrées vers la fin de mai, et qui lui furent adressées dans les premiers jours d'août. Elle ne différa point à nommer des commissaires qui, dans un rapport fait le 8 août, proposèrent, entre autres choses, de former un comité sous le titre de *Comité des artistes,* composé de sept académiciens chargés spécialement d'examiner les ouvrages et les titres d'admission de chaque aspirant, et d'en faire un rapport circonstancié à chaque nomination. Ils furent aussi d'avis de renvoyer au mois de mars suivant la formation du nouveau corps, pour avoir le tems de mieux connaître ceux qui seraient dignes de le composer, et de ne nommer alors qu'aux deux tiers des places. D'après ce rapport, l'Académie, dans sa séance du 14 août, arrêta l'organisation du comité des artistes et en nomma les membres (2).

MÉMOIRE.

IVᵉ

---

(1) Voy. *Pièces justificatives,* Nᵒ XII.

(2) MM. le président de Sarron, le chevalier de Borda, Le Monnier, Le Bossut, Le Roy, de Rochon, Cassini.

IVe
MÉMOIRE.

J'eus l'honneur d'être du nombrê, comme auteur et promo-
teur de cette nouvelle création.

Le comité pensa qu'on ne devait pas différer de faire une
première nomination, en faveur des plus habiles artistes de
la capitale, qui n'avaient pas besoin d'examen, et dont la
réputation était un titre suffisant d'admission. Neuf sujets
furent donc présentés par le comité, et l'Académie en nomma
six dans l'ordre suivant : MM. Le Noir, Charité, Carrochez,
Baradelle, Fortin et Billiaud. Ils eurent l'honneur de former le
noyau du nouveau corps et d'être les premiers admis. Une
nouvelle élection fut indiquée au mois d'avril de l'année suivante 1788.

A cette époque, vingt-un aspirans se mirent sur les rangs :
mais, sur ce nombre, à peine y en avait-il la moitié qui méri-
tassent d'être élus. On était fort d'avis de n'en admettre que
trois ou quatre ; mais je priai le comité d'entrer dans l'esprit
de la création de ce nouveau corps, par les considérations suivantes.

« Des raisons politiques, observai-je, s'opposant à une liberté illimitée dans les arts, on a cherché au moins à procurer un
affranchissement aux meilleurs artistes, c'est-à-dire à la classe
de ceux qui étaient le plus dignes d'en jouir, le plus capables
d'en profiter utilement : cette classe, à la vérité, est chez
nous peu nombreuse. Cependant on a porté le nombre des
privilégiés à vingt-quatre, afin de diminuer le plus possible le
nombre des victimes de l'inquisition qu'exercent les communautés. Le comité et l'Académie ne peuvent sans doute
qu'applaudir à une pareille intention. Ils doivent se prêter
volontiers à augmenter le nombre des artistes libres. Prenons donc garde de faire naître des plaintes et de produire
le découragement, si, nous rendant très-difficiles dans l'admission, nous allons trop restreindre la faveur que le Gouver-

nement vient d'accorder. Songeons d'ailleurs qu'il est bon de composer le nouveau corps d'un nombre de membres suffisant pour lui donner une certaine consistance. Sur les vingt-quatre places, l'Académie n'a encore nommé qu'à six : dans cette seconde élection qu'elle en remplisse encore huit autres. Le nombre des nouveaux privilégiés se trouvera alors porté à quatorze; c'est très-suffisant pour la composition du corps, qui comprendra tout ce qu'il y a d'artistes distingués dans la capitale. Les dix autres brevets à distribuer, resteront entre les mains de l'Académie, qui pourra se rendre à l'avenir plus difficile, afin d'exciter l'émulation et de faire faire aux aspirans de plus grands efforts. Ce serait même l'occasion bien précieuse d'exiger des artistes deux choses importantes, plus de fini et de propreté dans leurs ouvrages, et plus de connaissances dans la théorie.

» La première qualité sans doute des instrumens de mathématiques et de physique est la justesse et la précision dans les proportions, dans les divisions, dans les mouvemens; mais il en est une seconde sur laquelle la plupart de nos artistes se négligent beaucoup; c'est la propreté dans l'exécution, c'est le fini des pièces. Leurs instrumens ne paraissent quelquefois que dégrossis. Ils y employent souvent sans goût et sans choix une matière défectueuse. Ils justifient par-là cette préférence accordée aux instrumens anglais dont le fini et la propreté d'exécution dans les plus petits détails, charment l'œil et séduisent l'acheteur. Le comité et l'Académie, en se montrant à l'avenir très-difficiles sur ce point vis-à-vis des aspirans, peuvent rendre le plus grand service à l'art et y opérer une heureuse révolution.

» Le second vice, qu'il n'est pas moins important de réformer petit à petit chez le commun de nos artistes, c'est leur ignorance profonde dans la théorie de l'art qu'ils professent.

Beaucoup d'entr'eux fabriquent leurs instrumens sans en
connaître ni les principes, ni peut-être les usages. Comment
bien travailler des instrumens d'arpentage, d'astronomie, de
physique, si l'on n'a soi-même opéré sur le terrain, observé,
fait des expériences ? On n'est pas étonné de la grande supériorité des Ramsden, des Dollond, des Nairne, lorsqu'on sait
qu'ils étaient géomètres et physiciens. L'Académie pourrait
donc exiger à l'avenir que les artistes qui solliciteraient son
choix fussent instruits au moins des premiers élémens de la
géométrie et des principes généraux de la physique; aucun ne
serait admissible, s'il n'avait suivi les cours nécessaires, ou
s'il n'avait été examiné par les commissaires sur ce point
important. »

D'après ces considérations plus développées dans un Mémoire que je lus au comité, il fut arrêté que l'élection d'avril
1788 porterait sur huit membres. Le comité en proposa donc
douze, entre lesquels l'Académie choisit MM. Erhet, Putois,
Dumoutiez, Herbage, Tournant, Richer, Meynier le jeune,
et Mossy.

L'année suivante, on sollicita vivement une nouvelle nomination; il y avait encore dix places vacantes. Les uns voulaient
que sur ma dernière proposition on commençât à n'admettre
que des artistes qui, à la pratique de leur art, joindraient des
connaissances en théorie. D'autres pensaient que pour écarter
toute incertitude dans les choix, il fallait exiger à l'avenir la
présentation d'un chef-d'œuvre et un concours. Je ne pus
m'empêcher d'observer qu'un tel moyen serait souvent impra-
ticable dans l'état actuel des arts. Un commerce languissant
et infiniment borné mettait rarement nos artistes dans le cas
d'exécuter des instrumens de commande. L'aspirant aurait
donc souvent été obligé, pour le concours, de faire, à ses
risques, périls et fortune, un instrument qui exigerait une

mise en avant au-dessus de ses forces. C'était retomber dans l'inconvénient qu'on reprochait aux maîtrises, qui exigeaient de grands frais de réception et en écartaient les jeunes artistes qui n'avaient pas le moyen d'en supporter la dépense.

On se décida définitivement à une troisième élection de quatre sujets seulement. Elle eut lieu le 13 juin 1789. MM. Hautpoix, Rebours, Gouffé et Chiquet furent admis; et les six dernières places restantes ne durent plus être remplies que par des sujets dont les talens distingués feraient, pour ainsi dire, violence au comité et à l'Académie. Mais déjà l'on touchait à la grande révolution, à la fameuse époque du 14 juillet 1789. Bientôt il n'y eut plus lieu d'accorder des priviléges au mérite, car il devint inutile et même dangereux d'en avoir; bientôt la liberté, l'égalité, proclamées partout, inscrites sur tous les murs, donnèrent à tout le monde les mêmes droits, les mêmes pouvoirs, les mêmes ressources. Notre institution n'eut donc plus aucun but. Il n'y eut plus de jurandes, plus de corps de métiers, plus de comité des artistes, plus même d'Académie des Sciences. Fut artiste et savant qui voulut (1). Heureuse liberté! Nous sommes encore trop près de ce mémorable évènement pour juger, avec l'impartialité et la justice requises, tout l'effet que la révolution doit produire un jour sur les sciences et sur les arts (2).

---

(1) Depuis la destruction des trois Académies, on a vu s'élever de tout côté, des Lycées, des Athénées, des Sociétés littéraires, des Sociétés savantes de tout genre, de tout degré, de toute dénomination. Celui qui voulut en être, et n'y est point entré, fut sans doute bien dépourvu de moyens.

(2) On peut assurer que l'institution du nouveau corps d'ingénieurs, nommé par l'Académie des Sciences, donna un mouvement aux arts et excita parmi les artistes une émulation qui aurait eu les suites les plus avantageuses, si elle eût subsisté plus long-tems, et si, dès sa naissance, elle n'eût été anéantie par cette révolution dont il m'est d'autant plus permis de gémir, qu'elle m'a privé des moyens que j'avais auparavant d'être utile aux sciences et aux arts, et ne m'a

Bornons-nous à souhaiter qu'il soit le plus heureux possible. Nous n'avons prétendu, dans ces Mémoires, que constater et raconter des faits relatifs à la position où se trouvaient les arts et les sciences à l'époque de 1789.

---

laissé que le stérile honneur du désir et de la bonne intention. J'ai vu tous mes établissemens à l'Observatoire renversés ; l'atelier et les divers instrumens que j'avais commencés ont été dispersés ; ma fonderie a été détruite après avoir servi à fondre le manteau royal de la statue équestre de Henri IV ; mes cabinets souterrains ont été culbutés ; mon imprimerie et mon dépôt de la carte de France m'ont été enlevés. Les dénonciations, les visites et les menaces des révolutionnaires m'ont poursuivi pendant quatre années entières, au bout desquelles j'ai été privé pendant près de sept mois de ma liberté. Le degré de découragement et de fatigues que peuvent causer de tels évènemens, ne pourra être apprécié que par ceux-là seuls qui en ont éprouvé de pareils ou de plus grands.

CINQUIÈME MÉMOIRE.

De l'entreprise et de l'exécution de la carte générale de la France.

TROIS grandes entreprises, exécutées en France dans le cours du dix-huitième siècle, l'Encyclopédie, la description des arts et métiers, la carte générale de la France (1), attesteront à la postérité le goût des Français à cette époque pour les lettres, les arts et les sciences; le zèle et le courage des savans et des littérateurs pour élever des monumens durables non moins utiles que glorieux à la patrie. Sur quoi donc sera désormais fondé ce reproche de légèreté qu'on fait aux Français, lorsque l'on considérera qu'aucune autre nation n'a su former autant de grandes et de belles entreprises, n'a montré autant d'ardeur à commencer de longs ouvrages, n'a mis autant d'opiniâtreté à les exécuter et à les amener à leur fin? Que d'immenses dépenses, que de longs travaux, que de voyages lointains et dans toutes les parties du monde (2) pour vérifier les montres marines, pour observer les passages de Vénus sur le Soleil, pour déterminer la figure de la terre, pour mesurer les degrés du méridien, et pour établir cette

---

(1) L'Encyclopédie et la carte de France sont entièrement achevées. La description des arts et métiers a été suspendue par la destruction de l'Académie royale des Sciences, qui avait entrepris et fort avancé cet ouvrage. L'Institut, qui a succédé à l'Académie, et qui met toute sa gloire à dédommager la France de la perte de ce corps illustre, se fera sans doute un devoir d'achever ce qu'il avait commencé.

(2) On peut compter en ce moment quatorze voyages de mer entrepris par des Français pour la solution du problème des longitudes et la perfection de la géographie.

unité de mesure, si long-tems désirée et si froidement accueillie depuis qu'elle est obtenue !

Les opérations de la mesure du méridien, exécutées dans tant de pays différens, par tant d'habiles mains, et qui ont donné lieu à tant de travaux dans le cours d'environ cent trente années, viennent encore d'être répétées en France pour la cinquième fois (1) avec une précision qui peut être regardée comme la perfection de l'industrie humaine. En effet, la dernière mesure, faite par MM. Méchain et Delambre, est certainement la plus belle et la plus parfaite opération de ce genre qui ait encore été exécutée. Ajoutons que par la suite, en usant des mêmes moyens qui ont si bien secondé ces deux astronomes, on pourra sans doute atteindre la même précision, mais non la surpasser.

Jadis Maupertuis et Le Monnier, au cercle polaire; Bouguer et La Condamine, au Pérou; La Caille, au cap de Bonne-Espérance, et les Cassini, en France, malgré leur habileté et leur expérience consommée, n'avaient pu répondre de la mesure des angles de leurs triangles qu'à dix ou douze secondes près; leurs instrumens ne comportaient pas une plus grande exactitude. D'ailleurs, chaque angle n'avait été mesuré qu'une ou deux fois, et leurs opérations ne leur avaient coûté qu'une ou deux campagnes. Mais, dans ces derniers tems, MM. Méchain et Delambre, munis d'instrumens supérieurs à tous ceux de leurs prédécesseurs, ont formé une chaîne de cent quinze triangles, comprenant environ dix

---

(1) La première mesure du degré, en France, a été faite par Picard, en 1669; la seconde, par Jean-Dominique Cassini, en 1683 et 1701; la troisième, par Jacques Cassini, en 1718; la quatrième, par Cassini de Thury et La Caille, en 1739; et la cinquième, par MM. Méchain et Delambre, en 1792 et années suivantes.

degrés du méridien (1). Chaque angle a été mesuré au moins vingt fois avec les nouveaux cercles répétiteurs, qui ont l'avantage d'anéantir les erreurs de la division, de telle sorte que l'erreur sur la somme des trois angles de chaque triangle a presque toujours été au-dessous de deux secondes. C'est certainement le dernier degré de précision que l'on puisse atteindre.

Si cinq années auparavant, en 1787, réuni avec le même M. Méchain et avec M. Legendre, j'avais obtenu à peu près le même succès sur une petite chaîne de huit triangles, formés pour la jonction des méridiens de Paris et de Londres, et à l'aide de ces nouveaux cercles répétiteurs que j'ai eu l'occasion d'employer le premier, je n'en suis que plus dans le cas d'apprécier tout le zèle, toute la patience et le courage qu'il a fallu apporter dans cette nouvelle opération vingt fois plus étendue que la nôtre, qui a été prolongée pendant plusieurs années ; et dans quelle circonstance ? au milieu et au plus fort de la révolution ! Nos intrépides savans, sans cesse troublés, souvent menacés, quelquefois poursuivis et emprisonnés, ont eu l'audace de continuer leurs opérations au risque de leur liberté et même de leur vie ; ils nous ont montré le plus bel exemple du courage, de l'exaltation et du dévouement que peuvent inspirer l'amour des sciences et le désir d'être utile. Ce genre de courage, sans doute, ne le cède à aucun autre ; il a la même source, les mêmes titres, la même fin que celui qui conduit aux champs de la victoire. Ce fut donc une idée aussi grande que juste, une idée digne du héros qui l'a conçue, de confondre dans une association

---

(1) Depuis Dunkerque jusqu'à Barcelonne ; MM. Biot et Arrago ont encore depuis prolongé cette mesure de 2 degrés 3 quarts jusqu'à l'île de Formentera, ce qui donne un arc du méridien de 12 degrés un tiers.

13

fraternelle tout genre de mérite et de gloire, et d'honorer de
la même distinction toute vertu civile ou militaire, toute
action d'éclat, en un mot, tout ce qui peut être désigné sous
ce titre commun, *service rendu à la patrie*.

D'après ce que nous venons d'exposer, on ne peut refuser
à la France l'honneur d'avoir opéré une grande réforme dans
la géographie, d'en avoir fait même une science toute nouvelle en lui associant la géométrie et l'astronomie d'une
manière aussi intime. Avant cette association, sur quelles
bases s'appuyaient les géographes? sur des ouï-dire, sur des
souvenirs et des dessins ou des journaux de voyage, rarement
d'accord entr'eux; si les récits des voyageurs sont sujets quelquefois à être dictés par la jactance, l'ignorance a parfois
aussi tracé leurs itinéraires. Plaignons donc le sort des géographes lorsqu'ils n'ont que de pareils matériaux pour étayer
leurs travaux, et qu'ils sont forcés de s'en tenir là. La critique la plus fine et la plus délicate ne peut pas toujours
mettre à l'abri des erreurs les plus grossières. Pour y échapper,
il faut être doué de cette espèce d'instinct, de cet esprit de
divination qui semble avoir dirigé les Delisle, les Danville
et les Buache, à qui nous nous faisons un devoir de rendre ici
l'hommage qui leur est dû. Mais, en louant leurs utiles et
infatigables travaux, nous féliciterons leurs successeurs
qui, plus heureux qu'eux, auront bien moins de recherches
à faire pour construire des cartes infiniment plus exactes que
les leurs. Grâces aux voyages multipliés, exécutés par des
hommes instruits (1) qui se répandent dans toutes les parties
du monde; grâces aux moyens faciles et rigoureux que l'astronomie, la géométrie et l'horlogerie fournissent aujourd'hui

_____

(1) L'infatigable et savant voyageur M. le baron de Humboldt a déjà déterminé
à lui seul plus de 250 points dans l'Amérique méridionale.

pour déterminer la position de tous les lieux, il n'y aura
bientôt plus, pour les géographes, ni incertitude, ni choix,
ni critique à faire pour fixer les principaux points des quatre
parties du globe, et pour former le canevas du grand atlas
du monde; canevas qui se remplira peu à peu par la suite des
tèms, en imitant le procédé que nous avons suivi pour la
confection de la carte générale de la France, et dont nous
allons rendre compte.

Dans la *Description géométrique de la France,* que mon
père a publiée peu de tems avant sa mort, il a été rendu compte
succinctement de l'origine et des progrès de la carte générale
de la France. L'entreprise avait commencé sous les plus heureux auspices; Louis XV affectionnait particulièrement cet
ouvrage, dont il avait eu le premier l'idée. Cassini de Thury,
dont il s'était fait accompagner dans sa campagne de Flandre
pour lever le plan des pays qu'occupaient ses armées, lui
avait présenté des cartes si satisfaisantes par leur détail, qu'il
demanda s'il ne serait pas possible d'en avoir de pareilles
pour toute la France, et sur l'affirmative, il donna ordre de
s'occuper de tous les moyens d'exécution, et d'assigner les
fonds nécessaires pour en assurer et en hâter le succès. Il
n'est jamais d'obstacle pour un souverain puissant qui veut
et qui sait ordonner. La carte de France fut bientôt commencée.

Par les travaux qu'avaient occasionnés les différentes mesures et les vérifications des degrés du méridien, et sur-tout
par les opérations de Cassini et de Maraldi, faites de 1732 à
1740 le long des frontières et des côtes, ainsi que dans l'intérieur du royaume où ils avaient tracé plusieurs parallèles et
perpendiculaires, la France entière se trouvait pour ainsi dire
couverte d'un réseau de grands triangles qui liaient ensemble
toutes nos principales villes, en fixant immuablement leur

position respective et particulière. Par-là, tous les objets grands et petits, qui composent ce vaste Empire, se trouvaient renfermés et enveloppés dans des contours fixes et dans des cadres déterminés, où il ne s'agissait plus que de les placer par des opérations secondaires, c'est-à-dire au moyen de petits triangles appuyés sur les grands, qui devaient leur servir de base, et devenir ainsi le canevas général de l'ouvrage. Toute ville ou bourgade, tout village, clocher, et autre point remarquable, devait donc être déterminé géométriquement et placé sur la carte dans sa position respective à l'égard des principaux points ou sommets des grands triangles primitifs. Or, ce remplissage du canevas devenait une opération facile et de second ordre, susceptible d'être confiée à de simples ingénieurs, dont l'inhabileté ou les erreurs pouvaient être bientôt reconnues et redressées par la comparaison de leurs opérations aux premières, avec lesquelles il fallait toujours qu'elles coïncidassent.

Tel fut le système adopté et suivi pour la levée de la carte générale de la France. Les opérations commencèrent en 1750. Cassini de Thury proposa d'abord de destiner à cette entreprise une somme annuelle de 40,000 francs, et trouva M. de Machault disposé à en accorder davantage pour abréger la durée de l'exécution : mais, avec tout le zèle possible et la meilleure volonté, on ne pouvait anticiper sur le tems nécessaire pour former un nombre suffisant d'ingénieurs et de graveurs, pour faire construire les instrumens, établir une imprimerie et rassembler tout l'attirail que nécessitait une si grande entreprise. La première année ne fut employée qu'en préparatifs; car tout était à créer dans cette partie. Il ne devait y avoir aucun rapport entre les anciennes cartes de géographie et la nouvelle carte de France. Celle-ci devait être supérieure aux autres, non-seulement par l'exactitude géométrique de la position de chaque objet, mais encore par le dessin et le figuré d'une topographie assez détaillée pour présenter à l'œil un tableau aussi agréable qu'intéressant de la nature de chaque pays. Villes, villages, hameaux, fermes, châteaux, abbayes et moulins; grandes routes et principaux chemins de communication; rivières, ruisseaux et lacs; montagnes, coteaux, vallons et plaines; bois, vignes, landes et friches, tout devait figurer dans ce vaste tableau par un caractère distinctif; et la nomenclature devait, autant que possible, ne pas nuire à l'objet principal et à l'effet général. Il fallut dans les premiers tems beaucoup d'essais pour parvenir à fixer un genre nouveau de gravure convenable, dont on n'avait eu jusqu'alors que peu ou de mauvais modèles. C'est notre ouvrage qui a formé les meilleurs artistes en ce genre; c'est depuis lui que les cartes géographiques, auxquelles il a servi de modèle en tout point, se sont perfectionnées. L'œil le moins connaisseur peut s'en convaincre en comparant une de nos feuilles quelconque avec toute autre carte publiée antérieurement à 1750 (1).

L'éducation des ingénieurs fut encore plus longue, plus difficile et plus importante que celle des graveurs de plan et de lettre. Il ne s'agissait plus d'aller, à la manière des arpenteurs de village, lever avec la planchette et la boussole un terrain de quelques centaines d'arpens, ni de faire, de routine, des opérations et des calculs tant bons que mauvais. Il fallait faire usage des meilleurs graphomètres, non à pinules, mais à lunettes; savoir les employer et les vérifier. Il fallait former

(1) Il existe aujourd'hui des cartes bien supérieures aux nôtres pour la gravure. Les arts acquièrent leur perfection du tems. D'ailleurs, ceux qui n'ont eu qu'un petit nombre de cartes à exécuter, y ont mis un tems, des soins et un prix qu'ils n'auraient pu y sacrifier, s'ils en avaient eu comme nous deux cents à faire.

de petits triangles appuyés sur les grands , mesurer des angles ,
calculer des côtés, réduire les distances des objets à la méridienne et à la perpendiculaire, en un mot, faire en petit les
opérations qui avaient eu lieu pour les grands triangles et
pour le canevas de l'ouvrage. Nos ingénieurs devaient donc
joindre à la pratique une théorie suffisante. La partie scientifique n'était quelquefois pas celle qui les arrêtait davantage ;
plusieurs avaient encore de la peine à se former un coup-
d'œil prompt et juste, capable de saisir l'ensemble des détails
topographiques; il s'habituaient difficilement à en réduire
l'esquisse dans un cadre déterminé. Mon père fut obligé
d'employer beaucoup de tems et de soins pour former les
premiers ingénieurs , les mettre en état d'opérer avec sûreté,
et les amener au point de pouvoir en dresser d'autres à leur
tour. On se doute bien que les premiers essais de ces novices
furent plus d'une fois dans le cas d'être recommencés. Les
erreurs dans les opérations géométriques se reconnaissaient
facilement; elles se vérifiaient par elles-mêmes et au moyen
des côtés des grands triangles sur lesquels elles s'appuyaient :
mais il n'en était pas ainsi des oublis et des fausses configurations
dans les détails topographiques; cet objet exigeait un renvoi
de vérificateurs qui fut suivi plus d'une fois d'une levée toute
nouvelle. Ces inconvéniens eurent particulièrement lieu dans
les commencemens de l'ouvrage , lorsque les ingénieurs
n'avaient point encore acquis une expérience suffisante ;
l'envie de précipiter l'exécution de l'entreprise avait aussi
fait admettre des coopérateurs trop peu exercés.

Au premier coup-d'œil jeté sur l'ensemble de l'entreprise ,
sur les moyens, le tems et les frais nécessaires à son exécution, on avait aperçu que la totalité de la superficie de la
France, coupée du nord au sud par 20 perpendiculaires au
méridien, et de l'est à l'ouest par 13 parallèles, se trouverait

divisée en 180 parallélogrammes égaux ou carrés longs de 40,000 toises de largeur sur 25,000 toises de hauteur, formant chacun une carte séparée. L'atlas général de la France devait donc être composé de 180 feuilles grand-aigle, avec une échelle d'une ligne pour 100 toises. Mais, comme vers les frontières et les côtes il devait se trouver beaucoup de vide, on pouvait estimer à 160 feuilles pleines la superficie à lever. Un ingénieur ne pouvait guère faire par an plus d'une demi-planche, de sorte qu'en portant à 3o le nombre des employés on devait obtenir 15 planches à la fin de chaque année; il ne fallait donc que dix à onze ans pour avoir la description entière de la France. Estimant actuellement à 4000 livres les frais de levée et de vérification de chaque feuille, à 900 liv. la gravure du plan, et à 3oo livres celle de la lettre, la totalité de l'ouvrage devait monter à la somme de 832,000 livres, sans compter les frais d'administration, d'impression, les achats d'instrumens et autres dépenses accidentelles et imprévues; le Gouvernement, d'après ce devis, eut donc à compter sur une mise de fonds en avant de 90,000 livres annuelles pendant dix ans. Il n'en fut point effrayé, et cette destination de fonds fut ordonnée. Qu'était-ce en effet qu'une si petite dépense pour une entreprise qui devait être si utile aux différentes branches d'administration (1) d'un grand Etat? Hâtons-nous même de faire observer qu'il n'était question ici que d'un prêt, d'une avance, que le produit de l'ouvrage devait un jour rembourser avec usure. C'est ce qui sera évidemment prouvé ci-après.

A la vérité, il en fut de ce premier devis comme de tous

_____

(1) Combien notre carte, par sa précision et ses détails, a-t-elle été précieuse pour le tracé des routes et la direction des canaux, pour le mouvement des troupes, pour des projets d'administration de toute espèce!

ceux sur lesquels on a coutume de baser les grandes entreprises ; une imprévoyance presqu'inévitable dicte les premiers calculs ; une confiance trop aveugle grossit les moyens, enfle les résultats ; l'imagination, qui vole au lieu de marcher, passant au-dessus des obstacles et des accidens, n'aperçoit qu'une route unie, facile et prompte à parcourir. Mais l'expérience et le tems finissent par redresser tous ces faux aperçus. Les frais d'exécution de la carte de France ont dépassé de près de moitié la somme à laquelle on les avait d'abord estimés ; et l'opération, au lieu de dix ans, en a duré quarante-quatre ; peu s'en est fallu qu'elle n'ait pas été achevée, et nous verrons qu'elle ne l'a pas été aussi complètement qu'elle aurait dû l'être et qu'elle l'aurait été, si elle était toujours restée entre les mains de ceux qui l'avaient commencée. Au reste, c'est souvent un véritable bonheur que les auteurs de pareilles entreprises se trompent dans leurs premiers calculs et qu'ils apportent dans leurs projets plus d'enthousiasme et de témérité que de prudence. Combien de belles choses n'eussent pas été exécutées, si l'on eût calculé trop juste et trop froidement ; si l'on eût prévu tout ce qu'elles devaient coûter d'obstacles, de peines, de tribulations et de dépenses ; si les auteurs sur-tout avaient pu deviner quel serait un jour le résultat et le prix de leurs travaux ! Mais rien ne doit décourager ceux qui ont le bon esprit de n'envisager jamais d'autre récompense que la gloire, ni d'autre consolation que le bonheur de s'être rendus utiles à leur patrie.

Les avantages que la nouvelle carte de France allait procurer à différentes branches de l'administration firent désirer que l'on commençât la levée par la généralité de Paris. C'était d'ailleurs la partie de l'ouvrage où il était le plus commode, pour mon père, de former, d'exercer et de surveiller ses nouveaux ingénieurs. C'était là qu'ils pouvaient trouver cette réunion de lumières et de secours qui devaient par la suite servir d'exemple et d'autorité dans tout le reste du royaume. En effet, la perfection de l'ouvrage dans la partie topographique dépendait presque entièrement de la complaisance et de la bonne volonté qu'apporteraient les curés, les seigneurs et les intendans à seconder les ingénieurs par les renseignemens et les secours de tout genre qu'ils pouvaient leur procurer. Ceux-ci, en conséquence, étaient obligés dans leurs instructions de se présenter aux curés pour obtenir la permission de monter dans les clochers, tours et donjons ; de copier sur les titres le nom des paroisses ; de prendre communication des plans et terriers qui avaient pu être faits précédemment. La carte terminée, des vérificateurs, outre la confrontation faite par eux-mêmes avec les lieux, devaient la présenter aux seigneurs pour recevoir leur approbation ou leurs observations et y avoir égard. Or, il faut convenir que c'est sur-tout dans les environs de Paris et des principales villes du royaume, que les ingénieurs ont trouvé une surabondance de secours de ce genre, qui a beaucoup contribué à la perfection de la carte des pays où cela a eu lieu : mais il est des provinces où, bien loin de trouver cette assistance, l'on n'a éprouvé que dédains, obstacles et refus de secours et de renseignemens. Il a fallu quelquefois employer l'autorité et le nom du roi pour obtenir la permission de faire les principales opérations et pour se procurer les indications les plus indispensables. Mon père lui-même fut assailli de plusieurs coups de fusil dans un clocher de Bretagne, et un de ses ingénieurs fut blessé pour la vie dans une autre occasion. Les seigneurs même n'ont pas toujours secondé nos travaux autant qu'il était de leur intérêt de le faire ; nous étions fort heureux quand ils ne montraient que de l'indifférence. Aussi, dans certaines provinces où nos

14

ingénieurs ne voyaient pas que l'esprit public leur fût très-favorable, ils aimaient mieux se donner plus de peines, et se passer des secours que la mauvaise grâce leur faisait trop acheter. Un autre inconvénient, mais dans un sens absolument opposé, avait aussi lieu quelquefois : plusieurs seigneurs, recevant trop bien nos ingénieurs, se les appropriaient, les gardaient chez eux pour faire le plan de leur terre, de leurs parcs, et pendant ce tems-là notre ouvrage était suspendu. Ce petit abus n'était pas sans inconvénient, dans les premiers tems sur-tout où les ingénieurs avaient un traitement annuel ; mais dans la suite où l'expérience fit connaître ce qu'un travailleur intelligent pouvait lever de pays dans une campagne et ce qu'il devait gagner, chaque ingénieur ne fut plus payé qu'à la tâche, et s'il s'occupait d'autre chose, ce n'était plus aux dépens de l'ouvrage qui n'en était qu'un peu retardé. Nous avons cru devoir entrer dans ces petits détails pour donner une idée des différentes sortes d'incidens qui ont pu influer sur l'augmentation des frais et de la durée de notre entreprise, et qu'il avait été impossible de prévoir et de calculer d'avance. Nous eussions été trop heureux s'il ne s'en fût pas rencontré dans la suite de plus graves encore.

Ce ne fut qu'en 1752 que l'ouvrage commença à prendre une marche sûre et rapide. Les ingénieurs, plus expérimentés et en plus grand nombre, embrassèrent une étendue de pays telle que dans les trois années suivantes, la partie des frontières depuis Dunkerque jusqu'à Metz, les côtes depuis Cherbourg jusqu'à Dunkerque, et toute la généralité de Paris, se trouvèrent entièrement lévées et vérifiées, ce qui comprenait trente feuilles du nouvel atlas ; c'était la sixième partie, quant au nombre des planches ; mais, quant au travail, on pouvait regarder ce qui était fait comme environ le quart de l'ouvrage (1). La gravure n'avait pas été aussi vite ; il n'y avait que dix-sept feuilles portées sur les cuivres. On n'avait pu se procurer qu'un petit nombre de bons graveurs. A la vérité, dans ces sortes d'ouvrages, il serait avantageux de n'employer que la même main pour obtenir une parfaite égalité dans la gravure : mais on sent que cela ne pouvait avoir lieu pour une entreprise de si longue haleine. Un siècle eût à peine suffi à un seul graveur pour exécuter notre atlas. On a donc été obligé d'y faire travailler à la fois plusieurs artistes qui n'ont pas eu, il faut l'avouer, la même perfection de burin (2).

Tel était l'état des progrès de la carte de France vers la fin de l'année 1755. Les ingénieurs étaient sur le point de terminer leur campagne qui finissait avec l'automne. Ils se rendaient alors à Paris pour s'y occuper, pendant l'hiver suivant, des calculs et de la rédaction de leurs registres, ainsi que de la mise au net du dessin des pays qu'ils avaient levés dans la belle saison, lorsque tout à coup Cassini de Thury reçut l'ordre d'arrêter et de suspendre tous les travaux. Une lettre de M. de Séchelles, contrôleur-général, lui annonça que les dépenses de la guerre *ne permettaient plus la distraction d'aucun fonds ;* que les économies du Roi allaient même s'étendre *sur les objets d'agrément ;* qu'il n'y avait pas à craindre qu'un ouvrage aussi utile et aussi agréable au Roi que la carte de la France, fût entièrement abandonné, mais qu'il fallait attendre, pour le continuer, des circonstances plus favorables.

---

(1) Selon mon père, dans son projet d'association, c'était le tiers ; en ayant égard sans doute aux peines qu'avaient coûté les préparatifs et les premiers essais, il ne prévoyait pas celles qui devaient accompagner la suite et sur-tout la fin de l'ouvrage.

(2) Nos meilleurs graveurs de plan ont été les sieurs Seguin, Chalmandrier et Aldring.

Interrompre une pareille entreprise, renvoyer ou laisser sans occupation, pendant plusieurs années, des ingénieurs, des graveurs et tous les coopérateurs que l'on avait eu tant de peine à former et à mettre en activité, et qu'il ne serait plus possible de retrouver lorsqu'on voudrait les rassembler, c'était vouloir tout perdre, soins, travaux et dépenses (1). Mon père, après avoir inutilement présenté ces considérations au ministre, alla trouver le Roi qui était alors à Compiègne; il commença par lui présenter la carte même des environs de cette résidence royale, qui venait fort heureusement de sortir des mains des graveurs. Le Roi fut enchanté de la précision avec laquelle toutes les routes de la forêt de Compiègne étaient représentées, malgré la petitesse de l'échelle; il y reconnut tous les carrefours, tous ses rendez-vous de chasse, tous les pays circonvoisins. Il fit le plus grand éloge de l'ouvrage, et au moment où mon père allait profiter d'une disposition aussi favorable, le monarque fut le premier à exprimer tout son regret de ne pouvoir plus faire continuer cette entreprise : *Mon contrôleur-général,* ajouta-t-il très-ingénument, *ne le veut pas.* Cet aveu fut accompagné de l'air de bonté le plus touchant, et de ces graces qui seraient si bien placées chez tous ceux qui sont dans le cas de prononcer des refus, parce qu'elles pourraient au moins consoler quelquefois ceux qui sont exposés à les éprouver. Mon père en fut tellement ému et électrisé qu'à l'instant même il conçut un grand projet, et se retira pour le méditer, en disant au Roi : *Sire, que Votre Majesté daigne encore manifester des regrets si honorables, et la carte de France est sauvée.* Trois jours après, il vint se présenter au coucher du Roi, qui ne manqua pas de parler de la carte de France

---

(1) On avait déjà dépensé environ 250,000 francs.

et de ses regrets. Cassini, à l'instant, lui remit entre les mains le projet d'une association de particuliers qui soutiendraient à leurs frais la continuation d'une entreprise glorieuse à la France et honorée de la protection de son souverain. L'assurance que l'auteur paraissait avoir de trouver facilement un nombre suffisant d'associés flatta infiniment le Roi ; il garda le papier, et le lendemain le rendit à Cassini avec les noms, écrits au bas, de huit personnes des plus distinguées de la cour que S. M. avait pour ainsi dire enrôlées et qui s'étaient empressées de souscrire (1). Louis XV ne s'était point inscrit sur la liste, mais sa bonté lui avait suggéré de prendre une manière plus aimable et plus généreuse de protéger et d'encourager l'entreprise : il faisait don et abandon général de toute la partie de l'ouvrage faite jusqu'à ce moment ; cartes, planches, dessins manuscrits ou gravés, registres, instrumens, tout cela devenait une propriété et un premier fonds pour la nouvelle compagnie. On juge du bon effet qu'opérèrent ces bontés du Roi et l'exemple des premiers seigneurs de la cour ; mon père n'était pas sorti de Compiègne que sa liste était déjà augmentée des noms les plus distingués (2). Sa première idée avait été de n'admettre que vingt associés, mais l'empressement à seconder son projet et à y participer fut si général qu'il porta sa liste au nombre de cinquante. A son retour à Paris, elle fut remplie en peu de jours par ses amis dans le Parlement, dans la Chambre des Comptes et dans l'Académie des

---

(1) C'étaient MM. le prince de Soubise, le duc de Bouillon, le duc de Luxembourg, le maréchal de Noailles, le comte de Saint-Florentin, ministre d'Etat, M. de Moras, M. de Puységur, Mme de Pompadour.

(2) MM. de Trudaine et Feydeau de Marville, conseillers-d'Etat ; MM. les présidens de Malsherbes, de Novion, de Sallabery, de Mascarany, de Meslay, de Guibbeville, de Corberon ; M. de Meilland, intendant de Soissons, etc.

Sciences. Il ne fut plus besoin d'annonce, d'instigation ; je
puis ajouter même qu'il ne fut question d'aucun examen,
d'aucune condition de la part de ceux qui s'engagèrent d'abord
dans le seul but de concourir à une grande et utile opération ;
caractère distinctif d'une des plus nobles associations qu'on
ait jamais formées. Il mérite d'être ici remarqué et développé.

Nous l'avons déjà dit : au premier aperçu, on avait estimé
à 90,000 livres la somme annuelle à dépenser pour la carte.
A la vérité, elle n'avait pas autant coûté au Gouvernement,
pendant les six ans qu'il en avait soutenu l'exécution, parce
qu'on avait perdu beaucoup de tems en préparatifs, et qu'on
n'avait pu se procurer sur-le-champ le grand nombre de coopérateurs qui eût été nécessaire pour aller aussi promptement qu'on
l'avait projeté d'abord. Aussi, au lieu de soixante feuilles qui,
selon les premiers calculs, auraient dû être exécutées au bout
de six années, il ne s'en était trouvé que la moitié de levées
et le quart de gravées. Mais, au moment de la formation
de la nouvelle compagnie, la machine se trouvant parfaitement montée, et le nombre des ingénieurs porté jusqu'à 34, mon père estima qu'il ne fallait pas moins qu'un
fonds annuel de 80,000 livres, pour faire avancer l'ouvrage
et l'achever dans un espace de dix nouvelles années. Chaque
associé devant donc fournir le cinquantième de cette dépense,
le versement annuel de chacun d'eux dans la caisse de la compagnie dut être fixé à 1600 livres ; et c'est en effet à cette
contribution que s'engagèrent les cinquante associés, par un
acte passé devant Alleaume et Maréchal, notaires, le 25 juin
et jours suivans 1756, en déclarant dans le préambule que
leur association *n'avait d'autre objet que l'honneur et les
avantages qui en reviendraient à la nation.* En effet, à peine
fut-il question dans l'acte du produit que l'ouvrage devait
nécessairement procurer un jour par la vente publique dont

le Roi accordait encore le privilége à la compagnie pour
3o ans. Il y est dit seulement, article X, que dans le cas où
il y aurait un excédant de recette sur dépense, il en serait
fait répartition entre les associés pour remboursement de leurs
avances.

Voilà donc cinquante citoyens qui, par un contrat authen-
tique (1), se sont engagés à fournir pendant dix ans (2) une
contribution annuelle de 1600 livres, c'est-à-dire à prendre
sur leur fortune une somme de 16,000 livres pour la consacrer, sans aucune vue de profit pour eux, à soutenir une
entreprise utile et glorieuse à leur patrie, abandonnée
par le Gouvernement, et qui allait être perdue pour jamais.
Voilà sans doute un de ces beaux actes patriotiques, dont il
serait difficile de citer plusieurs exemples, et qui, pour avoir
été fait sans ostentation, pour s'être tenu dans le modeste
silence qui convient si bien aux bonnes actions, a été, sous
le prétendu règne du patriotisme, non-seulement méconnu,
mais outragé, mais puni par une violation de tous les droits
qu'il s'était acquis (3).

On dira peut-être qu'il s'en faut de beaucoup que les
associés de la carte de France aient fait un si grand sacrifice.
Il est vrai; mais leur intention première, mais leur dévouement en ont-ils été moins sincères, moins nobles et moins
louables? Si les directeurs de l'entreprise ont trouvé des

(1) N'oublions pas de dire que les notaires, qui passèrent l'acte d'association
de la compagnie, ne voulurent accepter aucun honoraire.

(2) L'engagement s'étendait même à fournir *la dépense nécessaire, jusqu'à
l'entière exécution de l'ouvrage.*

(3) N'accusons que les instigateurs du décret du 21 septembre, car tout le
reste de l'assemblée ignorait certainement ces détails et ces faits, qu'on a eu bien
soin de lui cacher pour lui faire commettre une injustice et l'entraîner dans une
fausse démarche sur laquelle on a été obligé de revenir bientôt, comme on le verra
par la suite; l'erreur ne fut que d'un moment.

moyens de soulager les actionnaires de la charge qu'ils s'étaient imposée par un zèle peut-être inconsidéré, c'est un service bien important qu'ils ont rendu à leur compagnie, et que les évènemens qui ont suivi doivent faire regarder comme inappréciable. En effet, qu'il eût été malheureux le sort de ces actionnaires, combien il leur en eût coûté pour avoir été si généreux envers leur patrie, s'ils eussent été tenus de remplir tous les engagemens qu'ils avaient pris, et si Cassini de Thury ne les avait pas trompés d'une manière aussi agréable que noble; ajoutons, et si peu usitée jusqu'alors par tous les faiseurs de projets et de spéculations! En effet, les actionnaires de la carte de France n'ont été obligés de fournir qu'environ la huitième partie de la somme que mon père leur avait demandée, et à laquelle ils s'étaient soumis. C'est ce que nous allons voir dans la suite de cet exposé.

Dans son acte même d'association, la compagnie nomma pour directeurs perpétuels de l'entreprise MM. Cassini de Thury, Camus et Montigny, tous trois de l'Académie des Sciences, tous trois associés et fournisseurs de fonds comme les autres. M. Peronnet, premier ingénieur des ponts et chaussées, voulut bien se charger de l'examen des ingénieurs et des dessinateurs; à la mort de M. Camus, il fut nommé directeur; et M. Borda, fermier-général, accepta les fonctions de trésorier, qu'il a exercées pendant 28 ans.

La compagnie était entrée en possession de l'entreprise dès le 1er mai 1756. Dans les mois d'août et de septembre suivans, un arrêt du conseil et des lettres-patentes enregistrées au parlement et à la chambre des comptes, lui assurèrent la donation promise par le Roi de toute la partie de l'ouvrage qui se trouvait faite au moment de l'abandon par le Gouvernement, et le privilége du débit des cartes de France pour 30 ans,

Le 13 septembre, les trois directeurs se rendirent à Versailles pour présenter au Roi la première feuille de l'atlas, celle de Paris, déjà faite depuis long-tems, mais dont la compagnie voulut faire un hommage solennel à S. M., en lui présentant en même tems les témoignages de son profond respect, de sa vive reconnaissance et du zèle qu'elle allait mettre à se rendre digne de ses bienfaits et de sa protection. Toutes les feuilles de notre carte, tirées sur satin, furent ainsi présentées successivement au Roi et à toute la famille royale, à mesure qu'elles parurent, jusqu'en 1792, et l'accueil gracieux qu'elles recevaient à chaque fois était un nouvel aiguillon pour les directeurs de l'entreprise.

On chercha d'abord à profiter de l'expérience des six années qui venaient de s'écouler, pour régulariser et activer les opérations, pour introduire dans l'administration toute l'économie dont elle était susceptible. On supprima les appointemens des ingénieurs (1) et des graveurs, qui avaient eu le loisir de s'essayer et de juger ce qu'ils pouvaient exécuter dans un tems donné et à des conditions requises. On fut donc de part et d'autre en état de conclure des marchés à forfait, tant pour la levée que pour la vérification des planches, pour la gravure du plan et pour celle de la lettre. Dans les premiers tems on paya un peu plus cher. On ne put d'ailleurs établir qu'un prix moyen que l'on augmentait selon les circonstances, car il y avait des pays beaucoup plus difficiles à lever, des planches infiniment plus chargées d'objets et de détails que d'autres, et pour lesquelles

---

(1) On donnait 1800 livres par an à chaque ingénieur qui ne travaillait que dans la belle saison, et revenait l'hiver à Paris. Ce retour était un surcroît de dépense. D'ailleurs l'hiver, où les arbres sont dépouillés, est une saison très-favorable pour la description des détails topographiques, et qu'il valait mieux passer sur les lieux.

15

il était juste d'accorder un supplément au prix ordinaire (1), tant pour l'ingénieur que pour le graveur.

Une des premières opérations de l'administration nouvelle fut aussi de traiter avec les pays d'Etats, tels que l'Artois, la Bresse et la Bourgogne, qui, précédemment, avaient demandé au Gouvernement des cartes particulières qu'on avait commencées (2), et que la nouvelle compagnie s'engagea à finir. Les Etats de Bretagne voulurent également entrer en accommodement, mais ne purent prendre une décision qu'ils ont différée autant qu'ils ont pu, et qui a été si funeste à notre ouvrage dont ils ont retardé l'exécution et peut-être occasionné la perte, comme on le verra par la suite. Plusieurs évèques demandèrent aussi des cartes particulières de leurs diocèses. Enfin, en 1758, Cassini de Thury imagina de proposer une souscription. Seize feuilles, qui avaient déjà paru, avaient mis le public à même de juger de l'utilité et de l'exécution de l'ouvrage; l'avantage offert aux souscripteurs fut de payer chaque feuille un quart environ de moins que les autres (3).

Ces différentes opérations avaient, dans les premières années, procuré des fonds suffisans pour faire avancer l'en-

---

(1) Le plus bas prix que l'on ait payé pour la confection d'une feuille a été 3000 livres pour la levée, 500 livres pour la vérification, 1000 livres pour la gravure du plan, 400 livres pour celle de la lettre, 90 livres pour le cuivre; en tout, 4990 livres par planche. Plusieurs ont coûté jusqu'à 6000 livres, à cause des frais de signaux, de percement de clochers, d'indicateurs et de retouches.

(2) Dans l'acte d'association, il avait été fait réserve d'une somme de 34,000 liv. due par ces provinces au profit du Gouvernement, pour la partie des cartes qui était déjà exécutée.

(3) Chaque feuille se vendait 4 livres au public; les souscripteurs ne les payèrent que 3 livres 5 sous. Ils ne furent tenus que d'un premier paiement en avance de 162 livres. Les quatre suivans, de 100 livres chacun, ne se payaient qu'à la trentième feuille que l'on recevait. Il n'y a pas eu plus de 200 souscripteurs.

treprise, sans que les associés fussent obligés de fournir les 1600 livres annuelles qu'ils s'étaient engagés à payer. Ils n'avaient versé cette somme qu'une seule fois, en passant l'acte d'association. C'était bien là ce que mon père s'était promis ; et plus l'ouvrage avançait, plus il espérait que le débit, joint aux traités particuliers qu'il pourrait faire, fournirait aux frais courans. Ce calcul et cette espérance, qu'il s'était bien gardé de trop développer, pour laisser à ses associés le mérite de l'intention et du consentement qu'ils avaient donné à un grand sacrifice, n'eussent point été une chimère et se seraient en effet réalisés, si les choses eussent suivi leur cours ordinaire. Mais qu'il se trompe souvent, celui qui se fie sur une telle régularité et qui croit fermement que ce qui doit être aura nécessairement lieu ! Cette présomption est la source de tous les faux calculs et de toutes les combinaisons déjouées. Voici comment avait raisonné mon père. La carte de France, par les détails aussi utiles qu'agréables qu'elle présente et par son exécution, ne pourra manquer de devenir un objet d'agrément et même de nécessité pour la presque totalité des personnes aisées du royaume. Quel est le propriétaire, le gros fermier même, qui ne voudra pas avoir la feuille où se trouve sa métairie ? Quel est le seigneur qui n'achètera pas toutes les cartes qui environnent ses terres, et qui lui montrent son voisinage et ses communications avec les bourgs et les villes d'alentour ? Quel est le voyageur qui ne voudra pas avoir les feuilles des pays qu'il va parcourir ? Quel est l'administrateur qui ne sera pas obligé d'avoir l'ensemble de sa province ? D'ailleurs tous les riches particuliers, les prélats, les grandes bibliothèques, les abbayes ne manqueront pas de se procurer l'atlas complet de ces cartes ; l'étranger même en sera curieux (1).

(1) C'est en effet à l'étranger que nous avons fourni le plus grand nombre de collections entières.

Voilà donc un débit certain qui suffira pour couvrir à fur et à mesure tous les frais de l'entreprise. Si le débit ne procurait pas assez promptement les fonds nécessaires, les marchés avec les provinces y suppléeront, et de telle sorte qu'à la fin de chaque année les associés, qui ont promis de fournir une contribution de 1600 livres, se trouveront n'avoir rien à donner.

Un pareil calcul était certainement très-probable, très-raisonnable : mais, comme tant d'autres non moins bons en apparence, il se trouva fort loin du résultat de compte. Pour retirer seulement les frais de la levée et de la gravure d'une planche, il fallait en vendre 2000 exemplaires au moins (1). Or, il s'en fallait de beaucoup que ces amateurs, sur lesquels on avait compté, fussent en si grand nombre. A l'exception de quelques feuilles, comme celles de Paris et de l'Isle-de-France qui ont eu un grand débit, tout le reste du royaume a été peu demandé, et du plus grand nombre de nos cartes à peine en a-t-il été vendu au public 600 exemplaires (2). A quoi cela tenait-il? A deux causes malheureusement très-communes : l'ignorance et l'insouciance du public. Notre carte n'a jamais été aussi connue, ni aussi appréciée, j'ose le dire, qu'elle méritait de l'être. Dans la province, on ignorait assez généralement son existence, sur-tout dans toutes les parties où nos ingénieurs n'avaient point encore pénétré. D'ailleurs, parmi ceux qui la connaissaient, le grand nombre se donnait peu la peine d'examiner si elle valait mieux que d'autres. Combien de gens voient à peu près du même œil le

---

(1) Chaque feuille, qui se vendait 4 livres au public, ne produisait à la compagnie que 2 livres 10 sous, en défalquant le papier, l'encre, le tirage et la remise aux débitans.

(2) Chaque associé avait droit à deux exemplaires; il s'en distribuait aussi plusieurs en présens obligés.

bon et le médiocre, et ne préfèrent que le meilleur marché ! Je vais en citer un exemple frappant et qu'on aura peut-être peine à croire.

Lorsqu'en 1790 on eut arrêté le projet de détruire toutes les anciennes subdivisions de provinces, de généralités, de pays d'États, pour faire une nouvelle division de la France en départemens, il était à croire que notre carte générale serait la première et même la seule à laquelle le comité de division aurait recours pour une opération de cette importance : point du tout. La plupart des membres qui composaient ce comité étaient si peu instruits en géographie, qu'ils ignoraient les travaux que l'on avait faits depuis un siècle pour la description du royaume, et ne connaissaient pas notre atlas. Ils allèrent d'abord se fournir de toutes les vieilles cartes de leurs provinces qu'ils purent trouver chez les petits marchands, dont quelques-uns eurent enfin la bonne foi de leur dire que ce qu'ils avaient de mieux à faire était de prendre les cartes de l'Observatoire. Ce fut alors qu'ils me firent l'honneur de venir s'adresser à moi, et de m'avouer que nos cartes leur paraissaient supérieures à celles qu'ils avaient trouvées sur les quais et chez les marchands d'estampes. Dès-lors il fut décidé que ce grand travail de la division nouvelle serait exécuté sur notre atlas (1); et j'ose dire qu'il eût été impossible sans lui de venir à bout de cette opération. C'est ce qui fut authentiquement reconnu en 1790, et plus entièrement oublié en 1793, comme on le verra ci-après.

L'on voit donc que notre ouvrage n'a jamais été connu comme il devait l'être, sur-tout dans les commencemens. Il n'aurait pu être généralement répandu qu'après son entière exécution. La connaissance qu'en avaient prise les députés

---

(1) Cela fut même décrété par l'Assemblée nationale.

de toutes les parties de la France, en aurait accru le débit;
mais aussi c'est à ce moment-là que l'ouvrage nous a été
retiré, et c'est immédiatement après que la compagnie en a
eu fait tous les frais, qu'elle s'en est vu enlever le profit.

Si le débit des cartes ne fut pas tel qu'on s'en était flatté,
on ne fut pas moins trompé sur le produit des marchés particuliers. On devait sans doute compter sur la foi des engagemens pris par les provinces : mais aucune ne les a remplis
dans les termes convenus, plusieurs même ont fini par faire
banqueroute à la compagnie ; c'est ce que nous dirons en son
tems.

Ces embarras forcèrent bientôt les directeurs à en venir à des
appels de fonds aux associés ; et comme c'était toujours à regret
qu'ils les faisaient, il ne demandèrent que les plus petites
sommes possible. Le premier appel, qui eut lieu en 1759,
ne fut que de 150 livres ; le second, en 1762, fut de 250 liv.,
et le troisième, en 1763, monta à 400 liv. ; ce fut le dernier ;
de telle sorte que la mise en avant des associés n'a été que
de 2400 livres. On sent parfaitement qu'avec de si faibles
moyens il était impossible de faire avancer un ouvrage dont
les progrès exigeaient de grands frais ; du moment où il fallut
attendre des rentrées de fonds lentes, incertaines, et qui
dépendaient du plus ou moins de débit, tous les moyens
d'exécution se trouvèrent paralysés, il fallut diminuer le
nombre des ingénieurs. M. Borda, trésorier de la compagnie,
fit généreusement les plus grandes avances ; mais, voyant la
plupart des autres associés diminuer de zèle chaque jour et
se refuser à de plus grands sacrifices, auxquels cependant ils
s'étaient authentiquement engagés, il crut avec raison devoir
mettre des bornes à sa bonne volonté ; et l'entreprise fut au
moment d'être abandonnée, lorsqu'en 1764 le Roi, informé
de cette situation pénible, s'étant fait rendre compte de

toute la gestion, et ayant reconnu que l'état de gêne de la
compagnie ne venait absolument que du défaut d'acquit des
payemens et engagemens sur lesquels elle avait dû compter,
ainsi que de la lenteur d'un débit fort au-dessous de ce qu'on
l'avait estimé ; S. M. résolut de venir au secours d'une entreprise qu'elle affectionnait particulièrement, et qui, à mesure
qu'elle avançait, procurait de nouveaux avantages aux différentes branches d'administration du royaume. Les bureaux
de la guerre, des intendans, des ponts et chaussées, tous
convenaient de l'utilité dont leur était la nouvelle carte de
la France ; M. de Trudaine, se déclarant un de nos plus zélés
partisans, proposa au Roi qu'à raison de cette utilité universelle toutes les généralités du royaume contribuassent pour
une somme totale de 156,000 livres, qui serait partagée
entr'elles proportionnellement à leur étendue. Plusieurs pays
d'États avaient été volontairement les premiers à donner
l'exemple de cette contribution aux travaux de la carte de
France ; il parut juste que les généralités le suivissent. Cette
somme de 156,000 livres, à prendre sur les excédens de capi-
tations, et payable en quatre années, était bien peu de chose
pour les généralités ; c'était même un faible secours pour une
entreprise qui aurait exigé une mise en avant de 80,000 livres
par an, si elle eût été menée comme elle aurait dû l'être ;
mais, en nous assurant des rentrées fixes, elle nous donnait
les moyens de nous relever et d'attendre les ressources du
débit et du retour des créances arriérées.

Ce nouveau secours fut donc pour la carte de France une
véritable régénération. L'ouvrage fut repris avec une nouvelle activité, qui l'aurait bientôt amené à sa fin, si elle eût
pu se soutenir, et si une espèce de fatalité, attachée à toutes
les mesures que l'on prenait, n'en eût fréquemment détruit
les effets.

Nous avons vu que les pays d'États, qui s'étaient imposés
eux-mêmes, et qui avaient passé avec la compagnie des
traités volontaires, ne remplissaient leurs engagemens que
bien imparfaitement. Les généralités, qui venaient d'être
imposées d'autorité, ne firent pas moins de difficultés. Plusieurs intendans, au lieu de nous délivrer la somme dont ils
étaient tenus de contribuer, voulurent absolument se charger
de faire exécuter eux-mêmes la carte de leurs généralités,
pour l'avoir sur une plus grande échelle, plus détaillée et
soi-disant plus parfaite. Ils s'astreignirent seulement à nous
en donner la réduction à notre échelle générale. Les directeurs y consentirent, en les prévenant qu'ils pourraient bien
se repentir de ce marché, et les avertissant qu'ils couraient
risque de faire pendant long-tems du mauvais ouvrage, et de
le payer dix fois plus qu'il ne vaudrait, n'étant pas au fait
de la direction et de la surveillance de pareils travaux, n'en
connaissant ni les règles, ni le prix. Ces avis furent inutiles;
plusieurs de MM. les intendans se crurent aussi bons géographes qu'administrateurs ; mais ce qui avait été prédit
arriva. La généralité de Limoges, au lieu de nous donner
10,000 livres, en dépensa 100,000 pour le plaisir de faire
elle-même sa carte. La Guyenne, qui en eût été quitte avec
nous pour 18,000 livres, n'est venue à bout de terminer ses
opérations qu'après plus de 26 années d'essais; certaines
parties ont été levées jusqu'à trois fois, il a fallu regraver des
planches entières ; enfin la dépense totale a passé 400,000 liv.
C'est un fait dont j'ai les détails entre les mains. Le plus
fâcheux pour nous, c'est qu'il nous a fallu long-tems attendre
les dernières feuilles de la Guyenne pour les réduire à notre
échelle. Tels étaient les obstacles sans cesse renaissans et qui
entravaient la marche de notre entreprise. Nous eûmes aussi
beaucoup de contestations avec l'intendant d'Auvergne, dont

nous n'avons jamais pu être payés. Les États d'Artois et de
Bourgogne, qui avaient traité même avant la création de la
compagnie, eurent quelques peines à remplir leurs engagemens. Voilà comme les fonds dont nous croyions être sûrs
manquaient toujours aux époques prescrites, et l'on sait
combien ces déficits et ces fausses rentrées sont nuisibles
dans une entreprise. Voilà comment un ouvrage, qui devait
être fini en dix ans, en a duré trente-sept entre les mains de
la compagnie.

Toujours trompés, mais toujours bercés d'espérances, nous
ne perdions point courage; nous nous bornions seulement à
régler les progrès de notre carte sur la modicité des moyens.
En 1777, nous avions déjà publié 105 feuilles; nous avions
en outre 44 planches prêtes à graver, c'est-à-dire qu'il ne
nous restait plus à lever de toute la France que la valeur d'une
vingtaine de feuilles pleines, savoir : celles de la Provençe et
de la Bretagne. En 1778, les États de Provence se trouvèrent
disposés à traiter. Ils nous demandèrent une carte particulière
de la même échelle que la nôtre, et une carte générale
réduite à une ligne pour 400 toises. Nous convînmes avec eux
d'une somme de 27,600 livres en plusieurs paiemens propor-
tionnés aux progrès de l'ouvrage; mais, quand tout était fait
et livré, il se trouvait toujours quelque prétexte pour différer
le dernier paiement, et, pour l'ordinaire, c'était autant de
perdu pour nous. C'est ce qui nous arriva encore vis-à-vis
des États de Provence.

Enfin, la carte de la France allait être absolument terminée,
à l'exception de la Bretagne dont les États, depuis 25 ans,
n'avaient encore pu se décider. Le Roi leur fit témoigner son
mécontentement d'une indécision si obstinée. Ils se déterminèrent donc à passer un traité, qui fut signé le 21 septembre
1781 par les membres de la commission intermédiaire et par

Cassini de Thury, qui s'engagea, pour la compagnie, à faire lever la carte de la Bretagne sur la même échelle que celle de la carte générale, moyennant une somme de 40,000 livres payable par quart à mesure que l'ouvrage avancerait. De toutes les provinces de la France, j'ose le dire, la Bretagne est celle qui nous a donné le plus de peine, qui a offert le plus de difficultés en tout genre, de désagrémens de toute espèce, et dont nous avons été le plus mal récompensés. Soumis à l'examen et aux tracasseries de gens qui voulaient juger nos opérations et n'y entendaient rien, il nous a fallu répondre sans cesse à des objections sans fondement, écouter des plaintes vagues, et détruire les fausses applications des conditions du traité, qu'on nous accusait toujours de ne point remplir, le tout pour s'autoriser à ne point payer. Mon père n'éprouva que le commencement de ces contrariétés, il mourut en 1784, et n'emporta au tombeau que la satisfaction d'entrevoir la fin prochaine de la carte de France, la certitude de son entière exécution et de son plein succès. La Providence toujours juste ne voulut pas que l'auteur de tant de travaux, que celui qui, pendant 50 ans, s'était occupé et tourmenté de l'exécution d'une si belle entreprise, ne recueillît que les fruits amers qui devaient en être la récompense. Je remplaçai mon père dans la direction de l'ouvrage, et certes, ce fut pour moi un héritage bien funeste. La fatale destinée, qui m'a toujours substitué à sa place, m'a fait éprouver toutes les catastrophes qui étaient réservées à notre nom. Je ne m'en plaindrai point, s'il me reste au moins la consolation d'avoir pu démontrer que je n'ai rien fait qui pût les attirer ni les mériter.

Je pris le parti de me rendre dans le mois de décembre 1784 à l'assemblée des États de Bretagne, présidée par M. le comte de Montmorin. Ce ne fut pas sans peine et sans de

fatigantes discussions que je parvins à lever toutes les difficultés, à éclaircir les mal-entendus qui avaient divisé jusqu'alors les directeurs de la compagnie et les membres de la
commission intermédiaire. Celle-ci accusait les premiers de
ne point remplir les conditions du traité, par exemple, de
ne lui avoir point adressé en communication les triangles,
les calculs et les dessins originaux de certaines feuilles ; mais
il se trouva que cette communication avait été faite à une
commission de navigation qui l'avait demandée, et qu'on
avait prise pour la commission intermédiaire. Cette méprise
était bien pardonnable. D'ailleurs les directeurs avaient à se
plaindre que lorsqu'ils envoyaient quelque épreuve on était un
tems infini à la renvoyer, et que, pour les dessins originaux,
les voyages leur faisaient éprouver des altérations fâcheuses
et le risque d'être perdus ; il ne devait plus dorénavant être
permis de les exposer à de tels accidens. Quelques particuliers
nous reprochaient aussi de n'avoir jamais vu nos ingénieurs
chez eux ; il se trouva que c'était dans des parties limitrophes
de la Bretagne, qui avaient été levées vingt ans auparavant
avec les provinces voisines : il était tout simple qu'on eût
oublié le passage de l'ingénieur ; d'ailleurs, je fis entendre à
ces Messieurs qu'il était possible de lever un pays sans s'as-
treindre à aller voir tous les habitans, ce qui alongerait beaucoup trop l'opération. D'autres avaient imaginé de faire une
savante critique de notre ouvrage. Ils avaient pris, tant bien
que mal, avec le premier instrument venu, quelques angles
entre des clochers, et les comparant avec les mêmes angles
pris avec un rapporteur sur nos feuilles, ils avaient trouvé,
comme on s'en doute bien, de grandes différences. Ceux-ci
se plaignaient de l'oubli d'une métairie qu'on n'avait pas
voulu placer pour éviter la confusion ; ceux-là, que la carte
était trop chargée d'objets et de noms qui la rendaient

confuse. Quelques-uns trouvaient singulier qu'une carte de la
Basse-Bretagne ne présentât pas un coup-d'œil aussi agréable
que celle des environs de Paris; je ne pus m'empêcher de
répondre que c'était la faute du pays et non celle des ingénieurs. Mais le reproche dont je sortis le plus victorieux, fut
celui que nous méritions cependant davantage, il regardait la
nomenclature. J'avais eu l'adresse de consulter séparément,
sur l'orthographe de certains noms bretons, des personnes
différentes du même pays, qui ne s'étaient point accordées;
j'eus le plaisir de les mettre en opposition et d'exciter entre
elles une vive dispute, au milieu de laquelle je fis faire cette
réflexion, que si des Bretons n'étaient pas d'accord entr'eux,
il était bien pardonnable à mes ingénieurs, qui n'étaient pas
du pays, d'être trompés sur l'orthographe bretonne par des
indicateurs, par des recteurs, qui n'étaient pas membres des
États, et dont il était facile de ne pas entendre ou de mal
copier la prononciation, sur-tout pour les noms propres. Ce
ne fut ainsi qu'avec une patience excessive et par une complaisance outre mesure à répéter vingt fois le même argument
sur le même grief, reproduit vingt fois par différens membres
des États, que je parvins enfin à persuader à **MM.** les gentilshommes bretons qu'ils pouvaient se reposer sur la bonté des
moyens employés à lever leur pays, puisqu'ils étaient les
mêmes que ceux dont nous faisions usage depuis 35 ans pour
la levée de toute la France; que la partie topographique de la
carte devait être bornée par l'étendue de l'échelle, qui nous
forçait souvent à supprimer les objets les moins importans;
que la nomenclature était, sur-tout pour leur pays, la partie
dont nous pouvions le moins répondre; que d'ailleurs elle
dépendait plus d'eux que de nous, puisqu'ils pouvaient la
corriger eux-mêmes sur les épreuves que nous leur adressions
à cet effet pour la vérification; qu'enfin, quelque tems et

quelque soin qu'on y mît, un ouvrage tel que le nôtre ne
pouvait arriver à une perfection que tant d'autres productions
humaines n'avaient encore pu atteindre. On eut l'air d'abord
de se rendre à mes observations. Plusieurs articles du traité
de 1782 furent réformés ; j'avais démontré qu'ils étaient plus
nuisibles qu'utiles à l'ouvrage, et je revins à Paris plein de
l'espérance de pouvoir en peu de tems achever la carte de la
Bretagne. En effet, sept ingénieurs répandus dans le pays
eurent entièrement terminé la levée en 1787 ; mais ce n'était
pas le plus difficile de l'opération : la vérification restait à
faire ; je crus qu'elle ne finirait jamais. Nous étions convenus,
et l'on tenait beaucoup à cette clause du traité, d'envoyer à la
commission intermédiaire plusieurs feuilles ou épreuves gravées en ébauche de chaque planche, afin qu'elle pût les distribuer dans chaque canton pour être examinées et contrôlées
par les personnes les plus intelligentes du pays. Ces envois et
ces renvois ne finissaient pas ; d'ailleurs ces personnes soi-
disant intelligentes brouillaient nos cartes, et y faisaient de
prétendues corrections qui n'avaient aucun fondement et auxquelles on ne comprenait rien. Si nous envoyions les registres
originaux et les calculs de nos ingénieurs, nos censeurs allaient
chercher sur la carte les signaux, les arbres et autres points
auxiliaires qui avaient servi à la liaison des triangles et à la
levée, et ne les trouvant pas, comme de raison, ils traitaient
cela d'omissions importantes et nous envoyaient de grandes
listes d'erreurs. On voit par-là combien ils étaient ignorans
dans l'art de lever les plans, et combien il était dégoûtant
pour nous d'avoir affaire à de tels juges. Il fallut absolument
renvoyer partout des vérificateurs pour tâcher de démêler le
vrai d'avec le faux, et pour faire entendre raison, s'il était
possible, à des gens d'autant plus difficultueux qu'ils étaient
moins instruits, et qu'ils ne cherchaient qu'à éluder les

demandes que nous faisions sans cesse des à-comptes qui nous étaient dus. Sur les 40,000 liv. convenues, nous n'en avions touché que 12,000 en 1782. La levée étant finie en 1787, plus des trois quarts de l'ouvrage se trouvaient faits; cependant nous ne pûmes rien obtenir. La révolution survint en 1789; les États de Bretagne subirent le sort de toutes les anciennes institutions. Nous eûmes alors recours à l'Assemblée nationale; elle nous renvoya à la commission de liquidation des affaires de la Bretagne. Cette nouvelle commission, ayant examiné notre demande et pris les renseignemens nécessaires, découvrit et nous fit l'aveu que les anciens États avaient depuis long-tems employé à d'autres objets les fonds qui avaient été destinés par eux-mêmes au paiement de la carte de Bretagne. Voilà sans doute le véritable motif de toutes les mauvaises difficultés qu'on nous faisait sans cesse. Il nous fallut donc solliciter auprès de l'Assemblée nationale une nouvelle attribution de fonds extraordinaires. L'époque de 1791 n'était pas favorable. Il serait trop long de rapporter toutes les démarches inutiles que nous fîmes; il suffit de dire que les 28,000 livres que nous redevait la Bretagne ne nous ont jamais été payées, et ont été entièrement perdues pour nous. Ce ne fut encore là que le prélude de nos pertes.

L'embarras où ces déficits multipliés nous jetèrent, joint à celui qu'occasionnèrent encore les circonstances nouvelles de la révolution, obligea les directeurs, MM. le président de Saron, Peronnet et moi, de convoquer une assemblée générale des associés pour délibérer sur le parti qu'il y avait à prendre. Elle eut lieu le 20 août 1790 : mais à peine pûmes-nous réunir dix personnes. Depuis longues années, nous voyions avec peine l'indifférence de nos associés, dont le plus grand nombre ne répondait jamais aux invitations que nous leur faisions de venir au milieu de nous s'instruire de

nos opérations, entendre les comptes de notre gestion, et
nous éclairer de leurs avis. Ils s'en excusaient, à la vérité, de
manière à nous ôter tout droit de nous en plaindre; mais
l'extrême confiance qu'ils prétendaient par-là nous témoigner
était encore plus embarrassante que flatteuse. Il ne fut donc
pas étonnant d'éprouver en 1790 un abandon qui avait déjà
eu lieu dans des tems plus tranquilles et moins alarmans. Je
lus dans notre petite assemblée un Mémoire très-détaillé,
dans lequel je rendis compte à la compagnie de l'état actuel
de la carte de la France et de toutes nos entreprises tant
anciennes que nouvelles. J'exposai l'état de la dépense nécessaire pour tout terminer; enfin, je donnai un tableau de
l'actif et du passif. Voici le résumé de tout cet exposé, qu'il
est bon de rapporter ici.

La totalité des 182 feuilles qui devaient composer notre
atlas général était levée; le public en possédait déjà 166; il
n'en restait plus que 15 à faire paraître, savoir : deux (1) de
cette province de Guyenne qui, depuis 29 ans, ne finissait
pas; une dans la partie des Pyrénées (2), et treize de la Bretagne, dont quatre seulement étaient entre les mains des
graveurs (3). Les neuf autres étaient toutes prêtes à paraître;
mais nous proposâmes et l'assemblée décida de ne les livrer
que lorsqu'on nous donnerait un à-compte proportionné à
l'avancement de l'ouvrage.

En 1787, les directeurs avaient cru devoir s'occuper d'une

Ve
MÉMOIRE.

---

(1) Bazas, N° 105, et Roquefort, N° 106. La carte de Guyenne avait été
commencée en 1761. Ce n'était sûrement pas l'argent qui manquait à ceux qui
l'exécutaient. Si nous eussions été dans le même cas, toute la France eût été
levée en dix ans.

(2) Andorre, N° 178.

(3) Treguier, N° 156; Dinant, N° 128; Rennes, N° 129; Pimbeuf, N° 130.

réduction en 18 feuilles du grand atlas, sur une échelle d'une ligne pour 400 toises ; elle fut annoncée par souscription (1). Depuis très-long-tems cette réduction était désirée et demandée par un grand nombre de personnes, dont les unes n'étaient point en état d'acheter la grande carte, et les autres voulaient avoir une table au plus rétréci de la France, qui permît d'en embrasser d'un seul coup-d'œil toutes les parties et leurs rapports (2). Nous avions à craindre que si nous ne faisions pas nous-mêmes cette réduction, d'autres ne l'entreprissent, malgré le renouvellement de notre privilége, que nous avions obtenu en 1786 pour dix nouvelles années ; mais on sait quel cas l'on fit de ces anciens priviléges au moment de la révolution. Cette réduction enfin pouvait nous procurer encore un avantage ; la division, tout nouvellement faite, de la France en départemens, était une opération trop récente et trop sujette à variation pour oser la porter sur la grande carte, où d'ailleurs elle eût occasionné beaucoup de confusion ; il valait donc mieux sacrifier à cette nouveauté la réduction en 18 feuilles. Il y en avait déjà treize de publiées. Nous proposâmes donc d'achever les cinq dernières avec la division de l'ancienne France que portaient les premières ; mais, une fois les fournitures faites aux souscripteurs, nous devions effacer les divisions de provinces et substituer celles de départemens et de districts ; c'est ce qui eut lieu par la suite ; le produit des souscripteurs, pour cette réduction en 18 feuilles, couvrit entièrement les frais.

La compagnie avait également à se louer d'une autre

---

(1) Le prix de la souscription fut de 48 livres.

(2) Les 182 feuilles du grand atlas, réunies en tableau, occupaient un espace de 36 pieds carrés ; il était difficile de trouver un local pour un si vaste cadre ; d'ailleurs comment promener l'œil facilement sur une si grande surface ?

entreprise de ses directeurs, qui avaient pensé qu'il y allait de son honneur et de son intérêt, que nul ne présentât avant elle un tableau particulier de la nouvelle division décrétée par l'Assemblée nationale, exécutée sur notre grand atlas. En conséquence, on avait passé jours et nuits pour exécuter une carte en trois feuilles des nouveaux départemens et de leurs dictricts, que je présentai à l'Assemblée le 10 avril 1790. Ce fut la première qui parut, elle eut un grand débit (1). C'est ainsi que l'on avait su jusqu'alors, sans nouveaux fonds, et avec le seul secours des rentrées et de la vente, traîner peu à peu l'ouvrage vers sa fin.

Deux autres spéculations sur les routes et sur les anciennes généralités n'avaient pas aussi bien réussi. Très-anciennement on avait pensé que les voyageurs, qui n'auraient point la collection de nos cartes ou qui ne voudraient point les emporter avec eux, seraient satisfaits de trouver la route qu'ils allaient parcourir, développée sur un petit nombre de feuilles longues et étroites, d'un format commode et portatif en voiture. En conséquence, trois routes (2) avaient été exécutées sur des bandes de papier de 15 pouces chacune de longueur sur 6 pouces de hauteur. La route occupait le milieu, et l'on voyait à droite et à gauche la configuration et le nom des pays adjacens, à la distance de 3000 toises de chaque côté; c'était un simple relevé de notre grande carte. Ces premières routes n'ayant eu que très-peu de débit, quoiqu'agréablement exécutées, on prit le parti de n'en plus faire d'autres.

Quant aux généralités qu'on avait imaginé de relever aussi de la grande carte, il y en avait déjà huit de gravése, lorsque la destruction de ces anciennes divisions du royaume vint nous

---

(1) Elle se vendait 7 livres.

(2) Celles de Paris au Hâvre, de Paris à Strasbourg, de Paris à Calais.

17

forcer en 1789 d'abandonner cette entreprise; tout ce qu'il y avait de fait fut en pure perte pour la compagnie : c'est ce qu'on n'avait pu prévoir.

Enfin, nous ne devons pas omettre de parler ici de la partie de l'ouvrage la plus essentielle et cependant la moins connue, disons même presqu'entièrement ignorée. Ce que le public aimait et admirait le plus dans nos cartes, c'était ce détail topographique qui lui représentait le cours des rivières, la direction des chemins, la forme et le contour des bois, des forêts, et les routes dont elles étaient percées. Mais le mérite le plus réel de notre ouvrage, celui qui le distinguait de toutes les cartes qui l'avaient précédé, et dont les connaisseurs et les vrais géographes nous savaient plus de gré, c'était cette détermination géométrique de tous les points du plus petit village dont le clocher avait été le sommet d'un angle immédiatement observé. Or, l'avantage d'une si grande précision ne devait pas être perdu; il était intéressant d'assurer la perpétuité des résultats d'un si grand travail qu'on ne devait pas recommencer deux fois; il fallait même, par une sage prévoyance des catastrophes et des évènemens humains qui pouvaient faire disparaître ou périr nos planches, faire en sorte que l'on pût transporter sur de nouveaux cuivres toutes les positions des villes, bourgs et villages. C'est à quoi nous avions pourvu, en faisant accompagner chaque nouvelle feuille qui paraissait, d'une table imprimée, format in-4°, contenant tous les noms par ordre alphabétique des objets compris dans cette carte, avec leur distance à la méridienne et à la perpendiculaire de l'Observatoire royal de Paris, exprimée en toises. Ces tables précieuses coûtaient fort cher pour l'impression et le tirage; personne ne les achetait. La compagnie, à la 158ᵉ feuille, cessa de les publier, pour ne les reprendre qu'à une époque plus favorable, ou lorsque, la carte se trouvant achevée, elle n'aurait plus d'autre dépense à faire. Cette époque favorable, comme l'on sait, n'est point arrivée pour nous ; notre ouvrage est encore incomplet sur ce point, mais nous n'en sommes plus responsables, et nous n'en méritons pas moins qu'on nous sache gré de ce qui est fait et de ce que nous voulions faire (Voy. *Pièces justificatives*, N° XV).

Il n'y a plus que deux mots à dire sur l'actif et le passif de la compagnie. Il lui était dû 41,100 livres ; elle ne devait que 7024 livres, et n'avait plus à dépenser en gravure pour la carte de Bretagne qu'environ 2600 livres. Il devait donc lui rester un bénéfice de 31,476 livres. Rien, sans doute, n'eût été plus satisfaisant à présenter qu'un tel résultat, si la créance eût été aussi solide que la dette. Toute la conclusion de mon compte rendu à nos associés fut donc qu'il nous restait à trouver le moyen de payer ce que nous devions, et de nous passer de ce qui nous était dû par les provinces qui paraissaient bien déterminées à ne nous jamais payer.

Telle était la situation de l'entreprise de la carte de France à la fin d'août de l'année 1790 ; telle elle se retrouva trois ans après à la même époque, lorsqu'elle nous fut enlevée ; car, à l'exception des cinq dernières feuilles de la carte réduite que nous terminâmes en 1791, nous arrêtâmes tous les travaux. Nous nous réduisîmes à une entière inaction pendant les années 1792 et 1793, où l'intérêt des affaires politiques croissant chaque jour avec les troubles de la révolution, on ne songea plus à faire aucune opération, aucune spéculation. L'homme tranquille, laborieux et sage fut réduit alors à garder le silence et à se cacher dans l'obscurité. Les méchans seuls, tête levée, allaient partout cherchant une proie à saisir, ou un complot à former : nous eûmes sans doute le malheur de nous trouver sur leur chemin.

V^e
MÉMOIRE.

Le 21 septembre 1793, un représentant du peuple monta à la tribune, et représenta à la Convention nationale que la carte de France, ouvrage de la ci-devant Académie des Sciences (1), et appartenant au Gouvernement (2), était tombée entre les mains d'un particulier (3), qui la vendait un prix excessif, de sorte qu'on ne pouvait plus se la procurer (4). Un autre représentant se leva et dit qu'il avait à faire la même dénonciation. Sur ce simple exposé, sans examen, sans discussion, on décréta que dans les 24 heures la carte serait enlevée (5) et transportée au dépôt de la guerre.

---

(1) Elle venait d'être détruite, ainsi que toutes les autres Académies, le 9 août précédent. Au reste, l'Académie des Sciences n'avait jamais fait de carte; elle avait présidé aux travaux de la mesure des degrés du méridien, mais n'avait été pour rien dans ceux de la levée générale de la carte et de la description topographique du royaume.

(2) La carte de France avait appartenu au Gouvernement pendant six ans; mais on a vu qu'au bout de ce tems il en avait fait abandon, cession et donation authentiques à la compagnie qui, depuis 37 ans, l'exécutait à ses frais. Possède-t-on ce qu'on a donné?

(3) La carte de France n'était tombée entre les mains d'aucun autre que moi; à la mort de mon père, j'en étais devenu le directeur, le second auteur, le bailleur de fonds et le propriétaire pour deux actions; elle avait encore pour directeurs et administrateurs deux hommes assez connus, M. de Sarron, premier président du parlement de Paris, et M. Perronnet, premier ingénieur des ponts et chaussées; mais on ne s'avisa pas de parler de nous à l'assemblée, on nous supposa morts; il ne fut question que de notre garde du dépôt. Telle fut la bonne foi de nos dénonciateurs.

(4) De tout tems elle s'était vendue 4 livres la feuille; depuis peu, nous l'avions augmentée de 20 sous *en assignats*.

(5) Voici le texte même du décret : « La Convention nationale décrète que les planches et exemplaires de la carte générale de France, dite de l'Académie, en 173 feuilles, actuellement entre les mains du citoyen Capitaine ou associés, seront dans le jour transportées au dépôt de la guerre, *sauf à ceux qui prétendraient avoir des réclamations à faire à cet égard, à produire leurs titres de propriété ou de créance, pour être statué par la Convention nationale ce qu'il*

Le surlendemain 23, un commissaire du dépôt de la guerre V^e
et un du ministère de l'intérieur vinrent signifier le décret de MÉMOIRE.
la Convention à M. Capitaine, chef du dépôt de la carte de
France, lequel dépôt restait toujours auprès de moi; depuis
qu'on restaurait l'Observatoire, je l'avais transporté dans une
maison que j'occupais derrière les murs. M. Capitaine en.
référa au principal directeur, et l'on vint me présenter le
décret. Après l'avoir lu, je dis à MM. les commissaires que ce
décret me semblait renfermer en deux phrases deux parties
très-difficiles à comprendre et à concilier; car, par la première phrase, on ordonnait l'enlèvement de la carte, et par
la seconde, on semblait inviter à réclamer contre cet enlèvement. Comment se pouvait-il faire qu'ayant soupçonné que
quelqu'un avait des droits à la propriété de cet ouvrage, on
n'eût pas constaté le fait avant d'agir? Au reste, ajoutai-je, je
ne sais qu'obéir aveuglément aux décrets de la Convention;
et pour lui être obéissant en tout point, je ne signerai le

---

appartiendra. » Ne serait-on pas tenté de croire que la seconde phrase, que nous
mettons en italique, a été ajoutée après coup par les rédacteurs du décret? car,
dans la dénonciation à la tribune, on s'était bien gardé de parler de propriétaires
de la carte, de réclamations à éprouver; ce qui aurait pu faire suspendre l'acte
d'autorité qu'on voulait extorquer de l'Assemblée, et faire exécuter en 24 heures,
pour ne pas donner le tems de la réflexion. Remarquons aussi que l'on s'était
bien gardé de donner à la carte de France son véritable et légitime nom, *Carte de
Cassini;* mais on la désignait sous le titre de *Carte de l'Académie,* afin de faire
croire aux ignorans que cet ouvrage n'avait point d'auteur particulier, mais le
corps entier de l'Académie qu'on venait de supprimer, et dont les dépouilles
devaient appartenir à la nation. A la vérité, nous identifiant avec cette Académie
des Sciences et cet Observatoire royal de Paris, dont nous avions été inséparables pendant 122 ans, nous avions vu, non-seulement sans chagrin, mais
même avec orgueil, notre carte prendre quelquefois le nom de *Carte de l'Académie, Carte de l'Observatoire.* Nous ne nous doutions pas qu'un jour les jaloux
et les intrigans sauraient merveilleusement tourner contre nous ces dénominations.
Il n'y faut donc pas être si indifférent, dans les tems où l'on s'arrête plus aux mots
qu'aux choses.

procès-verbal d'enlèvement qu'après y avoir consigné les
preuves détaillées du droit sacré que mes commettans et moi
avons à la propriété de l'ouvrage; c'est ainsi que j'en appellerai
de la Convention trompée par un faux rapport, à la Convention éclairée par la vérité. Cette déclaration faite, il n'y eut
plus qu'à nous soumettre.

Nous livrâmes donc et on nous enleva tous les cuivres et
tous les exemplaires qui se trouvèrent dans notre dépôt au
nombre de 1351 bonnes feuilles et 1106 épreuves. Ne doutant
plus, d'après le procédé de la Convention, et d'après les
termes de son décret, que des raisons particulières et secrètes
de politique n'eussent déterminé la confiscation de notre
ouvrage, et qu'il ne fallût y renoncer pour toujours, mais
qu'aussitôt que nous en aurions prouvé la légitime possession
on ne s'empressât de traiter avec nous à l'amiable et de nous
donner une juste indemnité, nous fûmes les premiers à
offrir de céder tout ce qui n'était pas compris dans le décret
et qu'il nous devenait inutile de garder, savoir : dessins originaux, tables de distances, registres d'observations, de
calculs, imprimerie et ustensiles, cases, bibliothèque et même
papier blanc; le tout *moyennant estimation amiable;* ce qui
fut spécifié sur le procès-verbal et agréé par les commissaires.
L'enlèvement de ces nombreux objets se fit (1) en deux jours

_____

(1) Voici l'état des objets livrés de confiance, à la condition bien exprimée
dans le procès-verbal d'en être payé sur estimation; condition qui n'a jamais été
remplie : 400 dessins originaux, 50,000 exemplaires de tables de distances à la
méridienne, 60 volumes d'observations de grands triangles, 400 volumes d'observations et registres d'ingénieurs, 600 cahiers de calculs, 500 cahiers de
dénombrement de communes. Tous ces matériaux, précieux à consulter comme
pièces authentiques et titres de notre grand ouvrage, sont autant de perdu par la
confusion avec laquelle ils ont été enlevés : mais ils n'en étaient pas moins un
objet d'une grande valeur, et que la compagnie n'eût pas cédé volontairement
à moins de 60,000 livres.

dans des caissons d'artillerie, où tout ce qui était chez nous, classé, casé et rangé dans le plus grand ordre, fut empilé pêle-mêle comme des cartouches. Il n'y eut que les cuivres et les exemplaires de la grande carte auxquels l'on fit attention.

Je laisse mon lecteur juger des sentimens dont je dus être affecté en voyant échapper ainsi de mes mains ce grand ouvrage dont mon arrière-grand-père et mon grand-père, dans le siècle précédent, avaient préparé les bases; dont mon père, après eux, avait conduit l'exécution pendant quarante années, et que moi-même, depuis dix ans, j'amenais péniblement à sa fin au milieu de tant d'obstacles. J'avais bien, ce semble, le droit d'espérer que tant que je vivrais je conserverais sur la carte de France les droits sacrés d'auteur et de propriétaire; que sur-tout, tant qu'il y aurait quelque chose à faire à cet ouvrage, soit pour l'augmenter, soit pour le perfectionner, soit même pour le conserver, il ne serait jamais confié à d'autres mains que les miennes. Mais, vains calculs des hommes! Si ceux de leur raison même se trouvent quelquefois déçus, combien plus souvent doivent l'être ceux de leur intérêt personnel, lorsque celui-ci se trouve en opposition avec l'intérêt d'autrui! Ce fut donc inutilement que, voyant la nation déterminée à s'emparer de la carte de France et à se substituer à la place de mes associés, je proposai de continuer à la diriger pour le Gouvernement, comme je l'avais fait pour ma compagnie : c'était précisément moi que l'on voulait déplacer et supplanter. J'ai donc perdu en 1793 la direction de mon propre ouvrage. On me l'a enlevé avant même qu'il fût entièrement fini et que j'y eusse mis la dernière main (1). C'est ce qu'aucun auteur n'avait éprouvé

---

(1) Il n'y avait plus à la vérité que de la gravure à exécuter : mais on verra, dans la deuxième partie de ces Mémoires, ce que j'avais à y ajouter.

avant moi; car est-il un peintre qui se soit vu dessaisir de son tableau, avant d'y avoir donné les dernières touches? Quel est le poëte à qui on ait enlevé sa tragédie, avant d'en avoir achevé la dernière scène? Ce sort m'était réservé. Il a fallu s'y soumettre. Un mois auparavant, je m'étais vu forcé de renoncer à l'Observatoire et à l'Académie des Sciences. C'est ainsi qu'à la même époque se réunirent pour moi tous les genres de sacrifices.

Il me tardait d'instruire les autres directeurs et mes associés de ce qui venait de se passer. Je convoquai une assemblée générale de la compagnie pour le 5 décembre suivant; personne ne s'y présenta (1). Cet abandon, dans une crise pareille, était sans doute affligeant pour moi et m'exposait à de grands risques dans une lutte où je n'étais pas le plus fort. Je crus cependant devoir me sacrifier à la défense des intérêts de mes commettans. Mes plaintes, mes démarches et le murmure public apprirent bientôt à la Convention qu'elle avait été trompée (2), et je m'empresse de dire que dès le 12 novembre un arrêté du Comité de salut public *autorisa le ministre de la guerre à traiter avec les ci-devant associés de la carte*

---

(1) Un seul associé, M. Bitaut de Vaillé, vint chez M. Perronet où *était le* rendez-vous, et où je restaï toute la soirée avec M. Capitaine à attendre nos autres collègues qui, sans doute, étaient en fuite ou cachés, comme il était d'usage alors.

(2) Très-certainement la Convention n'avait prononcé l'enlèvement de la carte que dans la ferme persuasion qu'elle appartenait au Gouvernement. Sans doute il se trouvait dans son sein plusieurs de ses membres qui connaissaient parfaitement notre ouvrage, qui n'ignoraient pas que c'était aux frais d'une compagnie qu'il était exécuté depuis 37 ans; mais les uns étaient du complot formé pour nous l'enlever, et les autres, par insouciance ou par terreur, n'avaient osé rien dire et encore moins démentir ceux qui, à la tribune, avaient avancé tant de faussetés. C'est ainsi que toute assemblée, dominée par des intrigans et des factieux, ne peut connaître la vérité et se laisse entraîner aux plus grandes injustices.

de la France, pour régler les dédommagemens qui pou-
vaient leur être dus et qui devaient être acquittés sur les
fonds extraordinaires de la guerre. En conséquence, je fus
admis, le 13 janvier 1794, à lire devant un adjoint du
ministre de la guerre un Mémoire de réclamations où je
résumais tous nos titres à la propriété de la carte, et nos
droits à un dédommagement qui, d'après la fameuse déclaration des droits de l'homme, aurait dû être réglé *préalablement,* c'est-à-dire avant de s'emparer de notre propriété. J'y
mettais aussi en avant les principales considérations qui
devaient servir de bases aux indemnités que nous avions le
droit de réclamer (1). Je dois dire que je fus écouté avec
attention et même avec des témoignages d'intérêt. Le ministre,
désirant être juste, nomma dans ses bureaux une commission
pour examiner nos prétentions, nos demandes, et parvenir à
un réglement d'indemnités qui ne pouvait être traité qu'à
l'amiable. Nous n'eûmes qu'à nous louer de l'honnêteté et de
la justice de cette commission. Pour y répondre avec la loyauté
et la franchise qu'elle méritait, j'ordonnai à M. Capitaine de
mettre sous ses yeux, sans réserve, la gestion entière de la
carte de la France, depuis le moment où la compagnie s'en

---

(1) Voici comme je m'exprimais dans le Mémoire : « A l'époque où la nation
a trouvé bon de prendre possession de notre ouvrage, il était fini, tous les frais
étaient faits; nous n'avions plus qu'à moissonner, qu'à recueillir. Nous allions,
sur le débit de l'ouvrage complet, recouvrer, non seulement les capitaux dus à
chaque associé, mais encore le prix et le dédommagement de leurs avances et de
leurs sacrifices. Considération importante qui doit être mise dans la balance de
l'équité, lorsqu'on voudra régler les indemnités dues aux actionnaires. Enfin, il
sera facile de restituer à chaque associé le capital qu'il avait mis dans cette entreprise, de l'indemniser de la perte des intérêts pendant un si long intervalle de
tems : mais on ne pourra jamais dédommager la compagnie, et encore moins les
auteurs de la carte de France, de la privation d'une propriété qui leur était
chère et d'autant plus précieuse qu'elle était pour eux un titre d'honneur, de gloire
et de service rendu à la patrie. »

18

était chargée. C'est là qu'il fut démontré, pièces sur table, 1° que l'exécution de la carte générale de la France, depuis le 1er mai 1756 jusqu'à 1793, avait occasionné une dépense de 804,470 livres; 2° que les associés n'y avaient réellement fourni que 120,000 livres de fonds; 3° que depuis 37 ans, ils n'avaient retiré aucun intérêt de leur mise; 4° que jusqu'au moment de la dissolution de la compagnie, les recettes avaient couvert la dépense; 5° que la société avait à réclamer sur les anciennes provinces du royaume une créance de 38,700 liv.; 6° qu'elle avait une dette exigible de 21,908 livres 15 sous; 7° enfin, que les objets qui lui avaient été enlevés, tant par l'effet du décret du 21 septembre, que par suite de la cession volontaire faite à condition de remboursement, formaient un matériel d'une valeur considérable.

Tel fut le vrai bilan que nous présentâmes avec une franchise et des preuves qui ne laissèrent rien à désirer. La commission, de son côté, convint très-loyalement que le moins que l'on pouvait faire était de rendre d'abord aux associés le capital et les intérêts des fonds qu'ils avaient si anciennement versés, montant à 342,000 livres; d'y joindre pour indemnité une bonification de 2 et demi pour 100, faisant une somme de 111,000 liv.; ce qui composerait un total de 453,000 liv., lesquelles, étant divisées en 50 parties, fixaient à 9060 liv. le remboursement de chaque action. Cette subdivision était très-intéressante pour le Gouvernement qui, se chargeant de solder séparément chaque actionnaire, calculait d'avance que toutes les actions d'émigrés et de condamnés, actuels et futurs, tourneraient à son profit et ne lui coûteraient rien à acquitter. Quant à l'évaluation des matériaux et objets cédés par nous volontairement, nous pouvions en pousser très-haut l'estimation; nous eûmes cependant la modération de tout abandonner, à la charge que le Gouvernement paierait les dettes de la compagnie (1). On convint enfin que les associés et les souscripteurs recevraient le complément des cartes qu'ils n'avaient pas reçues et auxquelles ils avaient droit (2). Jamais accord ne fut fait de si bonne foi, en apparence.

Cependant, vers la fin de ces négociations, je fus privé de la liberté et conduit en prison. Mon premier ingénieur resta seul à discuter et à traiter vis-à-vis le Gouvernement des intérêts de la compagnie entière (3). Ce n'est qu'après six mois et demi de détention, en septembre 1794, que, rendu à la société, j'appris la conclusion du traité dont on n'avait pas jugé à propos de me rendre participant. On m'avait sans doute regardé comme mort civilement ou devant l'être bientôt en réalité. Mais, quoique je n'eusse rien signé, l'on doit bien penser que je ne songeai point à faire la moindre réclamation. J'ai toujours regardé comme bon et très-légal ce

(1) La dette de la société, en 1790, n'était que de 7024 livres; mais elle avait triplé dans ces quatre dernières années, où la non-publication de nouvelles cartes avait ralenti la vente, tandis que les frais d'administration avaient toujours été les mêmes. On n'avait pu d'ailleurs se refuser à donner quelques gratifications à des employés, graveurs et ingénieurs qui, dans des tems plus heureux, eussent eu droit à des récompenses proportionnées à de longs services qu'il nous a été douloureux de si mal reconnaître. La compagnie, touchant au terme de son entreprise, et voyant que le malheur des circonstances ne lui permettrait jamais de s'acquitter, envers son premier ingénieur et garde du dépôt, des services que son père et lui avaient rendus pendant 29 ans, lui avait fait don de sa réduction en 20 feuilles et de sa carte des départemens. Les deux derniers ingénieurs, qui lui étaient restés attachés avec une fidélité digne d'éloges, n'ont reçu d'elle que de faibles gratifications, dont plusieurs d'entre nous associés avons été obligés de faire les avances qui ne nous ont jamais été remboursées, puisque la dette n'a pas été payée, quoiqu'on en eût pris l'engagement.

(2) Rien de tout cela n'a été rempli.

(3) Les deux autres directeurs ne pouvaient paraître plus que moi, car l'un, M. le président de Sarron, avait été mis en prison deux mois avant moi, et M. Perronnet se mourait.

premier marché et ces engagemens convenus avec le ministre
de la guerre et arrêtés par lui en mon absence le 16 février
1794. On va voir que pendant sept années entières je n'ai
demandé autre chose que l'exécution de ce traité, quelque
peu avantageux qu'il fût, car, au fond, les 453,000 livres
que l'on nous donnait n'étaient qu'en assignats, et au
16 février 1794 cela ne valait que 211,000 livres; mais il ne
fallait pas alors s'aviser de regarder les assignats comme une
mauvaise monnaie. Cependant M. Capitaine osa représenter
que leur valeur pouvant diminuer d'un jour à l'autre, il était
de toute justice de payer sur l'heure les actionnaires qui pourraient être en mesure de produire leurs titres et de toucher.
On ne lui sut point mauvais gré de l'observation, on la trouva
raisonnable, et quatorze mandats furent aussitôt expédiés
pour le paiement d'autant d'actions qui furent présentées et
trouvées en règle. On ne pouvait agir plus loyalement, et
nous devons dire que c'était toujours ainsi que s'était com-
porté le ministre de la guerre. Autorisé comme il l'était par
un arrêté du Comité de salut public, qui exerçait alors les
fonctions et avait en main la puissance du *pouvoir exécutif,*
il devait se croire en droit de faire un marché, de le conclure,
et d'en ordonner l'exécution : mais les commissaires de la
trésorerie pensèrent autrement; ils s'imaginèrent de leur côté
que leurs fonctions de payeurs leur donnaient aussi le droit
d'examiner, de juger les motifs des ordonnances de paiement
du ministre et de les réformer. Ils refusèrent d'acquitter les
mandats, et sans aucune mission, s'établissant nouveaux
juges du traité à faire avec la compagnie de la carte de la
France, ils déclarèrent qu'ils ne paieraient à chaque porteur
d'action que sa mise de fonds. Une telle prétention de la part
de subalternes qui cherchaient à outrepasser leurs attributions, était moins extraordinaire à cette époque mémorable,

où chacun se croyait souverain, où le pouvoir suprême était disputé partout, n'existait nulle part, et ne se fixait que dans les mains de celui qui savait s'en emparer pour le moment : mais ce qu'on aura peine à croire, c'est que la Convention elle-même eut l'impolitique de prononcer en faveur des commissaires de la trésorerie qui s'étaient mêlés de ce qui ne les regardait pas, et contre l'avis du ministre de la guerre qui avait été spécialement chargé de l'examen et de la négociation de l'affaire. Le décret, modèle d'une confusion inouie de toute idée et de tout principe, fut rendu le 10 mai 1794. Nous ne nous permettrons pas ici de le discuter, car il nous serait impossible d'en mieux démontrer l'iniquité que ne l'a fait trois années après une commission spéciale chargée d'un nouvel examen de cette affaire; nous nous en référons entièrement à son rapport, que nous avons fait réimprimer parmi les pièces justificatives (Nº XIII) qui composent la seconde partie de cet ouvrage. On y trouvera un récit exact et fidèle, une discussion juridique et impartiale devant le Conseil des Cinq-Cents, de toute l'affaire de la carte de France, qui nous dispensent d'y rien ajouter. Nous allons donc nous borner désormais à faire l'exposé simple et rapide des faits qui ont eu lieu depuis ce moment jusqu'à l'entière conclusion de nos longs débats.

Le décret du 10 mai 1794 fut pour nous un de ces coups de foudre dont l'éclat et le fracas portent au loin et longtems après eux la terreur et le silence. Notre premier ingénieur cessa prudemment toute poursuite; je n'avais garde d'en faire dans ma prison. Il ne fut donc plus question pendant un an de la carte de la France. Les ravisseurs en restèrent paisibles possesseurs, c'est ce qu'ils demandaient. Lorsque je sortis de détention après le 9 thermidor, je fus informé de tout ce qui s'était passé relativement à notre

traité avec le ministre de la guerre; mais, trop heureux
d'avoir ma liberté, je ne m'occupai d'autre chose que d'en
jouir dans le secret et l'oubli d'une retraite éloigné. Je n'osai
même réclamer d'abord contre le procédé inoui d'un directeur
du dépôt des cartes de la guerre qui, de sa propre autorité,
s'était emparé, le 7 mai 1794, de 175 exemplaires qui me
restaient de l'ouvrage de mon père, intitulé *Description
géométrique de la France*, que j'avais mis en dépôt chez
M. Capitaine. Mais, le 25 mai de l'année suivante 1795, le
même personnage, encouragé par la douceur avec laquelle il
voyait que je me laissais dépouiller, imagina d'envoyer de
nouveau enlever dans le même endroit le cuivre de la carte
générale des triangles; M. Capitaine représenta en vain que
c'était un ouvrage séparé de la carte de France, qu'il n'avait
jamais appartenu à la société, mais à mon père et à moi (1);
il fallut céder à la violence. J'en fus bientôt averti, et pour
cette fois je ne pus contenir mon indignation. Je me déterminai, quoi qu'il pût en arriver, à adresser aux chefs du Gouvernement un Mémoire très-ferme contre cette violation de
dépôt exercée par un simple particulier à mon égard. J'étais
bien sûr que ni le ministre, ni aucune autorité supérieure ne
l'avait ordonnée; je pris occasion de là de commencer une
réclamation en forme contre les décrets du 21 septembre
1793 et du 10 mai 1794. Je ne tardai pas à avoir pleine et
entière satisfaction sur mes plaintes personnelles; ma propriété sur la carte des triangles et sur l'ouvrage de mon père,
dont je produisis même les quittances de l'imprimeur, fut

---

(1) M. ✱✱✱, dont je tais ici le nom par respect pour sa mémoire, savait tout
cela aussi bien que M. Capitaine et que moi-même, puisqu'il avait été pendant
dix ans un de nos ingénieurs. Il était l'élève de mon père, qui l'avait anciennement placé, par son crédit, auprès de M. de Vaux, dans le dépôt des plans de la
guerre.

authentiquement reconnue, et le directeur du dépôt eut ordre de me les rendre ou d'en traiter avec moi de gré à gré ; ce qui eut lieu. Depuis la mort de Robespierre les principes avaient changé. Quant à ma réclamation contre le décret du 21 septembre 1793, que j'accusais d'avoir violé les droits de la propriété, et contre celui du 10 mai 1794, que je taxais de violation de la foi des engagemens et des contrats, on n'y répondit pas encore, mais on convint que la chose méritait d'être examinée. Une année s'étant encore passée sans recevoir de réponse définitive, je pris le parti de renouveler mes réclamations au mois d'août 1796; elles furent alors adressées à l'assemblé du Corps-Législatif, qui les renvoya à une commission spéciale composée de trois membres. Ce ne fut encore qu'au bout d'un an, le 8 août 1797, que les commissaires, après le plus scrupuleux examen, et la discussion de toutes les pièces, des faits et des preuves que nous pûmes produire, firent au Conseil des Cinq-Cents le rapport dont nous avons parlé ci-dessus, et qui fut pour nous le triomphe de la raison et de la justice. Nous n'aurions pu nous-mêmes produire pour notre cause de meilleurs avocats que ne le furent les représentans Jourdan, Le Gentil et Ozun. Leur plaidoyer annonça le retour du bon sens et des principes; malheureusement le témoignage éclatant qu'ils rendirent à la justice de nos réclamations n'eut pas un effet aussi prompt que nous l'avions espéré. Quatre années s'écoulèrent encore à examiner si l'on tiendrait le marché fait avec le ministre de la guerre, dont la validité était parfaitement reconnue, ou si l'on nous rendrait notre ouvrage (1). Toutes les fois que,

(1) Était-il juste de rendre un ouvrage du genre du nôtre, sans des dédommagemens considérables, après en avoir usé comme on l'avait fait pendant six années entières; après en avoir tiré, vendu, distribué des milliers d'exemplaires;

produisant le rapport du 8 août 1797, nous nous présentions
et demandions une décision quelconque, les chefs du Gouvernement nous accueillaient avec bonté et des témoignages
d'intérêt; il ne semblait plus être question que d'une légère
instruction de l'affaire et de quelques éclaircissemens : mais,
au moment où ils étaient donnés, de nouveaux évènemens
ou de nouveaux personnages faisaient perdre de vue notre
affaire qui, souvent abandonnée et reprise, ne finissait jamais.
Nous étions ainsi perpétuellement ballottés sans pouvoir
arriver à nos fins. Nous n'avions cependant à nous plaindre
que des circonstances et non des personnes.

Ce ne fut donc qu'après l'époque du 18 brumaire, et lorsque
le Gouvernement eut pris une nouvelle et solide assiette,
que nous commençâmes à reprendre courage, et que nous
arrivâmes enfin à une décision provoquée depuis tant d'années. Nos réclamations, adressées au Premier Consul, eurent
tout l'effet que nous pouvions en attendre. Le Conseil-d'Etat
eut ordre d'examiner l'affaire de la carte de la France et de
prononcer définitivement sur le sort des associés. Il seconda
parfaitement les vues d'un chef qui voulait la justice, et plus
encore sa prompte exécution. L'avis du Conseil fut de regarder
comme sacré l'ancien traité passé de bonne foi entre le ministre
de la guerre et la compagnie. En conséquence, les Consuls,
par un dernier arrêté du 25 février 1801, ordonnèrent que
chaque porteur d'action de la carte générale de France serait

après avoir fatigué et détérioré les cuivres ? D'ailleurs, quel est celui des associés
qui aurait osé reprendre la charge de l'entreprise et la responsabilité envers une
compagnie dont on avait désorganisé les élémens, détruit les ressources, dispersé
les membres ? Qui aurait voulu faire les frais et les avances pour un nouvel établissement ? Ce n'était assurément pas moi, qui en avais bien assez de quinze années
d'embarras, de peines et de tourmens.

remboursé de la somme de 9060 livres, ainsi qu'il avait été conven en 1794; plus, les intérêts de ladite somme depuis l'instant où elle aurait dû être acquittée jusqu'au moment de la prochaine liquidation. Les associés n'avaient jamais demandé autre chose depuis sept ans. Le jugement du Conseil-d'État était donc de la plus exacte équité, et il aurait comblé leurs vœux, si dans le long intervalle de leurs sollicitations la loi funeste du 24 frimaire an VI ne fût venu annuller tout l'effet des bontés du Premier Consul et de la justice rendue par le Conseil-d'Etat. Notre créance, datant incontestablement de l'an II, se trouva nécessairement frappée, comme tant d'autres non moins respectables, par l'irrévocable loi sur l'arriéré. Mais à qui nous en prendre? Au malheur seul des circonstances et des tems; à ce funeste enchaînement des évènemens d'une révolution dont les conséquences et les suites ont été incalculables, et dont l'expérience doit rendre à l'avenir plus circonspects les hommes plus imprudens que méchans qui n'ont pas prévu la série et la somme des malheurs, des calamités et des injustices qui seraient un jour le résultat nécessaire de leurs faux systèmes ou de leurs passions. Je n'oublierai jamais que, me plaignant une fois du sort rigoureux qu'éprouvaient mes associés par cette réduction de leur créance, j'entendis cette triste vérité : Songez, me dit-on, que la loi n'a pas été faite pour vous seul; qu'elle a été commandée par une malheureuse, mais impérieuse nécessité; car, s'il eût fallu réparer tous les torts et toutes les injustices, indemniser de toutes les pertes qu'a occasionnées la révolution, le prix du sol entier de la France aurait à peine suffi. C'est ce que je crois devoir répéter aujourd'hui à mes associés pour leur consolation et pour mon excuse.

Ve MÉMOIRE.

Des cinquante actions de notre carte générale, il n'en existe peut-être pas dix en ce moment entre les mains des premiers titulaires ; presque toutes ont passé à leurs héritiers, acquéreurs et ayant-cause. Elles se trouvent subdivisées peut-être entre deux cents individus. La dispersion causée par la terreur, l'émigration et les autres évènemens de la révolution, ne m'ont jamais permis jusqu'à ce jour de rassembler ces intéressés, et de leur rendre compte ni de ma gestion, ni de mes opérations, ni de leur résultat. Je n'ai donc pu trouver d'autre moyen que la publication de ce Mémoire, pour les instruire des évènemens et des faits qu'ils n'ont pu connaître. J'ai dû entrer dans des détails qui paraîtront sans doute superflus à ceux qui n'y auront pas un intérêt direct, mais qui étaient indispensables pour prouver à mes commettans que si l'entreprise de la carte de France a péri entre mes mains, si elle n'a pas eu l'issue qu'ils devaient en attendre, il n'y a eu aucunement de ma faute. Les faits que j'ai rapportés doivent suffisamment démontrer, que j'ai employé tous mes moyens, tout mon pouvoir pour défendre leurs intérêts ; qu'il a fallu un véritable courage pour avoir, dans des tems aussi difficiles, osé élever la voix, faire des plaintes, former des réclamations, et soutenir une lutte qui pouvait avoir pour moi plus d'un danger ; et que sur-tout je n'ai jamais voulu transiger sur leurs intérêts au profit des miens ; j'ai mieux aimé partager leur sort. En effet, le premier refus des commissaires de la trésorerie ne tombait pas sur moi. Il avait pour prétexte l'agiotage qu'ils soupçonnaient de la part des acquéreurs d'actions. La mienne était de première origine ; il n'eût tenu qu'à moi d'être alors remboursé et de laisser les autres s'arranger avec le Gouvernement comme ils auraient pu ; ma compagnie était dissoute ; mes associés eux-mêmes

avaient paru depuis long-tems m'abandonner. Néanmoins, VᵉMÉMOIRE.
j'ai voulu suivre leur sort, et, bien loin de séparer ma cause
de la leur, j'ai tout risqué et tout perdu pour eux; en cela
je n'ai fait que mon devoir, mais il est assez naturel que
j'aie désiré qu'au moins les parties intéressées en fussent
instruites.

FIN DE LA PREMIÈRE PARTIE.

SECONDE PARTIE.

PIÈCES JUSTIFICATIVES.

*E*N *cédant à la nécessité où je me suis trouvé dans les Mémoires précédens, de parler de moi et de ce que j'ai fait, je me suis cru particulièrement obligé de prouver authentiquement les principaux faits que j'ai avancés. Les détails que présenteront ces Pièces justificatives offriront, je l'espère, assez d'intérêt pour dédommager des répétitions inévitables qui s'y trouvent.*

N° Ier.

Projet d'une histoire céleste de l'Observatoire royal de Paris, comprenant les observations faites dans ce lieu pendant un siècle, et les résultats qu'on en peut tirer; lu à l'Académie royale des sciences, le 14 mai 1774.

L'OUVRAGE que j'annonce aujourd'hui à l'Académie, est une dette dont je m'acquitte envers elle. C'est sous ses auspices, c'est par ses encouragemens, c'est pour mériter un choix qu'elle a bien voulu rendre héréditaire dans ma famille, que mes ancêtres ont entrepris et poursuivi sans interruption, pendant plus d'un siècle, les travaux et les observations nombreuses qui seront l'objet de cette histoire céleste. L'Académie était donc en droit d'attendre de moi la restitution d'un dépôt qui lui appartient à toute sorte de titres, et sur lequel je n'ai à prétendre que l'honneur de le lui présenter.

Je ne m'arrêterai point à prouver ici l'utilité d'une collection de cent années d'observations faites dans le même lieu, avec les meilleurs instrumens, par des astronomes animés d'un même zèle, d'un même esprit, et qui ont opéré d'après les mêmes principes; de telle sorte que l'on pourrait regarder ces observations comme faites par le même astronome : avantage que n'a encore eu aucune suite d'observations et qui suffirait pour rendre la nôtre précieuse. Je vais passer au plan de l'ouvrage.

Cette histoire céleste comprendra cent années d'observations, à compter depuis le 14 septembre 1671, jour auquel l'Observatoire royal se trouvant achevé, J. D. Cassini vint s'y établir et commença à y observer. Dans la première partie seront comprises les soixante premières années, depuis 1671 jusqu'en 1731, et l'intervalle depuis 1732 jusqu'à nos jours remplira la seconde partie. Voici la raison de cette division. Ce ne fut qu'en 1733 que l'on commença à observer au mural de six pieds de rayon placé dans les cabinets adjacens à l'Observatoire; on n'a pas cessé depuis ce tems-là de faire usage de cet instrument. La seconde partie de mon histoire céleste comprendra donc une suite non interrompue d'observations faites à ce mural pendant quarante ans. Cette partie, je l'avoue, est celle à laquelle il me sera possible de donner le plus de perfection, en ce que la méthode d'observer a toujours été la même, ainsi que la forme des registres. D'ailleurs la plus grande partie des observations a été faite par mon père, M. Maraldi et autres astronomes qui existent encore, et qui pourront me donner les éclaircissemens dont j'aurai besoin.

Voici la forme sous laquelle les observations seront présentées : je les distinguerai en deux classes; celles qui ont été faites dans le méridien, et celles qui ont été faites hors du méridien, toutes rangées en tables. Chaque table aura huit colonnes ; la première sera pour l'année et les jours du mois ; la seconde contiendra les passages au mural en tems observé ; la troisième, ces mêmes passages réduits au méridien et au tems vrai ; la quatrième comprendra les hauteurs prises au mural ; la cinquième, ces mêmes hauteurs méridiennes corrigées ; dans la sixième colonne , seront les noms des astres observés ; dans la septième, on trouvera les degrés du thermomètre au moment de chaque observation. Enfin, dans la huitième, qui comprendra la moitié de la page, seront les observations faites hors du méridien ; telles que les éclipses de satellites de jupiter , de soleil et de lune, les hauteurs correspondantes et autres semblables observations ; l'on trouvera aussi très-souvent dans cette colonne le calcul et les résultats des principales observations réduites, comme les passages du soleil dans le paralèlle des étoiles, les oppositions des planètes, les hauteurs solsticiales, etc.... Le calcul en sera tellement détaillé que l'on pourra d'un coup-d'œil le suivre, le vérifier, et en reconnaître les élémens. A la fin de chaque année sera un résumé des observations les plus importantes, avec des réflexions et des comparaisons relatives à la perfection des théories.

Une partie des observations qui composeront cette histoire céleste a été publiée et se trouve éparse dans les Mémoires de l'Académie Royale des Sciences ou dans des ouvrages particuliers. Cela ne m'empêchera pas de tout rapporter et même de refaire les calculs. Cette vérification ne peut être qu'avantageuse, et l'astronome qui voudra tirer de mon histoire céleste une observation quelconque pour l'appliquer à quelque théorie, sera charmé de trouver l'observation pure et simple, telle qu'elle a été faite, et le calcul à côté, qu'il prendra, si bon lui semble, ou le vérifiera, ou le recommencera en employant tels élémens qui lui conviendront.

Comme il n'y a guère d'observation qui n'ait été faite à l'Observatoire, notre histoire céleste offrira un tableau exact et intéressant des progrès de l'astronomie depuis un siècle, auquel je joindrai des détails historiques et des dissertations sur diverses théories qui feront le sujet d'un discours placé à la fin de chaque suite d'observations de dix en dix années.

La seconde partie sera précédée d'une description et de l'usage des instrumens d'astronomie, des méthodes d'observations et de calculs accompagnées d'exemples, ce qui composera un cours complet d'astronomie pratique, ouvrage qui n'a pas encore été traité avec l'étendue qu'il mérite et dont ceux qui commencent l'étude de l'astronomie pourront tirer un grand secours.

L'exécution du plan que je viens de tracer ici n'est point sans doute une légère entreprise. Ce ne peut être le fruit que d'un grand nombre d'années, si je veux rendre ce travail digne de l'attention de l'Académie et des savans. Plusieurs raisons m'ont engagé à en communiquer dès à présent le projet; mais j'aurais honte de ne prendre date que par une vaine annonce et de simples promesses qui souvent n'ont aucun effet. Je présente donc dès ce moment, à l'Académie, une série de douze années de l'histoire céleste, qui vont être incessamment suivies de dix autres, et qui sont exécutées sur le plan que je viens de tracer. Je prie l'Académie de vouloir bien nommer des commissaires dont je puisse prendre les conseils, recueillir les avis pour la perfection de l'ouvrage, et auxquels je me ferai un devoir de communiquer tant les observations réduites, que les fragmens des traités particuliers que j'ai annoncés, et que je ne veux publier qu'avec l'approbation et sous les auspices de l'Académie (1).

N° II.

Projet d'établissement à l'Observatoire royal de Paris pour la perfection de l'astronomie, présenté au ministre le 13 mai 1784 (2).

L'ACADÉMIE royale des Sciences, et généralement tous ceux qui s'intéressent aux progrès de l'astronomie, voient depuis long-tems avec peine l'état de dépérissement et d'abandon où se trouve l'Observatoire royal de Paris. Non-seulement le bâtiment menace d'une ruine prochaine, mais encore les instrumens, par leur vétusté et les imperfections de leur ancienne construction, ne permettent plus d'apporter dans les observations astronomiques cette délicatesse, cette précision que procurent les instrumens nouveaux si perfectionnés depuis vingt-cinq ans.

L'astronomie est la plus dispendieuse de toutes les sciences. C'est elle qui sollicite les plus grands secours du Gouvernement. Il n'y a jamais eu de fonds affectés ni pour la construction des instrumens nécessaires à l'Observatoire, ni même pour l'entretien de ceux qui y existent. Du moment où le Gouvernement a détourné ses yeux de cet établissement, il a dû nécessairement tomber dans l'état de détresse où nous le voyons aujourd'hui, et où il retombera sans cesse, tant

---

(1) L'Académie a nommé pour commissaires MM. Bailly, Legentil et Jeaurat.

(2) M. Cassini de Thury, directeur actuel, était depuis plusieurs années languissant d'une maladie qui ne lui permettait plus de s'occuper de l'Observatoire. Il mourut cette même année; cependant ce Mémoire fut présenté tant en son nom qu'en celui de son fils, directeur en survivance.

qu'on ne lui accordera que des secours momentanés, tant qu'on n'adoptera pas un plan général d'établissement fixe, solide et digne d'un des plus beaux monumens du siècle de Louis XIV, digne de la grandeur et de l'utilité de son objet.

C'est ce plan dont nous allons tracer l'esquisse.

§ Ier.

Construction de trois principaux instrumens.

Il manque à l'Observatoire royal trois instrumens qu'il serait essentiel de faire construire, savoir :

Un quart de cercle mural de 6 à 8 pieds de rayon, suivant la construction anglaise. Cet instrument est indispensable; après une pendule, c'est le meuble le plus essentiel d'un Observatoire; sans lui, on ne peut cultiver en grand l'astronomie.

Un équatorial de 16 pouces environ de diamètre. La commodité et la généralité de cet instrument le rendent infiniment précieux et d'un usage journalier.

Un cercle entier de 3 pieds de diamètre. Ce nouvel instrument, qui n'a point encore été exécuté en France, est peut-être celui qui pourrait porter l'astronomie pratique à sa plus grande perfection; sa forme, la parfaite exécution dont il est plus susceptible qu'un autre, les moyens multipliés et faciles de vérification qu'il présente, lui donnent sur tous les autres instrumens un avantage réel.

§ II.

Fonds pour l'entretien, les réparations et l'augmentation des instrumens.

L'Observatoire une fois pourvu de ces trois objets principaux, il deviendrait nécessaire d'affecter un fonds fixe et annuel, soit pour l'entretien et les réparations de ces instrumens, soit pour diverses augmentations ou perfections que l'usage et l'expérience indiqueraient à y faire. D'ailleurs, il n'y a guère d'années où les sciences et les arts,

se prêtant un mutuel secours, ne produisent quelqu'invention nouvelle, ne procurent quelque perfection aux instrumens de mathématiques et d'astronomie; mais, la plupart du tems, qu'arrive-t-il? Le
nouvel instrument, après avoir été présenté à l'Académie, après avoir
reçu l'accueil et l'approbation des savans, retourne chez son auteur
où il reste oublié, ne se trouvant personne en état d'en faire l'acquisition et de dédommager l'artiste de ses avances et de son tems. De
là, le découragement dans les arts, et l'inutilité des efforts du génie.
Le fonds que nous proposons d'affecter à l'Observatoire serait donc
aussi employé à l'acquisition de ces inventions nouvelles ou d'instrumens plus parfaits que ceux qu'on aurait déjà.

Peut-être n'y aurait-il pas toujours lieu chaque année de trouver
l'emploi total de ces fonds. Dans ce cas, il est nombre de dépenses
du même genre vers lesquelles ce revenu annuel pourrait être dirigé
non moins utilement. Par exemple, on pourrait former, ce qui n'existe
nulle part, un cabinet renfermant la collection complète des modèles
de tous les instrumens qui ont été en usage dans les plus anciens tems
de l'astronomie; ou bien, en laissant accumuler pendant quelques
années ce qui ne serait point employé, on se mettrait en état de faire
exécuter de tems en tems de nouveaux instrumens plus considérables
et d'une plus grande importance.

§ III.

Fondation de trois places d'élèves.

L'ASTRONOMIE est une science tellement étendue que les travaux, les
veilles et l'activité d'un seul homme ne peuvent absolument en
embrasser toutes les branches. Il serait cependant bien utile qu'il y eût
à l'Observatoire royal un cours complet et continuel d'observations
astronomiques faites tant le jour que la nuit, depuis le commencement jusqu'à la fin de l'année, afin que tous les astronomes, tant
régnicoles qu'étrangers, les voyageurs et les navigateurs, pussent
trouver dans les registres de l'Observatoire les observations correspondantes aux leurs, et celles mêmes qui leur manqueraient et dont
ils pourraient avoir besoin.

Un plan si vaste de travail ne peut être exécuté que par le concours de plusieurs personnes réunies, travaillant de concert dans le même esprit et suivant les mêmes méthodes. Il serait donc extrêmement avantageux de fonder à l'Observatoire trois places fixes d'élèves, qui, sous les yeux du directeur, suivissent constamment le cours général des observations et le plan d'étude qui leur serait tracé.

De ces trois élèves, il y en aurait toujours deux uniquement occupés avec le directeur à la pratique de l'astronomie, aux observations; l'autre serait plus particulièrement destiné aux calculs, à la rédaction et à la tenue des registres. Ces trois élèves partageraient entr'eux les veilles, de sorte qu'il n'y aurait pas un jour dans l'année, pas un instant dans la journée, où il n'y eût dans les cabinets de l'Observatoire royal un observateur prêt à faire les observations de toute espèce qui pourraient se présenter.

Il est inutile de faire sentir quelle ressource la fondation de ces trois places d'élèves procurerait à des jeunes gens pleins de talens et de zèle, mais qui, sans fortune, n'osent se livrer à l'étude dispendieuse de l'astronomie. Quelle parfaite école ce serait pour former d'excellens observateurs propres aux divers voyages et aux découvertes que la marine et le Gouvernement désireraient faire faire pour les progrès de la géographie! Enfin, combien l'Académie même en pourrait retirer d'avantage et d'utilité!

Il est à remarquer, d'ailleurs, que l'Observatoire de Paris est le seul de tous les Observatoires royaux où il n'y ait point d'*élève* ou d'*assistant* pour aider le principal directeur.

§ IV.

Formation d'une bibliothèque d'astronomie.

DANS le grand nombre de bibliothèques répandues actuellement dans Paris, il existe sans doute quelques livres d'astronomie; mais il n'y en a aucune qui renferme une collection complète en ce genre. Plusieurs même des plus anciens et des plus curieux ouvrages sur cette science ne s'y trouvent point. Je n'en citerai pour exemple que les œuvres de J. D. Cassini, dont la collection complète n'existe nulle part en France.

Il serait donc important de former à l'Observatoire royal une bibliothèque dans ce genre unique, où les savans pussent trouver tout ce qui a rapport à l'astronomie, et où seraient réunis tous les registres originaux des astronomes français, acquis après leur mort. Cette collection, faite peu à peu, ne serait nullement coûteuse ; un fonds annuel peu considérable serait d'autant plus suffisant que M. de Cassini prendrait volontiers l'engagement de confondre ses livres avec ceux de la nouvelle bibliothèque de l'Observatoire, et d'y joindre la belle collection de manuscrits qu'il possède et qui est peut-être unique dans ce genre (1).

La bibliothèque une fois complète, si l'acquisition des ouvrages qui paraissent chaque année n'absorbait pas le fonds destiné, l'excédent pourait être employé à faciliter l'impression du recueil des observations.

§ V.

Gestion du revenu annuel affecté à l'établissement.

En résumant tout ce que nous venons de proposer, on peut estimer que le revenu annuel nécessaire à l'établissement proposé, doit monter à une somme de 6,000 liv. , savoir :

Appointemens (2)
$\begin{cases} \text{du premier élève, . . } 900 \text{ liv.} \\ \text{du second élève, . . } 700 \\ \text{du troisième élève, . . } 600 \end{cases}$

---

(1) Cette offre ne fut point agréée, parce que le ministre considérant que la bibliothèque et les manuscrits de M. Cassini étaient pour lui et sa famille une propriété importante, il ne crut pas qu'il fût de la dignité du Roi d'en accepter le don sans un dédommagement qui, dans le moment présent, eût été une charge et une dépense inutile.

(2) Ces appointemens, sans doute, étaient bien médiocres ; mais, pour ne pas effrayer le Gouvernement, on n'avait pas osé les porter plus haut. Il faut considérer d'ailleurs qu'à cette époque, avant la révolution, il n'y avait à l'Académie que les trois plus anciens membres de chaque classe qui fussent pensionnés ; que

D'autre part , ... 2200 liv.

Gratification annuelle en encouragement à celui des élèves qui aura le mieux travaillé ou fait quelque observation curieuse, ... 200

Pour l'entretien , les réparations ou la construction des instrumens , ... 2400

Pour la bibliothèque, ... 600

Frais de bureau , bois , lumière, registres , etc. , . 600

Total , ... 6000 liv. (1).

Pour assurer l'exacte destination et l'emploi fidèle de ce revenu aux objets ci-dessus désignés , le directeur général de l'Observatoire serait tenu de rapporter chaque année au ministre, ou au comité de la trésorerie de l'Académie royale des sciences , les quittances des 2,400 liv. d'appointement des élèves. Quant aux mille écus affectés aux instrumens et à la bibliothèque, il pourrait n'en rendre compte que tous les deux ou trois ans , la dépense annuelle ne pouvant être uniforme : mais , au bout des trois années , il produirait les reçus de toutes les acquisitions qu'il aurait faites, les mémoires *détaillés* et *quittancés* de toute dépense pour l'entretien des anciens instrumens et la construction des nouveaux. Il remettrait en même tems un nouvel

si , parmi les autres , il s'en trouvait qui eussent besoin de secours , l'Académie n'avait à leur donner que de petites pensions de 5 à 700 livres. L'académicien chargé de la rédaction de la connaissance des tems , n'avait pour ce travail long et fastidieux qu'un traitement de 800 livres. Enfin , la place de concierge de l'Observatoire , qui avait toujours été occupée par des astronomes de l'Académie, n'avait que 400 livres d'appointemens. MM. les élèves de l'Observatoire se trouvaient donc encore mieux traités. C'est ainsi qu'en France un des beaux traits de caractère du véritable savant était de n'avoir besoin d'autre aiguillon , dans ses travaux et ses recherches , que la passion de l'étude et l'amour de la gloire.

(1) Les appointemens du directeur ne se trouvent point compris dans cette somme. Ils avaient été réglés très-antérieurement à 2700 livres , c'est-à-dire qu'une pension de mille écus , dont M. Cassini de Thury jouissait depuis long-tems en récompense de ses travaux pour la méridienne et pour la carte générale de la France , avait été convertie en appointemens du directeur de l'Observatoire , de sorte qu'il n'en avait rien coûté de plus au Gouvernement en créant cette place.

état de tout ce qui composerait la collection des instrumens à cette époque; collection qu'il pourrait augmenter à son gré, mais jamais diminuer sans l'aveu du ministre ou de l'Académie. En général, il paraît nécessaire et utile au bien de la chose de laisser à la volonté et aux lumières du directeur les changemens et augmentations qu'il jugerait à propos de faire aux instrumens, mais de le rendre comptable de toute la gestion pécuniaire.

Ce Mémoire fut renvoyé par le ministre à l'Académie des Sciences (1), pour qu'elle l'examinât et en donnât son avis. Tous les membres de l'Académie, qui s'occupaient d'astronomie, furent nommés commissaires. Leurs opinions n'étant pas entièrement d'accord, pour les fixer, je leur adressai les éclaircissemens suivans le 3 juillet 1784.

N° III.

Éclaircissemens à joindre au Projet d'établissement à l'Observatoire royal, pour la perfection de l'astronomie.

Le projet, que j'ai eu l'honneur de présenter au Gouvernement, offre quatre principaux objets :

1°. *Construction de nouveaux instrumens.* Je n'ai rien à ajouter à ce que j'ai dit dans le projet sur cet article. On voudra bien seulement faire attention que je ne parle que des instrumens les plus essentiels, les plus pressés à faire construire pour le moment; car, par la suite, il sera encore nécessaire de réunir à l'Observatoire plusieurs autres instrumens, dont il sera fait mention tout à l'heure, mais que l'exécution de mon projet mettra à portée de se procurer sans avoir besoin de nouveaux fonds.

2°. *Fonds annuel de 2400 livres pour l'entretien des anciens instrumens et l'acquisition de nouveaux.* Au premier coup-d'œil, on pourra trouver inutile ou trop considérable ce fonds annuel pour entretenir et réparer des instrumens nouvellement faits : mais, si l'on

---

(1) Le 26 mai 1784.

entre dans l'esprit du projet, on verra bientôt les nombreux emplois auxquels ce revenu pourra être appliqué.

Dans la crainte d'effrayer le Gouvernement par une demande exorbitante, je me suis borné à ne proposer que la dépense préliminaire de trois principaux instrumens; mais, si l'on suppose pour un instant qu'un directeur de l'Observatoire n'ait qu'à former des vœux pour la gloire de son établissement et pour l'intérêt de l'astronomie, que demanderait-il par de là les trois instrumens dont j'ai parlé?

Un Secteur de 12 à 15 pieds de rayon pour les observations au zénith. Il n'est pas un astronome qui ne range cet instrument dans la classe de ceux qui sont faits pour être placés dans un grand Observatoire.

Un Quart de cercle de 3 pieds de rayon. Il n'y en a qu'un à l'Observatoire royal, fait en 1756 par Langlois. La carcasse est en fer; la lunette est simple; la division est faite par transversale; il porte un fil à plomb. On pourrait faire le nouveau à la manière anglaise, à lunette mobile et achromatique : on sait que cet instrument est le plus commode en astronomie pour les observations courantes.

Un petit Quart de cercle de 18 pouces de rayon, pour prendre les hauteurs correspondantes. Il y en a un de 2 pieds fort ancien et trop grand pour le toit tournant sous lequel il est placé.

Une Lunette achromatique, la plus grande et la meilleure possible. L'Observatoire en possède une de 3 pieds et demi de foyer, assez bonne; mais, j'ose le dire, il s'en faut de beaucoup que les lunettes achromatiques, faites jusqu'ici, aient procuré tout ce que d'abord on en avait attendu, et ce que la théorie semblait permettre d'espérer. Je pourrais prouver qu'aucune de nos meilleures lunettes achromatiques connues n'a valu la lunette simple de 34 pieds qui existait jadis à l'Observatoire, et il ne serait pas difficile de faire voir qu'il en a existé une de 17 pieds seulement qui pouvait bien les égaler. Il serait donc essentiel de suivre et d'encourager la construction des lunettes achromatiques, pour leur faire produire de plus grands effets; et l'on conviendra que si quelqu'habile artiste parvient à exécuter des lunettes de 10 à 15 pieds de foyer, il serait précieux pour l'Observatoire de les posséder.

Des Micromètres. Il y a quatre espèces principales de micromètres. Le micromètre filaire : nous en possédons plusieurs à l'Observatoire. L'héliomètre : il y en avait un, il a été cassé. Ces sortes
d'accidens sont dans l'ordre des évènemens ; on doit pouvoir les
réparer, et l'on ne devrait pas être dans le cas de renoncer, comme
nous l'avons fait quelquefois, à une suite d'observations précieuses,
faute de pouvoir réparer un accident malheureux. Le micromètre
prismatique : il n'y en a point encore eu d'exécuté pour l'Observatoire.
Le micromètre sur verre : un artiste allemand en exécute avec la plus
grande perfection, dont l'usage est fort commode et peu connu en
France.

Un instrument pour mesurer directement les distances de la lune
aux étoiles et au soleil.

Le principal but de l'astronomie est la perfection de la navigation
et de la géographie. La correspondance des observations faites en
même tems sur plusieurs points du globe donne leurs différences de
longitude. Pourquoi donc, pour rendre cette correspondance plus
fréquente et plus exacte, ne pas observer sur terre les distances des
astres comme on le fait sur mer? Il est une infinité de cas où, dans un
Observatoire fixe, il serait utile de mesurer les distances directes des
astres; ce que l'on faisait anciennement et que l'on a peut-être un peu
trop négligé dans ces derniers tems.

Voilà donc six articles que l'on pourrait ajouter raisonnablement à
ces trois instrumens que, par discrétion, je m'étais borné à demander.
Voilà pour plus de 16,000 livres de dépenses à faire de surcroît pour
compléter la collection des instrumens de l'Observatoire. D'après
cela, on ne doit pas être inquiet de l'usage du fonds annuel de
2400 livres, puisque le voilà absorbé, pendant plusieurs années, par
ces nouveaux objets (1). Au bout de ce tems, la collection des instrumens se trouvant très-nombreuse, elle exigera plus de frais d'entretien et de réparations; les changemens, les inventions nouvelles,
nécessiteront aussi de nouvelles constructions. Enfin, s'il reste quelque

(1) On tâchait de répondre ici à toutes les objections et difficultés qu'on savait
avoir été mises en avant dans les assemblées du Comité.

chose de ces 2400 livres, c'est pour en employer le surplus que j'ai eu l'idée d'un cabinet de modèles des instrumens d'astronomie. Je n'ai point proposé ce cabinet comme un objet de nécessité, mais de curiosité, propre au lieu, propre à la chose, utile même à l'histoire de l'astronomie et des arts; très-digne, par conséquent, que l'on y consacre le surplus d'un revenu.

L'on me demandera peut-être ce que je veux faire de cette multiplicité d'instrumens dont plusieurs se trouveront doubles. Ceux qui ont observé à l'Observatoire royal, ou qui connaissent les défauts de sa distribution, savent très-bien que l'on est souvent obligé de se transporter du rez-de-chaussée au premier étage et dans les différentes tours, pour suivre le cours d'un même astre. Ce transport abîme les instrumens, leur fait courir le risque d'être brisés ou faussés; il est d'ailleurs si pénible et si laborieux qu'on finit souvent par renoncer à l'observation; il faut donc plusieurs semblables instrumens dans différens points de l'Observatoire. Je proposerais de placer en haut tous les anciens instrumens, et d'y former de seconds cabinets qui seraient très-utiles à l'académicien qui est logé de plain-pied à la grande salle méridienne.

3°. *Fondation de trois places d'élèves.* Je ne m'arrêterai point à démontrer de quelle ressource serait cette fondation pour des jeunes gens qui auraient du talent et du goût pour l'astronomie; je n'insisterai pas non plus sur l'avantage bien reconnu d'avoir en tout tems, à toute heure, dans les cabinets de l'Observatoire, des yeux fixés vers le ciel; mais je développerai comment on pourrait rendre cet établissement véritablement utile à l'Académie même.

Le premier élève serait tenu de venir, à diverses époques de l'année, prendre les ordres de l'Académie, qui lui indiquerait l'objet principal vers lequel il lui plairait que les élèves dirigeassent leurs travaux; par exemple, lorsque la nouvelle planète d'Herschell et les changemens d'Algol ont été annoncés, l'Académie aurait dit aux élèves de l'Observatoire : Il faut que l'un de vous s'attache particulièrement à suivre la planète, que l'autre vérifie la période des changemens de l'étoile; et que le troisième construise les tables de la planète, d'après les élémens adoptés,

On pourrait aussi, pour parer à bien des inconvéniens, arrêter que le titre d'élève de l'Observatoire serait incompatible avec celui d'académicien; que pour remplir les places d'élèves, il faudrait être présenté par le directeur et approuvé par l'Académie; que ces places ne seraient amovibles, sur les plaintes du directeur, qu'avec l'aveu de l'Académie; enfin, que dans le concours pour une place dans la classe d'astronomie, le directeur de l'Observatoire ne pourrait pas présenter seul un de ses élèves, ni lui donner sa voix (1).

On fera peut-être cette objection contre l'établissement proposé : Puisqu'il y a plusieurs astronomes académiciens logés à l'Observatoire, à quoi bon y mettre des élèves qui certainement n'observeront pas mieux?

Sans entrer dans une discussion trop détaillée sur cette question (2), je répondrai seulement que des astronomes académiciens n'ont et ne doivent avoir que leur génie pour guide dans le choix des objets de leurs travaux et dans leurs recherches. Les instrumens de l'Observatoire sont à leur disposition pour s'en servir quand bon leur semble et pour telle observation qu'il leur plaît de faire. Il n'y a que des élèves dont on puisse diriger les pas et à qui il convienne de dire : Vous ferez telle observation plutôt que telle autre. C'est en cela même que des élèves deviennent utiles.

4°. *Formation d'une bibliothèque d'astronomie.* Une bibliothèque où seraient rassemblés tous les ouvrages qui ont rapport à l'astronomie, ne peut être que bien placée dans un édifice entièrement consacré à cette science. Je sais que ces livres se trouvent pour la plupart répandus dans les diverses bibliothèques de Paris, mais ils ne sont réunis dans

---

(1) Il était essentiel de dissiper l'ombrage que, selon quelques commissaires, ces élèves devaient causer à l'Académie.

(2) On ne voulait pas dire ce qu'on aurait cependant fort aisément prouvé par le fait; que tant qu'il n'y avait eu à l'Observatoire que des académiciens, les observations avaient été fort mal suivies et étaient restées plus d'une fois incomplètes. Chacun faisait comme il l'entendait. Point d'ensemble, point d'accord. C'est ce qui arrive quand il n'y a point de chef, qu'on est tous égaux, et que personne n'est subordonné.

21

aucune; et je dirai de la bibliothèque comme du cabinet des modèles,
que c'est un objet, non d'absolue nécessité, mais curieux, propre au
lieu, propre à la chose, de décoration pour l'Observatoire, et qui,
par conséquent, n'est pas sans utilité. Ajoutons d'ailleurs qu'un fonds
annuel de 600 livres, suffisant pour cet objet et ses accessoires, n'est
lui-même qu'un bien petit objet pour le Gouvernement.

En général, lorsque j'ai proposé au ministre un plan d'établissement pour un des premiers Observatoires de l'Europe, j'ai dû présenter tout ce qu'il y avait à faire pour le bien et même pour le
mieux. Devais-je me restreindre au simple et absolu nécessaire? Le
ministre ne m'avait point prescrit ces bornes.

Puissent l'Académie et mes confrères voir dans mon projet, comme
dans mon cœur, un zèle véritable pour les sciences et même pour les
intérêts de mon corps, auquel je tâcherai, dans toutes les occasions,
de donner des preuves de ma constante soumission, de mon profond
respect et de mon sincère attachement !

N° IV.

*Rapport fait à l'Académie royale des Sciences, le 4 août 1784,
sur le Projet d'établissement à l'Observatoire.*

M. le baron de Breteuil a demandé l'avis de l'Académie sur un
Mémoire par lequel MM. de Cassini proposent au Gouvernement de
donner à l'Observatoire de nouveaux instrumens, de former un fonds
annuel destiné à l'entretien de ces instrumens ou à l'achat de ceux
qui, par la suite, deviendraient nécessaires, et de faire quelques autres
établissemens utiles aux progrès de l'astronomie.

L'Académie a chargé, en conséquence, ses officiers, la classe d'astronomie et ceux de ses autres membres qui se sont occupés de cette
science, d'examiner le Mémoire de MM. de Cassini, et de lui en
rendre compte.

Le premier objet de ce Mémoire est l'acquisition de trois instrumens qui manquent à l'Observatoire : 1° un grand quart de cercle
mural de 6 ou 8 pieds de rayon, suivant la construction anglaise;

2° un instrument équatorial de 16 pouces de diamètre; 3° un cercle entier de 3 pieds de diamètre.

Nous avons jugé que l'acquisition de ces trois instrumens serait très-utile et presqu'indispensable; mais, en même tems, nous croyons que l'Académie doit prier le ministre de les faire exécuter par des artistes français ou régnicoles; ce serait un moyen d'exciter l'émulation de nos artistes que la préférence accordée aux artistes anglais par plusieurs astronomes pourrait décourager. Ces instrumens seront d'autant plus utiles à l'astronomie que le directeur de l'Observatoire n'est pas le seul qui en fasse usage, et que les membres de l'Académie ont toujours eu le droit de faire des observations avec ces instrumens destinés par le Gouvernement aux progrès de l'astronomie.

MM. de Cassini demandent ensuite un fonds annuel de 2,400 livres pour la réparation des instrumens et l'acquisition d'instrumens nouveaux : il est certain que l'établissement de ce fonds sera très-utile. C'est même le seul moyen de procurer successivement à l'Observatoire les différentes sortes d'instrumens dont l'astrononomie a besoin, d'acquérir les instrumens nouveaux à mesure que l'utilité en sera constatée, et de l'empêcher de tomber à cet égard dans l'état où il se trouve aujourd'hui. Mais nous croyons en même tems qu'il serait important que l'emploi de ces fonds fût soumis à l'inspection de l'Académie, afin qu'elle pût diriger cet emploi de la manière la plus avantageuse aux progrès de l'astronomie. *Cette observation est de MM. de Cassini même, qui ont cru devoir faire cette demande au ministre.*

MM. de Cassini proposent ensuite d'établir trois places d'élèves à l'Observatoire, dont la fonction serait de faire constamment les observations astronomiques journalières et de les calculer. *Nous devons à MM. de Cassini de dire qu'ils ont cherché les moyens qui leur ont paru les plus propres à faire dépendre les élèves de l'Académie,* autant que du directeur de l'Observatoire. Cependant, nous avons pensé que ces élèves, par la nature de leur place, seraient nécessairement dans la dépendance du directeur de l'établissement auquel ils seraient attachés, et qu'il pourrait en résulter des inconvéniens qui détruiraient *tout l'avantage de cette institution* et pourraient même la rendre nuisible à plusieurs égards. D'ailleurs, les membres de l'Académie,

attachés à l'Observatoire, ou qui y occupent des logemens, suffisent
pour répondre que les observations n'y seront négligées dans aucun
tems. Nous avons donc pensé que l'Académie ne devait pas adopter
cette partie du Mémoire de MM. de Cassini, *quoique la forme,*
sous laquelle ils ont proposé cet établissement, nous ait paru une
preuve de plus de leur zèle pour le progrès des sciences et de leur
dévouement pour l'Académie.

Quant aux autres demandes de MM. de Cassini, nous avons jugé
que l'établissement d'une bibliothèque astronomique à l'Observatoire
et d'un cabinet d'instrumens ou des modèles d'instrumens, n'avaient
pas une utilité assez sensible pour que l'Académie pût désirer de voir
le Gouvernement y consacrer une partie des fonds qu'il destine à
l'encouragement des sciences.

Enfin, MM. de Cassini parlent des réparations nécessaires au bâtiment de l'Observatoire : ce dernier objet est étranger à l'Académie ;
mais elle ne peut s'empêcher de voir avec peine la dégradation d'un
monument qui fait honneur à la magnificence de Louis XIV, et à son
amour pour les sciences. Il est d'ailleurs important pour les progrès
de l'astronomie que les logemens occupés à l'Observatoire par les
astronomes académiciens soient réparés, et qu'ils puissent continuer
d'y faire des observations avec des instrumens attachés à l'établissement.

Plusieurs des commissaires ne signèrent point ce rapport, étant
d'avis d'approuver en entier le projet ; la création des trois places
d'élèves leur paraissait un des objets les plus utiles à l'astro-
nomie (1).

_____

(1) Pour rendre ici justice à qui il appartient, je ferai connaître l'anecdote suivante. Lorsqu'il fut question à l'Académie de faire mon rapport sur mon projet
d'établissement à l'Observatoire, M. de Lalande fut de l'avis de ceux qui voulaient
l'admettre en entier ; mais l'opinion des autres qui n'adoptaient point l'institution
des élèves ayant prévalu, M. de Lalande refusa de signer le rapport ; il fit plus :
aussitôt après l'adoption du Roi, il écrivit au ministre pour lui faire compliment
de n'avoir pas eu la condescendance de suivre l'avis de l'Académie. M. le baron
de Breteuil me communiqua sa lettre. En effet, je dois dire que dans le commen-

N° V.

Lettre du ministre portant création d'un nouvel établissement à l'Observatoire royal de Paris pour les progrès de l'astronomie, Versailles, le 29 septembre 1784.

J'AI mis, Monsieur, sous les yeux du Roi tout les détails relatifs à l'Observatoire, et je lui ai rendu compte de ce qu'après y avoir mûrement réfléchi, j'ai cru le plus convenable de faire pour tirer cet établissement de l'espèce de langueur dans lequel il est tombé, et lui rendre toute l'utilité dont il est susceptible. S. M. a approuvé d'abord la construction des trois instrumens qui manquent principalement, savoir :

Un grand quart de cercle mural de 6 à 8 pieds de rayon, suivant la construction anglaise; un équatorial de 16 pouces de diamètre; et un cercle entier de 3 pieds de diamètre.

Vous pouvez, Monsieur, prendre dès à présent les arrangemens et faire les marchés relatifs à cette construction. Je rendrai, lorsque vous me le proposerez, les ordonnances nécessaires pour le payement qui, suivant ce qui a été réglé par S. M., se fera à trois époques différentes, par tiers, dont un d'avance en commençant l'ouvrage, un autres vers le milieu, et le troisième lorsque l'ouvrage sera fait et accepté. Vous m'avez marqué, le 17 de ce mois, que vous désiriez de ne vous point mêler de la gestion particulière des deniers affectés à la construction des nouveaux instrumens; il n'y a cependant que vous,

---

cement du nouvel établissement je n'ai pas eu de plus grand prôneur que M. de Lalande. Il ne cessait d'encourager mes élèves par ses éloges. Son amour et son zèle brûlant pour l'astronomie lui faisaient franchement applaudir à tout ce qu'il croyait y être utile. Si quelques années après ma retraite il s'est fait donner le titre de directeur de l'Observatoire, ce n'a été que momentanément et pour tirer cet établissement de l'espèce d'anarchie qui y régnait parmi ceux qui m'avaient succédé, et qui, par leur conduite, ne justifiaient que trop le refus que j'avais fait de partager une administration commune avec de tels collègues.

Monsieur, qui puissiez en être chargé; vous n'en aurez de compte à rendre qu'à moi, et je ne présume pas que ce compte puisse présenter rien d'embarrassant ni de pénible.

En deuxième lieu, le Roi a approuvé qu'à l'avenir, à compter du 1er janvier prochain, il soit affecté à l'Observatoire une somme annuelle de 6,000 liv., dont 2,400 liv. tant pour l'entretien des instrumens et les réparations ou améliorations que l'usage et l'expérience pourront indiquer d'y faire, que pour l'acquisition des nouvelles inventions qui seront connues propres à l'étude de l'astronomie. Deux mille quatre cents livres pour trois élèves, qui sous vos yeux et votre inspection suivront constamment le cours général des observations, en tiendront registre, et partageront entr'eux les veilles, de manière qu'à tous les instans, soit du jour, soit de la nuit, il y ait à l'Observatoire un observateur prêt à faire les observations de toute espèce qui se présenteront. L'intention de S. M. est qu'il soit donné 900 liv. au premier de ces élèves, 700 liv. au second, et 600 liv. au troisième, et qu'il soit réservé une somme de 200 liv. à donner annuellement en gratification à celui qui aura le mieux travaillé ou qui aura fait quelque découverte dans le ciel. Je ne puis mieux faire que de m'en rapporter à vous sur le choix de ces élèves; je désire cependant qu'à mesure que vous trouverez des sujets propres à le devenir, vous me les présentiez et que vous ne les employiez définitivement que lorsque je leur aurai donné mon agrément par écrit.

Six cents livres pour former peu à peu une collection complète de livres d'astronomie, de sorte qu'il y ait à l'Observatoire une bibliothèque en ce genre, où les savans puissent trouver tout ce qui y a rapport. Lorsque cette bibliothèque sera formée, si l'acquisition des ouvrages qui paraissent chaque année n'absorbe pas le fonds de 600 livres, vous pourrez vous faire autoriser à employer l'excédent à l'impression du Recueil des observations de l'Observatoire.

Six cents livres enfin pour les frais de bureau, bois, lumières et autres menues dépenses de l'Observatoire. Les ordonnances pour le paiement de cette somme de 6,000 livres seront expédiées en votre nom comme directeur; et l'intention du Roi est que ce soit à moi que vous en rendiez compte à la fin de chaque année (1). Je conçois qu'il y aura quelque différence d'une année à l'autre sur l'emploi des 2400 livres pour l'entretien des instrumens, et des 600 livres pour la bibliothèque : mais cette variation sera indifférente quant aux comptes qui doivent toujours contenir ce qui aura été réellement reçu et dépensé; sauf à rapporter, d'un compte à l'autre, l'excédent de recette ou de dépense, lorsque l'un ou l'autre existera.

Il me reste, Monsieur, à vous assurer que j'ai été très-aise de concourir à déterminer l'agrément du Roi pour les différens objets dont je viens de vous parler. J'ai fort assuré S. M. qu'elle pouvait compter sur votre zèle et votre exactitude, et elle ne doute point que vous n'employiez tous vos soins pour seconder ses vues à rendre à l'Observatoire son ancien lustre.

Je suis très-parfaitement, etc.

RÉGLEMENT

QUE S. M. VEUT FAIRE EXÉCUTER A SON OBSERVATOIRE ROYAL.

Concernant le directeur.

ARTICLE Ier. Le directeur-général de l'Observatoire royal aura seul inspection sur les élèves. C'est lui qui les dirigera dans leurs travaux, leur indiquera les diverses observations qu'ils auront à faire, en outre du cours d'observations journalières dont les objets vont être ci-après énoncés.

II. Dans l'institution de trois places d'élèves, S. M. ayant eu

---

(1) J'avais demandé que ce fût à la trésorerie de l'Académie, et qu'en général l'Observatoire fût sous l'inspection de l'Académie royale des Sciences. Remerciez-moi, me dit le ministre, de vous refuser cet article. Quels obstacles ne rencontreriez-vous point, s'il fallait nommer des commissaires et attendre un rapport sur chaque chose que vous voudriez faire? Jugez-en d'après ce qui a eu lieu pour votre projet. Dans la nouvelle organisation établie depuis ma retraite, l'Observatoire n'a pas été mis non plus sous la dépendance de l'Institut, mais sous la direction immédiate du Bureau des longitudes.

l'intention d'établir à son Observatoire royal un cours général, complet et continuel d'observations astronomiques et physiques de tout genre, veut et entend, 1° que les élèves suivent particulièrement et sans interruption, autant que le tems le permettra, le cours de toutes les planètes, non-seulement dans leurs quadratures et oppositions, mais dans tous les autres points de leurs orbites ; qu'ils observent et tiennent soigneusement registre de toutes les éclipses de soleil, de lune, des satellites de Jupiter, et des occultations d'étoiles par la lune, dont l'usage est si important pour la perfection de la géographie et de la navigation, désirant, S. M., que tous les astronomes, tant régnicoles qu'étrangers, et principalement les navigateurs, trouvent dans les registres de son Observatoire royal, non-seulement les observations correspondantes aux leurs, mais encore celles qui pourraient leur manquer et dont ils auraient besoin ; 2° qu'il soit tenu registre des observations journalières du baromètre, du thermomètre, faites aux différentes heures convenables, des aurores boréales, parhélies et autres phénomènes semblables qui pourront avoir lieu ; en un mot, de tout ce qui peut avoir rapport à la météorologie ; 3° que l'on observe également avec attention la déclinaison, l'inclinaison et les variations diurnes de l'aiguille aimantée.

Le directeur-général remettra chaque année en manuscrit, au secrétaire d'État au département de Paris, pour être présenté à S. M., un tableau raccourci des principaux résultats de ces observations, dont une copie sera déposée à la bibliothèque du Roi ; mais les journaux originaux desdites observations demeureront toujours dans la bibliothèque de l'Observatoire.

III. Le directeur-général présentera au secrétaire d'État les sujets propres à remplir les places d'élèves, mais ne pourra les établir dans leurs fonctions que lorsque le ministre aura donné son agrément par écrit. La place vacante sera remplie le plus tôt possible, pour ne point causer d'interruption dans le service, et les appointemens du succédant courront à dater de la vacance de la place. Aucun des parens du directeur ne pourra être choisi pour remplir une place d'élève.

IV. Il veillera sur la conduite des élèves, et rendra compte tous les ans au secrétaire d'État de leur zèle et de leur aptitude à remplir leurs fonctions, ainsi que des motifs qui l'auront décidé à adjuger la gratification de 200 livres destinée à celui qui se sera le plus distingué.

V. Il pourra, en cas d'absence ou de maladie, transporter à l'un des astronomes académiciens logés à l'Observatoire son droit d'inspection sur les élèves.

VI. S. M. ayant accordé un fonds annuel de 2400 livres, tant pour l'entretien des instrumens, les réparations et améliorations indiquées par l'usage et l'expérience, que pour l'acquisition de nouveaux instrumens ou l'exécution de nouvelles inventions qui seront reconnues propres à l'étude de l'astronomie, elle désire que cette somme serve d'encouragement aux artistes français pour la perfection de leur art, et qu'ils soient préférés aux étrangers, autant que le bien de la chose le permettra.

VII. S. M., en procurant au directeur-général de l'Observatoire trois élèves pour l'aider et le seconder dans ses travaux astronomiques, en fournissant tous les fonds nécessaires, tant pour la construction des instrumens les plus parfaits que pour leur entretien et leur augmentation, a tout lieu d'attendre que ces secours de sa munificence produiront les plus heureux fruits et feront naître des ouvrages importans et utiles aux progrès de l'astronomie. Elle veut, en conséquence, que le directeur-général rédige et publie, au moins tous les dix ans, sous le titre d'*Histoire céleste*, les principales observations originales faites à l'Observatoire royal, avec les principaux résultats que l'on peut tirer desdites observations. S. M. donnera les ordres nécessaires pour que cet ouvrage, revêtu de l'approbation de l'Académie royale des Sciences, soit imprimé à l'imprimerie royale.

VIII. Le directeur sera garant et responsable de tous les instrumens qui composent la collection de l'Observatoire, c'est-à-dire qu'il sera obligé d'en tenir un catalogue raisonné, contenant l'état circonstancié et une courte description de chaque instrument, l'année de sa construction, le prix, le nom de l'ouvrier, et les différens petits changemens qui auront pu y être faits à diverses époques ; qu'il ne pourra vendre ni troquer aucun de ces instrumens sans l'aveu et la permission expresse du secrétaire d'État, donnés par écrit et relatés sur le catalogue, qui sera tous les trois ans présenté au ministre, signé et paraphé de lui.

Concernant les élèves en général.

IX. Les élèves seront choisis par le directeur de l'Observatoire dans la classe des citoyens honnêtes, de famille française, irréprochable et sans tache; n'ayant eux-mêmes donné aucune prise à la censure, ni dans leur conduite, ni dans leurs mœurs; et sur la présentation du directeur, le secrétaire d'État confirmera par écrit la nomination et le rang de chacun des trois élèves.

X. La régularité dans les mœurs et dans la conduite sera exigée des élèves; et s'il arrivait que, pendant qu'ils seront attachés à l'Observatoire, ils contractassent dettes, enrôlemens, ou fissent quelque chose contraire à l'honnêteté, à la probité ou aux bonnes mœurs, sur la plainte qui en sera portée au ministre par le directeur-général, ils seront dès ce moment déchus de leur place, et il y sera nommé de nouveaux sujets plus dignes de la remplir.

XI. Il y aura toujours dans les cabinets d'observation deux élèves ensemble de service, prêts à profiter de tous les momens favorables aux observations. Ils ne pourront s'en absenter sous aucun prétexte, quelque tems qu'il fasse; en conséquence de quoi ils se partageront entr'eux les jours de la semaine, et se suppléeront en cas de maladie ou d'affaire indispensable. Mais, dans les cas d'observations importantes et capitales, les élèves se réuniront tous les trois pour les faire de concert.

XII. Les deux élèves de service dans les cabinets y arriveront à huit heures du matin en hiver, et à sept en été; la journée ne finira qu'à trois heures du matin du jour suivant, c'est-à-dire que s'il y a des observations à faire jusqu'à cette heure, elles appartiendront à ceux-ci; mais, passé trois heures du matin, l'élève de service du jour suivant, qui n'aura pas veillé, en sera chargé. Ces veilles prolongées n'auront lieu que pour les observations particulières.

XIII. Les deux élèves de service dans les cabinets ne pourront s'y occuper que des observations ou des calculs que le directeur-général leur aura prescrit de faire, et chaque observation sera écrite sur le journal original de la main de celui qui l'aura faite.

XIV. Au cas qu'un élève parvînt à avoir une autre place qui exigeât des fonctions et détournât du service journalier de l'Observatoire, il sera aussitôt nommé un autre sujet à sa place.

XV. Les élèves recevront, chacun directement, les ordres du directeur-général de l'Observatoire, qui leur dictera et prescrira ce qu'ils auront à faire, soit en commun, soit en particulier; leur tracera le plan de leurs observations, leur indiquera les objets de leurs travaux et de leurs recherches, en considérant que la pratique de l'astronomie est l'objet principal de ce nouvel établissement.

XVI. Les élèves sont invités à conserver entr'eux l'union et le bon accord qui doivent régner dans toute société, et sur-tout parmi des hommes réunis pour travailler à la gloire et aux progrès des sciences. Le directeur-général sera l'arbitre des différens qui pourraient s'élever entr'eux, et il sera autorisé à porter ses plaintes au secrétaire d'État de celui qui, par un caractère trop peu sociable, porterait le trouble et la désunion parmi les autres.

Concernant le premier élève.

XVII. Le premier élève sera chargé particulièrement de veiller à la tenue des registres, à la réduction et au calcul des observations, dont il fera ou vérifiera les principaux. C'est lui qui, après avoir discuté et comparé leurs résultats, les rédigera suivant le plan et la forme adoptés dans la nouvelle histoire céleste de l'Observatoire, durant le cours de l'année qui suivra celle où les observations auront été faites. Il sera tenu, en conséquence, de présenter au directeur-général, avant la fin de décembre de chaque année, et non plus tard, l'histoire céleste ou le recueil des observations de l'année précédente, réduites et calculées.

XVIII. Il sera de service les lundi, mardi, jeudi et samedi, pouvant vaquer à ses affaires les mercredi, vendredi et dimanche.

XIX. Nul ne pourra être choisi pour remplir la première place d'élève, s'il n'est déjà instruit dans la théorie et la pratique de l'astronomie, et n'a des connaissances étendues en géométrie.

Concernant le second élève.

XX. Le second élève sera chargé particulièrement de la partie de la réduction et du calcul des observations. La réduction se portera sur le second registre même qui sera une copie du journal original dans la forme usitée depuis plusieurs années, et elle sera faite, sans différer, dans le jour même; quant aux calculs des principaux résultats, comme lieux de planètes, passages du soleil par les parallèles d'étoiles, etc., ils seront faits sur des cahiers particuliers et non sur feuilles volantes, dans le courant de la semaine où les observations auront été faites.

XXI. Il sera de service le lundi, le mercredi, le jeudi, le vendredi et le samedi, pouvant vaquer à ses affaires le mardi et le dimanche.

XXII. Nul ne pourra être choisi pour remplir la place de second élève, s'il n'a pas quelque pratique des observations astronomiques, une ample connaissance du calcul, et ne possède au moins les élémens de la géométrie.

XXIII. En cas de vacance de la première place d'élève, le second aura des droits pour y être nommé, s'il a les connaissances suffisantes.

Concernant le troisième élève.

XXIV. Le troisième élève sera chargé particulièrement de la tenue des différens registres, tableaux, mémoires, et des diverses copies et écritures à faire. C'est lui qui sera tenu de transcrire proprement et de transporter sur le second registre les principales observations tirées du journal original, dans l'ordre qui lui sera indiqué par le premier élève. Aussitôt cette copie faite, il la remettra au second pour faire les réductions et calculs.

XXV. Il sera de service le mardi, le mercredi, le vendredi, le samedi et le dimanche, pouvant vaquer à ses affaires le lundi et le jeudi.

XXVI. Tous les matins, en arrivant dans les cabinets, il relèvera, dans la connaissance des tems, les observations à faire dans le courant de la journée, dont il composera un tableau par ordre des heures, et le présentera au premier des deux élèves qui sera ce jour-là de service. L'agenda du lundi et du jeudi sera fait la veille au soir.

XXVII. Nul ne pourra remplir la place de troisième élève s'il ne sait écrire très-proprement et très-lisiblement, et s'il ne possède au moins les quatre règles d'arithmétique et n'a les dispositions nécessaires à la pratique des observations.

XXVIII. En cas de vacance de la place de second élève, le troisième aura des droits pour y être nommé, s'il a les connaissances suffisantes.

Concernant la bibliothèque.

XXIX. La bibliothèque ne sera composée que de livres d'astronomie ou d'ouvrages de géométrie appliquée à cette science, et il sera imprimé sur chacun une marque distinctive.

XXX. Il sera tenu, par celui des élèves que le directeur en chargera, un catalogue détaillé et raisonné de tous les livres et manuscrits composant ladite bibliothèque.

XXXI. Les astronomes de l'Académie royale des Sciences auront seuls le droit d'emprunter les livres de la bibliothèque de l'Observatoire royal, en en donnant un récépissé duquel il sera fait note et mention sur un registre particulier; et au bout de trois mois, à partir de la date du récépissé, si le livre n'est point rendu, il sera réclamé.

XXXII. Les savans, autres que les astronomes de l'Académie, trouveront la bibliothèque ouverte tous les mercredis de chaque semaine, depuis neuf heures du matin jusqu'à une heure en hiver, ou de la Saint-Martin à Pâques, et depuis trois heures jusqu'à sept heures du soir en été. On leur communiquera tous les livres et manuscrits dont ils pourraient avoir besoin, à l'exception des journaux d'observations qui n'auront pas été rédigés et imprimés.

XXXIII. Le directeur sera garant et responsable de tous les livres qui composeront la bibliothèque de l'Observatoire, dont il sera tenu un catalogue exact et détaillé, avec un état particulier des acquisitions faites à diverses époques. Aucun livre ne pourra être troqué ni vendu sans l'aveu et la permission expresse du secrétaire d'État, donnés par écrit et relatés sur le catalogue, qui sera tous les trois ans présenté au ministre, signé et paraphé de lui en même tems que l'arrêté de compte et l'emploi annuel des 600 livres destinés à la bibliothèque.

Fait et arrêté à Versailles, le 26 février 1785.

Signé, LOUIS.

Et plus bas,

Signé, le baron DE BRETEUIL.

N° VI.

Rapport fait à l'Académie royale des Sciences, le 29 mars 1786, sur les premiers travaux astronomiques produits par le nouvel établissement de l'Observatoire.

Nous avons examiné, par ordre de l'Académie, les observations astronomiques faites à l'Observatoire pendant l'année 1785, rédigées et présentées à l'Académie par M. Cassini.

L'établissement fait par le Roi l'année dernière de trois observateurs ou élèves destinés à suivre sans interruption jour et nuit tous les phénomènes célestes, a déjà produit, pour l'année 1785, une grande quantité d'observations, et en produira encore davantage pour l'avenir. M. Cassini les présente à l'Académie sous trois formes différentes.

Il donne premièrement l'histoire céleste, qui contient chaque observation telle qu'elle a été faite, le tems de la pendule, le tems vrai, les hauteurs, soit en parties du micromètre, soit en minutes et secondes; les positions qui en résultent pour chaque planète, les éclipses de satellites ou d'étoiles, les comètes, les vérifications d'instrumens, les passages du soleil dans le parallèle des étoiles, les équinoxes et les solstices; tout cela jour par jour, transcrit sur des modèles dont les titres sont imprimés et qui sont réglés d'une manière uniforme. Il y a un résumé général à la fin de chaque mois. Cette histoire céleste contient 80 pages in-folio.

M. Cassini y a joint un volume in-folio de 173 pages, qui contient, dans la même forme, six années d'observations depuis 1777 jusqu'en 1782, et il se propose de continuer cette rédaction depuis l'établissement de l'Observatoire en 1671, ouvrage long et difficile, mais très-important pour l'astronomie (1).

Pour revenir aux observations de 1785, un second volume contient les calculs des observations avec tous les élémens qui y entrent : tems vrai, tems moyen, différence d'ascension droite et de déclinaison par rapport aux étoiles, longitudes, latitudes observées, et les mêmes calculées par les tables; enfin l'aberration, la nutation, la distance et les positions d'étoiles qu'on a supposées. Cette forme de rédaction est extrêmement commode pour vérifier et employer ces observations à toutes les recherches de l'astronomie (2).

On ne se borne point à faire les observations des planètes supérieures en opposition. On les observe dans tous les tems de l'année et à quelqu'heure de la nuit qu'elles passent au méridien. Il y a toujours deux observateurs qui veillent. Ainsi, à l'Observatoire de Paris, comme dans les Observatoires fameux de Tycho-Brahé et d'Hévélius, il n'y aura point de phénomène sans observateur et de nuit sans observation; et lorsqu'un navigateur reviendra avec des observations de longitude faites dans quelque position importante, on sera sûr d'avoir ici les lieux vrais de la lune, de connaître l'erreur des tables, et de rectifier tous les calculs de longitude pour la perfection de la géographie.

Un troisième cahier contient l'extrait des deux premiers. On y voit le tems vrai, le lieu observé, l'erreur des tables et la position supposée pour l'étoile. On y joint les observations météorologiques faites sur le baromètre, le thermomètre et la déclinaison de l'aiguille aimantée, et les circonstances des saisons.

L'Académie ne peut voir sans une extrême satisfaction un travail aussi complet et aussi utile, qui lui fera honneur en en faisant et à la France et au ministre qui nous procure cet avantage sollicité depuis long-

----

(1) C'était un supplément de l'ouvrage annoncé en 1774, qui ne devait comprendre que depuis 1671 jusqu'à 1771.

(2) Elle n'avait jamais eu lieu dans aucun Observatoire.

tems par ceux qui aiment l'astronomie. M. Cassini ne désire plus que de faire jouir les savans de ce long et pénible travail. Il serait à souhaiter sans doute que l'histoire céleste fût imprimée en entier; mais du moins, en attendant, nous croyons que l'Académie, en faisant insérer l'extrait dans le volume de ses Mémoires, où il occupera environ 30 pages, peut demander qu'il en soit tiré dès à présent 100 exemplaires séparés, pour être envoyés aux astronomes de toute l'Europe, afin qu'on jouisse plus promptement de ces observations et qu'elles deviennent par ce moyen plus utiles aux progrès de l'astronomie.

Fait à Paris, dans l'assemblée de l'Académie des Sciences, le 29 mars 1786.

Signé, LALANDE, MESSIER.

N° VII.

Lettre à M. Ramsden.

SUR le rapport, Monsieur, que j'ai fait à M. le baron de Breteuil de l'admiration que m'avaient inspirée vos ouvrages, ce ministre, à qui les arts, les sciences et l'astronomie sur-tout sont si redevables, m'a témoigné le désir d'avoir de votre main des instrumens pour l'Observatoire royal de Paris. Vous jugez avec quel plaisir j'ai reçu de lui la commission de vous écrire à ce sujet pour savoir si vous voulez vous engager à travailler pour nous.

Vous m'avez témoigné plus d'une fois votre estime pour la nation française. Vous savez que plus qu'aucune autre elle sait apprécier les talens et rendre hommage au mérite, dans quelque pays qu'il soit. C'est la France qui a le plus contribué à la gloire de Newton et à développer sa théorie; c'est elle qui a récemment donné le nom de M. Herschell à la planète qu'il a découverte; c'est elle qui vient d'appeler dans son sein et de conquérir le célèbre géomètre Lagrange; c'est à l'Observatoire royal de Paris qu'ont été faits de grands travaux et de belles découvertes en astronomie. Ne seriez-vous donc pas jaloux, Monsieur, de voir quelques-uns de vos ouvrages placés dans un pays et dans un lieu capables d'en connaître le prix, dignes de les posséder. J'ai osé en assurer M. le baron de Breteuil, mais, comme il sait le grand nombre des demandes qui vous sont faites, il a imaginé un moyen de vous mettre en état de le satisfaire plus tôt et d'accélérer la construction de nos instrumens. Il vous propose d'envoyer chez vous deux ouvriers français qui seraient sans cesse occupés à travailler sous vos yeux, sous votre direction, aux instrumens de l'Observatoire royal, et qui prendraient en même tems les leçons précieuses d'un si grand maître.

Le premier instrument dont nous sommes le plus pressés est cette grande lunette méridienne que vous avez bien voulu me promettre pour le mois d'août prochain (1). Le second serait un grand quart de cercle mural de 8 pieds français de rayon, monté, comme celui de M. le duc de Marlborough, sur un châssis tournant; et en place du contre-poids, je vous proposerais d'appliquer de l'autre côté du châssis un cercle entier. Cette réunion des deux instrumens serait très-curieuse par la comparaison qu'elle offrirait entre le cercle et le quart de cercle; je la crois digne d'aiguillonner votre génie.

J'attends, Monsieur, votre réponse avec la plus vive impatience : 1° Pouvez-vous, d'ici à environ deux années, livrer pour l'Observatoire royal de Paris la lunette méridienne, le quart de cercle mural et le cercle ci-dessus mentionnés? 2° Permettez-vous que le Gouvernement envoie chez vous deux artistes entretenus à ses frais pour prendre des leçons d'un art que vous possédez au suprême degré, et qu'ils se feront gloire d'avoir appris de vous? Vous voudrez bien joindre à votre réponse l'aperçu, à quelques mille livres près, de la valeur de ces instrumens, et demander telles avances et conditions qu'il vous plaira.

J'ai l'honneur d'être, etc.

Signé, CASSINI.

Le 6 janvier 1788.

(1) Promise pour le mois d'août 1788, elle n'est arrivée à Paris que seize années après, en 1804.

23

Réponse de M. Ramsden.

JE ne sais, Monsieur, comment vous exprimer ma reconnais-sance de la manière dont vous avez bien voulu parler de moi à M. le baron de Breteuil. Je suis convaincu de mon incapacité de répondre à la trop favorable opinion que vous avez de mes talens, mais je puis répondre du désir que j'ai de les employer au service de la nation française, que je respecte infiniment et qui la première m'a encouragé dans l'entreprise des grands instrumens. Quelles que soient les com-missions dont M. le baron de Breteuil et vous, Monsieur, voulez bien m'honorer, vous pouvez être assuré que ce seront non-seulement les premières à être mises à exécution, mais que je me ferai un devoir de faire mes plus grands efforts pour conserver, autant qu'il sera en mon pouvoir, l'opinion que vous daignez avoir de mon travail.

Je serai très-flatté d'avoir l'honneur de travailler pour l'Observa-toire royal de Paris, et je ferai mon possible pour finir les instrumens au terme que vous prescrivez dans votre lettre : mais ces sortes d'ou-vrages exigeant la plus grande exactitude peuvent tromper la plus grande diligence et la meilleur volonté ; cependant rien ne sera négligé de ma part.

Vous connaissez parfaitement, Monsieur, la construction que j'ai employée dans l'instrument des passages et dans le quart de cercle ; mais je crains de ne vous avoir pas suffisamment expliqué les pro-priétés et la construction du *cercle vertical*, et de ne m'être pas rendu assez intelligible. Tout le cercle tourne sur un axe semblable à celui d'un instrument de passage (1), et cet axe lui-même tourne sur un châssis ou axe vertical, à peu près comme le quart de cercle du duc de Marlborough. Il est construit de façon à n'avoir point besoin de contre-poids, et ne peut en avoir le centre de gravité de l'instrument,

---

(1) M. Ramsden veut ici faire deux instrumens séparés, ainsi qu'il m'en avait parlé à Londres. Moi, je lui proposais, dans ma lettre, de réunir le cercle et le quart de cercle, l'un à droite, l'autre à gauche du même châssis, d'un rayon différent, mais faisant ensemble équilibre.

étant toujours immédiatement au-dessus du centre sur lequel l'axe vertical tourne.

J'ai déjà quarante ou cinquante ouvriers employés dans mon atelier, qui me suffisent certainement pour mes entreprises. Néanmoins, je serais charmé d'employer les hommes que vous jugeriez à propos de me recommander, si je ne craignais d'exciter la jalousie de mes ouvriers, lesquels m'embarrasseraient fort s'ils venaient à se joindre aux oppositions que j'ai éprouvées de la part de mes confrères depuis plusieurs années, ce qui dérangerait fort et retarderait le progrès de mes opérations. Si quelque heureuse circonstance me permettait de les rendre plus traitables sur ce sujet, j'embrasserais avec bien du plaisir la proposition de M. le baron de Breteuil qui me fait autant d'honneur qu'elle me serait avantageuse.

Je crains, fort Monsieur, qu'il me soit impossible, pour le présent, de former un jugement de ce que pourront coûter les instrumens en question, d'autant plus que la construction n'en est pas encore bien exactement assurée : mais je ne prévois aucune difficulté à cet égard. Le courant de mon atelier me fournit suffisamment l'argent nécessaire. Mon principal objet en vue, c'est la perfection des instrumens. Cette partie de notre profession est encore dans son enfance (1). Quand les instrumens seront avancés pour me permettre de former à peu près un jugement sur leur prix, j'aurai l'honneur de vous en faire part, et si alors on les trouvait trop chers, il n'y aurait aucun inconvénient pour moi de me les laisser (2).

J'ai l'honneur d'être, etc.

Signé, RAMSDEN.

Londres, 25 janvier 1788.

---

(1) C'est ainsi que pense toujours le génie modeste qui seul peut apprécier le chemin qu'il a fait, et celui qui lui reste à parcourir, dont il n'aperçoit le terme que dans un lointain infini. Pour voir le but prochain, il faut avoir la vue bien courte.

(2) Sans doute M. Ramsden n'avait pas à craindre qu'un instrument sorti de ses mains, ne trouvât point d'acquéreur ; mais, dans le cas où il en eût manqué, il lui eût suffi de l'annoncer, pour que le premier riche particulier anglais se fût

N° VIII.

*Lettre à M. B*** sur le Flintz-Glass.*

J'ai reçu, Monsieur, votre lettre du 29 février. M. P... m'avait effectivement énoncé le désir que vous avez, ainsi que votre famille, de rentrer en France; il m'avait assuré que vous possédiez le secret de faire le plus beau verre d'Angleterre, et particulièrement le flintz-glass. J'en ai parlé au ministre, M. le baron de Breteuil, qui accorde aux arts une protection éclatante, et veut bien, sur ce qui les concerne, m'honorer de sa confiance. Ce serait avec plaisir, Monsieur, que le Gouvernement verrait un Français rentrer dans le sein de sa patrie et y rapporter des connaissances, des lumières et des talens. Un pareil sujet ne pourrait manquer d'obtenir la protection particulière du ministre et au besoin les secours du Gouvernement, une fois qu'il aurait donné des preuves indubitables de son habileté. C'est donc avec la plus grande confiance que vous pouvez arriver dans ce pays-ci, si vous êtes sûr de vos forces. Votre famille protestante a des biens usurpés à réclamer; ceux qui sont tombés dans la main du Roi lui seront aussitôt rendus. Si vous réussissez à faire du flintz-glass, un prix de 12,000 liv. proposé par l'Académie vous sera adjugé, et je ne doute pas que le Gouvernement n'y ajoute des encouragemens et des récompenses. Puisque vous êtes homme de l'art, vous le savez, Monsieur, il n'y a point eu jusqu'ici de procédé fixe et certain pour faire toujours du flintz-glass, tel qu'il le faut pour les besoins de l'optique. Les Anglais mêmes dans leurs manufactures n'obtiennent dans une coulée que quelques morceaux de très-belle matière. M. Dollond pour ses belles lunettes achetait une potée entière, sur laquelle il prenait la partie ou la couche la plus pure, celle qui se

_____

présenté pour acheter l'instrument, sans besoin même d'en faire usage, et sans autre but que de venir au secours d'un grand artiste et d'encourager des talens honorables à son pays; tel est l'eprit national de l'Anglais. Voilà ce que jadis notre anglomanie eût dû se borner à imiter.

trouvait sans filets, sans stries, et non gélatineuse; il rendait le reste. Actuellement, je ne sais par quelle fatalité on ne peut plus trouver dans les plus grandes masses de matière un seul bon morceau. C'est ce qui fait le désespoir des opticiens, même anglais, qui en font un vif reproche à leurs manufactures de verre et aux manufacturiers, qui sans doute ont changé ou la forme de leurs fourneaux, ou leur manipulation, ou les matières premières. Or, voilà ce qu'il s'agit de retrouver. Etes-vous en état de le faire? vous rendrez un grand service aux sciences, vous mériterez beaucoup de votre patrie, et vous ferez, à coup sûr, une grande fortune.

Je suppose que dans ce moment-ci, sans avoir le secret de composer le flintz-glass tel que nous le désirons, vous ayez celui de faire de très-beau verre d'Angleterre qui est un objet actuel de commerce considérable; vous aurez un avantage encore très-réel à venir en France, où nous n'avons qu'une manufacture de ce genre qui commence à imiter le verre anglais, et vous aurez une grande supériorité sur des gens qui n'en sont encore qu'aux essais. Il vous sera facile de trouver des actionnaires qui vous mettront en état de lever une manufacture, et le Gouvernement ne pourra voir qu'avec intérêt la concurrence et la rivalité qui s'établira entre vous et les autres. L'avantage que vous avez d'avoir été élevé et d'avoir fait votre apprentissage dans la belle manufacture de......, vous donnera sans doute des moyens supérieurs et vous attirera la vogue et le débit. C'est alors que vous vous trouverez plus en état, sans nuire à vos associés, de faire des essais particuliers et des recherches pour découvrir la méthode fixe de faire ce beau flintz-glass que les grands manufacturiers peuvent seuls trouver et trouveraient s'ils voulaient s'en occuper et s'en donner la peine.

J'ai voulu m'étendre un peu et raisonner avec vous sur cet importante matière. C'est à vous, d'après cela, à calculer vos forces, vos moyens, et à déterminer le parti que vous avez à prendre: en rentrant dans le sein de votre patrie, vous ne pouvez qu'y être bien reçu; y venant avec des talens, vous ne pouvez qu'y être encouragé, protégé; y obtenant des succès dans votre art, vous êtes sur d'y être récompensé. Quant à moi, je serai toujours prêt à vous rendre les services dont je serai capable, à rendre justice à votre mérite, à le faire valoir, et à vous prouver les bonnes dispositions avec lesquelles je suis, etc.

Signé, Cassini.

N° IX.

Mémoire destiné au Comité d'instruction publique.

L'organisation de l'instruction publique est peut-être la plus grande tâche, la commission la plus difficile que la nation française ait pu confier à ses représentans. Nous ne doutons pas qu'en composant le Comité qui doit s'occuper de cette organisation, la Convention nationale n'ait fait choix des hommes les plus capables d'une grande conception et de l'ordonnance d'un plan d'éducation qui assure les succès des générations futures et de la grandeur la République : mais, plus nous supposons les membres du Comité d'instruction publique dignes de la confiance dont ils ont été honorés, plus nous devons penser qu'ils ne dédaigneront pas, qu'ils accueilleront même avec empressement les connaissances et les lumières qui pourront leur être communiquées.

C'est dans cette persuasion que nous osons adresser ce Mémoire au Comité. Il y trouvera des notions exactes et des renseignemens utiles sur un établissement qui, jusqu'à ce jour, a fait honneur à la nation, et qui, par conséquent, mérite de fixer l'attention de ses représentans.

Les sciences sont certainement une des parties les plus importantes de l'instruction publique, et, parmi les sciences, l'astronomie tient un des premiers rangs. La grandeur de son objet, la sublimité de ses conceptions, son utilité, lui ont acquis la vénération de tous les peuples; les nations éclairées l'ont cultivée avec ardeur, et les progrès rapides de cette science, dans ce dernier âge, sont un des plus beaux titres que l'on puisse faire valoir en l'honneur de notre siècle. Ces progrès, on peut le dire, sont en partie dus à l'établissement du *ci-devant* Observatoire royal de Paris. C'est là que l'on a fait de curieuses découvertes, que l'on a rassemblé de nombreuses et précieuses observations, tant astronomiques que physiques; c'est là que de grands ouvrages ont été exécutés, que se sont formés et exercés d'illustres astronomes qui ont enrichi les sciences et leur patrie des fruits de leurs veilles; enfin, c'est le lieu qu'ont illustré les Cassini, Maraldi (1), Picard, La Hire, Rœmer, La Caille....., et nombre d'autres savans qui ont si efficacement concouru à l'étonnante perfection où se trouvent élevées aujourd'hui la théorie et la pratique de l'astronomie.

L'on reconnaît volontiers, me dira-t-on peut-être, les titres aussi respectables qu'anciens que présente l'Observatoire à la vénération et à la reconnaissance publique : mais, au grand jour d'une régénération complète, à la grande époque où chaque chose étant mise dans la balance ne vaut que par son poids actuel, pour juger si un établissement mérite d'être conservé ou détruit, il n'est plus question de rappeler ce qu'il a été, mais de montrer ce qu'il est, et plutôt encore de faire voir ce qu'il peut être en le réformant et le perfectionnant. Rien n'est plus juste que cette observation; j'ai été le premier à me la faire, et c'est d'après elle que j'ai rédigé ce Mémoire, où je ne parlerai qu'historiquement de l'ancien état de l'Observatoire, pour donner seulement un terme de comparaison; je m'étendrai ensuite avec plus de détail sur le nouvel établissement qui y a été fait depuis huit ans dans l'intention d'augmenter la splendeur et l'utilité de l'ancienne fondation; enfin, je proposerai des vues et des idées nouvelles sur les moyens de procurer encore à l'Observatoire toute l'utilité dont il est susceptible pour le progrès de la science et pour l'instruction publique, qui est le grand objet dont on doit particulièrement s'occuper dans tout établissement national.

---

(1) Six astronomes de la même famille, quatre Cassini et deux Maraldi, se sont succédés à l'Observatoire, sans interruption, pendant 122 ans, et n'ont cessé d'y observer depuis 1671 jusqu'à ce jour.

§ Ier.

Fondation de l'Observatoire ; ce qu'il a été depuis 1671 jusqu'en 1785.

Le ci-devant Observatoire royal de Paris a été fondé par Louis XIV, sous le règne duquel ont été élevés tant d'utiles et superbes monumens. Le plan de l'édifice et de l'établissement en général fut grandement conçu ; on se proposait de réunir dans le même lieu tout ce qui avait rapport aux sciences ; l'Académie devait y tenir ses séances. L'immense édifice actuellement subsistant, distribué en longues galeries et en vastes salles d'une élévation considérable, était destiné seulement aux observations astronomiques, et à servir de dépôt à toutes les machines et au modèles de mécaniques présentés à l'Académie ; au-dessous de la terrasse qui règne devant la façade méridionale du bâtiment, on avait commencé à construire des fourneaux et des laboratoires de chimie ; enfin, tout autour du terrain où l'Observatoire est situé, on se proposait de bâtir des logemens particuliers pour tous les astronomes de l'Académie et les autres savans attachés à l'établissement projeté.

Mais une partie de ce qui devait être ne fut point. En effet, la tenue des assemblées de l'Académie des Sciences dans un lieu aussi éloigné du centre de la capitale, ne pouvait guère avoir lieu ; le mélange des objets d'astronomie, de mécanique, de chimie, n'eût causé que gêne et confusion ; enfin, le rassemblement de tous les astronomes observant dans le même lieu avec les mêmes instrumens, eût peut-être été plus nuisible qu'utile aux progrès de l'astronomie. Ces réflexions, sans doute, jointes à d'autres circonstances, firent changer le premier projet ; il n'y eut d'exécuté que le principal édifice où l'on se réduisit à rassembler les instrumens d'astronomie et quelques observateurs. Mais le bâtiment n'ayant été construit que pour des salles d'observations, on eut de la difficulté à y pratiquer un petit nombre de logemens commodes pour les astronomes de l'Académie, qui n'ont jamais pu y être réunis qu'au nombre de trois ou quatre en même tems. Disons de plus, pour ne rien taire de la vérité, que le bâtiment n'avait guère mieux été distribué relativement à son véritable usage, celui des observations astronomiques.

Il paraît que l'architecte, qui avait présidé à l'ordonnance et à la distribution de l'Observatoire, n'avait qu'une faible notion de la pratique des observations, et qu'il avait fort peu consulté les astronomes sur les commodités qu'il devait leur procurer. Il crut sans doute avoir tout fait pour l'astronomie en lui bâtissant un vaste édifice fort élevé, d'une belle masse et d'un style d'architecture sage, sévère et convenable au genre de la science ; mais ce n'était rien de tout cela qu'il fallait. La hauteur et l'étendue de l'édifice n'étaient qu'un inconvénient d'autant plus considérable que, dans quelqu'endroit que l'on pût se placer, la masse du bâtiment dérobait à la vue la plus grande partie du ciel. A moins de monter et de rester en plein air sur la plate-forme, on ne pouvait suivre le cours d'un astre élevé depuis son lever jusqu'à son coucher ; et, pour observer au levant ou au couchant, il fallait tansporter un instrument d'un bout à l'autre du bâtiment ; de plus, les voûtes massives, qui couvraient toutes les salles, ne permettaient de découvrir le méridien depuis le zénith jusqu'à l'horizon, dans aucun endroit de l'Observatoire ; enfin, ce qui paraîtra fort singulier, on n'avait pas ménagé une seule place d'où l'on pût prendre des hauteurs correspondantes sans déranger considérablement l'instrument.

Quoi qu'il en soit, l'Observatoire, avec tous ces défauts, servit tel qu'il était jusque vers 1730, où les progrès et l'état de l'astronomie pratique, exigeant des instrumens plus exacts et autrement disposés qu'ils ne pouvaient l'être dans le grand bâtiment, on fut enfin obligé de faire construire extérieurement un petit cabinet auquel, par la suite, on en a joint plusieurs autres qui, insensiblement, ont formé un nouvel Observatoire infiniment plus commode que l'ancien, dont le bâtiment dès-lors fut négligé, et, se dégradant de jour en jour, n'a plus été que de très-peu d'utilité à l'astronomie. L'administration des bâtimens s'obstinant même depuis long-tems à ne faire aucune des réparations nécessaires à l'entretien et à la conservation de l'édifice, les eaux insensiblement pénétrèrent toutes les voûtes et les détériorèrent au point que les pierres se détachant et tombant de tous côtés, la plus grande partie de l'édifice devint inhabitable.

24

Tel fut l'état déplorable du bâtiment de l'Observatoire jusqu'à l'époque de sa grande restauration qui eut lieu lors du nouvel établissement, dont nous parlerons dans le paragraphe suivant; mais auparavant nous devons rendre compte du régime et de l'administration de l'Observatoire dans ces premiers tems.

On s'étonnera sans doute qu'un monarque aussi grand et aussi généreux que Louis XIV, après avoir fait bâtir à grands frais le plus magnifique Observatoire de l'Europe, dans lequel il se proposait d'abord de faire un bel établissement, n'eût pris aucun soin pour en assurer la stabilité, ni pour le mettre à l'abri par la suite des variations ou des caprices d'un Gouvernement plus ou moins favorable aux sciences. Il ne songea pas à y attacher le moindre fonds, ni pour la conservation du bâtiment, ni pour l'entretien des instrumens, ni pour les traitemens des personnes qui devaient s'y consacrer à la pratique de l'astronomie (1)! Ce manque de fonds, il faut l'avouer, ne fut sous son règne d'aucun préjudice à l'Observatoire; sa munificence ne laissa jamais rien à désirer pour l'acquisition et l'entretien des instrumens, pour les récompenses à donner aux observateurs, en un mot, pour tout ce qui pouvait concourir aux progrès de l'astronomie. Il ne fallait que faire connaître les besoins pour les voir aussitôt satisfaits. Le goût particulier de son successeur pour l'astronomie lui procura aussi de grands secours pendant une partie du règne de Louis XV; mais, sur la fin, ce goût du Roi s'étant refroidi, l'Observatoire, devenu sans protection et sans ressource, tomba dans le plus

_____

(1) Jean-Dominique Cassini jouissait à la vérité d'une pension considérable, mais qu'il avait obtenue avant de venir à l'Observatoire, en dédommagement de plusieurs places qu'il avait sacrifiées en Italie pour s'établir en France. Pareillement son fils et son petit-fils, ses successeurs, n'eurent d'autres traitemens que des pensions particulières étrangères au service de l'Observatoire. Quelques autres savans, qui y suivaient aussi la pratique de l'astronomie, recevaient souvent des gratifications annuelles, mais il n'y avait rien de fixe; il fallait sans cesse renouveler les sollicitations. La seule place fondée, dès les premiers tems, fut celle de concierge avec 400 livres d'appointemens. Elle a toujours été occupée par des académiciens. M. Couplet fut le premier concierge de l'Observatoire, M. Maraldi lui a succédé en 1744, et c'est aujourd'hui M. Méchain qui remplit cette fonction.

entier dénuement; non-seulement il ne fut plus question de faire faire de nouveaux instrumens, mais, faute de fonds affectés à l'établissement, on n'eut pas de quoi entretenir les anciens. En 1765, Cassini de Thury demanda avec instance la permission de faire l'avance des fonds nécessaires pour réparer l'Observatoire, pour garnir les cabinets des instrumens convenables, enfin, pour retirer cet établissement de l'état d'abandon et de misère où il se trouvait, et qui n'était pas moins préjudiciable aux sciences que honteux pour la nation. On loua fort son zèle, mais on n'accepta pas ses offres (1); seulement, au bout de quelques années, pour le dédommager sans doute de tant de demandes et de sollicitations inutiles, on lui donna le titre de directeur-général de l'Observatoire, où malheureusement il n'y avait plus ni observateurs, ni instrumens à diriger. Un traitement de mille écus (2) fut affecté à cette place; mais, pour ne point charger dans ce moment le trésor public, on convertit en appointemens une pension de 5000 liv.

(1) Comme une pareille assertion ne doit pas être avancée sans preuves, voici la copie littérale de la lettre que M. de Marigny écrivit à ce sujet à M. Cassini de Thury, et dont je puis produire l'original. « Il est certain, Monsieur, que » je n'ai jamais eu besoin d'être excité pour m'intéresser à la conservation de » l'Observatoire. J'ai souvent sollicité de vive voix et par écrit les fonds néces- » saires pour le rétablissement d'un édifice qui a tant fait honneur à la France : » mais le malheur des circonstances a rendu jusqu'à présent mes démarches » infructueuses. Cependant j'ose espérer qu'elles ne le seront pas long-tems, » puisque les suites de la guerre commencent à devenir moins sensibles. Je serais » très-flatté, Monsieur, de pouvoir contribuer en quelque chose au succès de » vues aussi grandes, aussi nobles que les vôtres. La lecture de votre Mémoire » m'a transporté de plaisir et d'admiration; j'en suis si touché, que j'attendrai » avec impatience que le Roi daigne m'accorder un travail pour que je puisse » rendre compte à S. M. de la permission que vous demandez, non-seulement » de faire à vos dépens les réparations nécessaires pour la pratique des observa- » tions, mais de procurer à l'Observatoire les instrumens les plus parfaits qui » aient été construits jusqu'à présent, et de les multiplier en assez grande quan- » tité pour l'usage de ceux qui se destinent à l'astronomie. Après de pareilles » offres, Monsieur, il ne vous manquera plus aucun genre de gloire et d'illus- » tration...... etc. A Versailles, le 24 août 1765. »

(2) Il est réduit à 2700 livres net.

que M. Cassini possédait depuis long-tems. Le nouveau titre ne fut donc absolument qu'honorifique pour lui (1). Autrement il n'eût point accepté une augmentation de traitement qu'il eût plutôt demandé d'affecter à l'acquisition et à l'entretien de nouveaux instrumens. La santé de Cassini de Thury étant pour lors très-altérée, l'on donna à son fils la survivance de la nouvelle place. Celui-ci ne vit dans cette grâce qu'on lui accordait qu'une obligation et un titre pour renouveler les sollicitations que son père avait faites si inutilement. Il y mit une telle opiniâtreté, il fut d'ailleurs si bien servi par les heureuses circonstances du nouveau règne de Louis XVI, et par les bonnes dispositions de ses ministres, que dès l'année 1777 il obtint en même tems du directeur-général des bâtimens de grandes réparations aux voûtes de l'Observatoire, la reconstruction des anciens petits cabinets qui étaient près de tomber, et une addition très-importante à ces mêmes cabinets ; mais tout cela ne fut que le prélude des grands travaux et de la belle restauration qu'il parvint enfin à faire ordonner et exécuter en 1785, et qui, joint au nouvel ordre de choses, au nouveau régime qu'il a eu le bonheur de faire accepter et établir, ont opéré à l'Observatoire une véritable régénération, et ont mérité à l'établissement dont on va rendre compte dans le paragraphe suivant, les suffrages et l'applaudissement des savans de l'Europe (2).

(1) C'est au bout de cent ans, écoulés depuis la fondation de l'Observatoire, que fut créée la place de directeur pour le troisième Cassini, qui, aux travaux de son père et de son grand-père, avait ajouté les siens propres pendant une carrière scientifique de quarante années. Cette grâce ne peut donc être regardée comme très-grande que par rapport à moi qui, n'étant reçu que depuis peu de tems de l'Académie, n'avais encore que de faibles titres à la survivance qu'on voulut bien m'accorder en même tems. J'ai tâché, par la suite, de justifier ce choix prématuré par un zèle dont bientôt ce Mémoire montrera les effets, et qui n'eût peut-être pas été si grand, si je n'avais pas eu à m'acquitter d'une si grande dette.

(2) C'est du moins ce que m'autorisent à dire les témoignages et les félicitations que j'en ai reçus de toutes parts.

§ II.

Nouvel établissement fait à l'Observatoire en 1785. Restauration
complète de l'édifice et son état actuel.

On imagine aisément le préjudice que dut porter au cours des
observations l'état de délâbrement et de dénuement que nous venons
d'exposer, et dans lequel a langui l'Observatoire de Paris pendant une
suite de plus de vingt années, dans un tems précisément où d'heureuses
découvertes, diverses inventions et les efforts de plusieurs artistes
célèbres, avaient amené la construction des instrumens à un haut
degré de perfection, et procuré par conséquent aux observations
modernes une précision inconnue précédemment. Tandis que les
petits Observatoires de l'Europe étaient munis d'instrumens divisés
par les Bird et les Ramsden, de lunettes achromatiques de Dollond,
et de pendules de la construction des Harrisson et des Berthoud,
l'Observatoire de Paris ne possédait que de vieux quarts de cercle de
l'ancienne construction de Langlois, des objectifs simples de Campani (1), et des pendules de Julien Le-Roi, auxquelles, à la vérité,
il n'y avait à reprocher que leur vétusté.

Honteux de cet état de choses, et voyant que malgré toutes mes
peines et quelque adresse que je misse dans mes opérations, il me serait
physiquement impossible de donner à mes observations la même
précision qu'obtenaient les autres observateurs munis d'instrumens si
supérieurs aux miens, je pris la ferme résolution de tenter tout au
monde pour changer un tel ordre de choses. La confiance fait souvent
la moitié de nos succès : non-seulement je me persuadai que je par-

---

(1) Campani était certainement le plus habile opticien du dernier siècle. Ses
objectifs de 100 et de 200 pieds de foyer sont encore des objets rares et précieux ;
mais, quant aux objectifs de 10 à 30 pieds, dont on se servait habituellement, on
n'en fait plus aucun cas depuis l'invention des lunettes achromatiques de 3 à
4 pieds de foyer. Croirait-on que l'Observatoire n'a possédé de ces lunettes achromatiques qu'en 1781, où je fus autorisé à en acheter une aux frais de l'Académie.
Jusque là, celles dont je m'étais servi m'avaient été prêtées par M. le duc de Chaulne
et M. le prince de Conti, dont l'amour pour les sciences a mérité de si grands éloges.

viendrais à remettre l'Observatoire de Paris sur un pied convenable et de niveau avec les premiers Observatoires de l'Europe; mais j'osai même faire le projet d'y former un établissement qui rendît son utilité supérieure à celle de tout autre de ce genre.

J'avais entrepris depuis plusieurs années de rassembler les observations faites à l'Observatoire dans le cours d'un siècle, à dater de 1671, et dont la plus grande partie n'avait été ni publiée, ni calculée. Ce travail, dans ses immenses détails, me donna lieu de reconnaître tout ce qui avait manqué à l'établissement et ce que j'avais à faire pour en former un aussi utile qu'il pouvait l'être à l'astronomie. Les fautes de ceux qui nous ont précédés doivent être pour nous l'instruction la plus précieuse.

Le premier reproche que je trouvai à faire à l'ancien établissement fut de m'avoir laissé dans le cas d'entreprendre l'ouvrage que je projetais, et qui eût dû se trouver tout exécuté, si annuellement on eût eu soin d'extraire des registres de l'Observatoire toutes les observations susceptibles de quelque usage, et qu'on les eût publiées (1); je pensai ensuite qu'il ne suffisait pas de donner ces observations pures et simples, mais qu'il fallait en même tems les réduire, les calculer et en présenter les principaux résultats; sans quoi toutes ces grandes collections d'observations (à l'exception des plus rares et des plus importantes) courent risque de rester long-tems oubliées et inutiles, parce qu'il se trouve rarement des astronomes qui se livrent à l'ennui et au dégoût de calculer les observations d'autrui (2). Je remarquai

---

(1) Pourquoi, me dira-t-on, vos ancêtres ne l'ont-ils pas fait? La réponse est simple : Parce qu'ils n'en ont pas eu les moyens. Un tel ouvrage demande des coopérateurs et des frais, soit de rédaction, soit d'impression; or, on se rappellera qu'il n'y avait aucun fonds affecté à l'Observatoire, ni pour cet objet, ni pour d'autres plus essentiels encore.

(2) Ajoutons que celui qui a fait les observations est aussi celui qui est le plus propre à les calculer; étant le seul qui puisse bien connaître les circonstances qui les ont accompagnées, il sait mieux que tout autre faire le choix de celles qui sont le plus dignes de confiance : d'ailleurs, le premier calcul de l'observateur offre toujours une vérification bien avantageuse pour quiconque, par la suite, veut calculer et employer les mêmes observations.

ensuite que dans la collection d'observations que j'avais sous les yeux, toute immense qu'elle était, il y avait parfois de grands vides (1), quelques phénomènes intéressans ne s'y trouvaient point, et dans plusieurs circonstances importantes de leurs révolutions, les planètes souvent n'avaient point été observées, ou ne l'avaient pas été suffisamment; plus d'une fois je reconnus que cela tenait à un vice de l'ancien établissement que voici : excepté MM. Cassini, personne à l'Observatoire ne se regardait comme chargé du cours général des observations. Or, la mesure du degré, la description de la méridienne, les travaux de la carte de France, et autres commissions particulières, avaient très-fréquemment éloigné MM. Cassini de Paris. En leur absence, ils n'étaient suppléés quelquefois par personne; ou le plus souvent, par quelque nouvel initié dans la pratique de l'astronomie; ou bien, si quelqu'un des autres académiciens logés à l'Observatoire venait aux cabinets, il ne s'astreignait à y faire que les observations dont il pouvait avoir besoin pour ses recherches particulières. Cela me prouva la nécessité d'avoir des observateurs à poste fixe, de manière à ce qu'il n'y eût aucune vacance, aucune interruption dans les observations (2).

J'eus encore lieu de remarquer dans les anciens registres une foule d'observations incomplètes, soit pour n'avoir point été assez répétées, soit faute de certaines vérifications nécessaires, soit pour n'avoir point été faites dans des circonstances et avec les conditions favorables. Cela tenait encore à un défaut dans le régime de l'établissement. Chacun venait observer dans les cabinets comme il l'entendait, quand et selon que cela lui plaisait, les astronomes novices pour s'exercer, les académiciens pour leur propre compte. Il n'y avait ni plan général suivi, ni chef pour diriger; de là, ni accord, ni

---

(1) Les registres de six des plus anciennes années (de 1674 à 1680) et des plus précieuses observations de J. D. Cassini ont été perdus; cette lacune, dans une collection de 65 volumes, est irréparable. Ce malheur ne peut plus avoir lieu d'après le nouvel ordre que j'ai établi; car, au bout de chaque année, outre le registre original, il se trouve encore deux autres copies faites en même tems.

(2) Pendant le tems des vacances de l'Académie, il n'y avait autrefois communément personne à l'Observatoire.

ensemble, ni suite dans les travaux. Je conçus dès-lors que du moment où l'on voudrait entreprendre à l'Observatoire un cours complet et non interrompu d'observations astronomiques et physiques, on n'y parviendrait jamais qu'en établissant des observateurs uniquement consacrés à cet objet et soumis à un seul chef, chargé de leur tracer le plan général de leurs opérations, de les diriger dans l'exécution, de suivre leurs travaux, d'en rassembler, rédiger et vérifier les résultats. C'est d'après ces réflexions et dans ces vues que je formai le projet d'établissement suivant que je vais actuellement développer, mais dont je n'ai voulu donner les détails et l'ensemble qu'après avoir rendu sensibles les circonstances qui l'ont fait naître et presque nécessité.

J'ai donc proposé et il a été accepté :

1°. D'établir et de faire suivre désormais à l'Observatoire un cours complet d'observations astronomiques, sans aucune interruption pendant toute l'année, de telle sorte que chaque fois que le ciel serait beau l'on fît toutes les observations qui pourraient avoir lieu, ne se bornant pas, comme on l'avait pratiqué jusqu'alors, à ne déterminer la position des différentes planètes que dans certaines parties de leurs orbites, mais en les observant dans tous les points et toutes les fois qu'elles seraient visibles (1).

2°. De joindre à ce premier cours d'observations astronomiques un cours d'observations météorologiques et physiques, faites avec les meilleurs instrumens et par des observateurs qui toujours en exercice marqueraient et tiendraient registre du matin au soir de l'état et des variations de l'atmopshère, avec un détail que jusqu'ici aucun observateur isolé n'avait pu rendre (2).

---

(1) Si cela eût eu lieu depuis 120 ans que l'Observatoire est fondé, quel précieux trésor une aussi immense collection n'offrirait-elle pas à l'astronomie ! Il nous resterait sans doute peu de choses à faire sur la théorie des planètes.

(2) Il y a une telle multiplicité de causes qui peuvent influer sur la constitution de l'atmosphère et occasionner ses variations, que ce n'est qu'en faisant les observations météorologiques avec suite, avec assiduité et avec un détail presque minutieux, que l'on pourra peut-être enfin découvrir quelque jour certaines

5°. De consigner toutes ces observations dans des registres doubles, tenus dans le meilleur ordre, de les rédiger ensuite et de les calculer à mesure qu'elles seraient faites, de façon qu'au bout de chaque année elles fussent en état d'être imprimées et publiées, soit avec détail dans un ouvrage in-folio, ayant pour titre *Histoire céleste de l'Observatoire de Paris*, soit par extrait sous le format in-4° (1).

4°. D'attacher à l'Observatoire trois sujets avec le titre d'*Elèves*, pour suivre les susdits cours d'observations sous la conduite et l'inspection du directeur, chargé particulièrement de la publication annuelle de l'histoire céleste ou de l'extrait (2).

5°. D'assigner une somme fixe et annuelle tant pour les appointemens des élèves que pour l'entretien et l'augmentation des instrumens nécessaires à l'exécution du cours d'observations, après, toutefois, avoir fait une première dépense pour la construction des grands instrumens (3).

6°. De former à l'Observatoire une bibliothèque ou collection complète de tous les livres relatifs à l'astronomie déjà publiés et de

lois, certaines périodes dont la connaissance sera du plus grand intérêt pour l'agriculture, la médecine, etc. Or, pour se procurer la masse de résultats nécessaires à un tel objet, il faut une observation perpétuelle et par conséquent une réunion de plusieurs observateurs qui se succèdent sans cesse. Il est impossible à un seul observateur de ramasser assez de matériaux.

(1) Outre l'utilité d'un tel ouvrage pour l'astronomie, il a encore l'avantage de prévenir le relâchement dans l'établissement, d'entretenir et d'assurer l'activité des élèves et du directeur, en les obligeant chaque année de rendre compte au public de leurs travaux et de leurs veilles.

(2) Sous un plus beau ciel que celui-ci, trois observateurs ne suffiraient pas pour remplir une aussi grande tâche, que la longueur des calculs astronomiques rend souvent très-pénible.

(3) Le fonds destiné aux élèves est de 2400 livres, et celui pour l'entretien des instrumens est également de 100 louis ; sur cette somme se paient, non-seulement les faux frais, réparations ou additions à faire aux instrumens, mais encore les acquisitions de pendules, de lunettes et autres instrumens dont le prix ne surpasse pas un millier d'écus ; on sent parfaitement que pour les grands objets qui coûtent quelquefois 8 à 10,000 livres et au-delà, ils ne peuvent être payés qu'avec des fonds extraordinaires.

ceux qui paraîtront par la suite, en destinant à cet objet une somme fixe et annuelle (1).

Tels furent les principaux articles du projet que je présentai au ci-devant baron de Breteuil en 1784; et je dois le dire avec reconnaissance, tels ils furent acceptés par ce ministre, sans ces difficultés, sans ces lenteurs et sans ces sollicitations d'après lesquelles une grâce plutôt arrachée qu'obtenue perd toujours la moitié de son prix. Au premier exposé, la grandeur du plan lui fit craindre une trop forte dépense pour son exécution; mais, lorsque je lui eus fait voir qu'un fonds annuel de 6000 livres serait suffisant pour ces établissemens, je ne fus pas long-tems sans recevoir la lettre d'acceptation que l'on trouvera ci-après, et qui fait le titre de la fondation du nouvel établissement tel qu'il subsiste actuellement à l'Observatoire depuis huit années.

Au 1er janvier 1785, je commençai, de concert avec mes nouveaux coopérateurs (2) le cours d'observations astronomiques et

_____

(1) Le fonds pour la bibliothèque est de 600 livres; il serait plus que suffisant, si la bibliothèque était formée et qu'il n'y eût à acquérir que les nouveaux ouvrages qui paraissent chaque année; mais l'acquisition des anciens absorbera encore pendant bien des années ce modique revenu. La seule collection des Transactions philosophiques a employé trois années de ces fonds.

(2) Des trois observateurs il y en a toujours deux de service, qui, présens dans les cabinets, à côté des instrumens, s'y occupent tout le jour et une partie des nuits, quand il y a lieu, à observer le soleil, les planètes, les étoiles et autres phénomènes astronomiques, ainsi qu'à tenir registre à différentes heures de la hauteur du baromètre, du thermomètre, des variations de l'atmosphère, de celles de l'aiguille aimantée, etc. Dans l'intervalle des observations, on rédige et on calcule celles qui ont été faites pendant le cours du mois précédent.... Les observations sont d'abord consignées par celui qui les fait sur un registre original ou *plumitif*. Le troisième élève est chargé ensuite d'en faire le relevé et une copie au net sur un autre registre, où se portent en même tems les premières réductions préparatoires aux calculs. Le *plumitif* se dépose dans la bibliothèque de l'Observatoire, et la copie au net est destinée à être remise dans la bibliothèque nationale.

Au commencement de chaque mois, le directeur partage et distribue entre les trois élèves les calculs à faire des observations du mois précédent. Ces Messieurs calculent chacun de leur côté sur des registres particuliers; mais réunissent ensuite, sur un tableau général imprimé et disposé à cet effet, tous les élémens et physiques qui jusqu'à ce moment n'a pas été interrompu, et qui forme aujourd'hui la collection la plus considérable et la plus complète en ce genre qui ait été faite en aucun lieu du monde savant. Dès le commencement de 1786, je fus en état de présenter au Roi un extrait de la collection des observations faites, rédigées et calculées dans le courant de l'année précédente. S. M. donna ordre que chaque année pareil extrait, après lui avoir été présenté, fût imprimé et tiré au nombre d'environ cent exemplaires, et envoyé de sa part aux savans les plus distingués de l'Europe; ce qui a toujours eu lieu jusqu'à ce jour. J'eus bientôt la satisfaction de voir l'Académie des sciences demander que cet ouvrage fût inséré chaque année dans les volumes de ses Mémoires, ce qui, joint à l'empressement que témoignent les savans de toute l'Europe pour se procurer notre extrait, forme sans doute le témoignage le plus flatteur et le moins douteux de l'utilité du nouvel établissement (1). Cependant, il faut le dire avec franchise, il

---

principaux résultats de leurs calculs; ce qui donne une grande facilité au directeur de reconnaître d'un seul coup-d'œil les erreurs, soit de calculs, soit d'observations, et l'époque où elles ont eu lieu. Une copie au net de ces tableaux de calculs est déposée chaque année dans la bibliothèque, de sorte que quiconque, en recalculant nos observations, trouverait d'autres résultats, pourra en tout tems faire la comparaison de ces calculs aux nôtres, et voir les élémens que nous avons employés. — Au bout de l'année se fait le relevé général qui compose le grand ouvrage de l'histoire céleste, dans lequel se trouvent en colonnes, d'abord l'observation pure et simple, ensuite réduite, puis calculée avec ses derniers résultats. Cette histoire céleste forme communément chaque année un cahier in-folio de cent pages, que le directeur réduit ensuite en tableaux et fait imprimer sous le titre de *Extrait des observations astronomiques et physiques faites à l'Observatoire de Paris*, ouvrage *in-quarto* d'environ 6 à 7 feuilles d'impression, et dans lequel il rend compte en même tems de ce qu'il y a eu d'intéressant en astronomie dans le cours de chaque année. Nous avons cru devoir entrer dans ce détail, pour donner une idée de l'étendue du travail des trois élèves et du directeur, qui, comme l'on voit, ne peuvent être taxés d'inactivité.

(1) Quoique cet extrait offre les résultats les plus intéressans de nos observations, les savans verraient avec un plus grand intérêt encore la publication de l'histoire céleste dont nous avons parlé plus haut, et que les seules raisons d'économie ont empêché jusqu'ici de faire imprimer. Au reste, cet ouvrage se trouve

n'a point encore produit tout le fruit dont il était susceptible, parce que malheureusement il na pas été aussi facile de faire construire et de se procurer de bons instrumens, que de trouver et de former des observateurs zélés et adroits. De plus, aux difficultés d'exécution, se sont joints des événemens inattendus, des circonstances fâcheuses qui ont retardé l'effet des dispositions favorables du Gouvernement, et des bonnes mesures qui avaient été prises. Dès la première année de l'établissement, le Roi avait eu la bonté de commander tous les grands instrumens qui avaient été jugés nécessaires pour procurer aux observations la plus parfaite précision : mais S. M., en se décidant à faire ainsi une première dépense considérable pour monter l'Observatoire, avait désiré qu'elle tournât au profit et à l'encouragement des artistes français, à qui elle m'avait expressément ordonné d'en confier l'exécution, malgré l'avantage qu'il y aurait eu peut-être à plusieurs égards de s'adresser ailleurs. Cette intention grande et louable du monarque donna l'idée de faire exécuter une partie de ces instrumens à l'Observatoire même. Un vaste atelier fut donc disposé à cet effet, et l'on se proposa d'y établir toutes les machines et les principaux outils nécessaires à la construction des grands instrumens d'astronomie, et qui ne se trouvent point dans les ateliers de nos artistes, vu la difficulté et la cherté de leur établissement. Une spacieuse fonderie fut en même tems bâtie et distribuée de la manière la plus commode pour des essais sur la fonte en cuivre et d'un seul jet des carcasses de quart de cercle. Rien ne fut épargné pour exciter, ranimer et seconder l'industrie nationale, et pour mettre les artistes de la capitale dans le cas de disputer aux Anglais la prééminence qu'ils conservent depuis si long-tems dans ce genre de travail. Tout promettait les plus heureux succès, lorsque la perte du chef d'atelier vint suspendre les travaux; et au moment de les reprendre on fut forcé de les abandonner entièrement à cause de la restauration de l'Observatoire, qui nécessita la destruction entière de l'atelier; aucun artiste de la capitale ne se trouvant

---

toujours fait chaque année en même tems que l'extrait, et se dépose en manuscrit dans la bibliothèque de l'Observatoire, tel qu'il devra être livré à l'impression lorsqu'on l'en jugera digne.

alors dans le cas de se charger d'une aussi grande entreprise, il fallut
absolument avoir recours aux Anglais. Le célèbre Ramsden se chargea
en 1788 de la construction de nos instrumens; mais, depuis cinq
ans, il n'en a pas encore livré un. Nous n'avons pas non plus été
mieux servis, il faut le dire, par un artiste français, qui s'était chargé
en 1786 de l'exécution d'un instrument particulier qu'il ne nous a
point encore remis; de sorte qu'au bout de huit années écoulées
depuis la fondation du nouvel établissement, nous nous trouvons
manquer des instrumens capitaux dont la jouissance nous eût procuré une plus grande précision dans nos observations, et nous eût
mis en état d'en faire encore un nombre plus considérable.

Après avoir fait connaître la nouvelle organisation de l'établissement de l'Observatoire, il reste à parler de la restauration de
l'édifice.

Je m'étais bien douté que si je parvenais à faire adopter un régime
propre à augmenter l'utilité de cette fondation et à lui donner un
nouveau lustre, je ne manquerais pas d'obtenir bientôt que le bâtiment fût rétabli. J'étais assuré d'ailleurs des dispositions favorables
du directeur des bâtimens, le ci-devant comte d'Angivillers. En effet,
ayant reçu de S. M. les ordres pour faire réparer l'Observatoire d'une
manière convenable et durable, il n'y mit de délai que le tems
nécessaire pour dresser les plans, les examiner et les arrêter. Le
directeur et les architectes des bâtimens eurent à mon égard en cette
occasion une conduite toute opposée à celle de Mansard et de Perrault qui, en 1669, ne tinrent aucun compte des réclamations de
J.-D. Cassini sur la mauvaise distribution de l'Observatoire. En 1786,
je fus consulté et invité à donner mes vues, mes idées sur tout ce
qui pouvait contribuer à corriger, dans la restauration projetée, les
défauts du bâtiment, et à le rendre plus propre à sa véritable destination. J'ai dit plus haut que l'Observatoire avait été très-mal distribué relativement aux observations, que la grandeur de l'édifice
n'était qu'une incommodité de plus, que les opérations les plus
essentielles et les plus fréquentes de l'astronomie pratique ne pouvaient
s'y exécuter, et j'ai avancé que dans l'assemblage des trois petits
cabinets qui avaient été construits après coup extérieurement, on

avait trouvé le moyen de placer avantageusement un bien plus grand
nombre d'instrumens que dans le corps du bâtiment; de sorte que
ces petits cabinets constituaient depuis long-tems le véritable Observatoire. Ils n'avaient de défaut que d'avoir été bâtis l'un après l'autre,
sans ensemble, et d'être masqués d'un côté par le grand édifice. Ma
première idée fut donc de regarder l'Observatoire comme un bâtiment à peu près inutile à l'astronomie; et comme toute sa partie
supérieure était tellement en ruine qu'elle ne pouvait être reconstruite
qu'à grands frais, je proposai, je l'avoue, de la raser jusqu'au premier
étage, et de transporter au-dessus nos cabinets qui, dans une situation
aussi avantageuse, auraient été susceptibles d'un plus grand développement et d'une distribution plus favorable. Ce parti était sans doute
le plus économique; mais je conviens qu'il avait contre lui de détruire,
et, qui plus est, de mutiler un des beaux monumens d'un siècle
révéré; beaucoup de gens qui ne jugent des choses que par leur
apparence, et qui s'imaginent que l'Observatoire de Paris, étant le
plus beau de l'Europe, devait être aussi le meilleur et le mieux
distribué, se seraient élevés contre un tel changement et auraient
crié à l'ignorance et à la barbarie. Ces considérations ne permirent
pas d'écouter mon projet, et je n'eus pas de peine à l'abandonner;
car, non moins ami des arts que des sciences, ce n'était pas sans
chagrin que j'avais proposé ce parti. L'on me dit que l'intention du
Roi était de restaurer et rétablir l'Observatoire, sans rien changer à
sa forme extérieure, mais que je pouvais indiquer les additions et les
dispositions favorables à l'astronomie, qu'il serait possible de concilier et d'exécuter en reconstruisant les voûtes de la partie supérieure.
C'était sans doute remplir mes vues au-delà de ce que j'avais osé l'espérer. Je me concertai donc avec les architectes des bâtimens, et
bientôt tous les plans ayant été arrêtés, on se mit en devoir de procéder à leur exécution; elle ne fut pas aussi prompte qu'elle aurait pu
l'être, parce que l'état des fonds des bâtimens obligea de partager la
dépense en plusieurs années. La restauration complète, relativement
aux grosses constructions, ne fut achevée que dans la cinquième
campagne. Il ne restait plus à faire, pour celle de 1791, que quelques
ravalemens, la tête du grand escalier, et à élever d'environ 5 pieds

le petit cabinet qui doit couronner la plate-forme; mais un contre-ordre a arrêté toutes les opérations au moment où, selon l'estime des entrepreneurs, il n'y avait plus que pour trois mois d'ouvrage.

Or, nous ne pouvons croire que dans un tel état des choses la nation puisse hésiter un instant de faire terminer le peu de travaux qui restent à faire à l'Observatoire.

Tous les étrangers et les gens de l'art impartiaux s'accordent à dire que la nouvelle restauration est une des plus belles et des mieux entendues qui aient été faites en ce genre. Elle assure désormais au bâtiment une solidité parfaite et une durée de plusieurs siècles; en outre, l'astronomie attend les plus grands avantages et les plus grandes commodités de la jouissance du petit Observatoire supérieur, déjà à moitié élevé sur la plate-forme, et pour lequel il y a plusieurs instru-mens disposés. D'ailleurs, il faut faire attention qu'en différant de terminer des ouvrages commencés, on les met chaque jour dans le cas de se détériorer. Voilà le troisième hiver que les grandes salles de l'Observatoire se trouvent sans portes, sans croisées, exposées à toutes les injures de l'air. La pluie, la neige pénètrent partout et vont encore détériorer les voûtes. L'Observatoire doit être naturellement le magasin et le dépôt général des instrumens d'astronomie et d'optique apparte-nant à la nation. L'Assemblée législative y a déjà fait transporter tous ceux de ce genre qui étaient dans le cabinet de la Muette; mais on n'a su où les placer, et pour les mettre à l'abri, il a fallu les entasser les uns sur les autres dans une seule salle; il faut donc mettre l'Observatoire en état de recevoir ces richesses. Il est également indispensable que les astronomes destinés à y observer puissent y être logés : tous les logemens ont été détruits, il n'y a que celui du direc-teur qui ait été rétabli. Enfin, la belle méridienne et la grande salle qui la renferme sont un monument digne d'être conservé, et qui peut être disposé et décoré de manière à satisfaire la curiosité des étrangers qui viennent visiter l'Observatoire; c'est ce dont nous nous occupe-rons dans le paragraphe suivant.

§ III.

Moyens de procurer à l'Observatoire toute l'utilité dont il est susceptible relativement à l'astronomie et à l'instruction publique.

Je ne crois pas qu'il reste à ajouter beaucoup de choses au nouvel établissement relativement à l'astronomie : tant que l'activité des élèves et la surveillance du directeur seront maintenus, tant que la nation secondera leur zèle en procurant toujours à l'Observatoire national les instrumens les plus parfaits, on peut être sûr que la pratique de l'astronomie ne pourra guère être mieux cultivée nulle part ailleurs (1);

_____

(1) Je l'ai déjà fait sentir plus haut, l'avantage de notre établissement sur tous les autres de ce genre tient à cette réunion de trois observateurs au directeur, qui met celui-ci dans le cas de pouvoir toujours entretenir une grande activité et une grande suite dans les observations. L'exemple des cent années qui ont précédé le nouvel établissement nous prouve que lorsqu'il n'y avait à l'Observatoire aucun chef, lorsque plusieurs académiciens réunis y observaient chacun comme ils le voulaient, sans être assujétis à aucun plan, les observations ont été peu nombreuses, souvent incomplètes, fréquemment interrompues ; et je mets en fait que si l'on veut comparer les derniers registres aux anciens, on trouvera plus d'observations faites pendant les sept années du nouvel établissement que pendant vingt des années précédentes. Mais dira-t-on, peut-être, anciennement, sans tant d'observations, l'astronomie a fait des progrès rapides et l'on a fait des découvertes ; mais depuis votre établissement en a-t-on fait une seule ? Aucune, je l'avoue, et j'ajouterai, ce qui peut-être étonnera bien des personnes, que ce ne sont point du tout les découvertes présentes qui ont été le véritable but, ni l'objet principal de l'établissement. Expliquons ceci. Les arts et les sciences, au sortir de leur berceau, ont, comme les corps physiques, une adolescence, une jeunesse, pendant laquelle ils prennent un grand accroissement et font les progrès les plus rapides ; mais, parvenus à une certaine maturité, ce n'est plus qu'imperceptiblement et par des pas insensibles qu'ils atteignent leur dernier degré d'élévation. C'est alors qu'il faut des efforts bien plus grands qu'auparavant pour produire des effets beaucoup moindres et sur-tout bien moins brillans. L'astronomie est particulièrement dans ce cas. Lorsque le ciel n'était encore, pour ainsi dire, qu'à moitié débrouillé, lorsque les théories n'étaient qu'ébauchées, lorsqu'il n'était question de déterminer les mouvemens des planètes qu'à la précision de quelques minutes,

mais ce qui est entièrement à faire, c'est de le rendre plus directement utile à la marine, à la navigation, et de le lier avec l'instruction publique.

Il y a déjà long-tems que j'avais désiré établir une correspondance active entre l'Observatoire de Paris et les principaux ports du royaume, sur-tout depuis l'invention et le succès des horloges marines qui ont rendu si simple et si facile la solution du problème des longitudes. Ne devrait-il pas être établi que toute horloge marine, commandée par le Gouvernement pour l'usage des vaisseaux de haut bord, sera examinée et mise pendant un certain tems en expérience à l'Observatoire pour y être jugée avant d'être achetée par le ministre et envoyée dans les ports ? Le directeur en délivrant son certificat serait tenu d'y annexer le tableau de la marche de la machine pendant toute l'épreuve; et sur le plus ou le moins de régularité reconnue de ses mouvemens, elle serait acceptée ou refusée.

Il ne serait pas moins avantageux qu'un certain nombre de boussoles destinées pour les différens vaisseaux et répandues dans les principaux ports, fussent également mises en expérience et comparées aux pareils instrumens qui sont à l'Observatoire pour établir leur conformité ou leur différence, ce qui assurerait la justesse des observations ultérieures

---

chaque observation nouvelle procurait un nouveau résultat, une nouvelle correction, une espèce de découverte. Le ciel était un champ fertile où l'on était toujours sûr de trouver quelque chose à moissonner, c'était un pays neuf où l'on faisait à chaque pas une découverte. Mais aujourd'hui il n'en est plus de même : les grandes découvertes sont faites, tout est connu ; les théories sont tellement perfectionnées qu'il faut plus de tems, de recherches, de travaux et peut-être de génie pour corriger de quelques secondes un élément quelconque, qu'il n'en a fallu pour la première détermination de ce même élément. Les observations anciennes se trouvent même actuellement, dans bien des cas, trop peu délicates pour nous servir de bases, de sorte qu'il s'agit d'en rassembler de plus parfaites en nombre assez grand et pendant un tems assez long pour nous procurer une masse des matériaux les plus excellens, les mieux choisis. Jusqu'ici, nous n'avions construit pour ainsi dire qu'avec de la pierre, c'est du marbre aujourd'hui qu'il nous faut. Or l'on voit présentement le vrai but de notre établissement, et l'on conviendra que si dans le moment il ne procure pas des découvertes, il aura bien concouru à celles qui se feront par la suite.

26

qui seraient faites dans les autres parties du monde, et qui deviendraient par là toujours comparables à celles de l'Observatoire de Paris.

Enfin, aujourd'hui que l'art de la navigation a fait de si grands progrès, où il est devenu la plus vaste et la plus étendue peut-être des sciences, puisqu'il les embrasse presque toutes, on sait combien la pratique des observations astronomiques est essentielle aux marins; on peut même dire qu'elle leur devient indispensable. Il serait donc très-utile qu'il se fît chaque année à l'Observatoire national un cours d'astronomie pratique pour un certain nombre d'élèves de la marine, choisis parmi ceux qui dans les examens auraient montré le plus de talens et de dispositions, et qui seraient envoyés des différens ports pour s'instruire dans la capitale. Mais, dira-t-on, la pratique des observations sur mer est différente, et c'est sur le vaisseau même qu'il vaudrait mieux s'y exercer; d'accord, mais celui qui saura bien manier les intrumens sur terre, aura bientôt acquis l'usage des instrumens sur mer, ce ne sera plus qu'un jeu pour lui. D'ailleurs on se propose encore ici un nouveau but; en mettant ainsi un certain nombre d'officiers de marine au fait de la pratique de l'astronomie et de l'usage des grands intrumens, on les rendra capables de remplir dans le cours de leurs voyages des missions particulières et importantes pour lesquelles jusqu'à présent il avait toujours fallu avoir recours à des savans, et faire des armemens extraordinaires qui n'auraient pas autant coûté si les marins avaient été plus instruits et capables de suppléer ceux que l'on a été obligé d'envoyer.

Telles sont les nouvelles idées que j'ai cru devoir présenter au Comité de l'instruction publique, en lui mettant sous les yeux le tableau exact et détaillé de l'état passé et actuel de l'Observatoire de Paris, dans la supposition qu'il ne les trouvera pas indignes de son attention et qu'il approuvera les bases du nouvel établissement formé en 1785. Voici, pour me résumer, le projet d'organisation que j'ai l'honneur de lui proposer pour être dans sa sagesse examiné, corrigé, modifié, peut-être même annulé : mais, quel que soit le sort que l'on juge à propos de faire éprouver à un établissement auquel mon nom a été si intimement lié depuis sa fondation, j'espère au moins que le monde savant me saura quelque gré du courage et du zèle ardent qui m'ont fait employer et peut-être perdre vingt années de ma vie à solliciter, à obtenir la conservation de l'Observatoire, et à m'occuper de tous les moyens d'augmenter son utilité et son lustre.

Ce Mémoire fut adressé, en juin 1793, *à l'un des membres du Comité d'instruction publique, qui, après l'avoir lu, ne crut pas devoir le présenter au Comité pour les raisons que j'ai rapportées plus haut (* Iere *Partie, page 38). Je le retirai donc. Peu de tems après, on m'avertit qu'il était question très-sérieusement d'organiser l'Observatoire; et l'on me fit observer que l'on pourrait un jour me reprocher de n'avoir point proposé mes vues. Je pris alors le parti d'adresser au Comité le projet d'organisation suivant, sans aucun préambule.*

Projet d'organisation et de décret pour l'Observatoire national, communiqué au Comité d'instruction publique.

ARTICLE Ier. Le ci-devant Observatoire royal de Paris prendra à l'avenir le nom d'Observatoire national. Il sera compté au nombre des établissemens publics payés et entretenus aux frais de l'État.

II. Les personnes préposées à cet établissement y suivront un cours non interrompu d'observations astronomiques et physiques, dont il sera tenu registre double; l'original restera à l'Observatoire, la copie sera déposée à la bibliothèque nationale.

III. Dans l'intervalle des six premiers mois de chaque année, les observations de l'année précédente, réduites et calculées, seront mises à l'impression et publiées sous le titre de *Histoire céleste de l'Observatoire national.* Les frais de l'impression seront à la charge de l'État. L'ouvrage sera présenté, aussitôt qu'il paraîtra, à l'Assemblée législative par ceux qui y auront coopéré, et cent exemplaires seront distribués aux principaux savans de l'Europe.

IV. Il y aura toute l'année à l'Observatoire un cours d'astronomie pratique ouvert pour les élèves de la marine envoyés des différens ports de la République; et pendant les mois d'avril, mai et juin, il y

aura un pareil cours ouvert pour les citoyens de la capitale qui désireront s'instruire dans cette partie.

V. Les horloges marines, destinées à la détermination des longitudes pour l'usage des vaisseaux de la République, seront examinées
pendant trois moïs à l'Observatoire, avant d'être envoyées dans les
ports, et il sera tenu un journal de la marche journalière pendant
l'épreuve, dont copie sera adressée avec l'horloge au commandant du
port ou autre personne préposée pour la recevoir.

VI. Les boussoles faites à Paris et destinées pour les différens ports
seront mises en expérience et comparées aux boussoles de l'Observatoire, et il sera délivré une note de leur état comparatif.

VII. Les préposés à l'établissement de l'Observatoire national seront
au nombre de quatre ; savoir : un *directeur* et trois assistans, qui
auront leur logement dans ledit Observatoire.

VIII. Les fonds fixes affectés audit établissement seront de la
somme annuelle de 9300 livres (1). Dans le cas où il y aurait une
forte dépense à faire pour l'achat ou la construction de quelque grande
machine, il y sera pourvu par des fonds extraordinaires.

IX. Les fonds seront remis au directeur, qui en fera la distribution
et justifiera chaque année de leur emploi par devant qui il appartiendra, et nulle somme de dépense ne pourra être employée dans
ses comptes si elle n'est justifiée par une quittance précédée du
Mémoire détaillé de l'objet.

X. Les appointemens du directeur seront de la somme de 3000 liv.
sans retenue (2). Il aura de plus pour l'entretien du bois, des lampes

---

(1) Ils étaient précédemment de 8700 livres. L'augmentation de 600 livres
que l'on propose est un bien petit objet, et l'on verra dans le détail qu'elle est
bien juste.

(2) Jusqu'ici on retenait 300 livres sur ces appointemens, qui se réduisaient
par conséquent à 2700 livres. Cette retenue était d'autant plus injuste que les
appointemens sont peu considérables, et que d'ailleurs le directeur a plusieurs
faux frais à sa charge, tels que ports de lettres, ports de livres, ports d'instrumens, etc., dont il ne peut souvent tirer quittance, ni par conséquent être
remboursé.

et de la propreté dans les cabinets, les frais de registres et papier, la somme de 500 liv.

Le directeur aura à sa garde tous les instrumens qui seront à l'Observatoire, appartenant à la nation; il en sera responsable et en tiendra un état détaillé sur lequel il sera fait mention des augmentations, retranchemens et changemens quelconques qu'ils pourront subir; il ne pourra les prêter ni s'en dessaisir que par l'ordre de qui il appartiendra, et en tirera récépissé à sa décharge.

Il sera également responsable des livres de la bibliothèque, à l'exception de ceux qui sont d'un usage habituel pour l'instruction et les calculs, lesquels sont susceptibles de s'user et d'être renouvelés.

XI. Les appointemens du premier assistant seront, tout compris, bois et lumière, de 1200 liv. sans retenue; ceux du second assistant, de 1100 liv. sans retenue; ceux du troisième assistant, de 1000 l. (1).

Il y aura toujours deux assistans de service dans les cabinets.

Au bout de dix années de services à l'Observatoire, les assistans auront droit à remplir les premières chaires vacantes d'hydrographie dans les ports.

XII. La somme destinée à l'entretien, aux réparations et aux augmentations à faire aux instrumens, sera de 2500 liv. (2).

Sur cette somme seront également pris l'achat et la reliure des livres relatifs à l'astronomie qui paraîtront chaque année et qui seront déposés dans la bibliothèque de l'Observatoire, et lorsque ladite somme n'aura pas été consommée pour lesdits objets, il sera fait

---

(1) Originairement, les appointemens de ces Messieurs ne montaient en totalité qu'à 2400 livres; mais ils se sont trouvés absolument insuffisans, et il a été payé à chacun, par forme de supplément, 96 livres pour bois et lumières, et 50 livres pour copies de registres et rédactions extraordinaires. Les nouveaux appointemens que l'on propose ici ne doivent pas paraître trop forts, vu la cherté de toutes choses. Il faut d'ailleurs faire attention qu'il n'y a pas de commis de bureau dont le service ne soit plus doux que celui de ces Messieurs, et qui ne soit mieux payé.

(2) Les fonds pour l'entretien des instrumens et de la bibliothèque étaient ci-devant de 3000 livres; nous les diminuons ici de 500 livres, parce que la bibliothèque demandera désormais moins de dépense, vu la facilité de prendre dans les bibliothèques de la nation les livres d'astronomie qui s'y trouveront.

masse du restant pour l'acquisition ou la construction de quelqu'instrument capital.

XIII. Il sera pris dans les diverses bibliothèques nouvellement acquises à la disposition de la nation, les différens livres d'astronomie qui peuvent manquer à la bibliothèque de l'Observatoire, pour la compléter sans dépense et sans frais.

XIV. Les dépenses pour l'entretien du bâtiment de l'Observatoire et de ses cabinets, pour les logemens à faire et à rétablir (1), pour les changemens et nouvelles constructions quand le cas y écherra, seront prises sur les fonds particuliers destinés à l'entretien des monumens publics.

XV. Les savans qui occupent actuellement des logemens dans l'Observatoire et dans les bâtimens qui en dépendent continueront d'en jouir comme par le passé ; après eux ils ne pourront être remplacés que par des savans ou artistes livrés au genre de l'astronomie.

XVI. Il y aura sur la plate-forme de l'Observatoire national un canon de douze livres de balles, pour annoncer tous les jours à la capitale l'heure du midi vrai.

Nota. On me demandera peut-être pourquoi, au mépris de la *sainte égalité* (2) qui doit régner partout, sur-tout entre des savans, j'ose proposer dans la nouvelle organisation de l'Observatoire un chef et des subordonnés ; pourquoi je n'ai point suivi le même esprit qui vient de diriger l'organisation du Jardin des Plantes. Voici ma réponse :

Rien n'est si facile que d'abuser d'un bon principe, rien n'est plus commun que d'en faire une fausse application, et c'est ce qui arriverait, si l'on agissait autrement que je le propose ; j'établis un directeur à l'Observatoire, par la même raison que l'on place un pilote

---

(1) Pour la reconstruction des voûtes, on a été obligé de détruire tous les logemens. Il faut donc actuellement refaire ceux qui existaient, et de nouveaux pour loger les trois assistans et M. Jeaurat.

(2) Je me servais ici du langage du tems, et je répétais les objections qui m'avaient été faites en particulier.

dans un vaisseau, un chef dans un bureau. On distingue en astronomie l'astronome et l'observateur : le premier est celui qui embrasse
l'ensemble de la science, qui en connaît et approfondit toutes les
théories, rassemble et compare les faits, les données, et en tire les
résultats. L'observateur est celui qui se livre particulièrement à
l'observation ; il lui suffit d'avoir de bons yeux, de l'adresse, de
la force et beaucoup d'activité ; or, à l'Observatoire, il faut de
jeunes observateurs pour y suivre avec zèle nuit et jour, et sans
interruption, le cours des observations, et il faut à leur tête un
astronome expérimenté pour les diriger, pour leur indiquer les principaux objets de leurs recherches, pour planer sur leurs travaux, y
mettre l'ensemble, les recueillir et en composer un ouvrage intéressant qui doit paraître chaque année, et présenter non-seulement des
résultats simples d'observations astronomiques et physiques, mais
encore des rapprochemens, des comparaisons et un narré ins-
tructif de l'histoire et des progrès de l'astronomie. Or croit-on que
de simples observateurs seront également capables de remplir une
pareille tâche ? On pourrait m'objecter qu'il vaudrait mieux, à la place
des trois observateurs, mettre trois astronomes également habiles
dans la pratique et dans la théorie; oui, sans doute, mais ce ne sont
pas des savans d'une telle trempe qui s'astreindront au service journalier
et au régime que vous voulez établir à l'Observatoire ; chacun de ces
astronomes voudra travailler de son côté, avoir ses instrumens particuliers, observer comment et quand il lui plaira ; c'est précisément ce
qui est arrivé anciennement, c'est ce qui a fait reconnaître la nécessité
d'établir des élèves et un directeur. Je garantis d'ailleurs, fondé sur
plus d'un exemple, qu'entre quatre savans que leur place et leur génie
rendront absolument égaux et indépendans les uns des autres, l'accord
nécessaire pour un même travail pourra bien être plus d'une fois troublé,
ce qui tournera bientôt au détriment de la chose. L'établissement du
Jardin des Plantes n'a aucun rapport avec celui de l'Observatoire.
Au Jardin des Plantes ce sont à la vérité des savans et des professeurs
réunis, mais tous d'un genre de science différent; chacun de son côté
enseigne sa partie, suit son cours particulier, a son cabinet, ses
instrumens séparés. A l'Observatoire, au contraire, tout doit être

commun pour s'entr'aider, et c'est cette communauté perpétuelle qui ne peut avoir lieu sans inconvénient, qu'autant qu'il y aura un chef et des subordonnés.

N° X.

Inventaire des instrumens de l'Observatoire national de Paris en 1793.

LE dix-neuvième jour du premier mois de l'an II de la République française, une et indivisible, nous, soussignés Lenoir, Charles et Fortin, commissaires délégués par le ministre de l'intérieur à l'effet de procéder aux divers inventaires des objets de sciences et d'arts susceptibles de servir à l'instruction publique, nous nous sommes transportés à l'Observatoire de la République, et là, en présence du C. Jean Dominique Cassini, ci-devant directeur de l'Observatoire, du C. Jean Perny, directeur temporaire dudit Observatoire, du C. Bouvard, l'un des astronomes qui ont signé avec nous, nous avons procédé à l'inventaire des instrumens de cet Observatoire ainsi qu'il suit, savoir :

N° 1*. Pendule astronomique à secondes, verge à châssis, boîte en bois de rose; par Ferdin. Berthoud.

2. Pendule astronomique, boîte en noyer; par Lepaute.

3*. Pendule astronomique décimale, verge composée, boîte en noyer; par Louis Berthoud.

4*. Pendule élémentaire à secondes décimales, lentille et verge en platine, le couteau porté sur des diamans, la totalité appuyée sur un triangle de fer et recouverte par une cage de bois et de verre; par Louis Berthoud.

5. Ancienne pendule à secondes, de 5 pouces carrés, sans boîte; elle ne sert que de compteur.

6. Ancienne pendule astronomique portative, de Ferdinand Berthoud; elle est rouillée et en très-mauvais état (1).

---

* Indique les instrumens acquis à la faveur du nouvel établissement.

(1) En revenant de Californie elle était tombée dans la mer.

7. Petite et ancienne pendule à sonnerie, boîte de cuivre en cartel.

8. Ancienne pendule de Julien Le Roy, portée sur un châssis de fer.

9. Compteur astronomique, pendule simple à demi-secondes, cage en triangle et sans boîte.

10. Machine parallactique de Passement, non-terminée.

11*. Grande montre à réveil, boîte d'argent.

12*, 13*, 14*. Trois petites pendules à réveil.

15. Ancienne pendule à secondes, de Thurot, sans verge ni poids.

16. Grande pendule à secondes, verge composée, le cadran carré, la boîte en marqueterie, garnie de bronze; par Lepaute.

17. Montre à longitudes, de Louis Berthoud, la boîte en or (1).

Lunettes et télescopes.

N° 1. Lunette achromatique de Dollond, objectif à trois verres de 42 lignes d'ouverture, 3 pieds et demi de foyer; elle a trois oculaires, un terrestre et deux célestes; elle est montée sur un pied d'acajou à colonnes de cuivre avec tous ses mouvemens; à cette lunette s'adapte un héliomètre de Bouguer, objectif simple, plus un micromètre filaire de Hautpois.

2*. Lunette achromatique de Rebours, objectif à deux verres collés de 41 lignes d'ouverture, 3 pieds et demi de foyer, trois oculaires, montée comme la précédente.

3*. Lunette achromatique de Rochette, objectif à deux verres collés, de 41 lignes d'ouverture, 3 pieds et demi de foyer, trois oculaires, montée comme la précédente.

4. Lunette achromatique de 42 lignes d'ouverture, foyer 3 pieds et demi, le corps en bois d'acajou, montée sur un trépied de bois peint en noir, mouvemens en cuivre.

_____

(1) Elle appartenait à un particulier qui l'avait mise en expérience à l'Observatoire.

27

5*. Lunette achromatique de 7 pieds de foyer, par Carrochez, tuyau de fer blanc.

6*. Lunette parallatique, objectif achromatique de 21 lignes d'ouverture, foyer de 3 pieds, montée sur un pied de bois verni en noir.

7*. Lunette à prisme de cristal d'Islande, foyer de 15 pouces avec sa coulisse, pour la mesure des petits angles, montée sur un pied de quart de cercle en cuivre.

8*. Lunette achromatique à trois verres, de 2 pouces d'ouverture, 3 pieds de foyer, tuyau rentrant de parchemin.

9*. Deux lunettes de nuit, l'une en bois d'acajou verni, l'autre en parchemin.

10. Lunette de 18 lignes d'ouverture, foyer de 3 pieds et demi en très-mauvais ordre.

11. Lunette de 16 pieds de foyer, objectif simple, tuyau rentrant de parchemin.

12. Grand binocle de Gentil, foyer de 11 pieds en bois de sapin.

13. Lunette simple, foyer de 4 pieds, corps de fer blanc.

Objectifs achromatiques.

14*. Objectif achromatique à trois verres, 3 pouces d'ouverture, foyer de 7 pieds destiné pour le quart de cercle (mural) de 7 pieds (en construction à l'Observatoire).

15. Objectif achromatique à deux verres collés; ouverture de 6 pouces, foyer de 24 pieds.

16. Objectif achromatique à deux verres collés; ouverture de 5 pouces 9 lignes, foyer de 24 pieds.

Ces deux objectifs ont un tuyau commun en tôle.

17. Objectif achromatique à deux verres collés; ouverture, 4 pieds et demi; foyer, 15 pieds; tuyau de bois de chêne.

Cet objectif n'est pas monté.

Grands objectifs simples de Campani, Borelli, Huygens,
Hartzocker, etc. (1).

18. Obj. de 36o palm. (o pi. 9 po.).	28. Obj. de 15o palmes.
19. de 3oo.	29. de 60.
20. de 22o.	3o. de 5o.
21. de 17o.	31. de 64 pi. de Borelli.
22. de 196.	52. de 4o.
23. de 190.	33. de 34.
24. de 155.	34. de 3o.
25. de 153.	35. de 25.
26. de 15o.	36. de 24.
27. de 17o.	37. de 16.

Objectifs simples de foyers indéterminés.

38. Obj. de 9 po. $\frac{1}{2}$ de diamètre.	41. Obj. de 5 po. $\frac{1}{4}$ de diamètre.
39. de 1o po. $\frac{1}{2}$.	42. de Campani marqué 1672.
4o. de 6 po. $\frac{1}{2}$.	42 *bis*. Plusieurs petits objectifs de différens foyers.

Télescopes.

43*. Grand télescope grégorien de Dollond, longueur de 6 pieds et demi ; ouverture, 7 pouces ; le corps, les mouvemens et l'axe en cuivre, le pied parallatique en bois d'acajou. A ce télescope s'adapte un grand héliomètre de Bouguer avec son collet et contre-poids. Ce télescope a deux petits miroirs de rechange et neuf oculaires, dont le plus fort grossit environ 3ooo fois (2).

<hr>

(1) Ces objectifs passent pour être ceux qui ont servi à J.-Dom. Cassini pour ses découvertes. La commodité des lunettes achromatiques a dégoûté du pénible usage de ces verres à longs foyers ; mais aussi n'a-t-on plus fait aucune observation nouvelle dans le ciel, jusqu'au moment où M. Herschell a exécuté ses grands télescopes. Les lunettes achromatiques n'ont procuré aucune découverte, elles ont seulement été très-commodes pour les astronomes.

(2) Ce télescope, acquis pour le nouvel établissement, a coûté 6ooo liv.

44. Télescope grégorien, miroir de platine, premier essai de Carrochez; longueur, 6 pieds; ouverture, 7 pouces et demi; tuyau de galuchat vert, mouvemens en cuivre, axe de fer monté sur un trépied de bois peint en vert. Ce télescope a de plus un second miroir ordinaire pour substituer à celui de platine.

45. Télescope newtonien, par Carrochez; miroir de platine, longueur de 6 pieds; monté en acajou, suivant la méthode d'Herschell, avec ses différens mouvemens.

46. Télescope newtonien de 7 pieds de long, ouverture de 5 pouces et demi, monture en bois de chêne.

47. Le grand télescope de Passi démonté, de 24 pieds de longueur (1); il est impossible de donner le détail de toutes les pièces et débris qui composaient cette machine beaucoup trop compliquée, et de savoir même si rien n'en a été soustrait dans les différens transports qui en ont été faits de la Muette au Louvre et à l'Observatoire; ce n'est qu'en tems et lieu qu'on pourra en faire un relevé exact. Il suffit dans le moment d'empêcher qu'on en disperse les débris : il y a trois grands miroirs, et il est destiné à être à volonté ou newtonien ou grégorien, en outre un bassin de cuivre de 18 pouces, et une forme de 14 pouces.

Micromètres.

48. Micromètre filaire de Dollond.

49*. Micromètre à fil de soie de Hautpois.

50*. Micromètre de Meynier.

51. Micromètre de Canivet.

52. Micromètre de Langlois.

53*. Micromètre prismatique de Rochon.

54*. Petit micromètre de Ramsden pour l'amplification des objectifs.

55*. Division du pouce sur une pièce d'argent de Meynier.

56. Microscope de Dellebarre; il y manque deux oculaires de

---

(1) On l'avait apporté de la Muette, ainsi que les trois précédens; N°* 44, 45 et 46.

rechange et quelques petites pièces, mais il peut très-bien servir avec ce qui lui reste.

57. L'héliomètre qui a servi à M. Bouguer.

58*. Grande vis de rappel à micromètre pour le grand mural.

59. Etui de mathématique en cassette, incomplet.

60. Boîte longue portant des plaquès de bois percées de dia-phragmes avec huit verres de différens foyers.

Instrumens.

N° 1. Un quart de cercle mobile de 6 pieds de rayon à deux lunettes et fil à plomb (1).

2. Quart de cercle mobile de 2 pieds et demi de rayon à une seule lunette.

3*. Cercle astronomique, par Le Noir, de 15 pouces de diamètre, avec deux lunettes.

---

(1) Ce quart de cercle était le meilleur et le plus précieux des instrumens de l'Observatoire ; il a été construit par Langlois, en 1742. Depuis cette époque jusqu'en 1793, il a été employé journellement à observer les hauteurs absolues des planètes et des étoiles, particulièrement celles de l'étoile polaire pour déterminer la hauteur du pôle de Paris, et celles du soleil dans les solstices pour fixer l'obliquité de l'écliptique (Voy. *Mémoires académiques,* 1778 et 1790). Encore une trentaine d'années, l'on pourra répéter avec ce même instrument toutes les anciennes observations qui ont été faites avec lui, et qui offriront une comparaison précieuse par un siècle d'intervalle. Mais cet instrument, qui présente un aussi grand avantage, se trouve relégué avec les vieilles machines depuis ma sortie de l'Observatoire, où je l'avais laissé dans le meilleur état et placé dans un cabinet particulier. En 1779 , j'avais fait porter sur le limbe une nouvelle division à côté de l'ancienne ; et en 1790 et 1791 , j'avais déterminé l'erreur de la division dans un grand nombre de points, en comparant les mêmes hauteurs prises à ce grand quart de cercle avec celles déterminées par un cercle répétiteur de Borda. Espérous qu'un jour quelqu'astronome trouvera notre instrument digne d'être retiré de la poussière, et lui rendra la confiance et l'importance dues à un instrument fort ancien, sur lequel on peut répéter des observations très-éloignées par leurs époques.

4. Une lunette méridienne achromatique de 3 pieds et demie (par Charité).

5*. Baromètre à deux tubes par Meignicz.

6*. Hygromètre de Richer, à 8 cheveux.

7*. Hygromètre à boyaux de ver-à-soie, par Cassebois.

8*. Boussole d'inclinaison, suspension; par Magny.

9. Autre boussole d'inclinaison, par Magny; 1744.

10*. Boussole de variation, de Coulomb.

11*. Boussole de Cassini, en cuivre rouge (1).

12. Boussole de Coulomb, portative, à double micromètre, avec lunette d'épreuve de 2 pieds.

13. Appareil pour la détermination de la longueur du pendule (2).

14. Udomètre établi sur la terrasse de l'Observatoire.

15. Héliostat de Sgravesand, exécuté par D. Noël. Le miroir y manque.

16. Baromètre simple, par Dollond, en bois d'acajou.

17*. Deux thermomètres de Mossy, montés sur glace.

18. Instrument pour vérifier les niveaux à bulle d'air.

19*. Lunette d'épreuve de 30 pouces.

20. Vieille lunette d'épreuve.

21. Niveau à deux lunettes, d'un pied de long avec son genou.

22*. Cercle en cuivre de 5 pieds de diamètre et à quatre rayons, destiné à la construction du grand mural (3).

23*. Lunette de 8 pieds 4 pouces, dont le corps est soutenu par deux règles de champ (pour le grand mural).

---

(1) C'est celle que j'ai imaginée pour déterminer la déclinaison absolue de l'aiguille aimantée à la précision d'une minute, et dont j'ai donné la description dans les *Mémoires de l'Institut*, tome V, année 1804.

(2) C'est celui qui avait été exécuté par Le Noir d'après les idées et sous la direction de Borda, et avec lequel j'ai fait toutes les observations qui ont servi de base au Mémoire dans lequel cet académicien a fixé la longueur du pendule dans le travail relatif à l'unité de poids et de mesures.

(3) C'est celui qui avait été coulé à la fonderie de l'Observatoire.

24. Vieille lunette de quart de cercle de 6 pieds avec son micromètre.

25. Lunette de quart de cercle de 5 pieds avec son micromètre.

26. Astrolabe et vieille boussole de Le Monnier.

Outils (1) *et débris de machines.*

N° 27*. Bassins de lunettes achromatiques de 7 pieds, par Meinier (2).

28*. Cinq gros étaux avec leurs établis de 5 pieds et demi de longueur

29*. Mandrin conique pour les axes de lunettes méridiennes, confié au citoyen Le Noir.

30*. Mandrin cylindrique pour les lunettes, d'environ 5 pieds.

31*. Mandrin d'environ 3 pieds, à couteau, pour les rayons des quarts de cercle.

32*. Trois grandes règles d'acier, dont une de 7 pieds et deux de 6 pieds, dans des boîtes de chêne (3).

33*. Grande règle de cuivre de 5 pieds sur 5 pouces de large.

34*. Deux règles de fer de 6 pieds.

35*. Filière double avec une paire de coussinets et deux autres dépareillées, et quinze tarauds de diverses grosseurs, avec le tourne-à-gauche.

---

(1) Ces outils meublaient le grand atelier que j'avais établi à l'Observatoire, et dont j'ai parlé dans le premier Mémoire : c'était en partie ceux que les artistes français, faute de moyens, ne pouvaient exécuter pour eux, et que j'avais voulu leur procurer. Si mon établissement eût été conservé, on aurait trouvé à l'Observatoire tous les équipages nécessaires à la construction des grands et des petits instrumens d'astronomie qui, par ces secours, fussent devenus plus parfaits et moins coûteux à établir. Je me proposais même de faire exécuter par la suite une plate-forme pour la division des grands instrumens.

(2) Passé 7 pieds de rayon, les quarts de cercles deviennent des masses trop fortes et trop difficiles à exécuter. Je m'étais fixé à ce maximum de longueur sur lequel je réglais toutes les constructions et les équipages.

(3) Ces belles règles avaient été travaillées pendant un tems et avec des soins infinis pour obtenir la ligne droite. Elles étaient toujours suspendues verticalement et livrées à leur propre poids dans des boîtes qui les garantissaient de tout choc, de tout accident et de toute flexion.

36*. Deux marbres propres à dresser les plans, dont l'un a environ 7 pieds de longueur sur 5, et l'autre 4 pieds sur 3 (1).

37. Corps de tuyau de cuivre de 30 pouces de long.

38. Corps de lunette conique en bois d'acajou, de 7 pieds de long.

39. Corps de lunette ou étui, façon de laque, long de 4 pieds.

40. Deux petits corps de lunettes prismatiques sans objectif.

41. Corps de lunette conique en acajou.

42. Modèle de pied parallatique en bois de sapin.

43. Vieux pied parallatique.

44. Vieille carcasse de globe de 6 pieds, montée sur un pied de fer.

45. Trois pieds de lunette de construction triangulaire, l'un en acajou, l'autre en noyer, le troisième en hêtre.

46. Pied équatorial avec support de lunette qui s'élève depuis 41 degrés jusqu'au zénith; le tout à engrainage en cuivre.

47. Vieille carcasse de quart de cercle de 6 pieds (2).

48. Autre de 5 pieds (3).

49. Autre carcasse de 3 pieds (4).

50. Vieux quart de cercle de 3 pieds, sans lunette, avec son pied en fer.

De plus, le citoyen Cassini nous a fait les déclarations suivantes; savoir :

1°. Qu'il a commandé à Louis Berthoud une pendule astrono-

---

(1) Ces marbres avaient été polis à la manière des glaces; ils étaient destinés à la vérification du plan des grands et petits instrumens ; on n'en avait point encore exécuté de pareils. Les artistes regretteront autant que moi que tous ces équipages ,'depuis ma sortie de l'Observatoire , soient restés sans usage et sans utilité pour les arts auxquels je les avais consacrés.

(2) C'est le mural qui était dans les cabinets construits en 1731,et qui était tourné au midi. Il a servi depuis 1732 jusqu'en 1776, que je l'ai fait démonter pour la reconstruction des cabinets nouveaux.

(3) C'est le mural qui était dans l'appartement de M. de La Hire.

(4) C'est le mural qui était dans le même cabinet que celui de 6 pieds , mais tourné au nord.

mique décimale pour laquelle il lui a payé un *à-compte de cinq cents livres.*

2°. Qu'il y a entre les mains du citoyen Hautpois un quart de cercle de 2 pieds de rayon, qu'il s'est chargé de construire et sur lequel il a reçu un *à-compte de la somme de mille livres.*

3°. Que le citoyen Le Noir a entre les mains un cercle entier de 3 pieds de diamètre, dont l'objectif et l'oculaire prismatique lui ont été fournis (1), plus une lunette des passages de 3 pieds et demi de foyer et 42 lignes d'ouverture, plus un cercle entier de 16 pouces qu'il s'est chargé de construire, et sur lesquels objets il a reçu *la somme de trois mille neuf cents livres.*

4°. Que le citoyen Carrochez a entre les mains 1° un objectif achromatique à deux verres collés de 11 pieds et demi de foyer et de 42 lignes d'ouverture, avec virole de cuivre, pour en faire la monture; 2° une lunette achromatique à trois verres de 7 pieds de foyer, de l'invention du citoyen Rochon, et dont le citoyen Carrochez fait actuellement la monture; 3° qu'il est également dépositaire d'un télescope newtonien imité d'Herschell, auquel il fait quelques corrections et additions.

5°. Le citoyen Cassini déclare qu'il a commandé en Angleterre au sieur Ramsden, en 1787, une lunette des passages de 5 pouces d'ouverture et de 8 pieds de longueur, nouvelle construction, sur laquelle il lui a payé *la somme de trois mille livres*, ainsi qu'il y avait été autorisé dans le tems par l'administration.

Signés, CHARLES, PERNY, FORTIN, LE NOIR, CASSINI et BOUVARD, avec paraphe.

N° XI.

Mémoire pour les ingénieurs en instrumens de mathématiques.

Si des vues particulières de politique ou d'économie ont empêché jusqu'ici de laisser aux arts une liberté illimitée, au moins doit-on

_____

(1) Je les avais fait venir d'Angleterre.

chercher à alléger les chaînes et les entraves qui les resserrent; au
moins faudrait-il sauver ceux qui les exercent, sans fortune, mais
avec du talent, de l'espèce d'inquisition que leur fait éprouver la
jalousie ou la cupidité de leurs confrères plus fortunés, mais souvent
beaucoup moins habiles qu'eux.

C'est en vain que la nature aura doué tel artiste d'un génie ou d'une
adresse dont son art attendrait sa perfection, et la société son utilité
ou son agrément; si ce malheureux est sans fortune, s'il ne sacrifie
pas le prix de ses sueurs et de ses premières veilles, s'il n'arrache pas
à sa femme, à ses enfans, à lui-même, la moitié de leur subsistance
pour acheter la maîtrise, une communauté avide fond sur lui, enlève
ses outils, ses instrumens, le chef-d'œuvre prêt à sortir de ses mains;
et non-seulement il ne lui est plus permis de travailler, mais, en le
chargeant d'amende et de frais de saisie, on le réduit à la plus extrême
misère et à l'impossibilité de pouvoir jamais satisfaire à ce qu'on exige
de lui. Des faits multipliés prouveront la vérité de ce que l'on avance
ici, et quelques exceptions, dont les communautés font parade, ne
diminueront pas l'horreur du tableau.

Mais supposons un instant qu'au prix de la moitié de son existence
le malheureux ouvrier ait acquis la maîtrise et payé bien cher l'honneur
d'être reçu dans la communauté et au nombre des tyrans qui naguères
l'ont persécuté; de cet instant, voilà ses talens limités, voilà des
chaînes et de nouvelles bornes posées à son génie; car, si dans l'exécution de l'ouvrage qu'il a conçu, il lui faut employer d'autres outils
que ceux qui sont permis à la communauté à laquelle il vient de s'associer, une autre s'élève contre lui, il en devient de nouveau la
proie, et malheur à lui si ses talens le rendent propre à plusieurs
choses, habile à manier différens instrumens! chaque idée nouvelle
qu'il voudra exécuter, chaque pas que fera son génie, le jetteront
dans un nouveau précipice. C'est ce qui est arrivé à plusieurs artistes
qui se sont trouvés saisis par plusieurs communautés à la fois; et pour
qu'on ne traite pas ce que nous avançons ici de vagues déclamations,
nous joignons les preuves et les faits (1).

(1) Le 10 août 1782, le sieur Billot a été saisi par les maîtres fondeurs pour

L'art de l'ingénieur en instrumens de mathématiques est sur-tout celui où l'ouvrier se trouve le plus en butte à ces réclamations et à ces prétentions tyranniques de plusieurs communautés. La raison en est simple : c'est de tous les arts celui qui demande le plus d'adresse, de connaissances, de génie dans l'artiste qui s'y livre, et qui, pour y réussir, doit rassembler en lui seul les talens de dix artistes différens. Il doit employer le bois, les métaux, le verre, fondre, forger, tourner, limer, polir, vernir, etc. Du moment où l'on a formé des communautés pour chacun de ces arts, l'ingénieur en instrumens de mathématiques s'est trouvé n'appartenir à aucune en particulier, mais à presque toutes à la fois. Pour éviter la persécution, il a fallu cependant qu'il optât et se rangeât quelque part; il s'est jeté dans la communauté des fondeurs, comme étant celle dont les droits étaient les plus étendus relativement au nombre d'outils différens qu'ils peuvent employer; mais qu'arrive-t-il de là? c'est que les priviléges accordés aux maîtres fondeurs ne sont point encore suffisans à l'ingénieur en instrumens de mathématiques qui, pour se soustraire à toutes récla-

---

des instrumens de physique, quoiqu'il fût associé avec le sieur Grepin, maître horloger. Ils lui ont saisi des plateaux de glaces de machines électriques qui semblaient ne devoir point les regarder, puisque la même année les miroitiers ont fait la même saisie chez le sieur Baradel. Voilà donc deux communautés prétendant avoir droit sur le même objet.

Le 14 juillet 1785, le même Billot a été encore saisi par les maîtres fondeurs pour des pointes de paratonnerres.

Le 29 octobre 1782, les jurés, syndics et adjoints des tapissiers-miroitiers lunettiers, ont saisi des lunettes simples et achromatiques, des télescopes, microscopes, bassins et plateaux de glaces pour des machines électriques, chez le sieur Baradel, ingénieur en instrumens de mathématiques, quoiqu'il fût déjà reçu maître fondeur.

Il ne suffit donc pas à un ingénieur en instrumens de mathématiques de se faire recevoir maître fondeur, il faut encore qu'il soit maître tapissier et miroitier.

Le 20 janvier 1785, les jurés, syndics et adjoints des tabletiers ont saisi des morceaux de bois d'acajou, des morceaux d'écaille, etc., chez M. Bond, quoiqu'il fût maître fondeur.

Il faut donc qu'un ingénieur en instrumens de mathématiques se fasse recevoir maître fondeur, maître miroitier et maître tabletier?

-mations, devrait encore se faire recevoir maître miroitier, maître ébéniste, etc., etc.

Quoi! cet art distingué qui tient de si près aux sciences les plus relevées et les plus utiles; cet art dont l'astronomie, la physique, la navigation ne peuvent se passer et tirent leur principal secours, ne méritait-il pas que l'on formât, pour ceux qui le cultivent, une classe, une communauté particulière et privilégiée?

La justice et la politique sollicitent également en sa faveur les plus grands encouragemens. Une nation rivale nous enlève depuis long-tems un commerce considérable dans ce genre que nous ne tarderions pas à lui disputer, et peut-être bientôt à lui ravir, si l'on voulait briser les chaînes, détruire les entraves qui font gémir nos artistes. Le moment est favorable : déjà S. M., persuadée combien il est important d'exciter leur émulation, d'encourager leurs talens et de les consoler de l'humiliante préférence accordée jusqu'ici aux artistes anglais, vient de commander pour son Observatoire royal de grands instrumens qui doivent être exécutés par des artistes français ; déjà l'on a fait choix de ceux dont le zèle et les talens ne demandent qu'une occasion de se développer; et c'est dans ce moment que, sans égard pour des vues aussi grandes, sans respect pour les intentions de S. M., la communauté des maîtres fondeurs, avide et jalouse, vient exercer sa tyrannie et réclamer des droits abusifs contre un des habiles ouvriers dont S. M. a fait choix! Si une telle audace peut rester impunie à l'ombre des droits, privilèges et attributions qui ont été accordés à cette communauté, au moins doit-elle faire ouvrir les yeux sur les abus et les suites fâcheuses qui peuvent résulter de l'établissement mal conçu de ces communautés, et engager les magistrats qui veillent à l'ordre social, au maintien et au progrès du commerce, à rectifier une mauvaise constitution par le nouvel arrangement qu'on prend ici la liberté de proposer.

On pourrait réunir en une seule et même communauté les ingénieurs en instrumens de mathématiques, de physique et d'optique; et vu la diversité des manipulations, opérations et ouvrages qui concourent à l'assemblage et à la construction complète des instrumens de ce genre, il serait attribué à cette communauté le privilège

de se servir de tous les outils nécessaires à la construction des différentes pièces des instrumens, sans pouvoir être inquiétée par les
autres communautés.

Par là, on préviendrait tous les conflits de droits et de priviléges
particuliers, on donnerait à l'art toute l'exécution dont il est susceptible, et toute la liberté suffisante au développement des talens et du
génie. L'artiste inventif et adroit aurait la carrière libre et ouverte
devant lui; l'opticien, par exemple, qui voudrait exécuter un télescope, pourrait, s'il s'en jugeait capable, commencer par fondre lui-
même, selon ses vues et ses principes, les bassins qui doivent servir
au travail des miroirs ; les miroirs achevés, il pourrait tourner les
tuyaux, exécuter les mouvemens et le mécanisme du pied de l'instrument, sans être obligé d'avoir recours au fondeur pour les bassins, à
l'ébéniste pour le tuyau et le pied du télescope, à l'ingénieur en instrumens de mathématiques pour le mécanisme de ses mouvemens. De
son côté, l'ingénieur en instrumens de mathématiques aurait le droit,
en construisant un grand instrument d'astronomie, de travailler les
verres, s'il en a le talent, sans être obligé d'avoir recours à l'opticien.
C'est ainsi qu'à Londres le célèbre Dollond réunit les deux parties avec
le plus grand succès. Cet exemple, que l'on cite ici à dessein, est destiné à répondre à ceux qui, par un raisonnement plus spécieux que juste,
diraient que ce mélange d'arts serait plus nuisible qu'utile à la perfection
des instrumens. L'on sait fort bien que l'artiste qui s'adonnera entièrement et exclusivement à l'exécution d'une seule partie, aura des avantages sur celui qui en voudra traiter plusieurs, et obtiendra communément plus de succès. Aussi qu'arrivera-t-il d'après notre projet? Cet
artiste n'en sera pas moins le maître de ne faire que la chose à laquelle
son talent et son génie le rendent propre. Il aura de plus la liberté de
tenter au-delà. La concurrence de ses autres confrères ne fera qu'ai-
guiser son émulation, et s'il l'emporte sur eux, il les verra bientôt
eux-mêmes avoir recours à lui, parce que leur intérêt les y forcera ;
dans le commerce, le meilleur fabricant, la meilleure marchandise
finissent toujours par avoir le plus grand débit, et le meilleur ingénieur
en instrumens de mathématiques qui aura un instrument d'astronomie
à exécuter, s'il a fait de vains essais en optique, aura de lui-même

recours au meilleur opticien pour faire l'objectif du quart de cercle que je lui aurai commandé, et j'aurai un instrument parfait auquel la réunion des opticiens et des fabricateurs d'instrumens n'aura nullement nui.

D'ailleurs il est ici question de bien saisir l'esprit de ce projet, dont l'unique but est de donner un nouveau mouvement, un nouvel essor à un art peu encouragé jusqu'à présent parmi nous et cependant digne de l'être, en lui procurant une liberté aussi grande que les vues politiques de l'administration voudront le permettre ; en mettant l'artiste favorisé de la nature à portée d'essayer librement ses talens et son génie dans les différens genres ; enfin, en terminant les petites guerres intestines et scandaleuses que la jalousie, l'intérêt et quelquefois même la seule envie de nuire allument entre des hommes utiles à la société, et qui réunis peuvent par leurs travaux et leurs succès faire honneur à leur patrie et augmenter son commerce.

C'est à quoi il serait facile de parvenir, si l'on adoptait le projet d'édit suivant, etc.

(C'est à peu près celui qui a été adopté dans les lettres-patentes qu'on va rapporter.)

N° XII.

Lettres-patentes du Roi, portant établissement d'un corps d'ingénieurs en instrumens d'optique, de physique et de mathématiques. Données à Versailles, le 7 février 1787. Registrées en Parlement le 19 mai 1787.

LOUIS, par la grâce de Dieu, Roi de France et de Navarre : A nos amés et féaux conseillers les gens tenant notre cour de Parlement à Paris ; Salut : Les professions d'ingénieurs en instrumens d'optique, de physique et de mathématiques, tenant plus particulièrement aux sciences qu'aux arts mécaniques, et ne pouvant néanmoins s'exercer dans toutes leurs parties, à cause des gênes que pourraient leur opposer les maîtres de plusieurs communautés rétablies par notre Edit du mois d'août 1776, nous avons cru qu'il était à propos de les en affranchir, et que pour exciter par des distinctions honorables ceux

qui s'attachent à des professions si nécessaires aux progrès de la physique, de l'astronomie et de la navigation, il convenait d'en former
un corps particulier, composé d'un nombre limité d'artistes, dont le
mérite aura été reconnu par notre Académie des Sciences, et auxquels,
sur la présentation qu'elle nous en fera, nous accorderons pour
l'exercice de leurs talens toute la liberté qui pourra se concilier avec
les vues de bon ordre que nous voulons maintenir parmi les diverses
classes de nos sujets. A ces causes et autres à ce nous mouvant, de
l'avis de notre Conseil, et de notre certaine science, pleine puissance et
autorité royale, nous avons ordonné, et par ces présentes signées de
notre main, ordonnons ce qui suit :

Art. Ier. Il sera par nous fait choix parmi les artistes qui nous
seront présentés par l'Académie des Sciences, comme s'étant le plus
distingués dans la fabrication des instrumens d'optique, de mathématiques, de physique, et autres ouvrages à l'usage des sciences, du
nombre de vingt-quatre sujets au plus, lesquels formeront entre eux
un corps, et jouiront des droits, priviléges et facultés ci-après énoncés,
sous la dénomination d'ingénieurs en instrumens d'optique, de
mathématiques, de physique, et autres ouvrages à l'usage des
sciences.

II. Chacun desdits ingénieurs sera pourvu d'un brevet qui lui sera
expédié en la forme ordinaire, par le secrétaire d'Etat ayant le
département des Académies; et lorsqu'un desdits ingénieurs ainsi
brévetés laissera la place vacante, il sera remplacé de la même manière, sur la présentation de l'Académie, sans que, dans aucun
cas, et sous quelque prétexte que ce soit, lesdits ingénieurs qui,
suivant les circonstances, pourront être moins de vingt-quatre, puissent
jamais excéder ce nombre, ni être remplacés autrement que sur la
présentation de l'Académie.

III. Ledit corps sera régi et administré par un syndic et un adjoint,
qui géreront pendant deux ans, la première en qualité d'adjoint, et la
seconde en qualité de syndic. Ils seront nommés par nous pour la
première fois seulement; et ils seront ensuite élus à pluralité des voix,

par les membres dudit corps. Le premier syndic , par nous nommé, n'exercera que pendant une année.

IV. Lesdits ingénieurs jouiront de la faculté de faire fabriquer et vendre librement tous les instrumens d'optique, de mathématiques et de physique, ainsi que les diverses pièces dont lesdits ouvrages sont composés , pour la fabrication desquels ils pourront employer toutes sortes de matières, et se servir de toute espèce d'outils sans aucune exception.

V. Défenses sont faites à tous gardes et syndics des corps et communautés d'arts et métiers, de troubler ni inquiéter lesdits ingénieurs dans l'exercice des priviléges et facultés à eux accordés par l'article précédent , sous peine de tels dommages-intérêts qu'il appartiendra.

VI. Ne pourront néanmoins, lesdits ingénieurs, sous prétexte des facultés à eux accordées par l'article IV, et qu'ils n'auront le droit d'exercer que concurremment avec les corps et communautés, chacun pour ce qui les concerne, entreprendre sur les autres droits desdits corps et communautés non exprimés par ledit article IV, sous peine de saisie et confiscation des ouvrages, outils et marchandises trouvés en contravention, et de tels dommages-intérêts qu'il appartiendra, envers lesdits corps et communautés.

VII. Lesdits ingénieurs pourront, lors des saisies qui seront faites sur eux, faire intervenir le syndic ou l'adjoint de leur corps, pour faire sur lesdites saisies telles représentations et réquisitions qu'ils jugeront convenables, sans néanmoins que, sous prétexte d'appeler ledit syndic ou l'adjoint, la partie saisie puisse prétendre qu'il doive être supercédé aux opérations relatives à la saisie.

VIII. Lesdits ingénieurs pourront être choisis parmi les membres des communautés; il leur sera pareillement permis de se faire recevoir dans les corps et communautés, à l'effet de cumuler, si bon leur semble, avec leur état, les commerces ou les professions qui peuvent être analogues à leurs talens. Si vous mandons que ces présentes vous ayez à faire registrer, et le contenu en icelles garder et exécuter selon leur forme et teneur : car tel est notre plaisir.

Donné à Versailles, le 7 février, l'an de grâce 1787, et de notre règne le 13e.   *Signé*, LOUIS.

Et plus bas,

Par le Roi, *Signé*, le baron DE BRETEUIL.

Vu au Conseil,   *Signé*, DE CALONNE.

Et scellées du grand sceau de cire jaune.

Registrées, ouï et ce requérant Mathieu-Louis de Mauperché, doyen des substituts du procureur-général du Roi, pour être exécutées selon leur forme et teneur, suivant l'arrêt de ce jour. A Paris, en Parlement, les Grand'Chambre et Tournelle assemblées, le 19 mai 1787.   *Signé*, YSABEAU.

N° XIII.

Projet et Acte d'association pour l'entreprise d'une carte générale de France, par M. Cassini de Thury.

PERSONNE n'ignore les travaux immenses qui ont été entrepris dès le dernier siècle, et continués avec ardeur pour parvenir à une description exacte de la France; la grandeur du degré dans toute l'étendue du royaume, constatée par des opérations faites avec le plus grand soin; la méridienne de Paris, tracée et vérifiée depuis Dunkerque jusqu'aux frontières d'Espagne; la description de plusieurs parallèles et perpendiculaires à la méridienne; une chaîne de plus de deux mille triangles pour fixer l'intérieur et les frontières du Royaume, et pour établir dans toutes les provinces de la France des points géométriques représentés dans ma carte des triangles: mais toutes ces connaissances acquises sur de grands objets n'étaient encore qu'une partie de ce que la géographie pouvait exiger pour le bien de l'Etat; elles ne devaient être regardées que comme des matériaux préparés pour un ouvrage plus étendu, d'une utilité plus universelle, plus immédiate et plus sensible; la carte générale et détaillée du royaume, entreprise dont on pourra tirer de grands avantages pour les différentes opérations du commerce, pour établir de nouvelles communications entre les provinces, construire de nouveaux canaux, joindre des rivières navigables, etc.

29

Sa Majesté, persuadée de l'avantage que doit procurer à ses Etats l'exécution de ce projet, a bien voulu la faciliter en nous procurant depuis plus de vingt années des secours extraordinaires pour la construction des instrumens, pour la dépense de plusieurs voyages que nous avons faits pendant dix années, et pour former des sujets capables de remplir l'objet dont il s'agit, enfin pour différentes tentatives par lesquelles il a fallu commencer. Ces différens secours nous ont mis en état d'avancer cet ouvrage à un point qui ne nous permet plus de douter du succès; nous annonçons au public, avec une grande satisfaction, qu'il va jouir des fruits de notre travail, et que dans l'espace de dix années, toutes les cartes de la France seront levées et gravées.

Nous croyons qu'il est à propos d'instruire ceux qui liront cet écrit, du nouveau projet que j'ai présenté au Roi.

Depuis l'année 1750 qu'on a commencé à lever des cartes détaillées, nous estimons qu'il y a un tiers de l'ouvrage entièrement fait, savoir : la généralité de Paris, qui comprend une grande étendue de pays, et s'étend jusqu'à Vézelai; une partie de nos frontières depuis Dunkerque jusqu'à Metz, et toutes les côtes de la Manche depuis Dunkerque jusqu'à Cherbourg.

Pour achever ce qui reste à faire, on se propose d'augmenter le nombre des ingénieurs et de le porter jusqu'à 34 ; on fera choix des personnes les plus capables : deux de ces ingénieurs seront chargés de lever les grands triangles, pour procurer des bases à ceux qui seront destinés à la description des cartes particulières, et quatre autres seront chargés de vérifier les cartes avant qu'on les donne au public, de les communiquer à tous les seigneurs et curés, et de prendre leurs avis.

C'est un moyen que l'on juge absolument nécessaire pour donner aux cartes la plus grande perfection : car, quoique l'on ait recommandé aux ingénieurs de s'adresser aux personnes qui seraient sur les lieux, pour l'orthographe des noms, le nombre des hameaux, fermes et autres objets dans l'étendue de chaque paroisse, il est à craindre que nos ordres ne soient pas bien exécutés. Les ingénieurs ne construisant leurs cartes qu'après leur retour à Paris, et sur des brouillons où les points n'étaient pas encore placés, les graveurs peuvent n'avoir pas copié exactement leurs dessins : voilà des sources d'erreurs auxquelles on ne peut remédier qu'en présentant au seigneur, au curé, la carte de sa terre et de sa paroisse; ils sont à portée de voir d'un coup-d'œil ce qui manque, ce qui est défectueux, d'en avertir l'ingénieur qui porte avec lui ses instrumens, pour corriger et ajouter ce qui manquera; alors chaque carte, approuvée par les personnes qui sont les plus en état de juger, sera aussi parfaite qu'on puisse le désirer.

Etat des fonds nécessaires pour l'exécution du projet.

Le nombre de ceux qui ont accepté l'association pour l'exécution de cette entreprise s'étant augmenté jusqu'à 50, j'ai pensé que la société pourrait porter jusqu'à 80,000 livres le fonds qu'elle devait fournir d'avance chaque année pour l'exécution de la carte, et pour le mettre en état, par les approvisionnemens nécessaires, de fournir aux désirs du public au cas qu'il y eût des demandes, comme on devait l'espérer, pour 2500 exemplaires de chaque plan par an, au lieu de 500 qu'on s'était proposé de tirer seulement dans cet espace de tems, selon mon premier plan d'une société moins nombreuse.

Suivant cette nouvelle disposition, chaque associé sera tenu de fournir seulement chaque année pour sa part et portion d'un cinquantième au total des fonds d'avance, la somme de 1600 livres, dont 800 livres au 1er janvier et pareille somme au 1er juillet, et ainsi de suite de six en six mois jusqu'à l'entière exécution de la carte projetée; les travaux de l'année étant commencés dès le 1er janvier dernier, la première année sera payée d'avance en entier au 1er juillet 1756, à raison de 1600 livres par chaque associé.

Sur ladite somme de 80,000 livres, il sera employé aux appointemens des ingénieurs vérificateurs et calculateurs, . . 56,000 l.

Aux approvisionnemens, cuivres, papiers, frais d'impression, ... 24,000

Total, ... 80,000 l.

L'excédant de la dépense, s'il y écheoit, sera prélevé sur le produit des ventes, la société se mettant en état, par cette disposition, de jouir plus promptement des produits qu'elle a lieu d'attendre sur la venté desdites cartes.

Indépendamment de ce fonds, il en est encore un que l'on croit absolument nécessaire pour la perfection de l'ouvrage : on ne peut espérer que des personnes intelligentes et capables d'exécuter un ouvrage qui exige tant de fatigues et d'assiduité, s'y attachent avec l'ardeur nécessaire, si elles n'en retirent d'autre avantage que celui de leur nourriture et entretien, pendant l'espace de plusieurs années, après lesquelles elles n'auraient plus à attendre que des infirmités occasionnées par le travail.

Pour leur donner l'émulation et le courage que demande une entreprise aussi pénible, il paraît convenable de faire un fonds de 160,000 l., lequel sera distribué aux ingénieurs, par forme de gratification, à raison de leurs services et du travail de chacun, après la vérification complète de ladite carte.

Les ingénieurs qui, par accident ou par infirmité, ne pourraient travailler jusqu'à la fin de l'ouvrage, recevront des récompenses sur ce même fonds, à proportion du travail qu'ils auront fait, et on les accordera à leurs femmes et enfans, en cas qu'ils viennent à mourir dans le cours de leur travail.

Pour que ces ingénieurs ne puissent ni craindre, ni soupçonner aucune faveur dans la distibution des récompenses, on les avertit que ceux dont les ouvrages seront approuvés par les seigneurs et curés à l'inspection de la carte, recevront la gratification la plus considérable; ainsi ils seront jugés par leur propre travail, et sur le rapport du vérificateur qui aura présenté sa carte au seigneur et curé. Nous espérons que MM. les seigneurs et curés, qui s'intéresseront au bien de l'ouvrage, voudront bien nous avertir si les ingénieurs, chargés de la vérification, ont négligé de se transporter chez eux.

On se propose de publier tous les ans dix à douze feuilles, et de les vendre 4 livres la feuille ; nous devons espérer que le produit des cartes, joint aux avances que le Roi a déjà faites, dédommageront les associés des fonds qu'ils auront fournis; mais j'insiste peu sur cet objet vis-à-vis d'une compagnie de citoyens qui n'ont d'autre but que l'avantage et la gloire de l'Etat.

On n'épargnera rien pour donner aux cartes, non-seulement la plus grande précision, mais encore la plus grande propreté du dessin; elles doivent représenter les objets nécessaires pour acquérir la connaissance d'un pays, villes, bourgs, paroisses, châteaux, fermes et métairies, moulins à eau et à vent, ponts et bacs, cours des rivières, des ruisseaux, étangs considérables, grands chemins, chemins de traverse fréquentés, le contours des bois, leurs noms, les routes qui les traversent, et sur-tout une configuration exacte de terrain.

Ceux qui aiment la précision et qui savent combien il est difficile de prendre avec le compas des mesures exactes, auront de plus des tables alphabétiques de la distance de toutes les paroisses à la méridienne et à la perpendiculaire de l'Observatoire, telles que j'en ai fait imprimer pour les quatre premières feuilles des environs de Paris : leur prix sera de 20 sous en sus du prix de la carte.

Acte d'association.

Pardevant les conseillers, notaires du Roi à Paris, soussignés, furent présens, Mme Poisson, marquise de Pompadour; le comte de Saint-Florentin, ministre d'Etat; messire de Moras, contrôleur-général; Cassini de Thury, de l'Académie des Sciences, stipulant tant en son nom que comme ayant charge et pouvoir de M. le prince de Soubise, le duc de Bouillon, le duc de Luxembourg, le maréchal de Noailles, de Buffon, de l'Académie des Sciences; du président de Corberon, de M. de Puységur, du président Sallaberry, de M. Harriagues, de M. Collin, pour tous lesquels ledit sieur Cassini promet et s'oblige de faire ratifier ces présentes, en conséquence les faire obliger à leur pleine et entière exécution, ainsi qu'aux fournissemens des fonds d'avance y expliqués, et du tout fournir acte en forme pour être joint à la minute de ces présentes dans trois mois au plus tard à peine....

M. Trudaine, conseiller-d'Etat; Feydeau de Marville, conseiller-d'Etat; de Novion, président à Mortier; de Méliand, intendant de Soissons; de Malesherbes, premier président; du président de Mascarany; de Montalembert, de l'Académie des Sciences, président de Meslay, président de Guibeville; de Harriagues, maître des comptes;

de Goislar, conseiller au Parlement; du Vaucel, grand-maître des eaux et forêts; Tellés d'Acosta, grand-maître des eaux et forêts, Bitaut, conseiller au Parlement; Charlet, conseiller au Parlement; Henry, et Henry du Fey son frère; Biseau, maître des comptes; Guinaumont, maître des Comptes; Fremin, maître des comptes; Cassini l'aîné, maître des comptes; Thomé, officier aux gardes; de Chalier; Denizet, trésorier de France; du Frou, payeur des rentes; Herbert; du Vaucel de Castelnau; Hévin, premier chirurgien de Mme la Dauphine; Camus, de l'Académie des Sciences; Perronnet; de Montigny, de l'Académie des Sciences; Prevost; de Borda, fermier-général; Duval; Quesnay, médecin ordinaire du Roi.

Lesquels, en conséquence de l'agrément et permission du Roi, sur les représentations qui lui en ont été faites par M. Cassini de Thury, de s'associer pour faire continuer les travaux de la carte de France, que S. M. a fait commencer en 1750, et la faire exécuter avec la plus grande précision possible, d'autant qu'ils n'ont d'autre objet dans cette entreprise que l'honneur et les avantages qui en reviendront à la nation; après avoir pris communication de nouveau du Mémoire contenant le projet d'association transcrit en tête des présentes, sont convenus de ce qui suit :

Art. Ier. Lesdits seigneurs et dames, et autres personnes susnommées, s'associent par ces présentes pour faire continuer la carte générale de la France, et s'obligent de contribuer, chacun pour leur part, à la dépense nécessaire jusqu'à l'entière exécution, aux charges et conditions énoncées dans le projet transcrit en tête desdites présentes, qu'ils approuvent suivant sa forme et teneur.

II. Il y aura dans la société cinquante parts, dont une pour chaque associé; nul ne pourra céder sa part ou la vendre en tout ou par partie, sans l'agrément de la société, qui se réserve le privilége d'acquérir cette part si elle le juge à propos, en remboursant au propriétaire les fonds qu'il aura fournis jusqu'alors, et ladite société ne pourra être augmentée au-delà du nombre de cinquante, sous quelque prétexte que ce soit.

III. Il sera choisi par les associés, et dans leur nombre, trois directeurs qui auront la conduite de toutes les affaires de la société, savoir : la direction des ouvrages, la distribution des fonds, le paiement des appointemens des ingénieurs et employés aux travaux de ladite carte, l'achat des marchandises et autres dépenses quelconques, relatives à l'exécution dudit projet; et comme il est nécessaire de pourvoir incessamment à tous ces objets, et de recourir à S. M. pour la confirmation et approbation de ladite société et du présent acte, en la suppliant d'effectuer les dons, cessions et autres grâces mentionnées audit projet en forme de Mémoire ci-dessus transcrit, que S. M. a promis d'accorder à la société lorsqu'elle serait formée, la société a choisi et présenté à S. M., pour directeurs perpétuels de ladite entreprise, MM. Cassini de Thury, Camus et de Montigny, de l'Académie des Sciences, soumettant à leur décision, après qu'ils auront été agréés par S. M., tous les travaux, dépenses, emplois de fonds, et dispositions à faire pour l'exécution de ladite carte.

IV. La société nomme pour son trésorier, M. Borda, fermier-général, associé; le chargeant de faire les recouvremens des fonds, et toutes les dépenses nécessaires sur les mandemens signés par les trois directeurs; il tiendra registre de toutes les recettes et dépenses faites par ses mains, desquelles il rendra compte à la compagnie, lui donnant pouvoir, en sadite qualité de trésorier et associé, d'assister aux assemblées des sieurs directeurs, où il aura voix délibérative pour tout ce qui pourra concerner les recouvremens, dépenses et manutention des fonds appartenant à ladite société.

V. La société choisit et nomme pour examinateur des ingénieurs, géographes et dessinateurs, M. Perronnet, inspecteur-général des ponts et chaussées, associé à ladite entreprise, le chargeant d'examiner tous les sujets qui auront été admis à l'examen par les sieurs directeurs, à l'effet de constater leurs capacité et bonne conduite, avant qu'ils puissent être employés en cette qualité; elle lui donne pouvoir d'assister aux assemblées des sieurs directeurs, où il aura voix délibérative pour tout ce qui pourra concerner le choix des employés, la vérification des cartes, la gravure et l'impression.

VI. La société se proposant de faire continuer l'exécution du projet de ladite carte sur le plan déjà connu et approuvé par l'Académie des Sciences, en profitant des recherches et des lumières de cette compagnie, elle soumettra la nouvelle carte à l'examen de l'Académie, pour la faire paraître sous ses auspices, et dans le cas où il viendrait à vaquer une des trois places de directeur par mort ou par démission, elle déférerait à l'Académie le choix d'un nouveau directeur parmi les associés engagés pour ladite entreprise ; l'Académie sera priée d'agréer que les deux assemblées générales de la société ci-dessous indiquées pour chaque année, soient tenues dans la salle du Louvre où elle s'assemble, aux jours où ladite salle sera vacante.

VII. En cas de mort ou de démission, les places de directeurs, de trésorier et d'examinateur des ingénieurs, ne pourront être remplies que par des personnes choisies dans le nombre de celles qui composent ladite société.

VIII. Il sera tenu par chacun an deux assemblées générales, dont l'une le premier jeudi du mois de décembre, et l'autre le premier jeudi du mois de juin ; il pourra même en être convoqué d'autres dans le courant de l'année, lorsque les sieurs directeurs le jugeront à propos, auxquelles assemblées tous les associés seront invités ; les directeurs feront rapport aux assemblées générales des affaires qu'ils auront à proposer à la société, et sur lesquelles il y aura lieu à délibérer, lesquelles délibérations seront valables, pourvu que les associés y soient au nombre de neuf, y compris les directeurs, et seront exécutés par provision, nonobstant toutes oppositions et appellations quelconques et sans y préjudicier ; il sera tenu un registre des délibérations, lesquelles seront rédigées par les directeurs, et signées d'eux et des associés qui auront assisté auxdites assemblées générales.

IX. On arrêtera dans ladite assemblée l'état des recettes et dépenses faites par le trésorier l'année précédente, et il sera statué sur les fonds que les associés seront obligés de faire pour les dépenses de l'année courante, relativement à la somme de 80,000 livres, à laquelle elles ont été fixées par ledit Mémoire en forme de projet, sans qu'elles puissent excéder cette somme, si ce n'est par délibération prise dans une assemblée générale convoquée à ce sujet, à laquelle seront invités tous les associés, pour leur être exposées par le directeur les raisons qui pourraient déterminer à ladite augmentation de dépense.

X. Lorsque par l'arrêté des recettes et dépenses faites par le trésorier pendant l'année précédente, il se trouvera entre ses mains des fonds excédant les dépenses, cet excédant de fonds sera imputé sur les 80,000 livres de dépense à faire pour l'année courante, et s'il ne suffit pas, le surplus sera fourni par les associés, sur la répartition qui en sera faite à raison d'un cinquantième pour chaque part ; comme aussi lorsqu'il se trouvera, par l'arrêté dudit état des fonds, au-delà des 80,000 livres, il en sera fait répartition entre les associés pour le remboursement des avances par eux précédemment faites, à raison d'un cinquantième pour chaque part, par des rôles qui seront émargés des associés en recevant ladite répartition, laquelle ne pourra être faite qu'après qu'elle aura été ordonnée par délibération de la société dans une assemblée générale.

XI. Le trésorier tiendra un registre dans lequel il portera en recette toutes les sommes qui seront fournies par les associés, celles qui proviennent de la vente des cartes, ou qui pourront être remises à la société par les Etats des provinces qui désireront faire travailler aux cartes particulières desdites provinces, notamment celles provenant de l'exécution des traités faits avec les Etats de Bourgogne, Bresse et d'Artois, à la déduction de la somme de 34,000 livres revenant au Roi, pour les avances qu'il a faites à l'occasion de la confection des cartes desdites provinces, à moins qu'il ne plaise à S. M. d'en faire cession à la compagnie.

XII. Le trésorier portera pareillement sur son registre les paiemens des ingénieurs, géographes, dessinateurs, et autres dénommés au Mémoire en forme de projet ci-dessus ; les achats des instrumens, marchandises et autres dépenses nécessaires, dont le paiement ne pourra être fait que sur les ordonnances et rôles qui en seront arrêtés par les sieurs directeurs, l'un desquels visera les quittances de ceux employés dans lesdites ordonnances et rôles.

XIII. La société s'oblige d'exécuter tout ce qui est exposé dans le Mémoire en forme de projet ci-dessus transcrit, et les clauses et conditions qui y sont contenues, et au cas qu'il serait nécessaire d'y déroger pour quelques raisons particulières, on ne pourra le faire qu'en vertu d'une délibération prise dans une assemblée générale, où seront exposées les raisons qui peuvent donner lieu auxdits changemens, comme aussi elle s'oblige de remplir les conditions des traités faits par le sieur Cassini de Thury avec les Etats de Bourgogne, Bresse et d'Artois, dont il sera délivré copie à chaque associé ainsi que du présent acte, même des traités qui pourront être faits par la suite avec les Etats du Languedoc, de Provence et de Bretagne, et autres, pour la confection des cartes particulières, autorisant dès à présent les directeurs à faire lesdits traités.

XIV. Les directeurs auront inspection sur l'ouvrage, et veilleront à ce que les ingénieurs, géographes, dessinateurs, et autres employés s'acquittent des travaux qui leur seront confiés avec toute la précision et la diligence possibles, et feront tenir un registre contenant les noms des employés, les travaux dont ils auront été chargés par chacun an, et la manière dont ils s'en seront acquittés, sur le vu duquel registre seront fixées les gratifications qui leur seront accordées après l'exécution dudit ouvrage.

XV. Les directeurs feront les diligences nécessaires pour obtenir de S. M. la ratification du présent acte et des lettres de privilége exclusif portant permission à la société de faire graver et imprimer ladite carte de France, en la forme qu'elle a été approuvée par S. M., même en plus grand et petit format, et par réduction, de les faire vendre et débiter à son profit dans tout le royaume, pendant trente années consécutives, avec défenses à toutes personnes de vendre et débiter lesdites cartes sans la permission expresse et par écrit de la société, de les contrefaire en tout ou en partie par extrait, ou par réduction, ni d'en introduire dans le royaume des gravures ou impressions étrangères, à peine de confiscation et de 20,000 livres d'amende; supplier S. M. de continuer sa protection aux associés, pour la continuation et perfection de ladite carte, ainsi qu'aux ingénieurs géographes qui seront envoyés dans les provinces; à cet effet, de vouloir bien donner les ordres pour qu'ils reçoivent les secours, assistances et facilités dont ils auront besoin pour accélérer leurs opérations.

XVI. Après que le Roi aura approuvé, ratifié et confirmé le présent acte avec le projet y joint, les associés seront tenus de remettre ès-mains du trésorier, le 1er juillet prochain, la somme de 1600 liv., à laquelle chacun doit contribuer chaque année, pour la part qu'il a dans la société, à raison de 80,000 livres pour le total convenu pour les dépenses annuelles et ordinaires suivant le projet, et de payer les années suivantes la somme de 800 livres, le 1ᵉʳ du mois de janvier et le 1ᵉʳ juillet de chaque année, faisant 1600 livres par an, pour le contingent de chaque associé, toujours d'avance, afin que les ingénieurs ne soient point retardés dans l'exécution de leurs ouvrages, faute de paiement.

XVII. Si quelques-uns des associés venaient à décéder, leurs veuves, enfans et héritiers leur succéderont, à la charge par eux d'exécuter les conditions portées au présent acte et projet, et notamment de contribuer aux avances dont ils seront tenus proportionnellement aux parts qu'ils auront dans la société, et auront de même part aux profits qui reviendront de la vente desdites cartes, pour le remboursement des avances faites par eux et leurs auteurs; ils pourront même nommer une personne pour assister en leurs noms aux assemblées et lui céder leurs droits, pouvu que lesdites personnes aient été préalablement agréées par la société.

XVIII. Si quelqu'un des associés négligeait de faire remettre entre les mains du trésorier, au terme prescrit par l'article XVI du présent acte, la part des fonds d'avance qu'il doit fournir chaque année, à l'effet de subvenir aux dépenses de l'année courante, savoir : au 1ᵉʳ juillet, au 1ᵉʳ janvier de chaque année, depuis le 1ᵉʳ juillet 1756 jusqu'à la dissolution de la société, faute par lui de satisfaire dans le délai d'un mois à commencer du terme de l'échéance, il sera réputé abandonner l'entreprise de plein droit, et sans autre formalité il sera déchu en conséquence de tout droit au produit provenant des ventes de ladite carte, sa part demeurant acquise à la société, sans que la présente clause puisse être regardée comme simplement comminatoire sous quelque prétexte que ce soit.

Car ainsi, et pour l'exécution des présentes et dépendances, les parties ont élu leurs domiciles en leurs demeures, auxquels lieux nonobstant, promettant, obligeant, renonçant, etc. Fait et passé à Versailles et à Paris, tant ès-demeures des parties qu'ès-études, les 25 juin, 27, 28, 30 du même mois, 1ᵉʳ juillet, 2, 3, 4, 5, 9, 11, 13, 14, 15, 16, 17 du même mois de juillet, le tout l'an 1756, et ont signé la minute des présentes, demeurée à M. *Aleaume*, l'un des notaires à Paris, soussignés, Aleaume et Mareschal, notaires, avec paraphes.

N° XIV.

Rapport fait au Conseil des Cinq-Cents au nom d'une commission spéciale (1), par Ozun, *sur la pétition des entrepreneurs de la carte générale de France. Séance du 21 thermidor an V (8 août 1797).*

CITOYENS REPRÉSENTANS, je viens, au nom d'une commission spéciale, vous rendre compte des réclamations qui vous ont été présentées par les entrepreneurs de la carte générale de France.

Quoique d'un intérêt privé, leur demande se lie à des noms célèbres, à une entreprise d'une utilité générale, aux principes tutélaires du droit de propriété : elle mérite, sous ce rapport, toute la protection que réclament les arts et ceux qui les cultivent, toute la faveur due aux citoyens qui ont été victimes de la tyrannie et de l'arbitraire.

Cassini fut chargé, en l'année 1750, par le Gouvernement, de lever la carte générale de France, en 180 feuilles.

Cet ouvrage était le résultat des travaux auxquels on s'était livré, depuis un siècle, pour la mesure du degré et la vérification de la méridienne.

Le Gouvernement affecta à la confection de cette carte une somme de 90,000 livres par année.

Les malheurs de la guerre firent supprimer les fonds en 1756.

L'utilité de cette entreprise, le désir de ne pas rendre vains des travaux préparatoires, l'amour des arts et de la gloire de son pays, déterminèrent Cassini à former une association de cinquante personnes pour continuer cet ouvrage à ses frais.

Le Gouvernement accueillit avec faveur un projet qui, en le déchargeant des dépenses de cette entreprise, lui en assurait le

---

(1) Membres de la commission, Jourdan (des Bouches-du-Rhône), Gentil (du Loiret), et Ozun.

succès et les avantages. Un arrêt du Conseil-d'Etat, et des lettres-patentes revêtues des formes de la vérification et de l'enregistrement, accordèrent aux actionnaires la partie des ouvrages commencés, instrumens, mémoires, planches, etc., *à la charge par eux de faire continuer les travaux de la manière qu'ils avaient été commencés, et de fournir les fonds nécessaires pour achever ce grand ouvrage.*

C'est d'après ce titre solennel que les associés à l'entreprise se sont livrés à des travaux immenses et à des dépenses extraordinaires; ils ont dû regarder comme une propriété sacrée celle qui était le fruit du génie et la représentation d'une partie de leur fortune.

Les travaux ont duré pendant 33 ans; et il résulte des vérifications faites sous les yeux du ministre de la guerre, qu'il a été dépensé, par les actionnaires de cette entreprise, une somme de 808,000 liv.

Tout à coup les actionnaires ont été privés de leur propriété.

Le 21 septembre 1793, Fabre-d'Eglantine propose à la Convention nationale de décréter que les planches de la carte générale de France seront remises au ministre de la guerre.

Cette proposition est adoptée sans discussion.

Les motifs sur lesquels est fondée cette décision sont absolument étrangers à l'utilité publique et aux besoins du service. Il est dit seulement *que les planches de cette carte, dressée par l'Académie des Sciences, appartenant originairement au Gouvernement, étaient tombées entre les mains d'un particulier; que, par ce moyen, le prix de cette carte devenait très-cher, et qu'il était difficile de se la procurer.*

Les actionnaires ont démontré dans leurs Mémoires :

1°. Que l'Académie des Sciences avait terminé ses opérations, lorsqu'en 1750 Cassini donna la carte des triangles, et que les travaux subséquens pour la levée de la carte générale ont été faits par les ingénieurs et les artistes préposés par la compagnie.

2°. Que cette carte n'a jamais appartenu au Gouvernement, qui en avait seulement commencé les travaux préparatoires, et qui, en économisant une somme de *trois millions trois cent trente mille livres* que lui eût coûté l'entreprise, en a retiré le même avantage, en l'abandonnant à des particuliers qui ont appliqué à l'achèvement de cet ouvrage leurs fonds et leur industrie.

3°. Que les planches de cette carte n'ont jamais cessé d'appartenir à la compagnie, qui, d'ailleurs, eût pu transporter tous ses droits à un seul de ses membres, ou à tout autre, sans que la propriété de ceux-ci fût un objet moins sacré que celle de tous les actionnaires.

4°. Enfin, que cette carte a toujours été vendue à un prix très-modéré, et qu'il en a même été constamment fourni des exemplaires à tous les agens du Gouvernement, avec le même rabais que la compagnie faisait aux marchands.

Ces points de fait établis, il est évident que le décret de la Convention n'eut point pour motif de procurer au Gouvernement des objets qui lui devinssent utiles ou nécessaires ; mais qu'il fut fondé sur la revendication d'un droit de propriété qui n'existait plus, et sur les abus d'un monopole qui n'avait jamais existé.

Le décret fut néanmoins exécuté ; plusieurs des actionnaires étaient en fuite ; d'autres étaient dans les fers : le dépositaire des planches reçut l'ordre de les délivrer, et il les remit.

On ne se borna point à l'exécution rigoureuse du décret ; on enleva une rédaction de la carte générale de France, en vingt feuilles, qui n'y était point comprise : celle-ci était la propriété particulière du citoyen Capitaine, l'un des actionnaires, qui en avait obtenu la cession de la compagnie par un délibération du 20 août 1790.

Cette expropriation arbitraire, fondée sur des motifs aussi futiles, ne pouvait cependant avoir lieu sans indemnité : c'eût été méconnaître trop ouvertement les dispositions de la déclaration des droits.

Aussi, le 22 brumaire (12 novembre 1793), le Comité de salut public prit un arrêté conçu en ces termes :

Le ministre de la guerre traitera avec les ci-devant associés de la carte générale de France, pour régler les dédommagemens qui peuvent leur être dus : les indemnités qu'il aura déterminées, seront acquittées sur les fonds extraordinaires de son département, et il instruira de leur quotité le Comité de salut public.

Par cet arrêté, le ministre de la guerre devint l'arbitre définitif, le modérateur absolu des indemnités dues aux actionnaires.

Des commissaires furent nommés par lui pour examiner les titres et les comptes de la compagnie; il résulte de leur examen, que le montant des dépenses était, à 125 liv. près, égal à celui des recettes, et que chacune s'élevait à la somme de 808,470 liv.

De là on conclut que la balance de la recette avec la dépense donnait en bénéfice tout ce que la vente des cartes pourrait produire à l'avenir; mais on observa *qu'il serait impossible de faire une juste estimation d'une propriété de cette nature, dont le bénéfice n'est fondé que sur le produit éventuel de la vente des cartes.*

Il fut donc reconnu que *le seul moyen de procurer aux actionnaires une juste indemnité, était de subroger le Gouvernement à leur lieu et place, tant pour le parachèvement du travail que pour l'accomplissement des engagemens pris avec les souscripteurs, et de rembourser ensuite aux associés le capital des intérêts et des fonds qu'ils avaient déboursés, en y ajoutant un dédommagement raisonnable de leurs peines et soins, ainsi que des chances qu'ils ont courues, et de la perte du bénéfice de la vente qu'ils étaient en droit d'espérer.*

Ce principe posé, les commissaires établirent :

1°. Que le remboursement des actions de 2400 livres chacune formait la somme de 120,000 livres ;

2°. Que les intérêts de ces actions à 5 pour 100, pendant 37 ans, donnaient celle de 222,000 livres;

3°. Enfin que l'indemnité, calculée sur le pied de 2 et demi pour 100 du montant de chaque article, s'élevait à 111,000 livres.

Ce qui formait un total de 453,000 livres.

Cette somme, répartie sur les actions, donnait pour chacune celle de 9060 livres.

On voit que l'indemnité est bornée, d'abord, au remboursement strict du capital et des intérêts de chaque action; en second lieu, à une bonification de 2 et demi pour 100, en sus des intérêts du capital : ce qui est le terme moyen entre le taux de l'intérêt ordinaire et celui de l'intérêt commercial.

Les commissaires conviennent que *le dédommagement ne peut paraître que très-raisonnable, sur-tout si l'on considère qu'il ne compensera jamais aux associés la privation d'une propriété qui leur était chère, et dont la France leur sera éternellement redevable. C'est ce qui porte à croire* (ajoutent-ils) *que la nation doit, dans cette circonstance, se montrer plus que généreuse à leur égard, comme ils se sont montrés eux-mêmes plus que confians envers la nation.*

Les conclusions de ce rapport portèrent en conséquence :

1°. Que chaque action serait remboursée sur le pied de 9060 livres;

2°. Que les dettes de la société seraient remboursées par le Gouvernement;

3°. Que chaque souscripteur recevrait le complément des cartes qu'il avait le droit de réclamer;

4°. Que chaque actionnaire recevrait le complément de deux cartes, attribuées à chaque membre de la société;

5°. Que le citoyen Capitaine en recevrait particulièrement un exemplaire complet, pour lui faciliter le moyen d'achever l'atlas des départemens.

Le ministre de la guerre adopta ces propositions par sa décision du 28 pluviôse an II (16 février 1794).

Rien ne devait, ce semble, s'opposer à l'exécution de cette décision, puisqu'elle portait d'avance l'approbation du Comité de salut public, qui avait établi le ministre de la guerre juge de cette affaire.

Malgré cette présomption fondée, la trésorerie rejeta l'ordonnance de paiement, sous le prétexte que le citoyen Capitaine, l'un des associés, avait acquis plusieurs actions à un taux inférieur à l'évaluation qu'en avait faite le ministre de la guerre.

Ce refus de paiement fut suivi d'un décret de la Convention, sur le rapport du Comité des finances, portant que *les acheteurs d'actions de la compagnie qui a fait l'entreprise de la carte de France, ne seront remboursés que des sommes qu'ils auront déboursées pour achat de ces actions, avec l'intérêt, dès le paiement qu'ils en ont fait, et qu'il leur sera délivré, pour tout bénéfice qu'ils auraient pu prétendre, une carte par chaque actionnaire.*

Cette décision consommait la ruine des actionnaires : mais il eût été dangereux pour eux d'en solliciter la révocation dans un tems où l'on ne répondait aux cris des opprimés que par des arrêts de mort; aussi ce ne fut que long-tems après le 9 thermidor qu'ils présentèrent une pétition à la Convention nationale, tendant à obtenir :

1°. Le rapport des décrets des 21 septembre 1793 et 21 floréal an II (10 mai 1794), et la restitution des planches, cuivres, ustensiles et autres objets dépendans de la carte générale de France;

2°. La restitution de la carte générale en 20 feuilles, avec les 1950 épreuves enlevées au citoyen Capitaine le 18 floréal an II, ou le paiement des intérêts des sommes avancées, et de différens travaux dont le citoyen Capitaine a établi le montant à la somme de 16,410 livres, suivant le tableau qu'il en a fourni;

3°. La restitution du cuivre de la carte générale des triangles et des dix-huit autres cuivres contenant les triangles primordiaux de la France au citoyen Cassini, lesquels cuivres lui furent enlevés le 5 germinal an III, ou le paiement d'une indemnité raisonnable;

4°. Enfin, le paiement provisoire des ordonnances ci-devant accordées au citoyen Capitaine, et par conséquent le rapport du décret du 21 floréal an II.

La Convention nationale n'ayant point statué sur ces diverses réclamations, les actionnaires les ont reproduites pardevant vous : ils vous ont présenté à cet effet, le 18 thermidor de l'an dernier (5 août 1796), une pétition que vous avez renvoyée à la commission spéciale dont je suis en ce moment l'organe.

Il s'agit aujourd'hui, citoyens représentans, de statuer définitivement sur ces demandes, et de régler le sort de plusieurs citoyens recommandables par leurs lumières et leurs services envers la patrie. Les Gouvernemens ont aussi des devoirs de reconnaissance à remplir : il ne leur suffit pas d'être quelquefois justes; ils ne doivent jamais cesser de l'être, s'ils veulent commander toujours l'amour, le respect et la confiance. C'est la faveur qu'ils accordent aux talens créateurs qui les féconde et multiplie leurs prodiges : c'est dans les encouragemens de l'autorité que l'industrie prend son développement et puise son énergie : des largesses mêmes en ce genre sont le seul luxe d'un peuple libre.

Ici, vous n'avez ni récompense, ni encouragemens à donner. Des

31

citoyens privés de leur propriété depuis cinq ans réclament justice. Souffrirez-vous qu'ils la demandent en vain, et qu'ils trouvent leur ruine dans des travaux qui devaient assurer leur fortune?

Je vais successivement examiner les questions qui vous sont soumises. Plusieurs en ce moment se trouvent sans objet. De ce nombre, est la demande relative à la restitution du cuivre de la carte générale des triangles, puisque le citoyen Cassini a consenti à recevoir et a reçu, le 19 vendémiaire, une somme de 41,250 livres pour le prix de cette carte et pour toute indemnité.

Il en est de même de la demande en restitution de la carte générale, et de celle relative au paiement provisoire des ordonnances. Ces deux prétentions ne peuvent marcher de front; on ne doit les envisager que comme alternatives : la restitution de la carte exclut celle de l'indemnité.

La question doit être posée en ces termes :

Est-il juste, est-il convenable, de rapporter le décret du 21 septembre 1793, et de faire restituer aux actionnaires de la carte générale tous les objets qui leur ont été enlevés?

S'il y a lieu à maintenir le décret, n'est-il pas juste d'accorder aux actionnaires une indemnité suffisante? et le décret du 21 floréal an II, qui atténue l'effet de la décision du ministre de la guerre, ne doit-il pas être rapporté?

La carte générale de France était, dans les mains des actionnaires, une propriété sacrée et incontestable.

Ils avaient, il est vrai, succédé aux opérations commencées par le Gouvernement.

Mais le transport que leur fit celui-ci fut revêtu de toutes les formes légales, et fondé sur des considérations évidentes d'utilité publique. Trente-trois ans d'une jouissance paisible seraient-ils un titre insuffisant pour garantir une propriété? Il n'y aurait rien de stable dans la vie, si les opérations d'un Gouvernement pouvaient être perpétuellement exposées aux caprices et aux variations des individus qui se succèdent dans l'administration générale; et quand chaque jour nous sentons combien il est difficile de réparer les abus des tems passés, pourquoi chercherions-nous à revenir sur les seuls actes de justice qu'ils aient vu naître ?

Le transport ne fut pas un don pur et simple, une libéralité comparable à ces dissipations honteuses de la fortune publique que l'intrigue a pu arracher quelquefois à un Gouvernement trompé et à des agens déprédateurs. Ce don ne fut pas gratuit, puisqu'il assujettit les entrepreneurs à des frais immenses qui se sont élevés à plus de 800 mille livres, et à un travail pénible qui a duré trente-trois ans, et pour la confection duquel l'Etat eût dépensé des sommes considérables.

Une concession appuyée sur de pareils motifs est à l'abri de tout reproche. Jamais la France n'eût joui de ce bel ouvrage qu'elle doit à Cassini et à ses collaborateurs, si le Gouvernement eût été obligé de continuer l'entreprise, la propriété que l'on réclame pour lui n'eût jamais existé. Elle n'a jamais été son ouvrage; elle s'est créée par une industrie qui lui devient étrangère.

Je n'étendrai pas plus loin ces considérations ; elles prouvent que le droit des actionnaires ne peut être contesté.

Mais s'il est certain que cette entreprise devint une propriété privée, inattaquable en soi, et sacrée d'après les principes généraux, il est vrai aussi qu'un grand motif d'utilité publique a pu autoriser la Convention nationale à s'en emparer, sous la condition d'une juste et préalable indemnité.

Tels sont les principes de notre droit politique, consacré par la déclaration des droits.

Ici l'indemnité n'a pas été préalablement fixée; mais cette condition d'indemniser les propriétaires n'était pas la seule qui pût légitimer l'expropriation.

Il fallait encore que *la nécessité en fût légalement démontrée.*

Or, il ne paraît pas qu'un motif *d'utilité publique et de nécessité démontrée* ait déterminé le décret du 21 septembre 1793.

Ce principe ne fut pas même invoqué par Fabre-d'Eglantine, qui provoqua cette expropriation ; il allégua un droit de propriété qui n'existait point, et soutint que cette carte *était l'ouvrage de l'Académie des Sciences,* qui avait cessé d'y coopérer depuis 1730. Il soutint que cette carte *était tombée dans les mains d'un particulier*, tandis que la compagnie n'a pas cessé d'en être propriétaire. Il prétendit *enfin qu'on la vendait si cher, qu'il était difficile de s'en procurer*, et l'on a prouvé que cette imputation était inexacte.

Dans tout cela rien n'établit l'utilité et la nécessité de *l'expropriation*. Qu'on eût réprimé les abus d'un monopole, s'il eût existé, c'était une mesure de justice; mais ce qui ne l'était point, c'était de se servir de cet odieux prétexte pour s'emparer du bien d'autrui.

L'utilité du décret du 21 septembre n'est pas même apparente. La nécessité de le rapporter résulte du danger de laisser entre les mains du Gouvernement une entreprise ruineuse pour lui.

On expose en effet :

1°. Qu'à l'époque de l'enlèvement de la carte de France, les travaux nécessaires pour son entretien et sa perfection ne devaient s'élever, d'après le devis mis sous les yeux du ministre de la guerre, qu'à une somme de 3330 l.; qu'aucun de ces travaux n'a été fait; qu'il a cependant été dépensé plus de 50,000 livres; et qu'il faudra, de la manière dont on s'y prend, plus de 600,000 livres pour l'achever;

2°. Que l'échelle de cette carte est trop petite pour offrir les détails nécessaires aux opérations militaires, civiles et commerciales, telles que l'ouverture des canaux, routes, etc.;

3°. Que le Gouvernement ne pourra jamais s'indemniser de ses dépenses par le débit des épreuves, parce que ses agens ne sauraient soutenir la concurrence, soit pour l'exécution, soit pour le prix, avec des actionnaires intéressés personnellement au succès de leur entreprise.

La restitution de la carte offre donc une économie d'environ 600,000 livres; et en outre, celle du montant des indemnités évaluées, d'après la décision du ministre, à une somme de 450,000 livres.

Voilà sans doute des considérations bien propres à fixer votre décision, si toutefois on ne vous soumet point des raisons capables de les balancer. Tout ce qui tend à diminuer les charges de l'Etat doit être accueilli dans cette enceinte; il ne faut pas que de fausses idées d'administration vous éloignent de ce but.

Aux avantages résultant de la restitution, viendront se joindre cependant quelques difficultés dans les détails de l'exécution. La dégradation survenue dans les planches, ustensiles et autres objets dépendans de la carte, nécessitera une indemnité en faveur des actionnaires. La restitution de la carte des triangles, qui ne peut être d'aucune utilité au Gouvernement sans l'ensemble et les travaux de cette entreprise, en devient également la conséquence. Cependant le citoyen Cassini a reçu volontairement la somme de 41,250 livres en indemnité pour cette carte. Il faudra déterminer le mode de remboursement auquel il devra être assujéti.

Tout ceci semble exiger des renseignemens préalables que le Directoire exécutif est seul à même de vous fournir. Je vous proposerai de lui adresser un message sur cet objet.

Mais si vous ne pensez point qu'il soit possible de revenir sur le décret du 21 septembre 1793, alors il ne vous reste plus qu'à statuer sur une question qui ne peut former la matière d'un doute.

La nécessité d'indemniser les actionnaires de la privation de leur propriété ne peut être contestée.

Elle fut reconnue par l'arrêté du Comité de salut public, du 22 brumaire an II.

Elle est la conséquence d'un principe de justice gravé dans tous les cœurs et consacré par l'art. 358 de la constitution.

Cette indemnité fut fixée par la décision du ministre de la guerre, du 28 pluviôse an II, après un examen sévère et des calculs réfléchis. Le Gouvernement et les actionnaires y acquiescèrent réciproquement.

Cette décision était à la fois une loi et un contrat.

Elle était une loi, puisque le Comité de salut public, aux arrêtés duquel la Convention avait donné tous les caractères de la volonté souveraine, avait expressément délégué, par un arrêté du 22 brumaire, au ministre de la guerre le droit de prononcer définitivement sur la question d'indemnité.

Elle était encore un contrat, puisque toutes les parties intéressées avaient concouru à fixer les bases de détermination fondées sur la combinaison des droits et des intérêts respectifs.

Au mépris de ces titres sacrés, le Comité des finances fait décréter le 21 floréal que *le remboursement des actions ne sera fait que sur le pied de la somme déboursée pour leur achat.*

Les motifs de ce décret ne sont ni justes en soi, ni dignes de la nation dont on stipule les intérêts.

Parce que quelques actions auront été vendües à un prix inférieur à celui fixé par le ministre de la guerre, faut-il établir entre les droits des actionnaires une échelle de rapport qui en détermine la quotité et l'étendue? n'est-ce pas s'exposer à tous les inconvéniens d'une inquisition odieuse? Telle action a pu être le prix d'une compensation entre l'acheteur et le vendeur, telle autre peut représenter une valeur supérieure à celle qu'elle exprime, sans que le contrat de mutation en laisse aucune trace; et l'on irait essayer une réduction arbitraire sur des transactions de ce genre!

Les actions dont il s'agit n'étaient pas des effets publics susceptibles des spéculations de l'agiotage. Elles n'ont jamais été négociées sur la place; conséquemment elles n'ont point été soumises aux variations du cours. Qu'importe à l'Etat que tel ou tel en soit le porteur? la propriété en est-elle moins sacrée? les cédans en ont-ils moins transporté leur droits sur la tête des cessionnaires? les droits sont ils devenus moins certains entre les mains de ceux-ci?

Et pourquoi établirait-on un principe contraire à celui qui a été tant de fois consacré à cette tribune? On sait bien que tous les effets publics ne représentent pas une valeur égale, et n'ont point la même origine. Qu'on cherche seulement à les soumettre à une réduction de proportion, et la chûte des mieux assurés est certaine: ainsi, en voulant faire justice de quelques-uns, on est sûr de nuire à tous.

Les élémens du commerce se composent de pertes et de profits. Lorsqu'un spéculateur se résigne à la chance de la baisse, pourquoi ne pas lui laisser l'alternative de la chance opposée? Agir autrement, ce serait tuer l'industrie et anéantir toute espèce d'émulation.

Si le Gouvernement s'est emparé de la chose d'autrui, cette propriété n'a pas cessé d'avoir dans ses mains sa valeur intrinsèque, sa valeur réelle. Il est donc toujours resté débiteur de cette propriété, qu'il n'a pu acquérir pour rien, et qu'il ne dépend pas de lui d'évaluer à son gré. Le contrat passé entre lui et le propriétaire spolié devient seul obligatoire pour tous ; une force majeure ne peut rien y changer.

Je conçois comment les dons du Gouvernement, les récompenses qu'il accorde, les émolumens qu'il paie, peuvent être déterminés par les agens de l'autorité suprême ; mais, dans les marchés qu'il fait, dans les engagemens qu'il contracte, lorsqu'il stipule avec un citoyen, il s'opère, entre le Gouvernement et celui-ci, un véritable contrat synallagmatique, sacré pour tous deux, ainsi que le sont les obligations civiles entre les particuliers : car il est aussi des lois de garantie pour les citoyens envers l'Etat ; il est une foi publique qu'il n'est jamais permis de violer ; il est une morale pour les Gouvernemens comme pour les citoyens.

Or, ici nul doute que si le Gouvernement n'eût pas usé du droit exorbitant de s'emparer de la propriété des actionnaires, et qu'il eût préalablement traité avec eux, ceux-ci n'eussent été les maîtres d'attacher à une cession volontaire le prix d'une indemnité suffisante. Ce que les actionnaires n'ont pu exiger comme une condition *préalable* de leur expropriation, ils l'ont reçu comme une conséquence légitime de la voie de fait exercée contre eux : ils ont traité avec le Gouvernement, non plus avec le même avantage, mais toujours avec les mêmes droits. Leur traité est devenu un pacte inviolable, formé d'un consentement réciproque, cimenté par l'autorité, et irrévocable pour elle, comme il l'était pour eux.

Je me résume, et je dis :

Il est dû aux propriétaires de la carte générale de France une indemnité qui en soit la représentation juste et approximative ; la plus juste est celle convenue de gré à gré entre eux et le Gouvernement.

A défaut de cette indemnité, la restitution de la carte aux propriétaires légitimes est de droit. L'intérêt du trésor public semble la commander. Ruineuse pour le Gouvernement, cette entreprise cessera de l'être quand elle sera surveillée et régie par l'intérêt particulier. L'Etat même aura sa part des bénéfices et des profits, puisqu'il se trouve représenter plusieurs propriétaires d'actions.

Dans le premier cas, vous avez à maintenir la décision du 28 pluviôse an II.

Dans le second, vous devez abroger le décret du 31 septembre 1793.

Avant d'adopter cette dernière mesure, nous vous proposons d'adresser un message au Directoire exécutif, pour lui demander des renseignemens sur cet objet.

La demande particulière faite par le citoyen Capitaine, en restitution de la carte générale en 20 feuilles, qui lui fut enlevée le 18 floréal an II, avec 1950 épreuves, doit être décidée d'après les principes que nous venons de poser. Cette carte n'appartenait point à la compagnie, et n'est point comprise dans les dispositions du décret du 21 septembre 1793.

Voici le projet de résolution et de message que je suis chargé de vous présenter.

Projet de résolution.

Le Conseil des Cinq-Cents, considérant que si des motifs d'utilité publique ont pu déterminer le décret du 21 septembre 1793, qui met à la disposition du Gouvernement les planches de la carte générale de France en 180 feuilles, la justice exige aussi que les actionnaires propriétaires de cette carte soient indemnisés de la privation de leur propriété;

Considérant que le paiement de l'indemnité fixée par la décision du ministre de la guerre 28 pluviôse an II, en exécution de l'arrêté du Comité de salut public, du 22 brumaire même année, a été suspendu par le décret du 21 floréal suivant, et qu'il est instant d'en faire jouir promptement les actionnaires;

Déclare qu'il y a urgence.

Le Conseil, après avoir déclaré l'urgence, prend la résolution suivante :

Art. Ier. Le décret du 21 floréal an II est rapporté.

En conséquence, les indemnités dues aux actionnaires de la carte générale de France leur seront payées par le trésor public, conformément à la décision du ministre de la guerre, du 28 pluviôse an II, approuvée par le Comité de salut public; à la charge par les actionnaires, ou leurs représentans, de justifier de leurs droits à la propriété de chaque action.

II. Le Directoire exécutif fera liquider, contradictóirement avec le citoyen Capitaine, les indemnités qui lui sont dues pour la carte générale de France en 20 feuilles, et les 1950 feuilles dont la concession lui avait été faite par une décision du 20 août 1790, et à cet effet il lui fera expédier les ordonnances de remboursement.

III. La présente résolution ne sera pas imprimée ; elle sera portée au Conseil des Anciens par un messager d'Etat.

Message au Directoire exécutif.

Le Conseil des Cinq-Cents arrête qu'il sera fait au Directoire exécutif un message, à l'effet d'obtenir de lui des renseignemens sur les questions suivantes :

1°. La conservation des planches et autres objets dépendans de la carte générale de France, et remis au dépôt de la guerre, est-elle utile, convenable et nécessaire au service ?

2°. Les formes d'administration établies pour la suite de cette entreprise sont-elles de nature à en assurer le succès, sans être trop onéreuses au trésor public ?

3°. Serait-il possible et avantageux de rendre aux actionnaires la propriété qu'ils réclament, et de les remettre dans le même état où ils se trouvaient à l'époque du 21 septembre 1793, en réservant toutefois au Gouvernement la partie des actions qui lui est échue, et en lui assurant une part dans les bénéfices et les profits qui résulteront de l'exploitation de cette entreprise ?

4°. Quelle sera enfin l'économie résultante de ce nouveau mode d'administration ?

N° XV.

Vues générales sur la révision et la correction de la carte de France, et sur les travaux dont l'auteur devait couronner l'ouvrage ; présentées aux autorités.

Au moment où, en 1793, on est venu arracher de nos mains la carte de la France, tout était levé, et il ne restait plus à faire graver

32

que la valeur d'environ trois planches. Il est à croire que depuis le
tems que la nation s'est emparée de notre ouvrage, elle a au moins
fait terminer cette partie de la gravure; ce qui peut faire penser aux
personnes qui ne sont pas très-difficiles que la carte de la France est
entièrement achevée.

Il est certain qu'avec les ressources et les moyens qu'avaient en
mains les premiers qui ont dirigé notre ouvrage et qui se sont mis à
notre place, il fallait très-peu d'années pour procurer à la carte de
France la perfection dont elle est susceptible, et que nous nous proposions bien de lui donner au moment où elle nous a été enlevée.

Nous sommes sans doute le premier exemple d'auteurs à qui l'on
ait ravi leur ouvrage, et un ouvrage de cette importance, avant qu'il
fût fini; d'auteurs que l'on ait privés du droit sacré d'achever et de
perfectionner l'œuvre qu'ils ont commencée. Quoi qu'il en soit, rien
de ce qu'il y avait à faire n'a été fait, et nous osons dire que si la
carte de France continue à être administrée comme elle l'a été depuis
qu'elle est entre les mains de la nation, l'acquisition de cet ouvrage,
quoique faite à vil prix, deviendra une mauvaise affaire pour elle.
La carte ne sera jamais finie comme elle devait l'être, elle se dété-
riorera et périra entre les mains de ses possesseurs. Le public aura
droit sans doute de demander à ceux qui nous ont remplacés dans
la confection de la carte de France ce qu'il attendait de nous; le
voici : en l'indiquant à nos successeurs, nous les mettrons à même
d'y satisfaire; ce procédé sans doute n'aura rien qui puisse leur
déplaire.

1°. *Une révision générale.* Elle est indispensable relativement
à la topographie et à la nomenclature. Cette révision doit porter sur
deux objets : sur les fautes et sur les omissions.

Un ouvrage aussi immense, dont l'exécution, fréquemment entravée
et ralentie, a duré près d'un demi-siècle, et n'a pu être confiée qu'à
un grand nombre de collaborateurs et d'agens qui ne pouvaient tous
avoir absolument le même zèle, les mêmes talens; un tel ouvrage,
avouons-le, ne peut manquer d'avoir beaucoup de fautes de nomenclature, de transpositions, d'omissions; et ces omissions, que l'on
peut aujourd'hui relever dans notre carte, sont encore augmentées

par les changemens accidentels et les nouveautés qui ont eu lieu dans le cours des travaux et depuis la levée des cartes. Ce sont de nouveaux chemins, de nouveaux canaux, des changemens de direction, des constructions, des reconstructions, des objets qui ont disparu ou qui se sont élevés sur le sol de la République. Nous ne sommes nullement responsables de pareilles omissions, mais il est facile de les réparer.

Rien de plus simple dans le régime actuel que cette révision. Elle doit être précédée d'une circulaire adressée à toutes les administrations de districts pour leur enjoindre d'envoyer, sous un délai de six mois, la notice des remarques et observations sur les fautes et les omissions reconnues dans chaque canton où la carte doit être envoyée. Des vérificateurs, guidés par ces renseignemens, iraient ensuite avec bien plus de célérité reconnaître et confronter sur les lieux ces corrections. C'est ainsi qu'il serait possible, en une ou deux années, de faire cette révision générale, qui aurait l'avantage de constater le véritable état de la France à la fin du dix-huitième siècle.

Mais qu'on se garde bien d'étendre cette révision à des objets minutieux; qu'on se persuade que l'échelle de notre carte ne comporte pas une topographie détaillée et parfaite. Elle ne peut en ce genre présenter qu'une esquisse; prétendre au-delà, c'est vouloir éterniser les travaux, c'est vouloir faire dépenser à la nation un argent très-mal placé. Les villes, bourgs et villages, les grands chemins, les rivières, ruisseaux, canaux et étangs considérables, les forêts et les grandes masses de bois; voilà les vrais points à fixer dans notre carte. Mais les moulins, les châteaux, les parcs, et tout ce qui est susceptible de fréquens changemens, peuvent y être omis à l'avenir. Quant aux vallées, coteaux et montagnes, il ne faut prétendre qu'à en figurer les masses et les principales chaînes. D'où nous conclurons en passant que plusieurs personnes avaient un peu trop exagéré le danger de la carte de France, qui pouvait, selon elles, devenir très-funeste à l'Etat en donnant aux ennemis une trop parfaite connaissance de notre pays. Nous en appelons aux militaires : ils diront sans doute que les campemens et les mouvemens des armées demanderaient de bien autres détails, et que notre carte est bien loin d'en donner de suffis

sans, qu'elle est plus civile que militaire, que l'exactitude est son
mérite distinctif, mais que pour le reste elle n'est guère plus dange-
reuse que toutes les autres cartes géographiques qui l'ont précédée ou
suivie, et qui sont répandues par toute l'Europe, plus chez l'étranger
peut-être que chez nous. Mais revenons à notre objet, et ajoutons que
la carte générale de la France ne peut ni ne doit être traitée à la
manière des cartes particulières et des terriers. C'est une grande composition dont chaque partie peut être prise à part pour être ensuite
plus étendue, pour se développer à volonté, et pour fournir le sujet
d'un plus grand tableau dont notre ouvrage n'offre que le canevas et
les masses principales.

2°. *Des corrections d'angles et de distances.* Nous l'avouerons,
il est un objet de vérification plus important que tout autre, parce
qu'il porte sur de fausses mesures qui ont été reconnues, et dont
l'erreur heureusement n'a eu lieu que dans une très-petite étendue de
pays, et n'a influé que sur quelques planches seulement, ce qui nécessitera de nouvelles mesures, de nouvelles opérations. Ce sera la partie
la plus délicate de la vérification; il est possible que l'origine de
l'erreur soit reconnue dès les premières opérations.

3°. *Le complément des calculs.* Une des meilleures idées que nous
ayons eues en exécutant la carte de la France, et qui tient au principe
d'exactitude géométrique qui est la base des travaux de cet ouvrage,
a été de calculer et de publier avec chaque planche le tableau alphabétique des distances à la méridienne et à la perpendiculaire de tous
les points de la carte, villes, bourgs et villages, tellement que quiconque voudra construire une carte particulière sur une plus grande
ou sur une plus petite échelle, en vue de plus grands détails, pour des
objets d'administration, de science ou d'autres recherches particulières,
puisse établir sur-le-champ son canevas, le porter sur le papier ou sur
le cuivre, avec une précision bien plus grande que celle que l'on
obtient par le calque ou par le pantographe; tellement enfin que si
un incendie ou tout autre accident venait à détruire la carte de
France, on pût, les tables à la main, la rétablir sur de nouvelles
planches.

Lorsque la direction de notre ouvrage nous a été enlevée, nous avions déjà calculé les tables de 157 feuilles. Il est étonnant que l'on n'ait pas encore achevé et publié le reste; c'est un travail auquel il est indispensable de se livrer (1). Nous nous en proposions un autre, celui de calculer par une méthode rigoureuse la longitude et la latitude de chaque lieu, en employant le rapport des axes de la terre le plus exact. Ces calculs, à la vérité, devaient être un peu longs; j'en ai donné un exemple dans mon dernier ouvrage; mais on pourrait les abréger beaucoup en construisant des tables particulières à cet effet. Ces calculs achevés, on pourrait porter sur les cuivres les méridiens et les parallèles; mais, de peur de trop embrouiller par ces lignes le dessin de la topographie, on se contenterait de marquer sur les côtés du parallélogramme de chaque carte les degrés de longitude et de latitude.

4°. *Un dictionnaire général, géographique, physique et politique de la France.* C'est par là que je me proposais et qu'il convenait de terminer la carte générale de la France. Ce dictionnaire qui nous manque, un ouvrage aussi utile que grand, était digne de servir de couronnement à ce beau monument, que nous avons été assez heureux pour élever à la géographie dans le cours du dix-huitième siècle. Chaque lieu eût été classé et rapporté par ordre alphabétique, avec sa distance à la méridienne et à la perpendiculaire, sa longitude et sa latitude. On y eût joint les noms de l'ancienne province et généralité auxquelles il appartenait jadis; celui de son nouvel arrondissement et de son nouveau département, suivi de courtes notes et indications relatives à l'histoire, au commerce, à l'agriculture, à la population et à la physique.

Tel est l'aperçu du plan que j'avais formé et que j'invite à suivre pour la correction et le perfectionnement de notre carte générale de la France. Le Gouvernement est plus dans le cas que qui que ce soit de le mettre à exécution. Les dépenses bien dirigées seront d'autant moins

---

(1) Lorsque ce Mémoire fut présenté pour la première fois, rien n'était fait; mais on ne doute pas que ce travail ait eu lieu depuis.

grandes que l'on mettra dans l'exécution plus d'activité, plus de moyens et moins de tems. C'est ce que l'expérience ne nous a que trop prouvé dans le cours de notre entreprise.

En développant ainsi mes vues, mes plans et mes moyens pour la perfection d'un ouvrage dont la propriété et la direction m'ont été enlevées, je crois prouver suffisamment que le zèle pour le bien de la chose et pour le service de la République est le premier sentiment qui me domine.

FIN DE LA DEUXIÈME PARTIE.

TROISIÈME PARTIE.

ANECDOTES DE LA VIE DE J.-D. CASSINI,

Rapportées par lui-même (1).

J<small>E</small> suis né le 8 juin de l'année 1625, et non en 1623, comme le prétend l'abbé *Giustiniani* dans son ouvrage *degli Scrittori liguri* (Roma, 1667, page 358). Ma patrie est *Perinaldo*, appelée anciennement *Podium Reinaldi*, en français *Pec-Regnault*. Ce lieu était autrefois dépendant de la Provence.

Mon père avait un frère aîné qui avait épousé la sœur de ma mère. Cet oncle n'ayant point d'enfans me regardait comme son propre fils et voulait se charger de mon éducation : mais ma mère lui connaissant des sentimens différens des siens, aima mieux me confier à un frère qu'elle avait. J'allai donc demeurer chez cet oncle maternel, qui me donna un

---

(1) Nous avons pensé que cette vie de J.-D. Cassini, écrite par lui-même, serait lue avec intérêt. Elle renferme une multitude de citations d'ouvrages et de noms d'un grand nombre de savans et de personnages marquans en Italie vers le milieu du dix-septième siècle. On y trouvera aussi plusieurs anecdotes relatives aux sciences, et à la considération dont jouissaient alors ceux qui s'y distinguaient. A la vérité, on n'écoute souvent qu'avec défaveur un auteur qui parle de lui-même ; mais lorsqu'on verra un savant modeste exposer avec simplicité ses travaux comme s'il exposait ceux des autres, quand on l'entendra donner à chaque instant des témoignages d'une estime et d'une amitié franches envers tous les savans ses contemporains avec qui il était intimement lié, on ne pourra s'empêcher de s'intéresser à lui, et l'on concevra sur-tout une grande idée de l'excellent esprit qui régnait entre les savans de ces tems-là ; esprit, au reste, qui se perpétue encore aujourd'hui parmi ceux-là qui s'occupent uniquement de la recherche des vérités. Voilà sans doute les sentimens qui résulteront de la lecture de ces anecdotes que plusieurs personnes nous engageaient depuis long-tems à faire imprimer, comme ne pouvant que faire honneur aux sciences et à ceux qui les cultivent.

précepteur pour m'instruire dans les lettres ; mais ayant
bientôt reconnu que cet homme n'était guère capable de me
faire faire de grands progrès et de seconder les heureuses dispositions que j'annonçais, il m'envoya à *Vallebonne*, sous la
discipline de *J. F. Aprosio*, docteur en droit et rhéteur
fort habile. Je demeurai deux ans à *Vallebonne*. Au bout de
ce tems, je partis pour *Génes*, et j'entrai au collége des
Jésuites, sous le père *Caselli*, qui fut depuis missionnaire
aux Indes Orientales.

Ayant entendu dans l'église de Saint-Ambroise un panégy-
rique de Saint-François Xavier, j'en traduisis les plus beaux
morceaux en vers latins ; ce qui me mérita d'être nommé le
prince des poëtes de ma classe, conjointement avec un autre
écolier dont le père avait une grande autorité dans la République ; mais, m'étant brouillé avec ce jeune homme, je
perdis ma dignité.

Je passai en rhétorique sous le père *Alberti*, connu par
ses ouvrages. Ce régent, me voyant quelques dispositions
pour la poésie, m'exerça à faire des vers sur le voyage des
Mages à Jérusalem et à Bethléem, ainsi que sur les préro-
gatives de la ville de Gênes.

J'étudiai ensuite la philosophie et la théologie sous le père
Ghiringuelli: mais en même tems, j'allais quelquefois entendre
aux Dominicains le père *Gentile*, et aux Théatins le père
Dadiesse, qui professaient la même classe. Les principes du
père *Gentile* étaient conformes à ceux de Saint-Thomas, et
différaient en quelque sorte de ceux de *Suarès de Vasques*,
et d'autres jésuites que j'avais étudiés. Comme en argumen-
tant, je cherchais toujours à soutenir les opinions de ces premiers maîtres, le père *Gentile* me conseilla fort de m'en tenir
là, et de ne pas trop m'arrêter à disputer sur de petites différences d'opinions. Je suivis son conseil et me bornai aux

leçons des jésuites. Je soutins publiquement dans diverses thèses la doctrine particulière de mes maîtres, et particulièrement celle du cardinal *Lugo*. Une fois, entr'autres, j'argumentai très-vivement pour la défense de ces doctrines en présence du cardinal *Durazzo*, archevêque de Gênes.

Il y avait alors au collége des Jésuites une leçon extraordinaire de mathématiques. L'évidence que je trouvais dans les principes de cette science, me la faisait préférer à toute autre ; aussi j'y donnais tout le tems que me laissaient ces thèses publiques qu'on ne m'obligeait que trop souvent de soutenir. C'est surtout chez l'abbé *Doria* que j'eus l'occasion de me livrer plus librement à cette étude. Ce prélat, ayant entendu parler de moi, désira m'avoir chez lui, et me conduisit à son abbaye de *S. Fructuose*. Dans cette solitude, j'étudiai les élémens d'*Euclide*; et le père *Reineri*, olivétain, ayant publié ses *Tables médicées*, je me mis à étudier le calcul des *Tables alphonsines, rudolphines* et autres dont je m'étais pourvu avant de venir chez l'abbé *Doria*. J'entrepris aussi, pendant mon séjour dans cet endroit, d'expliquer à M. *Nicole Doria* la logique du père *Toaldo*, qui me parut plus proportionnée à sa capacité que celle d'Aristote qu'on donne dans les écoles.

Une maladie m'obligea d'aller respirer l'air natal. Je retournai à *Perinaldo*; mais je n'y fis pas un long séjour, étant vivement sollicité, par M. *J.-D. Franchi*, mon ami, de revenir auprès de lui. Ce M. *Franchi* était un neveu du père *Dadiesse*, qui m'avait fait faire connaissance avec lui. Il avait une très-belle maison proche de *Sestri di Ponente*, où nous allions souvent ensemble en litière. Là, nous nous exercions à soutenir dans une chapelle des thèses où tous les religieux d'alentour étaient invités. Je m'occupais en même tems à faire des extraits d'ouvrages de théologie de divers auteurs dont je comparais les doctrines ; et le père *Dadiesse*

33

lisait ces extraits au Théatins ses disciples. Ce fut alors qu'à l'instigation de ce religieux qui méritait toute ma confiance, et par
déférence pour une de ses sœurs, *Angela Gabriela,* religieuse
au couvent des Cordelières, je me chargeai de composer en
vers italiens une tragédie de *Saint-Alexis,* pour être représentée dans le couvent. J'imitai dans cet ouvrage la tragédie
d'Alcine, de *Fulvio Testi.* Les bonnes religieuses ne se con-
tentèrent pas de représenter ma pièce entr'elles, elles la
donnèrent à la grille en habits tragiques, devant plusieurs
personnes de marque; ce qui leur attira une forte réprimande
de la part du gardien de l'*Annonciada,* leur directeur. Mais
cela ne les empêcha pas de me prier de vouloir bien leur
composer une autre tragédie sur *Sainte-Catherine;* je n'eus
ni le tems ni l'envie de les satisfaire. Je composai vers le
même tems des vers italiens en l'honneur du doge *Giustiniani,* que le père *Dadiesse* fit imprimer, et dont l'abbé
Giustiniani parle dans son ouvrage cité ci-dessus.

Quelque réputation acquise dans mes entretiens sur les
sciences me procura la connaissance de plusieurs personnes
de mérite, entr'autres celle de M. *Cosoni,* élu depuis cardinal
dans la dernière promotion, et celle de M. *Scharchafieri,*
dont la maison était hors de la ville, du côté du levant. Nous y
allions souvent, et là nous nous exercions à improviser et à
discourir sur des sujets proposés, la plupart de morale. Le
père *Bianchi,* jésuite, ayant publié sous le nom de *Candidus
Philalethes* un livre dans lequel il enseignait qu'en matière de
morale on est obligé de rejeter l'opinion la moins probable
pour suivre la plus probable, plusieurs théologiens soutenaient qu'il suffisait qu'une opinion eût quelque probabilité,
pour que l'on fût maître de l'adopter préférablement à d'autres
plus probables encore. Tel fut l'avis du père *Stefano Spinola,*
qui fut depuis évêque de Savonne. Cette question fut fort

agitée entre nous; j'étais d'avis d'adopter préférablement l'opinion la plus probable : ce parti me paraissait le plus prudent. J'avais pour moi le sentiment de *Merenda*, premier professeur de droit dans l'Université de Bologne. Je disputai souvent contre M. *Lercaro*, qui était de l'avis contraire. Au reste, dans ces sortes de matières, il est de la prudence de ne point trop se fier à soi-même, et de soumettre son jugement aux personnes plus éclairées que nous.

Nos conférences avec MM. *Cosoni* et *Scharchafieri* ne cessèrent qu'à l'occasion de l'étroite connaissance et amitié que je liai avec Monseigneur François-Marie-Imperialé *Lercaro*. Les qualités et la solidité de son esprit donnaient à prévoir qu'il parviendrait un jour aux premières dignités de la République. En effet, il fut depuis élu doge en 1683, et envoyé avec trois sénateurs près de S. M. Louis XIV, au sujet de quelques mécontentemens que ce prince avait eus de la République. M. *Lercaro* s'acquitta de cette commission avec une sagesse et une adresse qui lui méritèrent l'estime et la reconnaissance des deux partis. C'est dans cette occasion que, me trouvant alors en France, je lui rendis le service de faire près de lui les fonctions de secrétaire d'ambassade à la place de M. *Salvago*, qui était alors en Angleterre, et qui ne put venir à tems pour remplir cette place.

M. *Lercaro*, ayant eu communication de quelques calculs que j'avais faits et tirés des tables de *Reineri*, désira infiniment m'attirer auprès de lui; et ayant appris que j'avais passé quelque tems à la campagne, chez M. l'abbé *Doria*, chez M. *Franchi*, il m'engagea à venir chez lui et à l'accompagner dans ses terres sur les frontières de la Lombardie; j'y consentis. Ce seigneur était d'une grande vivacité d'esprit, fort ardent dans les disputes de philosophie et de théologie, sur lesquelles nous nous exercions souvent. Ce fut dans ce voyage

que je fis connaissance avec un ecclésiastique, originaire de
l'île de Corse, qui avait plusieurs livres d'astrologie. Il m'en
prêta quelques-uns dont je m'amusai à faire des extraits, que
j'ai depuis consignés par scrupule (1) entre les mains de
M. J.-B. *Spinola* Somasque. Ayant fait l'expérience d'une
méthode astrologique très-fautive, et qui cependant avait
très-bien réussi, je soupçonnai que le hasard seul avait pu
justifier la prédiction ; et ayant lu attentivement le bel
ouvrage de *Pic de la Mirandole* contre les astrologues, je
vis qu'il n'y avait rien de solide dans leurs règles, et qu'il n'y
avait que l'astronomie qui méritait de l'attention (2). A mon
retour, je fis part de mes réflexions à plusieurs de mes amis,
mais je ne pus persuader le plus grand nombre, trop prévenu
en faveur de l'astrologie judiciaire (3). Ce qui donna lieu au
père *Noceto*, jesuite et théologien du Sénat de Gênes, de
combattre cette vaine science dans des sermons qu'il fit à
Saint-Ambroise. Il y réfuta particulièrement les prédictions
que publiait tous les ans en forme d'almanach un certain

---

(1) Ce scrupule de J.-D. Cassini, à l'âge de 21 ans, tenait à un esprit religieux
qu'il conserva depuis sa plus tendre jeunesse jusqu'à la fin de sa longue carrière.
Devenu aveugle à 85 ans, et ne pouvant plus tenir registre de la marche et des
positions des astres, il dictait, tous les jours en se couchant à un secrétaire, un
compte exact de ses propres actions et de ses pensées de la journée. Ce journal
existe encore parmi ses manuscrits ; c'est là que l'on trouve les témoignages de
la piété la plus profonde, et d'une fréquente méditation sur la lecture des livres
saints. On y voit aussi que c'est au mois de mars 1711 que l'auteur dicta les notes
sur ses découvertes, que l'on trouvera à la suite de ces anecdotes qui ont sans
doute été écrites vers le même tems, sur la demande que lui en avaient faite
quelques amis, ainsi qu'il le dit lui-même dans le journal précité.

(2) L'on voit, par ce passage, que J.-D. Cassini ne s'occupa qu'un instant
d'astrologie, et qu'il en reconnut aussitôt l'extravagance.

(3) Il paraît qu'à cette époque, en 1646, il y avait encore en Italie beaucoup
de partisans de l'astrologie.

Thomas Oderigo, gentilhomme de Gênes, dont les connaissances astrologiques venaient d'essuyer un cruel affront,
qu'avait précédé un grand triomphe. En effet, une tempête
prédite dans un de ces almanachs arriva ponctuellement au
jour marqué; elle fut si furieuse qu'un grand nombre de
personnes courut aux églises pour se préparer à la mort.
Mais il fit le tems le plus calme un autre jour pour lequel le
même almanach avait prédit une semblable tempête, dont
l'attente avait donné lieu à un grand nombre de particuliers
de déserter la ville de Gênes, de peur d'être ensevelis sous
ses ruines. Le père *Noceto* profita de ce contre-tems pour
confondre son adversaire. Celui-ci, très-irrité, publia contre
le jésuite un ouvrage intitulé *il Cielo aperto,* pour lequel le
Sénat fit enfermer l'auteur dans la tour du palais. Le père
Noceto répondit par une satire en vers italiens, qui commençait ainsi :

> *Il cielo aperto a chiuso*
> *Il suo spalencatore ;*

et dont il envoya deux exemplaires aux pères *Riccioli* et
Grimaldi. Mais ceux-ci n'approuvèrent point cette conduite,
disant, comme *Kepler,* qu'on peut tolérer qu'une fille folle
comme l'astrologie nourrisse une mère sage comme l'astronomie, et que si le public était persuadé de la vanité de
l'astrologie, les livres d'astronomie n'auraient plus de débit.

De retour à Gênes, je suivis, à l'instigation de M. *Lercaro,*
les leçons de droit que le docteur *Lomellino* donnait à plusieurs gentilshommes. Je lisais en même tems les ouvrages de
Messinger et ceux d'*Oinoctrinus,* dont la méthode me paraissait très-belle. C'est sur ces entrefaites que l'on m'offrit à
Gênes un parti très-avantageux ; mais M. *Lercaro* me conseilla d'attendre un âge plus avancé. Je fis alors connaissance
avec le sénateur *Bagliani,* auteur de plusieurs beaux ouvrages

de mathématiques et de physique. Il me fit voir un sextant astronomique que *Tycho-Brahé* avait fait faire pour *Magini*, par un ouvrier qu'il lui envoya exprès de Danemarck. Cet ouvrier ne fut pas plutôt parti que *Magini* vendit l'instrument.

Le pape Innocent X se préparant à tirer vengeance contre le duc de Parme de la mort d'un prélat envoyé pour évêque à Castro contre la volonté de ce prince, il fit venir de Gênes à Bologne *Octavien Sauli*, pour lui donner le commandement de ses troupes. Les amis de *Sauli* m'ayant demandé ce que je pensais du succès de sa commission, je répondis ce qui me parut pour lors le plus vraisemblable, que *Sauli* serait vainqueur. Ce général, instruit et flatté de cette réponse, pensant d'ailleurs qu'elle était fondée sur des connaissances astrologiques, imagina, pour me rendre service, de parler de moi très-avantageusement à Bologne, et sur-tout au marquis *Malvasia*, sénateur fort attaché à l'astrologie. Celui-ci, sur ce témoignage, devint très-empressé de me connaître, et pria le général *Sauli* de m'inviter de sa part à me rendre à Bologne, en me donnant l'espérance de me faire obtenir une place dans la célèbre Université de cette ville. L'envie d'apprendre quelques autres parties des sciences qu'on n'enseignait point à Gênes, et particulièrement la médecine, dont il y avait de savans professeurs à Bologne, me fit accepter avec joie la proposition du marquis *Malvasia*.

Je partis de Gênes où j'avais eu l'honneur d'être agrégé par le Sénat au nombre des citoyens, et je me rendis à Bologne. En y arrivant, j'y retrouvai M. *Franchi* qui y avait été amené par le père *Dadiesse*, résidant alors à Modène. Nous renouvelâmes connaissance, et d'après plusieurs informations que celui-ci me donna, je ne voulus point d'abord aller trouver le sénateur *Malvasia*; mais, ayant un jour rencontré M. *Matteo Peregrigni*, gouverneur du prince *Doria*, que

j'avais connu à Gênes et qui depuis avait été appelé à Bologne
et nommé secrétaire du Sénat, celui-ci m'entretint long-tems
des avantages et des récompenses que les professeurs de
l'Université obtenaient du Sénat, à proportion de leur mérite
et de leurs travaux; il finit par me conseiller de ne point
négliger les offres et la protection du sénateur *Malvasia*, qui
avait une grande autorité dans le Sénat; il me fit même faire
connaissance avec *Laurenzio Grimaldi*, ami intime de *Malvasia*, à qui celui-ci écrivit aussitôt pour lui faire part de mon
arrivée.

Le sénateur *Malvasia* était à la *Villa di Pausano* proche
Modène, où il faisait construire un Observatoire qui devait
être garni de plusieurs instrumens et orné d'une grande
quantité de livres d'astronomie; dès qu'il eut reçu la lettre
de son ami, il m'envoya chercher et m'accueillit avec les plus
grandes marques de considération. Il avait coutume de faire
imprimer tous les ans un Journal astrologique dont il faisait
présent à ses amis; je lui représentai qu'il serait plus honorable de calculer d'après les éphémérides des tables astronomiques plus modernes, et de laisser à part les prédictions
astrologiques qui n'avaient aucun fondement solide. Ce bon
conseil que je lui donnais fut bientôt confirmé par un évènement assez singulier qui lui fit reconnaître, que ce n'était
que par hasard que les prédictions astrologiques avaient
quelques succès. Il avait prédit dans son Almanach une grande
tempête pour un certain jour, et ce même jour un ouragan
et une grêle furieuse ruinèrent les campagnes d'alentour; le
marquis *Malvasia* vint me trouver son livre à la main pour
me convaincre de la justesse de sa prédiction. Fort bien,
lui répondis-je; mais voyons un peu sur quel fondement
vous vous êtes appuyé et repassons les calculs. Ce qui fut fait
aussitôt. Mais il se trouva, à ma grande satisfaction, que

c'était par une faute d'impression que l'on avait marqué dans les éphémérides une configuration qui n'avait point eu lieu, et d'après laquelle le sénateur avait conclu l'événement de la tempête, qui n'aurait pas dû avoir lieu si les éphémérides eussent été justes. De ce moment *Malvasia* prit le parti de calculer lui-même de nouvelles éphémérides (1).

Lors de mon arrivée à Bologne en 1649, il y avait pour professeurs de mathématiques dans l'Université, le père *Ricci*, disciple de *Cavalieri*, qui avait donné au public un ouvrage en deux volumes intitulé : *Directorium Uranometricum*, accompagné de bonnes tables ; *Ovidio Montalbani*, qui donnait tous les ans un abrégé de l'état du ciel ; *Pierre Mengoli* et le comte *Mansini*, qui avaient aussi publié des observations astronomiques. Il y avait enfin au collège des Jésuites le père *Riccioli*, auteur de l'Almageste nouveau, assisté du père *Grimaldi* ; et le père *Bettini* qui avait aussi donné au public quelques traités d'astronomie.

Les fréquentes conférences que j'eus avec ces illustres savans me donnèrent lieu d'être connu d'eux et du Sénat, qui ne tarda pas à me donner la première chaire d'astronomie que fit vaquer la mort de *Cavalieri*. Je fus inscrit par son ordre dès l'an 1650 et commençai dès-lors à travailler aux observations astronomiques pour la correction des tables.

MM. *Montalbani, Ricci, Mengoli*, que j'avais pour associés, et auxquels je joignis ensuite M. *Montanari*, se réunissaient souvent chez moi, où nous tenions des assemblées dans lesquelles nous nous occupions d'expériences de mathématiques

---

(1) Il paraît, d'après cette anecdote et les précédentes, que D. Cassini n'a jamais été partisan de l'astrologie; qu'au contraire il a été plus que personne occupé à la combattre et à la détruire en Italie, où il paraît qu'on en était fort entiché.

et de physique dont quelques-unes sont rapportées par l'abbé *Giustiniani* et d'autres dans les journaux de Parme. A la sollicitation de plusieurs amis, ou de personnes de distinction, je répétais ces expériences chez le vice-légat, à Saint-Bernard, chez l'abbé *Pepoli*. Le cardinal *Saquetti* désirait infiniment que deux de ses neveux étudiassent sous moi les mathématiques, et les envoya à Bologne. Un d'eux, qui était abbé et qui fut depuis cardinal, soutint une thèse qu'il dédia au pape, et pour laquelle je fis des vers latins qui furent reçus favorablement de Sa Sainteté ; ils ont été imprimés.

Lors de l'apparition de la comète de 1652 ; l'archevêque de Bologne l'observa, et le marquis *Malvasia* voulut absolument que je me transportasse avec lui et *Beringelli Geri* mon disciple à sa maison *di Pansano*, où il y avait des instrumens en assez mauvais état ; il en fit établir un nouveau qui ne se trouva pas meilleur que les autres, et dont cependant il désira que l'on donnât la figure au public. Je me contentai de marquer la configuration de cette comète avec les étoiles voisines, et d'en déterminer ainsi le mieux que je pus la longitude et la latitude de jour en jour. Nous fîmes venir de Modène des imprimeurs qui imprimaient mon discours à mesure que je le faisais. Ce qu'il y eut de plus remarquable à cette comète, c'est qu'elle passa par notre zénith. Les observations que je fis de son cours m'autorisèrent à conclure qu'elle n'avait point de parallaxe sensible et qu'elle était au-dessus de Saturne. Le duc François de Modène, qui était fort curieux et amateur de l'astronomie, venait quelquefois à *Pensano* assister à nos observations et voir nos instrumens. C'était pour lui plaire que le marquis *Malvasia* faisait imprimer mes observations à mesure que je les faisais. Dans le traité que je composai en cette occasion sur cette comète, je ne m'éloignais guère de l'hypothèse la plus commune sur la génération des comètes,

34

avec cette différence que j'attribuais leur origine au concours des exhalaisons tant de la terre que des astres; car je supposais que chaque astre a une atmosphère qui s'étend fort loin, et qui se mêle avec les atmosphères des autres astres. Mais depuis la publication de cet ouvrage, ayant eu le loisir de comparer ensemble les observations diverses de cette comète dont le mouvement avait paru singulièrement inégal, je reconnus qu'il pouvait se réduire à l'égalité sur une ligne circulaire fort excentrique à la terre; et ayant vu dans les dernières observations cette comète passer par le zénith et n'avoir point de parallaxe sensible, j'estimai fort raisonnable l'hypothèse ancienne d'*Apollonius Myndien*, qui supposait les comètes des astres perpétuels dont le mouvement est si excentrique à la terre qu'elles ne sont visibles que lorsqu'elles approchent de leur périgée.

Ignace *Dante*, dominicain, avait entrepris de tirer une grande ligne dans l'église de Sainte-Pétrone pour les observations du soleil: mais s'étant servi d'une ouverture faite dans la muraille méridionale de la nef orientale de l'église, les rayons du soleil à midi allaient rencontrer les colonnes, de sorte que la ligne tracée sur le pavé avait été obligée de décliner de la méridienne de plus de 9 degrés; il n'y avait d'ailleurs aucune division qui pût servir à connaître les hauteurs du soleil. Après avoir pris toutes les dimensions nécessaires, je m'aperçus qu'il était possible de tracer une longue méridienne qui ne rencontrât point les colonnes en passant entre leurs bases. En conséquence je cherchai et je trouvai dans la voûte un point élevé de mille pouces du pied de Paris sur le pavé horizontal de l'église, par où l'on pourrait faire passer les rayons du soleil dont l'image devait être reçue sur la nouvelle méridienne. Cette hauteur, plus grande d'un tiers que celle du gnomon d'Ignace *Dante*, demandait une longueur horizontale deux fois et demie plus grande, c'est-à-dire de 2500 pouces, pour pouvoir servir à prendre toutes les hauteurs méridiennes du soleil de l'un à l'autre tropique. Cette longueur se trouva juste comprise entre le point perpendiculaire au-dessous du gnomon et la muraille septentrionale de l'église, à laquelle l'image du soleil devait arriver au solstice d'hiver. J'obtins donc une zône méridienne capable de recevoir l'image du soleil à midi tout le long de l'année.

Je n'entrepris cet important ouvrage qu'après avoir pris les plus grandes précautions pour m'assurer la possibilité de vaincre les obstacles qui semblaient se rencontrer tant en dedans qu'en dehors de l'église, dont l'architecture gothique présentait en différens lieux des inégalités et des difficultés d'exécution qui faisaient douter à plusieurs personnes de la réussite ; aussi j'eus bien de la peine à persuader le sénateur qui présidait au bâtiment de Sainte-Pétrone, et à obtenir la permission de tenter mon entreprise : elle me fut enfin accordée. J'invitai bientôt par des affiches (1) pour être témoins du succès de mes tentatives, tous les savans de Bologne, entre autres, les professeurs de l'Université ; *Montalbani*, *Ricci* disciple de *Cavalieri* mon prédécesseur, *Mengoli*, auteur du Traité des Années et des Mois, ainsi que deux célèbres jésuites *Riccioli* et *Grimaldi*, assistèrent à mes opérations et en rendirent compte au Sénat. Le père *Riccioli* particulièrement en a parlé depuis dans son grand ouvrage de la manière la plus flatteuse. Par les nombreuses observations que je fis à ce nouveau gnomon, je déterminai l'obliquité de l'écliptique de 23 degrés 29 minutes, la réfraction horizontale de 32 à 33 minutes, la parallaxe du soleil presqu'insensible ; en effet, je ne l'ai trouvée depuis que de 10 secondes. Enfin je déterminai

_____

(1) En 1655.

la partie de la circonférence de la terre que la longueur de ma nouvelle méridienne occupait dans le ciel; et mes déterminations furent depuis vérifiées par les opérations que M. Picard fit en France, et qu'il a publiées dans son livre de la Mesure de la Terre.

Un des principaux usages que je fis de mes observations à la nouvelle méridienne de Sainte-Pétrone, fut de montrer par leur moyen que l'inégalité du mouvement apparent du soleil ne dépend pas immédiatement de son excentricité, qui est cause que son diamètre apparent paraît plus grand dans le périgée que dans l'apogée. Mes observations firent voir que le diamètre apparent du soleil, qui diminue en s'éloignant du périgée, ne diminue pas à proportion comme le mouvement de cet astre dans l'écliptique. *Kepler* l'avait déjà avancé; mais les astronomes, entr'autres le père *Riccioli*, n'avaient pu se le persuader jusqu'alors. Le savant jésuite, convaincu par mes observations, auxquelles il assistait quelquefois, revint à l'opinion de *Kepler,* comme on le voit dans son Astronomie réformée. A cette occasion même il me proposa de coopérer avec lui à ce grand ouvrage et de le publier ensemble; mais je m'y refusai, ne me croyant pas autant de facilité que lui pour écrire.

Le tremblement assez considérable qu'éprouvait l'image du soleil, marquée sur le pavé de notre méridienne, rendait souvent difficile la détermination exacte du diamètre. Pour plus de précision, j'avais soin de marquer sur le pavé les termes où arrivait l'élancement du soleil; ce qui ne laissait pas encore d'être assez difficile à cause de la faiblesse de la lumière vers les extrémités de l'image. De là vient qu'on ne saurait établir une hypothèse du mouvement du soleil sans l'incertitude de quelques secondes. Cela cependant ne m'empêcha pas de reconnaître, comme je l'ai dit ci-dessus, que la variation apparente du diamètre du soleil, dans son passage de l'apogée au périgée, est environ la moitié plus petite que l'inégalité du mouvement apparent dans le même intervalle de tems.

Je nivelai avec le plus grand soin plusieurs endroits de la méridienne de Sainte-Pétrone à diverses distances des piliers de l'église, afin de pouvoir par la suite reconnaître si elle n'éprouverait pas de variation de la part du bâtiment. En effet, plusieurs années après, étant revenu de France en Italie (1), et ayant nivelé les mêmes endroits, j'ai trouvé que proche des piliers il y avait un peu d'enfoncement qui n'avait pas lieu à quelque distance de leur base; ce qui me fit juger que ces enfoncemens venaient de la pression continuelle des piliers vers le centre de la terre. Il y a plusieurs exemples d'un effet pareil qu'éprouvent les bâtimens. J'ai vu des chaînes de fer qu'on avait bien bandées d'une muraille à une autre pour empêcher l'écartement, se relâcher tellement qu'on avait été obligé de les relever et de les soutenir par des barres attachées à la voûte. Une muraille, reconstruite pendant l'été, avait éprouvé un mouvement qui l'avait fendue verticalement; on s'apprêtait à la réparer au retour du beau tems, et quand on y alla on la trouva aussi bien réunie que si elle n'avait jamais eu de fente. J'ai vu à *Fano* les cellules des camaldules placées sur une montagne toute fendue, ce que j'ai attribué au gonflement de la terre, causé par l'humidité de l'hiver. L'on sait qu'une barre de fer rougie au feu est sensiblement plus longue que quand elle est refroidie, et il se pourrait bien faire que les pendules attachées à une barre de fer eussent quelques inégalités de vibration causées par la

---

(1) En 1695.

variation des saisons et des climats. En effet, on trouve que vers l'équinoxial il faut raccourcir les pendules pour leur faire faire en un jour le même nombre de vibrations que dans les pays tempérés.

Le marquis *Malvasia* avait entrepris de continuer les éphémérides de *Montebrun*, tirées des tables de *Lansberg*. Il y travailla pendant plusieurs années en y ajoutant celles du soleil, calculées suivant mon hypothèse, et qui furent imprimées à Bologne en 1663; ces tables étaient fondées sur mes observations faites à la méridienne de Sainte-Pétrone, et dont j'avais donné les résultats dans l'ouvrage publié en 1656, sous ce titre : *Specimen Observationum Bononiensium quæ novissimè in D. Petronii templo ad astronomiæ novæ constitutionem haberi cœpere.*

La reine Christine de Suède, qui venait d'abdiquer la couronne, étant passée par Bologne pour se rendre à Rome, je lui présentai sur une grande feuille de satin le dessin et la description de la ligne méridienne à laquelle je travaillais alors. J'y joignis le dénombrement des usages auxquels elle était propre, et dédiai ce petit ouvrage en forme de thèse à S. M., qui l'accueillit avec bonté, et même avec une sorte de préférence sur tous les autres hommages de ce genre qui lui furent présentés alors. Ce fut dans cette occasion que j'eus l'honneur de faire connaissance avec cette princesse, et de commencer ces longs entretiens que j'ai eus depuis avec elle.

Lorsqu'on eut appris à Gênes que je m'étais absolument établi à Bologne, mon ancien ami, Fr.-Mar.-Impériale *Lercaro*, qui fut doge de la République, me vint voir avec sa femme Émilie, dame d'un grand esprit, fille de Antoine *Brignole* qui après la mort de sa femme avait quitté les charges de la République, était entré dans l'Ordre des Jésuites, et faisait les fonctions de prédicateur avec un grand applaudissement. Je fis loger cette compagnie dans la maison du marquis *Malvasia*, qui pour lors était à Modène, et toute la noblesse de Bologne vint complimenter mes hôtes.

Je n'eus pas plutôt achevé mes travaux et divers ouvrages à l'occasion de la méridienne de Sainte-Pétrone, que je fus envoyé par le Sénat de Bologne, avec le marquis *Tanara*, ambassadeur auprès du pape Alexandre VII, pour régler les différens élevés entre cette ville, et celle de Ferrare sur le cours du *Reno* et du Pô. Le père *Riccioli* m'assura au moment de mon départ que ces différens ne se videraient jamais, vu les intérêts contraires de ces deux villes sur ce point, d'où dépend la conservation ou la ruine de ces Etats. Il ne vous sera peut-être pas aussi difficile, ajouta-t-il, d'obtenir pour moi du pape la restitution d'un ouvrage que l'inquisiteur de Bologne me retient depuis long-tems. Je me chargeai de la commission du père *Riccioli* et m'en acquittai avec succès. En effet, à mon arrivée, dès la première audience que j'eus de Sa Sainteté, je trouvai l'occasion de parler du père *Riccioli;* car le Pape m'ayant cité son Almageste, je lui dis que ce savant jésuite n'excellait pas seulement dans l'astronomie, mais qu'il était encore grand théologien; qu'il avait anciennement composé un ouvrage sur la conception de la sainte Vierge, que lui-même croyait pouvoir regarder comme une de ses meilleures productions; mais que l'ayant présenté à l'inquisiteur pour obtenir la permission de le faire imprimer, celui-ci, non-seulement ne la lui avait pas accordée, mais encore avait retenu le manuscrit sans jamais vouloir le rendre. J'ajoutai qu'en conséquence le père *Riccioli* m'avait chargé de porter ses représentations à Sa Sainteté, et de la prier de lui faire rendre au moins son ouvrage. Le Saint-Père me répondit aussitôt que le père *Riccioli* serait satisfait, et que son livre lui serait rendu. Il ajouta qu'il venait de faire publier quelques ordonnances favorables à la fête de la Conception, à laquelle il avait une dévotion particulière, mais que néanmoins il ne jugeait pas devoir la déclarer de foi, comme le père *Riccioli* le proposait dans le susdit ouvrage, afin de ne pas être dans le cas de condamner le sentiment d'un ordre illustre dans l'église, qui était d'un avis contraire.

Sa Sainteté me parla aussi du goût qu'elle avait eu anciennement pour l'astronomie, s'étant amusée à inventer et à construire des cadrans solaires portatifs. Elle me dit qu'étant nonce à Bologne, elle avait eu correspondance avec plusieurs astronomes. Nous parlâmes du père *Reita,* et le Pape me raconta à son occasion que n'étant encore que cardinal, le provincial des Capucins lui ayant un jour envoyé un manuscrit d'un ouvrage de ce savant, il l'avait renvoyé en y joignant un petit billet de sa main dans lequel il louait l'ouvrage et exhortait l'auteur à le publier. Le père *Reita* eut l'indiscrétion de faire imprimer le billet à la tête de l'ouvrage : ce qui lui déplut fort, parce que le livre contenait quelques propositions susceptibles de censure. Aussi Sa Sainteté, depuis son exaltation au Saint-Siége, ayant appris que le père *Reita* venait d'Allemagne à Rome pour la complimenter, avait donné ordre de le retenir à Bologne, où ce père avait tenu des conférences assez libres qui avaient obligé de le faire passer à Ravenne.

Le plus savant mathématicien que je trouvai à Rome à mon arrivée, était M. *Ricci,* qui fut depuis cardinal. Le père *Kircher* était aussi dans une grande réputation. Il possédait un très-beau cabinet de physique. J'eus souvent des entretiens avec ces deux illustres personnages, où je leur communiquais mes spéculations astronomiques, ainsi qu'au père *Santini,* qui avait publié un ouvrage sur les problèmes les plus difficiles de la géométrie. Pendant ce séjour que je fis à Rome, je présentai à Sa Sainteté un système du mouvement spiral des planètes principales, dans l'hypothèse de la terre stable. Cet ouvrage se conserve dans la bibliothèque Chigi, et me fut montré comme une rareté dans mon dernier voyage de France à Rome. Le grand-duc de Toscane en eut aussi un exemplaire.

Je fus fréquemment distrait de mes observations astronomiques à Rome, par l'objet principal qui m'y avait amené, et par la commission importante dont le Sénat de Bologne m'avait chargé, comme je l'ai dit plus haut. Mais je vais entrer dans un plus grand détail à ce sujet.

Il était arrivé dans le dernier siècle, aux confins du Bolonnais et du Ferrarais, un des plus grands changemens, dans le cours des eaux, qui soient arrivés depuis le déluge. Le Pô, appelé par les anciens le Roi des fleuves, après avoir reçu toutes les rivières de la Lombardie, s'était divisé à la *Stellata,* proche de Ferrare, en deux grands troncs dont l'un allait vers le pont de *la Scuro,* au nord de Ferrare, après avoir reçu le *Panaro,* fleuve du Modenois, et le *Reno,* fleuve du Bolonnais. A Ferrare, il se divisait en deux branches, dont une, allant vers le nord, s'appelait *Pô di Volana,* et l'autre, allant vers le midi, s'appelait *Pô di Primaro,* comme le principal tronc du Pô. Cette branche se répandait du côté du midi dans une grande vallée appelée *Padusa,* d'où l'on tirait un canal qui allait à Ravenne. Ces deux rameaux faisaient communiquer Ferrare avec la mer Adriatique, rendaient cette ville le centre du commerce de la Lombardie ; mais au dernier siècle le Pô s'étant retiré de la branche appelée *Primaro,* toutes ces eaux du Pô et celles des rivières qui s'y jetaient, avant que d'arriver à Ferrare, au lieu d'aller de la *Stellata* à Ferrare, allaient par le même lit de Ferrare à la *Stellata,* se réduisant toutes dans un grand lit qui est appelé aujourd'hui *Pô grande,* et qui va se jeter dans la mer

35

Adriatique. On avait proposé diverses manières de régler et de distribuer ces eaux : *Aleotti*, célèbre architecte, avait proposé de les conduire toutes dans le *Pô grande*, au-dessus de Ferrare, ce qui aurait fait extrêmement tort aux Bolonnais; ainsi qu'un autre projet donné depuis par des ingénieurs ferrarais, qui ne voulaient plus faire tomber les eaux du *Reno* dans le *Pô*, mais qui voulaient les conduire dans la mer Adriatique.

C'est à l'occasion de ces différens que je fus nommé par le Sénat pour accompagner le marquis *Tanari*, ambassadeur auprès de Sa Sainteté. Arrivés à Rome, nous eûmes à traiter les détails de cette affaire vis-à-vis la sacrée congrégation des eaux, formée de plusieurs cardinaux qui avaient été nommés pour juger cette affaire. Je composai plusieurs Mémoires que je présentai à ce tribunal et dont plusieurs furent imprimés. La congrégation crut n'avoir pas de meilleur parti à prendre que de remettre cette affaire à la décision du cardinal *Boromeo*, alors légat à Ravenne, grand ami du cardinal *Impériali*, légat de Ferrare, à qui il était entièrement dévoué. Il fallut donc se rendre auprès du cardinal *Boromeo* pour entamer l'affaire.

Dans les conférences que nous tînmes à Ravenne chez le cardinal-légat, les Ferrarais demandèrent qu'on levât le plan et qu'on fît le nivellement des rivières qu'il s'agissait de régler, en commençant de la digue de *Casalechio*. On chargea de cette opération ceux qui avaient été autrefois employés à faire la description des vallées de *Comachio*, et les députés de Ferrare et de Bologne devaient se joindre à eux pour suivre et examiner leurs opérations. C'est d'après les mesures prises dans cette description géographique, et combinées avec des observations de hauteur du pôle que je faisais en mon particulier en différens lieux, que j'essayai d'abord d'établir une mesure de degré de la terre : mais comme les instrumens employés dans cette opération étaient fort petits, je ne persistai pas long-tems dans ce projet.

Il arriva vers ce tems-là une histoire assez plaisante à un des ingénieurs qui étaient sous ma direction. Etant allé visiter une île formée par le Pô, et dans laquelle il y avait une petite église, cet ingénieur voulut voir le tableau qui décorait le maître-autel et tira le rideau qui le couvrait. Aussitôt une femme qui était présente s'écria qu'il avait fait un sacrilége et qu'il lui arriverait un grand mal, parce que, lorsqu'on découvrait ce tableau, il en résultait une grande tempête et la mort, au bout de huit jours, de celui qui l'avait découvert. Par malheur une grêle horrible vint à tomber bientôt après, ce qui mit le pauvre ingénieur dans une telle appréhension et le frappa si vivement, qu'il se crut proche de sa fin et ne voulut plus penser qu'à se préparer à la mort. Il en fut quitte heureusement pour la peur.

La poursuite de notre affaire principale me donnait fréquemment lieu d'aller à Ravenne et à Ferrare, où je fus reçu avec la plus grande distinction par M. l'abbé *Bentivoglio* et le marquis *Hippolyte* son neveu. C'est de concert avec ces Messieurs que je projetai et proposai une nouvelle manière de régler le cours du *Reno*, qui allait être adoptée de Bologne et de Ferrare, sans le comte *Nigrelli*, ferrarais, qui s'opposa à mon projet, parce qu'il ne lui avait pas été communiqué aussitôt qu'il l'aurait désiré. En conséquence, on continua la levée du cours des rivières et les opérations commencées.

A l'occasion d'une éclipse de soleil, qui eut lieu pendant un de mes séjours à Ferrare, j'expliquai au marquis *Bentivoglio* ma méthode pour représenter sur une carte géographique la diversité des apparences d'une éclipse de soleil pour tous les lieux de la terre. J'avais imaginé précédemment cette méthode lors d'une éclipse de soleil que j'observai en la présence du duc *François* de Modène; mais l'inquisiteur de cette ville, alarmé de cette nouveauté, ne me permit pas de la faire imprimer, comme je me l'étais proposé. Je fis aussi avec un soin particulier, pendant que j'étais à Ferrare, l'observation du passage de l'épaule d'Auriga par le zénith de la partie septentrionale du palais, et qui fut comparée, par le père *Riccioli*, à l'observation qu'il fit de la distance de cette étoile au zénith, rapportée par ce savant jésuite dans sa Géographie réformée.

Dans l'intervalle des divers voyages que j'étais obligé de faire pour les affaires publiques, j'avais ma résidence à Bologne chez le marquis *Angelelli* qui, pendant que j'étais à Rome, avait exigé de moi que j'acceptasse sa maison. A mon arrivée, je trouvai la chambre qu'il m'avait fait préparer toute peinte d'instrumens de mathématiques. Je restai chez lui avec la marquise sa femme, jusqu'à son retour de France, où il avait été envoyé par le connétable *Colonne*, pour demander en mariage la nièce du cardinal *Mazarin*. A son retour, je pris une maison vis-à-vis de la sienne où, rassemblant plusieurs savans tels que *Malpighi*, *Fracasti*, *Mauri*, *Pinchiari*, et autres qui se sont fait connaître par des productions données au public, nous faisions plusieurs expériences et dissertations sur les sciences. Je fis aussi vers ce tems-là (1), à Bologne, quelques essais sur la dimension de la terre par le moyen de la tour *Asinelli*, rapportés par *Riccioli*. D'après les observations, je déterminai la grandeur céleste de la méridienne de Sainte-Pétrone, et la longueur de l'église de Saint-Pierre de Rome, que j'ai trouvée de 6 secondes; enfin la longueur de la ligne tirée dans Rome depuis la *Porta Pia*, en suivant le

(1) En 1658.

chemin qui rase le palais *Montevallo*, jusqu'à l'extrémité la plus éloignée, d'une minute. Ces mesures ne furent que le prélude de celles que j'ai faites depuis en France.

Je fus appelé à Rome, en 1664, par ordre du Pape, pour accompagner M. *Carpegne* dans le voyage qu'il devait faire pour régler le cours de la *Chiane*. C'était une affaire qui avait déjà été traitée du tems de l'empereur Tibère qui, selon Tacite, avait reçu des ambassadeurs de Florence pour le prier de détourner le cours de la *Chiane* dans l'*Arno*. Plusieurs arrangemens avaient eu lieu au sujet de la distribution de ces eaux entre les Florentins et les Romains. Le grand-duc de Toscane demandait que les anciennes conventions fussent observées. Il est bon de savoir que le cours des eaux de la Chiane était autrefois dans le *Tibre;* présentement il est ordinairement dans l'*Arno*. Il y a deux petites rivières, dont l'une est la *Triesa,* qui vient de l'Etat ecclésiastique du côté d'orient; l'autre est l'*Astróne,* qui vient de la Toscane du côté de l'occident. Ces deux rivières entrent l'une contre l'autre dans celle de la *Chiane,* au-dessous de *Chiusi,* y portent et y amassent des terres qui font refluer vers le *Tibre* la partie supérieure de la *Chiane*. A ce point de séparation sont deux tours anciennes, l'une sur l'Etat ecclésiastique, l'autre sur les terres de Toscane, que l'on appelle *Torre di Beccati-questo* et *di Beccati-quest'altro,* noms assez ridicules, mais relatifs à la destination de ces deux tours, élevées sans doute pour veiller de part et d'autre au cours des eaux dans chaque Etat. Depuis ce terme, il y a vers l'orient, du côté de l'Etat ecclésiastique, une rigole appelée la veine de la *Chiane,* destinée à porter de l'eau vers le *Tibre*.

Anciennement le cardinal *Corado* de Ferrare, ville qui travaille toujours à garantir ses campagnes des inondations de plusieurs rivières, n'étant encore qu'auditeur de Rote, avait

été envoyé avec les députés de Florence pour régler le cours
de la *Chiane*, et avait fait établir des bornes qui devaient
être maintenues dans le même état; mais en peu d'années les
bornes furent enterrées. Nous convînmes avec les ministres
de Florence de les découvrir et d'en faire élever de nouvelles
sur les anciennes, à la hauteur de 7 pieds. L'exécution en
fut remise à l'année suivante, et pour lors je fus envoyé seul
et chargé, en qualité de ministre de l'Etat ecclésiastique, de
traiter avec les ministres du Grand-Duc, qui étaient plusieurs
ensemble. Ces Messieurs proposèrent d'élever une muraille
ou digue pour empêcher entièrement que la *Treisa* et l'*Astróne* ne prissent leur cours vers l'*Arno*, ainsi que la *Chiane*
le prenait le plus souvent. Je retournai à Rome pour faire
part de cette nouvelle proposition à la congrégation des eaux,
qui résolut de s'en tenir aux anciens réglemens. Je revins
donc trouver MM. les députés de Toscane avec M. *Viviani*,
l'un d'eux, pour leur faire part de cette décision.

   Dans mes dernières tournées pour l'affaire de la *Chiane*,
je fis plusieurs observations sur la transformation des insectes
qui viennent dans les noix de galle. J'en écrivis une longue
lettre latine au docteur *Montalbani*, qui la fit imprimer dans
son addition aux ouvrages d'*Aldrovandi*. J'ai trouvé aussi
sur les montagnes voisines de la *Chiane* une grande quantité
de coquillages semblables aux écailles d'huîtres, les uns plus
grands, les autres plus petits, et je jugeai qu'ils avaient
anciennement été déposés là par les eaux qui avaient sub-
mergé les montagnes.

   Ce fut pendant mon séjour à Rome, en 1664, que commença à paraître une comète proche du bec du corbeau. Je
fus averti de son apparition par *D. Maria Chigi*, frère du
Pape. Je l'observai donc régulièrement dans la loge de la
maison *Chigi*, où j'étais aidé particulièrement par l'abbé *Pas-*

sionei qui, pour marquer la configuration de cette comète avec les étoiles voisines, écrasait des grains de plomb, les remuant sur le papier autour de la figure de la comète, jusqu'à ce que leur disposition se conformât à celle des astres qui l'environnaient. Mais bientôt la reine de Suède, curieuse de ces sortes d'observations, voulut que je les vinsse faire chez elle. Cette princesse, voyant que la comète allait d'un jour à l'autre fort rapidement par son mouvement propre vers le nord-ouest, me dit qu'elle imaginait qu'elle allait faire en peu de tems le tour du ciel. Je lui répondis que selon mes hypothèses ce mouvement actuel si prompt devait se ralentir jusqu'à devenir stationnaire et même rétrograder ensuite. Etonnée d'une prédiction aussi singulière, elle m'en demanda le fondement, et je le lui expliquai alors de la manière dont je l'ai exposé dans l'ouvrage publié à ce sujet, et qu'elle me permit de lui dédier. Le Pape Alexandre VII, ayant appris de son neveu que je travaillais à cet ouvrage, me demanda à qui je comptais en faire la dédicace; je répondis que l'hommage en était déjà fait à la reine de Suède, ce que Sa Sainteté approuva fort.

Je logeais à la place Colonne chez le marquis *Campeggi*, ambassadeur de Bologne. La princesse m'envoyait chercher ordinairement apres le dîner avec son carrosse et un page, pour me conduire à la *Lungara*, où elle demeurait dans le palais du marquis *Riari*. Je passais là plusieurs heures avec elle dans divers entretiens sur les sciences, en attendant le soir, où la comète commençait à paraitre et où nous l'observions. Comme en présence de S. M. j'avais la tête découverte, elle avait la bonté de me l'envelopper elle-même d'un mouchoir, de peur que l'air de la nuit ne m'incommodât. Presque tous les jours, quelques heures avant l'observation, le cardinal *Assolini* venait visiter la Reine, et cette princesse se plaisait infiniment à nous entendre disputer sur différens points de science. Elle prenait souvent mon parti contre le cardinal. De mon côté, je faisais en sorte de mettre la conversation sur des matières agréables à Son Eminence. Parlant un jour de la méthode dont *Taruntius* s'était servi pour déterminer le tems de la naissance de Romulus, à l'instance de *Marc-Varron*, ce cardinal m'apprit que ce *Taruntius*, surnommé *Firmanus*, était son compatriote, c'est-à-dire natif de *Fermo*.

S. M. ayant fait travailler en vain à un miroir concave de verre, j'en fis venir un très-grand que j'avais chez moi à Bologne, et je le laissai entre les mains de la Reine. Je ne sais ce qu'il est devenu depuis. Comme cette princesse a fait le cardinal *Assolini* son héritier, ce miroir doit avoir passé entre ses mains. Je l'ai toujours regretté, ne croyant pas qu'il y en ait eu un, ni plus grand, ni meilleur, de cette matière. J'ai depuis fait travailler en vain pour en avoir de semblables, ils se sont tous cassés. Le plus grand que j'aie pu me procurer depuis, est celui que j'ai présentement à l'Observatoire royal.

Au milieu des occupations que me donnaient les affaires publiques, je faisais la nuit des observations astronomiques avec une excellente lunette que m'avait donnée M. *Campani*, qui avait communiqué au public la découverte que j'avais faite des ombres des satellites de Jupiter sur le disque de cette planète; ce qui avait engagé d'autres astronomes à les observer. On m'écrivit de Rome que ces Messieurs avaient observé une ombre accompagnée d'une demi-ombre moins obscure. Je répondis aussitôt que ce qu'ils appelaient demi-ombre, n'était autre chose qu'une tache sur le disque de Jupiter, qui faisait sa révolution autour de son axe en 9 heures 56 minutes : ce qui donna lieu à de grands débats sur la première découverte de cette tache. J'écrivis plusieurs lettres à ce sujet à M. l'abbé *Falconieri*, qui les fit aussitôt imprimer. Comme je communiquais mes observations à mesure que je les faisais, ainsi que mes prédictions sur les retours de la tache de Jupiter, à M. *Viviani,* qui traitait avec moi pour la Toscane dans l'affaire de la Chiane, celui-ci en faisait part à un de ses amis à Florence. L'ami voulut s'en faire un mérite vis-à-vis du grand-duc de Toscane, et se donna pour en être l'auteur. Le grand-duc se rendit exprès à *Poggio imperiale* pour observer et vérifier ces prédictions. Mais *Oliva,* l'un des membres de l'Académie *del Cimento,* soutint qu'il n'y avait personne à Florence capable d'avoir fait cette découverte, et bientôt mes lettres à l'abbé *Falconieri* ayant été imprimées, l'imposture fut reconnue.

Lorsque je revenais à Rome, j'avais de fréquentes conférences avec les divers savans qui s'y rencontraient. J'y fis connaissance avec *Jean Luce* de Raguse, qui avait trouvé dans sa patrie un exemplaire de Pétrone dont on n'avait pas encore parlé. Il y avait une guérite proche du palais où je demeurais; nous y fîmes ensemble plusieurs observations astronomiques. Je dînais aussi quelquefois avec le père *Fabri,* chez M. *Visani,* prélat de Bologne, qui avait l'intendance de la maison de l'inquisition proche de Saint-Pierre, et avec qui je disputais fréquemment sur différentes hypothèses.

Mes observations le soir étaient souvent honorées de la présence de Madame la connétable *Colonne,* qui amenait avec elle la comtesse *Stella,* veuve, d'une conversation fort agréable; quelquefois aussi Madame la connétable venait me prendre dans son carrosse vers l'entrée de la nuit, et laissant aller devant les autres voitures qui l'accompagnaient, elle s'arrêtait et descendait dans quelque place pour parcourir le ciel. C'est à cette occasion que je fis en vers italiens la description des constellations, qu'elle s'amusa à apprendre

36

par cœur; je l'ai depuis remis en vers latins selon l'ordre du catalogue.

J'observais aussi quelquefois sur la terrasse du collége de la *Propaganda Fede*, où le frère et les neveux du Pape venaient me trouver. *D. Augustino Chigi* m'ayant une fois rencontré venant de *Castelgandolfo*, il me fit monter dans sa voiture, et sans me prévenir de son dessein, il me conduisit chez Sa Sainteté, qui me reçut avec les témoignages de la plus grande satisfaction, et me garda toute la journée auprès d'elle pour parler d'astronomie et de diverses autres sciences.

Le prince *Léopold*, qui fut depuis cardinal, ayant institué à Florence l'Académie *del Cimento*, cette société m'envoya à Bologne plusieurs problèmes sur l'équilibre des liqueurs et sur les choses qui y nagent et qui s'y enfoncent; je les résolus d'une manière qui fut fort agréée par l'Académie, ce qui me donna depuis de grands rapports avec elle. On tenait une séance particulière toutes les fois que je passais à Florence, et le prince qui y assistait me donnait la première place à son côté. C'est dans une de ces occasions que je lui communiquai mon système du mouvement spiral des planètes dans l'hypothèse tychonicienne corrigée, dont je lui laissai un exemplaire. S. A., dans toutes les occasions, me comblait de ses bontés. Lorsque la grande princesse vint de France, le prince me fit venir pour me présenter lui-même à elle. Il m'envoyait journellement quelque présent dans la maison du comte *Marescotti* où j'étais logé. J'avais en outre un de ses carrosses à mes ordres tout le tems que je restais à Florence, et son secrétaire *Malabecci* était chargé de m'accompagner partout où j'allais. Les présens du grand-duc étant une fois arrivés comme j'étais déjà parti pour Bologne, S. A. ordonna qu'on en chargeât un mulet qui me suivit. Revenant un jour de

Rome avec Madame l'ambassadrice de Bologne et une autre dame, et passant par Florence, je m'y arrêtai pour aller faire ma cour au prince ; mais ces dames, ne voulant point le voir, m'attendirent dans une maison particulière ; le grand-duc l'ayant su me fit présent de ces fruits merveilleux qui sont moitié orange et l'autre moitié citron, pour en régaler mes compagnes de voyage. Une autre fois, m'ayant envoyé plusieurs sortes de vins étiquetés *vins de Syracuse*, et d'autres des Indes orientales, il me demanda comment je les avais trouvés ; je lui répondis qu'ils m'avaient paru excellens, mais que je ne croyais pas qu'ils vinssent de si loin. S. A. me dit alors qu'elle en avait fait venir les vignes, et que, transplantées à Florence, elles avaient donné de meilleurs vins que dans les pays mêmes de leur origine. Elle se plaisait à me faire dîner souvent avec des gens de lettres de sa cour. Nous conversions toute la journée de diverses choses en présence du prince, qui s'amusait à répéter devant nous de sa propre main plusieurs expériences de celles qui furent imprimées depuis dans les essais qu'on publia à Florence. La nuit, nous faisions des observations auxquelles S. A. assistait quelquefois. Je reçus un jour à Bologne une lettre de *Reinaldi*, qui m'écrivait de la part du grand-duc pour m'engager à m'attacher et à me fixer près de lui. Je répondis en remerciant le prince de l'honneur qu'il voulait bien me faire, et je représentai qu'étant au service du Pape qui m'employait, non-seulement pour les sciences, mais encore qui me chargeait de négociations et d'affaires de grande importance, je ne pouvais ni ne devais m'engager ailleurs. En effet, outre l'intendance des fortifications du fort Urbain que m'avait conférée, en 1663, *D. Mario*, frère du Pape Alexandre VII, et général de la sainte Eglise, je fus encore chargé depuis de l'inspection de la forteresse de *Perrugia* et de celle du *Pont Felix*, auxquelles je fis faire plusieurs ouvrages considérables. C'est à ce même *Reinaldi*, qui m'écrivit de la part du grand-duc, que j'ai adressé plusieurs lettres sur des matières de sciences, qui ont été imprimées sans ma participation dans les journaux de Parme.

Au commencement de 1668, après la création du Pape Clément IX, et les réjouissances solennelles qu'on fit à Bologne, dont j'ai donné au public une description, que le cardinal *Nerli*, alors vice-légat, dédia au cardinal *Caraffa*, je publiai mes Ephémérides des satellites de Jupiter, dédiées au cardinal *Rospigliosi*, et destinées à servir à la recherche des longitudes; ainsi que l'observation d'un phénomène extraordinaire qui parut au mois de mars de cette même année dans la constellation de l'Eridan, allant vers Orion, au même endroit du ciel et avec le même mouvement qu'un phénomène tout semblable qui avait été observé du tems d'Aristote, et qui a paru de nouveau au même lieu, l'an 1702.

Au mois de mai de cette même année 1668, étant retourné de Bologne à Rome au sujet des négociations dont j'étais chargé vis-à-vis des ministres du grand-duc de Toscane, je reçus l'heureuse nouvelle de l'honneur que le Roi de France m'avait fait, en me mettant au nombre de ceux qui devaient composer son Académie royale des Sciences; le comte *Gratiani* m'envoya en même tems une instruction par l'entremise du comte *Marsigli*, sénateur de Bologne, touchant la manière dont je devais correspondre avec les savans français qui commençaient à s'assembler à la bibliothèque du Roi. Il fallait adresser mes observations à M. *Carcavi*, qui devait les communiquer à M. *Colbert* et à l'assemblée.

La première observation qui me parut digne d'être envoyée fut celle de l'éclipse de lune du 26 mai 1668. Je l'observai dans le palais du cardinal *d'Estrée*, en présence de l'élite des savans et de la noblesse de Rome. En attendant l'heure

de l'éclipse, je fis faire à l'illustre compagnie plusieurs observations intéressantes sur les taches de Mars que j'avais découvertes depuis quelques années, sur le globe et sur l'anneau
de Saturne, sur des taches au milieu de la lune en forme de
petites îles dans un lac, qui n'avaient pas encore été remar-
quées. Des nuages qui survinrent ne nous permirent de voir
l'éclipse que pendant une demi-heure. Nous observâmes
cependant plusieurs phases et les immersions de plusieurs
taches dans l'ombre, qui furent comparées avec celles que
Messieurs de l'Académie des Sciences observèrent à Mont-
martre, d'où il a résulté la différence des méridiens entre
Rome et Paris de 41 minutes (1). Ces résultats furent publiés
dans le *Journal des Savans* du 30 juillet 1668. A l'occasion
du diamètre de la lune observé dans cette éclipse, nous dis-
sertâmes beaucoup sur les variations apparentes de ce diamètre dont j'avais trouvé la règle par une nouvelle théorie de
la lune, dont je donnai quelque tems après un essai au public
ainsi que de ma théorie nouvelle de la *libration* de la lune
résultante, selon mon hypothèse, de la composition de deux
révolutions entières sur des pôles différens (2).

J'envoyai en même tems à l'Académie les tables du mouvement des satellites de Jupiter, avec les éphémérides de
toutes les éclipses de ces satellites qui devaient arriver en la
même année, et qui furent les premières qui eussent été
publiées. Je les avais fait imprimer à Bologne, et j'avais
invité les astronomes à observer ces éclipses pour en pouvoir
déduire la différence de méridien entr'eux avec plus d'exacti-

---

(1) Elle est aujourd'hui fixée à o h. 40′ 30″.

(2) *Nouvelle Théorie de la Lune*, in-4°, Paris. *Journal des Savans*, mai 1677.
Hypotheses circà motus librationis lunæ. Histoire de l'Académie, 1675, livre II,
chapitre 1ᵉʳ.

tude que par les observations des éclipses de lune. Avant mes
éphémérides, on n'avait jamais ainsi observé en même tems
et de concert ces sortes d'éclipses; ce qui prouve qu'il s'en
fallait de beaucoup qu'on eût songé à en faire usage. Aussitôt
que mes éphémérides parurent, on commença à observer les
éclipses de satellites de Jupiter en Italie, en France, en Hollande,
en Angleterre et en Pologne, et on les compara ensemble. Le
Journal de Paris, du mois de novembre de la même année,
rendit à mes éphémérides ce témoignage qu'on les avait
souvent trouvées plus précises que l'auteur même n'avait
osé le promettre. L'illustre M. *Picard* s'attacha particulièrement à cette sorte d'observations; ce qui donna dès-lors
naissance à ce concert d'observations qui s'établit entre nous,
et ne finit qu'à sa mort qui arriva en 1682. Les observations
qu'il fit en 1668, publiées dans le journal., peuvent servir
pour trouver immédiatement l'époque du mouvement de ces
satellites.

Je partis de Rome le 15 octobre 1668, comblé d'honneurs
et de grâces par le Pape Clément IX, et je pris le chemin de
Florence avec Madame l'ambassadrice de Bologne. Je trouvai
sur les confins de l'Etat ecclésiastique plusieurs personnes
qui m'y attendaient pour recevoir les instructions que j'avais
à donner sur l'exécution des traités qui venaient d'être conclus
avec la Toscane. Je continuai ensuite ma route jusqu'à Florence, où j'arrivai le 20 de bon matin. Madame l'ambassadrice ne voulut point s'arrêter dans la ville, passa outre, et
alla m'attendre à l'autre porte. Pour moi, j'allai rendre mes
respects au grand-duc, qui fit aussitôt venir M. *Viviani* et
M. *Auzout*, l'un de ceux qui avaient été choisis par l'Académie, qui m'avait apporté des lettres de France et le plan
de l'Observatoire royal que le Roi de France faisait construire
pour les observations astronomiques, et dans lequel il me

parut que l'on avait eu pour le moins autant d'égards à la
magnificence qu'à la commodité pour les observations. Bien
avant mon départ de Rome, j'avais appris avec une agréable
surprise de M. Vaillant, médecin et antiquaire célèbre, que
S. M. Louis XIV désirait me faire venir en France; et presqu'en même tems j'avais été averti par des lettres du marquis
Marsigli, sénateur de Bologne, que le comte *Gratiani*,
premier ministre du duc de Modène, était chargé de négo-
cier cette affaire. J'avais su par la suite que cet ordre venait
du cardinal d'Estrée, qui ne voulait pas paraître dans cette
négociation de peur de déplaire au Pape, qui m'employait à
son service. En effet, j'avais bientôt après reçu des lettres
d'invitation sur ce sujet de la part du comte *Gratiani*,
auquel j'avais répondu qu'une proposition aussi honorable
ne pouvait m'être que très-agréable; mais qu'étant employé
au service du Pape pour des négociations importantes, je ne
pouvais m'absenter, et qu'il fallait que la demande de mon
congé fût faite directement à Sa Sainteté par l'ordre du Roi
de France. En conséquence, ce fut M. *de Bourlemont*, alors
auditeur de Rote, qui eut la commission, dans l'absence de
l'ambassadeur de France, de traiter cette affaire vis-à-vis du
Saint-Père.

De retour à Bologne, j'appris que le Pape avait consenti à
mon voyage en France. Sa Sainteté même eut la bonté d'ordonner que les émolumens de mes charges me fussent con-
servées pendant mon absence, qui ne devait être d'abord
que de quelques années. Le Sénat de Bologne voulut bien
également me conserver ma chaire d'astronomie; mais par la
suite, lorsque je vis que ma résidence en France se prolongeait,
je ne voulus plus en toucher les émolumens. Quant à mes
appointemens de la place d'intendant des eaux et des fortifications, je les reçus jusqu'au pontificat d'Innocent XI, qui
supprima cette place en 1677.

M. de Colbert, ministre et secrétaire d'Etat, pressant vivement mon départ, et m'ayant envoyé une somme de mille écus pour mon voyage, avec l'assurance d'une pension annuelle de 9000 livres pendant mon séjour en France, je partis de Bologne le 25 février 1669. Je passai par le fort Urbain, pour achever une expérience que j'avais précédemment commencée sur une fontaine qui sort d'un puits et qui coule perpétuellement, ainsi qu'il arrive en plusieurs autres endroits de Bologne et de Modène. Après avoir creusé un puits et trouvé la première eau, on la tire promptement et on continue à creuser jusqu'à ce que l'on trouve une terre glaise, que l'on voit enfin se soulever de bas en haut par l'impulsion de l'eau qui est au-dessous et s'efforce de s'élever. Alors on perce le terrain avec une large tarrière qui donne sortie à l'eau, laquelle remplit aussitôt le puits et coule ensuite perpétuellement sur terre. J'avais fait ainsi élever de l'eau sur terre à la hauteur d'un homme, d'où elle descendait dans un bassin destiné à abreuver des chevaux. Je voulus éprouver si je ne pourrais pas l'élever encore plus haut. J'y appliquai un long tuyau de plomb percé de plusieurs trous égaux, et éloignés d'un pied les uns au-dessus des autres. En tenant le tuyau dressé perpendiculairement, je vis l'eau s'élever et sortir par le premier trou ; je mesurai en combien de secondes l'eau remplissait un vase en sortant de ce trou. Puis, ayant bouché ce premier trou, et l'eau s'étant élevée au second, j'observai qu'elle mettait plus de tems à remplir le même vase. Je bouchai encore celui-ci, et l'eau, sortant par le troisième trou, fut encore plus de tems à remplir le vase ; et je vis que j'aurais pu élever l'eau encore plus haut, mais avec un ralentissement considérable d'écoulement.

Je passai à Modène, où Madame la duchesse, mère de la reine d'Angleterre, m'honora de plusieurs lettres de recommandation. De là, je me rendis à Gênes où je fus reçu par

M. *Imperiale Lercaro*. De Gênes, je me rendis par mer à *San-Remo*, ensuite à *Perinaldo*, où il me fallut rester quelques jours pour la satisfaction de mon père et de ma mère. Je repartis au commencement du carême, passai par Nice, par Aix, et arrivai à Lyon où j'allai voir le père *Fabri*, jésuite célèbre, avec lequel j'avais eu plusieurs conférences à Rome. Ma visite lui fut d'autant plus agréable qu'on lui avait fait entendre que je n'avais pas bien reçu quelques écrits qu'il avait publiés à mon sujet : mais je lui témoignai que la diversité de sentimens en matière de science n'était pas capable de me détacher des amis que j'estimais et honorais. Je trouvai aussi à Lyon le père *Paul* de Reims, capucin qui venait de Candie, et je liai avec lui une amitié qui a duré jusqu'à sa mort.

J'arrivai à Paris le 4 avril et fus présenté au Roi, le 6, par M. *de Colbert*, ministre et secrétaire d'État. S. M. me fit l'honneur de me dire qu'elle était persuadée que je donnerais tous mes soins pour l'avancement des sciences, et elle me fit entendre que son dessein était de rendre la France aussi florissante et aussi illustre par les lettres qu'elle l'était par les armes. Je me trouvai si flatté des bontés de S. M. et de la manière dont elle me traita, que je ne songeai plus dès-lors à mon retour en Italie, où j'avais laissé une maison et des domestiques, tant à Bologne qu'au fort Urbin, sous la conduite de M. *Monti*. J'allai à l'assemblée qui se tenait à la bibliothèque du Roi, et j'y fus reçu très-agréablement par M. *Carcavi* et M. l'abbé *Gallois*, qui en était le secrétaire; celui-ci m'avait très-bien traité dans les divers Journaux des Savans qu'il publiait régulièrement. Je reçus aussi de grandes honnêtetés de la part de M. *Picard*, de M. *Huygens*, avec qui j'avais été précédemment en commerce de lettres; de M. *Mariotte*, qui s'attachait aux expériences physiques et

37

mathématiques; de M. *Marchand,* qui avait voyagé au Levant pour y faire des recherches sur l'histoire naturelle; de M. *Frenicle,* qui excellait dans l'arithmétique et la géométrie; de M. *de la Chambre,* qui avait donné un traité sur l'iris et sur d'autres sujets; de M. *Buot,* qui excellait dans la mécanique; et de M. *Couplet,* son gendre, qui s'offrait à m'aider dans les observations et dans les calculs; de M. *Pecquet,* célèbre par la découverte du canal thorachique ; de MM. *Duclos* et *Bourdelin,* grands chimistes. Je complimentai M. *Roberval* sur la grande réputation qu'il avait en Italie d'un très-excellent géomètre, et sur ce que j'avais vu moi-même de lui qui m'en donnait une grande idée. J'avais eu anciennement commerce par lettres avec d'autres savans et particulièrement avec M. *Boulliaud,* auteur de l'Astronomie philolaïque; et avec M. *Petit,* très-attaché aux observations, et qui avait publié dans les journaux quelques découvertes que je lui avais communiquées. L'un et l'autre m'ont montré une grande amitié tout le reste de leur vie (1).

M. *Perrault,* contrôleur des bâtimens, fut chargé par M. *de Colbert* de m'apprêter un logement aux galeries du Louvre jusqu'à ce que l'Observatoire fût en état d'être habité, de me procurer tout ce qui me serait nécessaire, et de me faire voir tout ce qu'il y avait de plus curieux à Paris. Je lui suis redevable de la manière obligeante dont il s'acquitta de ces ordres. Son frère, médecin et architecte, qui avait travaillé au plan de l'Observatoire dont il suivait la construction, me faisait de grandes démonstrations d'amitié et m'invitait aux expériences physiques qu'il faisait pour les communiquer

---

(1) Ces témoignages d'union, d'estime et d'amitié, que D. Cassini rend dans tout cet écrit aux hommes célèbres de son tems, nous semblent faire également honneur aux sciences, aux savans et à lui-même.

à l'Académie. M. l'abbé *Syri*, historiographe du Roi, qui, de concert avec M. *Carcavi*, avait eu grande part aux négociations pour mon voyage en France, me fit aussi de grandes honnêtetés. M. *Dancourt*, frère de M. l'abbé *Courcier*, théologal de la cathédrale de Paris, qui avait voyagé au Levant et m'avait rendu de grands services en Italie en m'accompagnant dans plusieurs voyages, me vint trouver, et s'offrit de travailler sous ma direction aux opérations qui se devaient faire sous ma conduite dans des pays éloignés, pour la détermination des longitudes. Ce fut lui qui, après quelques années, conduisit au Cap Vert et à l'île de Gorée MM. *Varin*, *Deshayes* et *de Glos*, pour faire proche de l'équinoxial des observations correspondantes à celles que je faisais à Paris.

J'avais l'honneur de voir souvent le Roi qui prenait plaisir à entendre parler des observations astronomiques. S. M. avait la bonté de me donner l'heure pour me rendre dans son cabinet, où je restais long-tems à l'entretenir de mes projets pour faire servir l'astronomie à la perfection de la géographie et de la navigation. La reine, s'étant trouvée quelquefois à ces conversations, désira que j'allasse l'entretenir de même en particulier ; ce que j'avais l'honneur de faire souvent, étant reçu de S. M. avec une bonté extraordinaire. M. le duc d'Orléans me faisait le même honneur, ainsi que Madame S. A. R. qui prenait grand plaisir aux observations astronomiques, pour lesquelles j'avais auprès d'elle l'accès le plus favorable. Je fus aussi conduit chez M. le Prince et M. le Duc son fils qui, lorsqu'il me voyait à la cour, m'appelait aussitôt pour causer avec moi sur plusieurs points de science. Je fus présenté à Monseigneur le Dauphin par M. le duc *de Montauzier* son gouverneur, qui me faisait beaucoup d'amitiés ; et après que Monseigneur eut appris les principes des mathématiques de *Blondel*, je fus invité par lui et par Monseigneur l'évêque de Meaux, son précepteur, à lui faire connaître les objets les plus remarquables du ciel.

M. *de la Chambre* et le père *Grandami*, jésuite, se trouvèrent chez M. le chancelier *Séguier*, lorsque j'y fus appelé pour l'entretenir. Il y eut une conversation très-savante, après laquelle M. le chancelier me reconduisit avec les honneurs et une distinction qui n'étaient réservés qu'à de grands personnages.

Au bout de quelque tems de mon séjour en France, M. *Bargellini*, nonce du Pape, me dit qu'il avait ordre de Sa Sainteté de me redemander au Roi. Je répondis que l'affaire pour laquelle j'avais été appelé en France n'était pas terminée. J'écrivis aussitôt à M. *de Colbert* pour lui témoigner la disposition où j'étais de continuer mes services pour S. M. M. *de Colbert* me répondit bientôt qu'il en avait parlé au Roi, qui donnerait au nonce une réponse conforme à mes désirs.

Je m'étais proposé d'écrire et de parler latin aux assemblées de l'Académie. J'avais été averti par M. le comte *Gratiani*, envoyé du duc de Modène, de ne jamais me hasarder à parler ni à écrire en français; en conséquence, je ne parlais qu'en italien au Roi et aux princes. Mais MM. de l'Académie me pressèrent fortement de parler bien ou mal en français, pour ne pas introduire un langage nouveau dans l'Académie. J'avoue que cela me coûta beaucoup dans le commencement. Néanmoins, je fis ce que je pus pour les satisfaire, tellement qu'au bout de peu de mois, m'étant trouvé à l'Observatoire avec le Roi, S. M. eut la bonté de me faire compliment des progrès que j'avais faits dans la langue française. Cependant j'écrivis en latin les premières observations que je fis à Paris des taches du soleil; mais l'Académie n'ayant pas jugé à propos de les publier ainsi, elles furent traduites en français par M. *Carcavi* d'une manière qui ne me satisfit pas beaucoup; ce qui me détermina à écrire par la suite en français le mieux que je pus, et je soumettais mes écrits à la correction de MM. de l'Académie, particulièrement de M. l'abbé *Gallois*, secrétaire, qui me sacrifiait le peu de momens qui lui restaient. Il en insérait dans les Journaux des Savans, et en gardait quantité d'autres, particulièrement un Traité des Réfractions, un abrégé d'Astronomie et une Méthode de calculer les éclipses du soleil et de la lune, qui se trouveront peut-être encore parmi ses papiers (1). Presque tous les mathématiciens de l'Académie ont remanié mon *Traité de l'Antiquité et du progrès de l'Astronomie,* inséré à la tête du livre des voyages : ce qui fit différer très-long-tems son impression.

Le bâtiment de l'Observatoire, que le Roi faisait construire pour les observations astronomiques, était élevé au premier étage lorsque j'arrivai. Les quatre murailles principales avaient été dressées exactement aux quatre principales régions du monde. Mais les trois tours avancées que l'on ajoutait à l'angle oriental et occidental du côté du midi et au milieu de la face septentrionale, me parurent empêcher l'usage important qu'on aurait pu faire de ces murailles, en y appliquant quatre grands quarts de cercle capables par leur grandeur de marquer distinctement, non-seulement les minutes, mais même les secondes ; car j'aurais voulu que le bâtiment même de l'Observatoire eût été un grand instrument : ce que l'on ne peut pas faire à cause de ces tours qui, d'ailleurs, étant

---

(1) L'abbé *Gallois* est mort en 1707. *Cassini* écrivait ceci environ trois ans après. Ces manuscrits ont sans doute été perdus ; c'est une véritable perte, surtout si la méthode de calculer les éclipses dont il est parlé ici contenait celle que l'inquisiteur de Modène ne lui avait pas permis de publier en 1661, et où il enseigna le premier à tracer sur une carte géographique les apparences d'une éclipse de soleil pour tous les lieux de la terre.

octogones, n'ont que de petits flancs coupés de portes et de
fenêtres. C'est pourquoi je proposai d'abord qu'on n'élevât
ces tours que jusqu'au second étage, et qu'au-dessus on bâtît
une grande salle carrée, avec un corridor découvert tout à
l'entour, pour l'usage dont je viens de parler. Je trouvais aussi
que c'était une grande incommodité de n'avoir pas dans l'Observatoire une seule grande salle d'où l'on pût voir le ciel de tous
côtés, de sorte qu'on n'y pouvait pas suivre d'un même lieu le
cours entier du soleil et des autres astres, d'orient en occident,
ni les observer avec le même instrument sans le transporter
d'une tour à l'autre. Une grande salle me paraissait encore nécessaire pour avoir la commodité d'y faire entrer le soleil par un
trou et pouvoir faire sur le plancher la description du chemin
journalier de l'image du soleil ; ce qui devait servir, non-seulement d'un cadran vaste et exact, mais aussi pour observer
les variations que les réfractions peuvent causer aux différentes heures du jour, et celles qui ont lieu dans le mouvement annuel. Mais ceux qui avaient travaillé au dessin de
l'Observatoire opinaient de l'exécuter conformément au premier plan qui en avait été proposé ; et ce fut en vain que je
fis mes représentations à cet égard et bien d'autres encore.
M. *de Colbert* vint même inutilement à l'Observatoire pour
appuyer mon projet.

On suivit donc les premiers plans ; les tours et la grande
salle furent élevées à la même hauteur ; au milieu de la
façade méridionale on laissa une petite fenêtre ou ouverture
qui donnait au haut de la grande salle, et l'on projeta de tirer
sur le pavé, non-seulement la ligne méridienne, mais encore
les lignes horaires. Comme l'on craignait que le bâtiment nouveau ne fût sujet à quelque changement, ce qui avait déjà eu
lieu dans la partie orientale, et qui avait obligé à reprendre
les fondemens plus bas ; on différa de paver la grande salle

jusqu'à ce que tout effet pût être passé (1). On proposa de
couvrir la grande salle d'une plate-forme bien solide, sur
laquelle on pourrait élever un pavillon carré isolé pour
servir à l'usage que j'avais proposé, c'est-à-dire, pour pouvoir
apercevoir du même lieu tout le ciel et suivre avec le même
instrument et de la même place le cours entier d'un astre. Il fut
aussi arrêté que la tour septentrionale ne serait pas octogone,
comme on l'avait d'abord projeté, mais qu'elle serait carrée,
pour avoir une plus grande face au septentrion. Je proposai
aussi que cette tour septentrionale fût terminée en haut par
une salle ouverte par deux fenêtres, l'une orientale et
l'autre occidentale, et par une porte méridionale, et que le
toit fût percé d'une ouverture ronde, recouverte d'une plaque
de cuivre qu'on pût ouvrir et fermer pour l'usage des observations au zénith à l'abri du vent. Cette salle fut depuis
appelée le *petit Observatoire* (2).

La tour orientale fut laissée entièrement découverte pour
le même usage, et on y laissa dans la façade septentrionale
une longue fente qui a servi à recevoir et à élever à diverses hauteurs de grands verres objectifs avec lesquels on
a découvert le plus petit satellite de Saturne. La grande salle
méridienne fut couverte d'une voûte un peu plus élevée que
celle de la tour occidentale; au-dessus de celle-ci on laissa un
espace creux (3) propre à recevoir un grand hémisphère concave pour pouvoir y observer le cours journalier du soleil par
le moyen de l'ombre d'une boule élevée à son centre; c'est
l'instrument appelé par les anciens *scaphe*. On y devait marquer par observation immédiate les traces journalières de

---

(1) La méridienne n'a été tracée qu'en 1729, et les dalles posées en 1730.

(2) Voyez l'explication de la *Planche IV*, Ire Partie, page 59.

(3) Voyez *Planche IV*, B, et l'explication, page 59.

l'image du soleil dans les solstices, comparées à celles des autres jours de l'année, affectées des différentes réfractions. Ces traces auraient été divisées par des points horaires à l'aide d'une pendule, et auraient fait connaître l'inégalité des arcs horaires causée par les réfractions des rayons solaires. En attendant la construction d'un semblable instrument, je fis placer dans ce lieu enfoncé un grand quart de cercle construit par *Gosselin*, et divisé avec soin par *Lebas*. Un coup de vent terrible le renversa et le rendit inutile aux observations. On plaça depuis dans le même lieu des vases d'étain pour observer la quantité de la pluie en divers tems de l'année et son évaporation; M. *Sédileau*, après avoir suivi pendant quelques années et publié ces observations, enleva ces vases pour d'autres usages.

Toutes les voûtes de l'Observatoire furent percées dans le même axe par un trou rond qui répond à un puits contenant un escalier spiral qui descend au fond des caves de l'Observatoire, dont les fondemens sont aussi profonds que son élévation sur le terrain. Ce puits sert de grand instrument pour l'observation des étoiles fixes proche le zénith; il sert aussi pour mesurer le tems de la chute des corps qu'on laisse tomber des divers étages de l'Observatoire. L'appui de ce degré spiral a servi aussi à soutenir de grands thermomètres d'eau, dont on a observé les variations en divers tems. Les caves de l'Observatoire font aussi voir que le thermomètre n'y souffre pas de variation sensible depuis la plus grande chaleur de l'été jusqu'au plus grand froid de l'hiver; de sorte que l'air de ces caves peut passer pour tempéré et servir à régler les thermomètres.

Un peu à l'est au-devant de la porte de la façade méridionale de l'Observatoire, laquelle est élevée d'un étage plus haut que celle de la façade septentrionale, il y a un autre puits (1) couvert d'une pierre, au milieu de laquelle j'ai fait pratiquer une ouverture qui répond aux caves, et que l'on peut ouvrir et fermer pour faire les mêmes expériences et les mêmes observations qu'à l'escalier des caves où l'on est trop exposé à être troublé par les curieux.

La porte méridionale donne sur une grande terrasse où l'on plante des mâts qui servent à élever de longues lunettes. On y a depuis transporté une tour de bois qui était autrefois à Marli, où elle servait à élever les eaux de la Seine qui vont à Versailles; elle sert présentement à élever des verres objectifs à des hauteurs beaucoup plus grandes que celle du bâtiment de l'Observatoire. Cette terrasse est soutenue du côté d'occident par une forte muraille dressée sur la ligne méridienne; une pareille muraille doit s'élever à l'orient et au midi; mais cet ouvrage n'a pas été achevé, parce que ce qui existe suffit pour les observations.....

Ici se termine le Manuscrit des Anecdotes de la Vie de J.-D. Cassini, rapportées par lui-même. Les Notes suivantes, écrites de la même main que la Vie, étaient sur des cahiers détachés : elles traitent de quelques-uns de ses travaux et de ses découvertes en Italie et en France.

Galilée fut le premier qui publia la découverte des quatre satellites de Jupiter, que Simon Marius se vantait aussi d'avoir découverts dans le même tems. Ils sont si visibles qu'ils peuvent être observés commodément par une bonne lunette de deux pieds. Celle dont nous nous servîmes pour déterminer leur théorie et calculer leurs configurations n'était

Usage des satellites de Jupiter pour la détermination des longitudes.

---

(1) Il a été bouché depuis la révolution par le massif qu'on a établi en devant de cette porte méridionale, pour supporter le grand télescope de 20 pieds lorsqu'on le sort de la voûte où il est remisé.

pas plus longue ; elle nous servit néanmoins à reconnaître que
ce que Galilée avait avancé de la situation de leurs cercles
sur le plan de l'écliptique n'était pas conforme aux observations , ayant trouvé que de mon tems ce cercle des satellites
était fort incliné à l'écliptique. Ayant déterminé leur inclinaison et leurs nœuds , je supposai d'abord qu'au tems de
Galilée ils avaient eu la situation qu'il avait publiée, et
qu'elle avait changé par un mouvement des nœuds et par
une variation de déclinaison. Mais , par la suite de mes observations, je vis que le mouvement que j'avais attribué à ces
nœuds pour concilier les observations de Galilée avec les
miennes ne leur convenait point, et je fus obligé de les supposer plutôt fixes dans le même degré où je les avais trouvés
dans le commencement, c'est-à-dire au 13ᵉ degré d'Aquarius
et du Lion, et l'inclinaison des cercles de ces satellites à
l'orbite de Jupiter de 3 degrés moins quelques minutes.

Dans les éphémérides que j'avais données au public en
1668, dédiées au cardinal *Rospigliosi*, je n'avais employé
que mes observations et quelques-unes de *Hodierna*, sicilien,
qui s'accordaient assez bien avec les miennes. Elles avaient été
communiquées par M. *Bagliani*, envoyé de Gênes en France,
aux mathématiciens qui commençaient à s'assembler à la bibliothèque du Roi pour fonder l'Académie royale des Sciences.
Ils comparèrent ces éphémérides à leurs observations qu'ils
me firent passer, d'où nous commençâmes à tirer la différence des longitudes géographiques. Car, quoique Galilée eût
jugé par la vitesse des mouvemens de ces satellites qu'ils ser-
viraient à trouver les longitudes, et qu'il eût reçu pour leur
découverte quelque gratification des Hollandais, qui lui
envoyèrent un de leurs mathématiciens pour l'aider à ce travail, néanmoins la perte qu'il fit de la vue ne lui permit pas
d'achever les observations qui lui étaient encore nécessaires.

M. *Peiresc*, dont Gassendi a écrit la vie, envoya un observateur du Levant pour tâcher de faire des observations qui
servissent à ce dessein ; mais il ne sut pas comment s'y prendre
ni quelle phase il fallait observer. Ainsi les observations que
nous fîmes de concert avec MM. *Picard* et *Huygens*, après
la publication de mes tables, furent les premières qui servirent
à déterminer les longitudes entre les lieux de nos observations.

Les phases les plus propres pour déterminer les longitudes
géographiques sont les immersions des satellites dans l'ombre
de Jupiter et leurs émersions de l'ombre. Elles peuvent se
déterminer à quelques secondes près. Les immersions et
émersions, sur le disque même de Jupiter, ne se déterminent
pas avec autant de subtilité. Le commencement de l'entrée
du satellite sur le disque se détermine plus facilement que
l'entrée totale ; et la sortie totale, ou le contact extérieur des
bords des deux planètes, se détermine plus facilement que le
commencement de la sortie. L'ombre d'un satellite, projetée
sur le disque de Jupiter, se détermine mieux quand elle
arrive au milieu que quand elle entre sur ce disque ou quand
elle en sort.

Nous commençâmes à découvrir ces ombres à Rome l'an
1664, par une lunette de *Campani*, qui en donna la figure
au public avec l'explication que nous fîmes aussitôt. Invité
un jour par cet habile opticien à venir à *Monte Citorio* voir
Jupiter avec plusieurs personnes de distinction qui devaient
s'y trouver pour éprouver ses lunettes, aussitôt que je vis cet
astre j'aperçus sur son disque deux taches qui, étant comparées
à la configuration des satellites résultante de celle que j'avais
observée le jour précédent, me firent connaître que c'étaient
les ombres des deux satellites qui parcouraient le disque
de Jupiter exposé à notre vue, et dont on ne voyait point le
corps. J'attendis jusqu'à ce que je visse ces deux satellites

Découverte
des ombres des
satellites
de Jupiter.

eux-mêmes sortir l'un après l'autre, avec quelqu'intervalle de
tems, du bord occidental de Jupiter : de telle sorte que je les
pus comparer avec les deux taches qui restaient en arrière, et
que je trouvai dans la disposition qu'elles devaient avoir,
comme ombres de ces deux satellites qui cachaient au soleil
de petites parties du disque de Jupiter. Depuis ce tems-là,
devenu attentif à observer Jupiter au tems de la conjonction
des satellites avec cette planète vue du soleil, j'ai toujours
aperçu les ombres à l'endroit où elles devaient paraître. Cette
découverte déterminait la proportion de la distance entre
Jupiter et ses satellites, à la distance du soleil et de la terre;
elle se trouvait à peu près conforme à celle qui résultait des
hypothèses de *Copernic* et de *Tycho-Brahé*.

Découverte
des taches
permanentes
de Jupiter.
(Juillet 1665.)

J'avais été envoyé par le Pape Alexandre aux confins de la
Toscane, sous la direction de M. Carpegne, qui est présentement cardinal, pour le différend qui existait autrefois entre
les Romains et les Florentins sur la conduite du *Tibre* et de
l'*Arno*, et qui, selon Tacite, avait commencé du tems de
l'empereur Tibère. Dans ce voyage, j'avais porté un excellent
objectif qui m'avait été donné par M. Campani; et ayant
trouvé un oculaire qui lui était convenable, j'en avais fait
une lunette qui me servait à observer Jupiter et ses satellites
pendant la nuit. Je communiquais ces observations à M. *Falconieri*, qui fit imprimer plusieurs de mes lettres, et à
M. *Sevra*, qui en donnait connaissance aux pères *Fabri* et
Gottigniez; ceux-ci se servaient d'une bonne lunette de *Divini*
pour vérifier mes observations, dont je leur envoyai les
calculs.

En observant une ombre d'un satellite que j'avais calculée,
ils m'écrivirent qu'ils avaient vu en même tems une demi-
ombre qui suivait à peu près le cours de l'autre. Dans mes
observations suivantes, j'aperçus une tache sur le disque de

Jupiter, dont je calculai le mouvement résultant de mes observations, et j'écrivis que c'était la même qui avait été prise à Rome pour une demi-ombre d'un satellite. Je m'assurai que cette tache était adhérente au globe de Jupiter, car elle parcourait le quart de son disque proche du milieu, dans le tems qu'elle le devait faire, étant adhérente au globe, et je trouvai que sa révolution s'achevait en 9 heures 56 minutes (1). C'est la révolution la plus courte qu'on ait observée jusqu'à présent dans le ciel. Je l'ai depuis vérifiée par un très-grand nombre d'observations qui s'accordent ensemble à quelques secondes près. Cette tache est adhérente à une bande obscure qui paraît un peu éloignée du centre apparent dans la partie méridionale du disque. Ainsi elle est facile à reconnaître. Sa révolution, en la supposant adhérente au globe de Jupiter, étant comparée à l'hypothèse copernicienne de la révolution de la terre autour de son axe en 23 heures 56 minutes, fait assez voir que la proportion de la révolution d'une planète autour du soleil, à sa révolution sur son axe, est fort différente pour les diverses planètes. Le père *Reita*, capucin célèbre, avait cru que cette proportion était la même dans tous les systèmes de planètes, et que Jupiter tournait autour de son axe en douze jours, comme la terre, selon Copernic, en un jour. Il se plaignait fort du père *Riccioli*, qui avait écrit un peu durement contre cette hypothèse, la traitant de visionnaire. On pourrait excuser *Reita*, en disant qu'il pouvait avoir vu une fois la tache de Jupiter, et qu'ayant attendu douze jours à l'observer de nouveau, il avait aperçu la même tache qui avait fait dans cet intervalle

---

(1) Cinquante ans après, Maraldi a retrouvé cette rotation absolument de la même durée.

de tems 29 révolutions au lieu d'une seule. Je vis ce bon père à Bologne et à Ravenne, où il me fit voir le *binocle* qu'il avait inventé, tant pour les observations des astres que pour les objets terrestres éloignés. J'avais autrefois lié deux lunettes ensemble qui grossissaient fort les objets, mais l'usage n'en était pas assez commode. Le père *Chérubin* d'Orléans s'attacha à le faciliter dans son ouvrage *de la Vision parfaite*, où il donna le dessin d'une de mes machines parallatiques que je lui avais fait voir à l'Observatoire avec une lunette simple, et non pas avec le binocle qu'il y a ajouté du sien.

Comme les observateurs de Rome, en se servant des lunettes de *Divini*, avaient pris la tache de Jupiter pour une demi-ombre, je leur écrivis que je la prenais pour la même tache que j'observai après eux. Nous eûmes là-dessus des contestations qui furent données au public. Mais la tache après quelque tems s'affaiblit, de sorte qu'elle fut long-tems sans reparaître. Comme elle était adhérente à une bande obscure de Jupiter, je comparai cette bande à une rivière dont l'effusion aurait fait un lac représenté par cette tache; je trouvai même quelque changement en cette bande obscure, ce qui me fit connaître que ces objets ne sont pas si permanens qu'ils avaient paru d'abord. La tache adhérente à la bande, après avoir cessé long-tems de paraître, a reparu quelquefois, pendant quelques autres intervalles de tems, dans la même disposition.

Découverte des taches de Mars (6 février 1666.) Les découvertes faites dans Jupiter me rendirent attentif à observer les autres planètes. Je découvris une grande tache dans le disque de Mars, qui n'était pas bien terminée, et qui me parut sujette à des changemens. Je déterminai de la meilleure manière que je pus, par le moyen de cette tache qui était fort grande, la révolution de Mars autour de son axe, de 24 heures 40 minutes (1). Les observateurs de Rome la virent aussi, mais ils n'attribuèrent à la révolution de Mars autour de son axe que la moitié du tems que je lui avais attribué par mes observations, supposant qu'à son retour proche du centre elle avait fait deux révolutions au lieu d'une seule, ce qui avait rapproché la durée de la révolution de Mars, de la durée de la révolution de Jupiter. J'en réfère à ce que j'en ai publié alors, car il y a eu ensuite du changement. L'excentricité de Mars à l'égard de la terre, est si grande et si variable, qu'elle cause une grande variation optique dans cette planète du périgée à l'apogée; s'il y a de plus quelque variation physique, il est difficile de distinguer l'une de l'autre. *Fontana*, napolitain, qui est un des premiers qui aient fait des lunettes propres à ces observations, a publié diverses figures des taches de Mars, qu'il est difficile de réduire à une règle certaine.

Pour ce qui est de Vénus, elle a aussi des taches; mais comme elle est sujette à une grande variation de phases, ainsi que la lune, il est très-difficile de les déterminer. Nous y avons trouvé une fois une tache brillante dont la révolution nous a paru peu différente de celle des taches de Mars. Il nous a semblé même une fois voir proche de Vénus un astre plus petit qui avait la même phase; mais comme nous ne l'avons pas pu voir depuis, nous ne saurions dire la cause de cette apparence (2). Pour ce qui est de Saturne, nous en par-

(1) Cent quinze années après Cassini, M. Herschell, aidé de ses fameux télescopes, a déterminé le tems de cette rotation de 24 heures 39 minutes 21 secondes deux tiers.

(2) Ce fut sans doute une illusion optique que moi-même j'éprouvai une fois avec une lunette achromatique et qui, pendant plusieurs jours, me fit voir auprès de la lyre une étoile infiniment petite dont l'existence fut détruite par un léger changement du plan de l'objectif.

lerons dans le rapport des observations que nous avons faites à Paris.

Nouvelles
observations
faites
en France.
Taches
du soleil.

Après la découverte que *Galilée* et quelques autres astronomes firent des taches du soleil, parmi lesquels on doit remarquer le père *Scheiner* qui, à ce sujet, fit un grand et excellent ouvrage vers l'an 1625, il se passa un grand nombre d'années sans qu'il en fût question. J'étais à Paris en 1671 avant que l'Observatoire fût en état d'être habité. En conséquence, pour pouvoir faire commodément quelques observations astronomiques, j'avais loué une maison et un jardin à la Ville-l'Evêque, peu éloignés de la porte occidentale de Paris. J'y avais attiré dans une maison voisine M. *Couplet*, qui m'avait été donné pour aide. J'aperçus là, pour la première fois, des taches dans le soleil dont je fis la description qui fut envoyée au Roi à Fontainebleau. Par les observations de plusieurs jours, je déterminai la vitesse de leur mouvement apparent, dont j'établis une théorie qui me servit à prédire que ces taches retourneraient aux mêmes endroits du disque du soleil, après une révolution de 27 jours. Ceux qui les avaient observées après leur première apparition avaient jugé cette révolution à peu près d'un mois.

Ma prédiction ayant eu un heureux succès, M. *de Colbert* voulut observer ces taches dans son jardin. Cela lui donna lieu de presser vivement qu'on achevât l'appartement qui m'était destiné à l'Observatoire, où j'allai m'établir avant que les taches finissent de paraître, et où je fus suivi de M. *Couplet*, qui m'y assista jusqu'à ce qu'il obtînt la place de maître de mathématiques des pages de la grande écurie. M. *de Colbert* fut si enchanté de ces observations, qu'après en avoir fait part au Roi, il m'ordonna d'écrire à Rome à M. *Campani*, qui m'avait donné un objectif de sa façon, avec lequel j'avais fait cette découverte, pour lui mander qu'il travaillât de plus en plus ses lunettes, lui promettant qu'il en serait récompensé du Roi. Au bout de quelque tems M. *Campani* envoya une excellente lunette de 34 pieds, c'est-à-dire double de celle qui avait servi à mes observations précédentes; elle lui fut payée mille écus. C'est celle qui sert encore présentement à l'Observatoire. Il continua de travailler encore à d'autres lunettes beaucoup plus longues, et m'envoya trois objectifs de différentes grandeurs : mais la mort de M. *de Colbert* étant survenue, il demanda les verres qu'il avait envoyés, pour satisfaire la reine de Suède, qui avait projeté de me rappeler aussi à Rome, où elle voulait faire un Observatoire d'une maison qui est dans l'enclos du palais *Riari a la Lungara*, où elle demeurait. Je n'avais garde de quitter le service du Roi, qui me comblait de bienfaits et agréait mes services. C'est pourquoi, avec la permission de S. M., je renvoyai à M. *Campani* ses derniers verres dont la portée, d'une longueur extraordinaire, était incommode dans l'usage; il a depuis, à la vérité, tâché de le faciliter, sans qu'aucun prince jusqu'à présent les ait recherchés (1).

Selon ma théorie, qui représente assez exactement le mouvement des taches, j'établis que ces taches sont sur la surface sphérique du soleil, qu'elles décrivent des cercles parallèles autour des deux pôles, élevés sur l'orbite du mouvement annuel de 7 degrés et demi, et qu'elles font leurs révolutions dans un tems à peu près égal à celui de la révolution périodique de la lune autour de la terre. Mais elles ne sont pas toujours visibles par nos lunettes dans leurs retours; ce qui peut s'expliquer en diverses manières.

---

(1) Ce que dit ici D. Cassini donnerait à croire que les grands objectifs qui sont encore à l'Observatoire ne sont point de Campani, comme on l'a cru *Pièces justificatives*, p. 211), mais de Borelli, de Huygens et de Hartzoeker.

J'imagine que comme le globe de la terre est composé de deux matières, l'une solide comme le continent, l'autre fluide comme les mers, de même le soleil pourrait être composé de deux matières analogues à celles du globe terrestre, dont la solide serait opaque, et la liquide serait la matière de la lumière qui couvre la plus grande partie de la matière opaque, laissant seulement en quelques endroits des pointes comme sont celles de quelques rochers, et qui constituent les taches apparentes. Il y a sans doute, comme dans nos mers, des flux et reflux qui élèvent tantôt plus, tantôt moins cette matière lumineuse; ce qui fait augmenter ou diminuer l'apparence des taches et les transforme en diverses figures en peu de tems. Celles que nous observâmes au commencement formaient d'abord la figure d'un scorpion avec ses pattes et sa queue. Un peu après, cette partie s'est détachée et a formé des taches plus petites séparées les unes des autres. Elles étaient enveloppées d'une espèce de nébulosité, qui représentait à notre imagination les tourbillons qui se forment autour des pointes de rochers par les marées. Il se pourrrait faire aussi que comme dans le globe de la terre il y a des volcans qui en certains tems jettent des flammes et des cendres autour d'eux, de même il y en eût dans le soleil.

Ce que nous avons observé particulièrement, c'est que plusieurs taches du soleil, dont nous avions déterminé la situation à l'égard de ses pôles, sont revenues quelque tems après dans la même partie de la surface du soleil, à peu près comme le Vésuve, vu du même endroit au ciel et venant à s'enflammer, paraîtrait de nouveau dans le disque de la terre au même point où il aurait paru auparavant-à l'égard des pôles de la terre, avec la même latitude et longitude géographique déterminée dans les révolutions faites après la première apparition : ce qui rend mes conjectures aussi vraisemblables que celles du retour des mêmes planètes au même lieu du ciel après un nombre de révolutions; car ce n'est que par ce moyen que les anciens ont trouvé, par exemple, que Mercure, après avoir cessé de paraître pendant plusieurs révolutions, a été trouvé à son retour pour le même astre; et que *Phosphorus* et *Hesperus,* qui anciennement étaient censées être deux étoiles différentes, ont été reconnues pour la même planète *Vénus.* Quelques observateurs ont pris les taches du soleil pour des planètes. *Tarde* leur a donné le nom de *Sydera Borbonia.* On peut juger, par ce que nous venons de dire, du peu de fondemens de cette hypothèse.

Les observations des taches du soleil ayant donné occasion à M. *de Colbert,* comme je l'ai dit plus haut, de faire presser les ouvriers pour mettre quelques chambres de l'Observatoire en état d'être habitées, je vins y demeurer le 14 septembre; un peu avant la seconde sortie des taches du disque du soleil. Je m'attachai ensuite à observer Saturne, dont M. *Huguens* avait découvert que ce qu'on appelait ses anses était un anneau plat et mince, qu'il jugea d'abord décliner de l'orbite de Saturne de 23 degrés et demi; j'ai trouvé dans la suite qu'il en déclinait de 34. M. *Huguens* n'en fut pas fâché et vint plusieurs fois assister à mes observations. Il avait aussi découvert le plus gros satellite de Saturne, qui est présentement le quatrième depuis la découverte que je fis, dans la suite, des quatre autres satellites de cette planète principale.

Saturne était alors avec les petites étoiles de l'eau d'Aquarius, avec lesquelles je le comparais autant de fois que la sérénité du ciel me le permettait, en faisant souvent la description de la configuration de ces étoiles avec Saturne et avec l'ancien satellite. Je la trouvai un peu variable d'un tems à l'autre, et je vis dans la suite que cette variation pouvait s'attribuer à l'étoile que j'appelai alors *second*

Découverte
du cinquième
satellite
de Saturne.

satellite, parce que ce fut le second de ceux qui furent d'abord découverts.

Après que j'eus observé en quelque manière la vitesse apparente de son mouvement particulier, j'invitai l'Académie à venir l'observer. On trouva une petite étoile à l'occident de Saturne, où j'avais dit que ce satellite devait paraître, et pour lors la compagnie fut satisfaite et commença à calculer la période de sa révolution, par la comparaison de mes premières observations avec cette dernière. Mais je n'en fus pas satisfait, parce que je ne trouvai pas cette étoile assez précisément à la distance de Saturne qu'elle devait avoir par mes premières observations; et quand M. *Huguens* se hasarda de déterminer sa révolution qu'il donna dans un écrit cacheté au secrétaire,. je lui dis que nous n'avions pas encore toutes les observations nécessaires pour cette détermination. Il était arrivé à cette planète un accident qu'on n'avait pas encore observé dans les autres : c'est qu'elle n'est pas visible dans toutes les parties de sa révolution qui sont à pareille distance de Saturne, ni dans toutes ses révolutions; ce qui peut s'expliquer par des taches placées à sa surface, et par la révolution autour de son axe, par laquelle elle tourne à la terre tantôt la face tachée, tantôt celle qui ne l'est pas, ou à quelqu'autre cause physique qui rend ces endroits du satellite tantôt éclatans comme il arrive aux volcans de la terre, et tantôt sans cet éclat. En effet, ce satellite fit plusieurs révolutions sans paraître, et parut ensuite long-tems. Cette alternative a lieu encore aujourd'hui; ce qui n'a pas empêché que par les observations qu'on en a pu faire, on ait appris la période de sa révolution, qui est de 79 jours 22 heures.

Je découvris ensuite en divers autres tems trois autres satellites de Saturne, dont j'ai parlé dans divers Mémoires que j'ai publiés, et dans les registres de l'Académie des Sciences.

M. *Duhamel*, qui était alors secrétaire, en a aussi parlé dans l'histoire latine de la même Académie.

Dans les premières assemblées de l'Académie où je me trouvai, s'agissant un jour de la force des eaux courantes, je proposai un instrument propre à mesurer la diversité des forces de la même rivière à différentes profondeurs à l'égard de sa surface (1). M. *Couplet* fut chargé de le faire exécuter, et lorsqu'il fût achevé, toute l'Académie s'embarqua sur la Seine pour en voir l'effet. L'ayant placé dans le lieu le plus propre pour cette observation, on trouva que la force du courant de l'eau est plus faible proche de sa surface, qu'elle augmente jusqu'à une certaine profondeur, qui est à peu près le milieu entre la surface et le fond, et qu'elle va en diminuant depuis ce terme jusqu'au fond de la rivière. C'est ce qui a également lieu à la même hauteur lorsqu'on s'éloigne du milieu de la largeur de la rivière, et c'est dans ce milieu qu'elle est le plus régulière.

Instrument propre à mesurer la force du courant des eaux.

Note lue par M. l'abbé BIGNON, *à l'assemblée publique de l'Académie des Sciences, le 16 novembre 1712, après la lecture de l'éloge de J.-D.* CASSINI, *par M.* DE FONTENELLE, *secrétaire.*

Nous ne sentons jamais mieux le bonheur que nous avons de vous posséder, Monsieur, que quand il se présente des

---

(1) M. Cassini a aussi proposé une autre machine pour trouver la proportion de la résistance de l'air à celle de l'eau. Il est encore l'auteur d'un planisphère céleste et d'une balance arithmétique (Voyez *Histoire de l'Académie*, tome Ier, page 217, et *Machines présentées à l'Académie*, tome Ier, pages 133, 143); d'une machine pour représenter les mouvemens des satellites de Jupiter (Voyez *Mémoires de l'Académie*, tome Ier, page 240), et d'une machine parallatique (Voyez le père *Chérubin*, dans l'ouvrage *de la Vision parfaite*).

sujets au-dessus des écrivains même les plus habiles. C'est le
cas où nous nous trouvons aujourd'hui. Qui aurait pu comme
vous représenter le mérite de M. Cassini? C'était véritablement ce qu'on doit appeler un homme rare. Ses découvertes
en astronomie suffisaient seules pour lui mériter ce nom :
mais à combien d'autres titres ne l'a-t-il pas acquis? Quelque
habile qu'il fût, il n'en était que plus assidu à la lecture.
Après avoir passé les nuits à lire dans le brillant livre des
cieux, il employait les journées à consulter les imparfaites
méditations des autres astronomes; ils lui étaient également
présens de toutes les langues et de tous les tems; il savait par
lui-même bien au-delà de ce qu'ils avaient pu dire, et il n'en
cherchait pas moins ce qu'ils avaient dit. Ne pas se contenter
de connaître le vrai système du monde, mais étudier et
deviner le système que les anciens ou les Tartares en avaient
pu imaginer; embrasser le passé, le présent, l'avenir même,
non par de frivoles prédictions sur des évènemens indépendans des étoiles, mais, par des infaillibles supputations de
leurs mouvemens, fixer jusqu'aux prétendus égaremens des
comètes, c'est ce que nous avons vu faire, et que personne
n'avait fait avant lui. Mais, au milieu de ces connaissances si
prodigieuses, nous lui avons vu une modestie plus miracu-
leuse encore. L'univers l'admirait, les siècles idolâtres lui
auraient élevé des temples; lui seul semblait ignorer son
mérite. Qui fut jamais si simple dans ses manières, si retenu
dans ses discours, si timide dans ce qu'il savait le mieux, si
doux avec ceux qu'il connaissait le moins? L'élévation de son
génie cédait à la bonté de son cœur; plus aimable encore qu'il
n'était admirable, et plus humble que savant. Très-différent
de ces aveugles Chinois qui ne connaissent d'autre bien que le
ciel, il ne voyait dans le ciel que l'invisible Dieu du ciel.
Religieux observateur des moindres devoirs, sa régularité

coulait de source et se répandait sur tout. Ami, du commerce le plus facile, père de famille adorable, académicien aimant sincèrement tous ses confrères, et aimé universellement de tous, il avait su cacher sa supériorité sous sa douceur, dépouiller la science de toute son enflure, et n'être docte que par religion. Quelle perte que celle d'un si grand homme, s'il ne nous avait laissé un fils et un neveu en qui nous le voyons déjà renaître! Je ne m'étendrai pas sur leur éloge, leurs ouvrages le feront mieux que moi. Je n'entreprendrai pas non plus le vôtre, Monsieur, à moins que vous ne vouliez me prêter le talent de vous louer aussi dignement que vous savez louer les autres.

Note lue à la rentrée publique de l'Académie, le 13 novembre 1776, par M. le marquis DE CONDORCET, secrétaire.

M. Le Moine présente à l'Académie le buste de J.-D. Cassini. Nous devions déjà ceux de Descartes et de Fontenelle à cet artiste célèbre, si digne de transmettre à la postérité les traits de nos grands hommes, par le noble enthousiasme que leur génie excite en lui. On a observé il y a long-tems que ce sentiment ne se trouve presque jamais que dans les hommes qui unissent des vertus à de grands talens; et ceux qui connaissent la personne et les ouvrages de M. Le Moine savent qu'il est bien loin de démentir cette observation.

Descartes avait renoncé à son pays pour cultiver la philosophie avec plus de liberté. M. Cassini quitta le sien, parce qu'il regarda le pays où l'astronomie était le plus encouragée comme sa véritable patrie. Il savait qu'en Italie ce n'est pas une exclusion pour les places importantes que d'avoir perfectionné la raison par l'étude des sciences, que souvent même elles ont été un moyen de s'élever à ces places. Il savait qu'il

y avait peu d'honneurs où n'eût le droit de prétendre le descendant de ces chevaliers siennois (1), qui avaient soutenu
pendant plusieurs siècles la liberté de leur patrie contre les
descendans de Charlemagne.

Il sacrifia ces avantages à la gloire d'être un des restaura-
teurs de l'astronomie. Il n'ignorait pas que la famille de Descartes ne lui avait jamais pardonné de n'avoir été qu'un grand
homme, et il se soumit au préjugé qui semblait alors en
France regarder une application exclusive aux sciences comme
indigne d'un homme qui avait des richesses ou des ancêtres.
M. Cassini consentit sans peine à n'avoir d'autre considération
que celle qu'il avait acquise par ses découvertes. Cette modestie a passé à ses enfans. Nous voyons aujourd'hui dans
l'Académie la quatrième génération de cette famille si chère
aux sciences; et cette manière de s'illustrer a du moins cet
avantage, qu'elle ne peut appartenir qu'au petit nombre de
familles où le mérite est héréditaire comme le nom et les
titres.

---

(1) Les descendans de J.-D. Cassini ont été reconnus, et ont siégé au Sénat
de Sienne, comme appartenant à une ancienne famille siennoise qui a donné à
l'église plusieurs évêques et sujets distingués, entr'autres un cardinal de ce nom,
archevêque de Sienne en 1426. La promotion d'un second cardinal, Cassini
d'Arezzo, en 1712, a procuré à J.-D. Cassini l'honneur de recevoir, le 8 juin de
cette même année, la visite de MM. Humbert et du père Mallebranche, députés
par l'Académie pour le complimenter à ce sujet.

FRAMMENTI DI COSMOGRAFIA

IN VERSI ITALIANI

DEL SIGNOR GIO.-DOMENICO CASSINI (1).

~~~~~~~~~~~~~

Prendo a ridurre a mente in brevi detti
Del mondo la struttura, e gli elementi,
I siti delle stelle, e i movimenti,
I congressi, gli eclissi, e i varj aspetti.

Studio degno di Voi spirto gentile (2),
Ch' il doppio vol degli occhi al cielo ergete,
E nata gli astri a contemplar, chiudete
Nel più bel seno un' animo virile.

Forsè nel sen chiudea spirito tale
La degna fondatrice di Cartago,
Che dell' ospite Enea l'orecchio pago
Fè di tal canto al talamo regale.

Udir fè d'Iopa in sù l'aurata cetra
Ciò, che insegnar soleva il grande Atlante,
I movimenti della luna errante,
E negli eclissi spuntò il sol nell' etra:

Ondè son le recondite cagioni
Dell' umana progenie, e delle sfere,
Ondè cadon le pioggie, e il fulmin fere,
Arturo, l'Iadi, e i Gemini Trioni:

---

(1) On ne donne ici qu'une très-petite partie de ces fragmens.

(2) On croit que c'est à la célèbre Christine, reine de Suède, que ce poëme devait être dédié.

PER qual cagione il sole in sì poche ore
A l'Oceano arrivi i dì del verno,
E perchè poi nell' emisfero inferno
Faci in la notte allor tante dimore.

QUESTI pur del vostr' animo regale
Sono i più grati, e placidi diporti,
A quant' altri pon dar splendide corti,
Quest' unico diletto in Voi prevale.

Ciò che in ciel già leggeste, e sù le carte
Quì descritto vedete in rozzi versi,
D'uopo non è che sian limati e tersi,
Che la materia qui supplisce all' arte.

RICUSA ogni ornamento alta dottrina;
Che per se sola assai diletta, e piace.
D'ogn' altra musa Uranìa più verace
Fugge ogni vana pompa, e peregrina.

TULLIO, che quanto a declamar fecondo
Tanto ebbe in poesìa lo stile ingrato,
Tradurre in versi osò l'opre d'Arato,
Che tutto descriveano il cielo, e il mondo.

AVRÒ splendor bastante, Uranìa mia,
Dal nome vostro, a cui del cielo il canto
Con più giusta ragione offrir mi vanto,
Ch' Alessandro la sfera a Laudomia.

MONDO diciam quest' ordine di cose,
Ch' alla vista mortal si rappresenta,
Di cui l'orbe terren centro diventa,
Ove Dio l'uomo ad osservar ripose.

Così se d'abitar ci fusse dato
O luna, o corpo tale in se sospeso,

Quel per centro del mondo avriano preso
L'ordine tutto intorno a lui formato.

A noi nasce quest' ordine del mondo
Per conseguenza d'ottica ragione ,
Che quanto lungi discopriam, dispone
Intorno all' occhio nostro in giro tondo.

Perciò pigliam dell' occhio nostro il centro
E alla maggior che concepiam distanza,
La sfera descriviam per ampia stanza ,
Che l'universo tutto includa dentro.

Sfera, che ampia formiam, quanto a noi pare
Pur che capace sia di tutto il mondo,
In guisa tale egli riman rotondo ,
E nel mezzo contien la terra e il mare.

Quindi è, che gli astri tutti, o sian rimoti
Dall' occhio e dalla terra , o sian vicini
Là negli estremi sferici confini
L'occhio trasporti , e l'arte industre noti ,

Ivi quella distanza, o positura
Diciam fra loro stesse aver le stelle ,
Ch' anno i lochi lassù , che queste e quelle
Occupan nella sferica figura.

Ivi le stelle allor diciam congiunte ,
Saturno per esempio a Giove, a Marte,
Quando ci copron la medema parte,
Benchè sempre fra lor siano disgiunte.

Ma perchè troppo par vario e vagante
Preso dall' occhio il centro della sfera ,
Prendiamo il centro della terra intiera ,
Ondè ogni occhio abbiam quasi equidistante.

Perciò diciamo positura vera,
Vero diciamo d'ogni stella il sito,
Che l'occhio dal centro della terra unito
Vedrebbe aver nella suprema sfera.

Di terra, d'acqua, e d'aria insieme poste
Si compone la sfera elementare,
In se sospesa, e atta a conservare
Le cose corruttibili, e composte.

Nell' aria distinguiam tre regioni,
Nell' infima respiran gli animali,
Nella media le nubi anno i natali,
E le pioggie, e le nevi, e i lampi, e i tuoni.

Nella suprema quanti veggiam fuochi
Ogni notte volar serena e oscura,
Se celeste non è la lor natura,
Nè ammette il ciel sì momentanei giochi.

Noi sin lassù sappiam che l'aria ascende
Dove salir può mai fumo o vapore,
Atto a prender del sol dubio splendore,
Onde or la prima sera, or l'alba splende.

Degli alti monti poco più sublime
E di quest'aria la maggior' altezza,
Mentre in breve a lei manca ogni chiarezza
Quando de' monti il sol lascia le cime.

Gia sopra l'aria, e sotto il ciel le scuole
Una sfera introdussero di foco,
Per dar a un elemento il quarto loco,
Che per aria aspirar in alto suole.

È, diceano, la terra in sommo greve,
E perciò va del mondo alle parti ime,

Segue l'acqua, e poi l'aria, e più sublime
Di tutti è 'l foco, perchè in sommo è lieve.

Ma non an tutti gli elementi il loco
Distinto in regioni ime e superne,
Che della terra ancor nelle caverne
Ora acqua, ora aria, ora troviamo foco.

Già l'acqua non sormonta il continente
Ambiziosa di compir la sfera,
Quando in diluvio universal non pera,
Come sotto a Noè l'umana gente.

Perchè dunque coprir dee l'aria tutta
Una sfera vastissima di foco,
Se non quando la terra in ogni loco
Da incendio universal sarà distrutta.

Chi staccato giammai da face o pira
Vidde foco spiccar per l'aria un salto,
E lucido inestinto andar in alto
Sin alla sfera ove diciam ch' aspira?

Concediam, che sian quattro gli elementi
De' corpi misti, terra, acqua, aria, e foco,
Ma questo fugge, e non ha proprio loco,
E sono gli altri tre sol permanenti.

Tanto s' estingue qui, quanto s'accende
Di foco nella sfera elementare,
E in van sù l'aria osiamo collocare
Foco inestinto, che non arde o splende.

Solo veggiamo nell'oscure notti
Volar fochi veloci, e repentini,
Ch' esser dentro gli aerj confini
Con probabil ragion stimano i dotti.

ALLA scorta fedel del senso retto
La prudente ragion si dona e cede ,
Nè opra contraria a quel , ch' ogn' occhío vede,
In natura introdur dee l'intelletto.

Lo spazio oltre la sfera elementare ,
Quando voto non sia , d'etere è pieno
Limpido, permeabile , e sereno ,
Che riflessi non può quaggiù mandare.

QUESTA di tutto il cielo è la natura ,
· Che le stelle sospese in se contiene
Con pace di Stagira , che sostiene
La materia del ciel solida e dura.

OGNI stella può star libera , e sciolta
In mezzo al liquido etereo sospesa ,
Come la terra ch' al suo centro pesa ,
Si libra in aria tutta in se raccolta.

DA questo illustre esempio il modo è certo (1)
Di star nel mondo i corpi in se raccolti,
Noi da questo uno argomentiam di molti
Ogn' altro , che fingiamo , è vano , e incerto.

MENTRE da spazioso etereo campo
All' aria nostra viene a far passagio ,
Piegasi alquanto d'ogni stella il raggio ,
E refratto divien per tale inciampo.

Così mentre dall' aria all' acqua passa
Il raggio visual si suol piegare ,
Onde che rotto in acqua il remo appare,
Ed ogni cosa immersa appar men bassa.

---

(1) Quando fù composto questo poema non era nota ancora la teoria de' moti celesti cagionati e regolati dalla legge della gravità generale , e da una projezione.

Di tutti li astri un accidente tale
Varia alquanto l'aspetto e positura,
Indi del sol la sferica figura
Al nascer, al cader si mostra ovale.

Mostra l'esperienza, e la ragione
Che tale effetto in molta altezza è poco,
Ma quanto basso più del cielo è il loco,
Ivi tanto è maggior refrazzione.

Al nascer, al cader si mostra il sole
Tanto alto più per questo solo effetto,
Quanto del sole istesso il chiaro aspetto
Nello spazio celeste occupar suole.

Ma nel salir scema la frode, e tosto
A l'insensibil quasi si riduce,
E infin nel vero luogo il sol riluce
Giunto del ciel al più sublime posto.

Altrove non troviam che c' interrompa
Del sole, o d'altra stella il puro raggio,
Segno assai certo, che non fa passaggio
Per foco, o cielo sodo, in cui si rompa.

. . . .

IMITATION LIBRE

DU FRAGMENT PRECÉDENT.

———————

J'entreprends de réduire à de courtes leçons,
La science qui règle et fixe les saisons,
Qui du vaste univers enseignant la structure,
Et des astres errans la marche toujours sûre,
Aux regards des humains atteste la grandeur
Des merveilles du monde et de son créateur.

Daignez être en ce jour la muse qui m'inspire
Sur un si grand sujet tout ce que je dois dire,
Princesse, dont l'esprit, le génie et les yeux
Semblent être formés pour contempler les cieux,
Et qui réunissez ce qui manque à toute autre,
La force de mon sexe et les grâces du vôtre.

Telle autrefois Didon : on la vit comme vous,
Jeune et reine, annoncer les plus sublimes goûts,
Quand, pour former les nœuds d'une amoureuse chaîne,
Après un doux accueil la tendre souveraine
Dans de nobles chansons crut trouver les moyens
D'enflammer à son gré le héros des Troyens.

Iopas, devant lui, répéta sur sa lyre
Les secrets dont Atlas avait daigné l'instruire :
Du soleil, de la lune il décrivit le cours,
Expliqua, dans ses chants, comment dans leur concours,
De l'ignorant vulgaire étonnant la pensée,
La lumière de l'un par l'autre est effacée;
Pourquoi, pendant l'hiver, dans le sein de Thétis,
Phébus plonge sitôt ses rayons amortis,

Et pourquoi, dans l'été, la nuit est toujours lente
A tempérer de l'air la chaleur accablante.
Puis, discourant sur l'homme et sur les animaux,
Sur la pluie et la foudre et les autres fléaux,
Aux Troyens étonnés expliqua toutes choses,
Et parla savamment des effets et des causes.

Votre esprit, insensible à tout autre plaisir,
De ces mêmes objets aime à s'entretenir,
Princesse; ainsi mes vers oseront vous redire
Ce que déjà vos yeux dans le ciel ont su lire.
Vous prêterez l'oreille à mes faibles accens,
En faveur de sujets nobles, intéressans.

Traitons sans ornement une belle matière;
La modeste Uranie a toujours droit de plaire.
L'aigle des orateurs, l'éloquent Tullius,
En vers peu cadencés traduisit Aratus.
Pour moi, de votre nom j'ornerai mon ouvrage;
Du plus heureux succès il m'offre le présage.

Parcourons tous les corps et les objets divers
Que notre œil aperçoit dans ce vaste univers.
Sur la terre, placé par le souverain être,
L'homme, du monde entier d'abord se croit le maître,
Et pense, dans l'erreur dont l'orgueil est l'appui,
Que tout ce qui se meut se meut autour de lui.
Dans cette illusion, ses yeux, il faut le dire,
Avec sa vanité concourent à l'induire :
Trompé par son organe, il rapporte toujours
Des astres éloignés et la place, et le cours,
Au fond plus reculé d'une lointaine sphère
Dont le centre est au point d'où l'œil les considère.
L'optique ainsi le veut : il est par conséquent
Pour chaque observateur un centre différent;
Il fallait cependant choisir un terme unique,

Centre fixe et constant du système physique ;
C'est celui de la terre, il fut donc arrêté
Que supposant un œil en ce point transporté,
Les mouvemens des corps, leur véritable place,
Seraient ceux vus du centre et non de la surface,
D'où s'offrent à nos yeux mille aspects différens,
Que pour mieux distinguer nous nommons *apparens*.

Revenons sur le globe où l'eau, l'air et la terre,
Composent, nous dit-on, la *Sphère élémentaire,*
La sphère qui nourrit et renferme en son sein
Animaux, végétaux et tout le genre humain.
L'air tient enveloppé dans sa région basse
Tout ce qui de ce globe habite la surface.
Les nuages, plus haut, la pluie et les éclairs,
Occupent ce milieu qu'on appelle *les Airs*.
Dans une région plus élevée encore
Naissent, brillent soudain les feux, le météore
Qui, dans la nuit obscure, aux voyageurs surpris,
Semblent être les jeux de célestes esprits.
Mais ces trois régions qui forment l'atmosphère
Ne sauraient excéder des monts la tête altière,
Car dès qu'à son couchant, Phébus de ses rayons,
A cessé d'éclairer la cime de ces monts,
Bientôt l'air obscurci perd aussi sa lumière,
Et la nuit se répand sur tout cet hémisphère.

Que dirons-nous ici de cette opinion
Qui d'une quatrième et haute région
Augmente, ou, pour mieux dire, embrase l'atmosphère,
En y plaçant du feu la subtile matière
Qui, l'un sur l'autre assis, veut que chaque élément
Dans un ordre constant reste séparément.
Il n'en est pas ainsi : loin de cet ordre étrange,
Tout atteste ici bas un utile mélange ;

Dans le sein de la terre, avec tous les métaux,
Se trouvent combinés le feu, l'air et les eaux.
Vit-on, vit-on jamais la brillante étincelle,
Sortant en pétillant du feu qui la recele,
Vers le plus haut des airs s'élancer comme un trait,
Où la matière ignée alors l'attirerait ?
Non : gardons-nous ainsi d'assigner une place
A l'élément fougueux qui franchit tout espace,
Qui répandu partout, partout vivifiant,
Circule en tous les corps en s'y modifiant :
Là, se développant, il dévore, il consume;
Ici près il s'éteint, plus loin il se rallume;
Caché dans les cailloux, il brille dans les airs,
Et son activité remplit tout l'univers.

Des astres jusqu'à nous si l'on n'admet le vide,
Au moins n'existe-t-il qu'un très-subtil fluide,
Un air raréfié, si clair, si transparent,
Qu'il n'offre aucun obstacle aux corps en mouvement,
Et laisse un libre cours aux rayons de lumière.
Aristote, il est vrai, d'opinion contraire,
Voulait qu'un corps solide emplît le firmament;
Mais qui pourrait admettre un pareil sentiment?

Chaque étoile au milieu de l'immense étendue,
Dans le fluide éther, librement suspendue,
Se soutient : c'est ainsi que la terre et ses eaux,
Ses pierres, ses forêts, l'homme, les animaux,
Habitans de son sein comme de sa surface,
Vers un centre commun tendent tous par leur masse,
Se pressent l'un sur l'autre, et d'invisibles nœuds
Les tenant réunis, ils composent entr'eux
Sous la forme arrondie un grand tout de matière
Qui nage enveloppé du liquide atmosphère.
De la même façon concevez tous les corps

Suspendus dans les cieux : et par de vains efforts,
Gardez-vous d'enfanter quelque nouveau système,
Pour nous inconcevable et peu clair pour vous-même.

Des astres lumineux les rayons à nos yeux
Doivent pour arriver traverser deux *milieux ;*
L'un est l'éther, qui n'offre aucune résistance ;
L'autre est notre atmosphère, et celui-ci plus dense
Par le rayon heurté, dans ce choc singulier,
Le détourne avec force et l'oblige à plier.
Ainsi j'ai vu cent fois, dessus l'humide plage,
La chaloupe au moment de quitter le rivage ;
Les bras tendus, l'œil fixe, à l'aspect du signal
Les rameurs se courbant d'un mouvement égal ;
Chaque rame à la fois se soulève, retombe,
Et paraît se briser en se plongeant dans l'onde.
De la réfraction tel est l'effet trompeur ;
Il change des objets la forme et la hauteur.
La lune à l'horizon devient plate, inégale,
Et du soleil couchant la figure est ovale ;
Tous les astres enfin, bien loin d'être aperçus
Brillans dans leurs vrais lieux, paraissent au-dessus ;
Moins il sont élevés, plus fausse est l'apparence ;
A de grandes hauteurs, nulle est la différence ;
De là, par un effet heureusement produit,
Le jour devient plus long aux dépens de la nuit.

. . . .
. . . .

Ainsi l'illusion, fatale à la science,
Doit toujours sur nos sens nous mettre en défiance :
La vérité sans cesse à nos yeux se soustrait,
Si nous ne démêlons l'apparence du vrai.

TABLEAU CHRONOLOGIQUE

De la Vie et des Ouvrages de J.-D. CASSINI.

1625. — Sa naissance à Périnaldo, le 8 juin.

1639. — Il entre au collège de Saint-Jérôme, tenu par les Jésuites à Gênes.

1646. — Il compose plusieurs pièces en vers latins et italiens, dont quelques-unes ont été imprimées (*Giustiniani gli scrittori liguri,* p. 371.)

1649. — Il se rend à Bologne.

1650. — Le Sénat de Bologne lui donne la chaire d'astronomie, vacante par la mort de Cavalleri.

1652. — Il observe la comète qui paraît à la fin de cette année, et qui lui donne lieu de publier l'ouvrage suivant :

Mutinæ, in-folio. Ad seren. princip. Franciscum Etenensem Mutinæ ducem, Joan.-Domin. Cassini genuensis, in bononiensi archigymnasio public. Astronom. profess. de cometâ ann. 1652 et 1653.

Il suit dans ce premier ouvrage la fausse opinion de la formation des comètes par les exhalaisons de la terre, et même des étoiles qu'il suppose avoir un atmosphère, et démontre par ses observations que la comète est fort au-dessus de la région de la lune : mais depuis l'impression de cet ouvrage, la suite de ses observations réforme ses idées; il s'aperçoit que la route de la comète peut être représentée par un mouvement régulier, qu'on peut en dresser des éphémérides et que l'astre se trouve fort au-dessus de Saturne. Il en écrit à Bouillaud, et se propose d'en publier incessamment une seconde partie sous le titre de *Theoria motûs cometæ anni* 1652 : mais cet ouvrage annoncé n'a pas été imprimé (*Giustiniani, gli scrittori liguri,* p. 360.)

Il résout le problème déjà tenté par Kepler et jugé insoluble par lui et par Bouillaud, consistant à trouver directement et géométriquement l'apogée et l'excentricité d'une planète (*Opera Gassendi,*

tome VI; *Hist. acad., Duhamel,* page 55). Il n'a publié cette solution qu'en 1669 (*Histoire de l'Académie,* tome Ier, page 111, et
Mémoires de l'Académie, tome X, page 488).

Il écrit à Gassendi pour lui procurer une suite d'observations des
planètes sur lesquelles il puisse établir les fondemens d'une nouvelle
théorie des planètes (*Epistola Gassendi. Giustiniani,* page 360).

1654. — *Bononia, in-4°. Illustrissimis et sapientissimis senato-
ribus augustissimæ D. Petronii fabricæ præfectis, novum lumen
astronomicum ex novo heliometro.*

*Bonon., in-folio. Controversiæ astronomicæ ad maximun helio-
metrum Petronii examini expositæ.*

*De novo gnomone meridiano in D. Petronii templo construendo:
ad S. March. Innoc. Façchinetti confalon.* (Manusc.)

1655.—Il trace la méridienne de Sainte-Pétrone, et publie une invitation aux mathématiciens de Bologne pour être témoins des opérations
faites à cette méridienne, et pour observer le solstice d'été de 1655.
Il présente et dédie à la reine de Suède *la Description et l'usage de
la méridienne de Sainte-Pétrone,* imprimée en forme de thèse.

1656. — *Bonon., in-folio. Specimen Observationum Bononiensium, quæ novissimè in div. Petronii templo ad astronomiæ novæ
constitutionem haberi cœpere.*

1657. — Il est député à Rome avec le marquis Nicolò Tanari, par
le Sénat, au sujet des différends élevés entre Bologne et Ferrare sur
le cours des eaux du Pô et du Reno. Il compose à ce sujet divers
écrits, dont plusieurs sont imprimés, pour soutenir les intérêts de la
ville de Bologne. (*Raccolta : del corso antico del Pô e de fiumi
inferiori suoi tributarii.*)

*Rom., in-4°. Alla Santità di nostro sign. Papa Alessandro
settimo, per la sacra congregazione dell' acque, il regimento di
Bologna.*

Rom., in-4°. Idronomia nuova.

1659. — Il présente au Pape un planisphère gravé, avec ce titre :
*Systema revolutionum superiorum planetarum circà terram ab
anno 1659 ad sequentes per tricenos dies.*

Bonon., in-folio. Varie figure intagliate in rame, che rapresen-

tano la prospettiva de pianeti con le' proporzione de' loro distanze al sole ed alla terra, periodiche revoluzioni, direzzioni, e retrogradazioni.

1661. — Il observe devant le duc de Modène l'éclipse de soleil de cette année, et à cette occasion il imagine la méthode de déterminer les longitudes terrestres par l'observation des éclipses de soleil, et celle de *tracer sur une carte géographique les apparences d'une éclipse de soleil pour tous les divers lieux de la terre.* Mais l'inquisiteur de Modène ne permit pas de publier celle-ci lorsque par la suite il voulut l'exposer dans un ouvrage intitulé : *Nova eclipsium methodus.*

1662. — *Mutinæ in-folio. Novissimæ motuum solis ephemerides ex recentioribus tabulis clariss. viri Joan.-Dom. Cassini in archigymn. Bonon. Astron. Profess. a March. Malvazia supputatæ, cum epistolis auctoris ad Cassinum, ejusdemque responsis.*

1663. — Le Pape Alexandre VII lui donne la surintendance des fortifications du fort Urbin.

Bonon., in-folio. Joan.-Dom. Cassini epistola de observationibus in D. Petronii templo habitis.

1664. — Il est appelé à Rome par le Pape, et chargé des négociations pour régler avec la Toscane le cours de la Chiane ; il observe avec la reine de Suède la comète de 1664, dont il ose, d'après les deux premières observations, tracer la route sur un globe, annoncer l'époque de sa plus grande proximité, prédire sa station et sa rétrogradation future, prédictions qui ont été justifiées. Le 30 juillet, se trouvant en Toscane à Città-della-Piave, il fait la *découverte des ombres des satellites sur le disque de Jupiter.* Plusieurs habiles astronomes n'y veulent point croire, et lorsqu'ils les voyent, ils veulent les confondre avec les taches de Jupiter.

Ferrar., in-folio. Osservazione dell' eclisse solare fatta in Ferrara l'anno 1664, con una figura intagliata in rame, che rapresenta uno nuovo methodo di trovar l'apparenze varie che fu nel medesimo tempo in tutta la terra.

1665. — Une nouvelle comète paraissant au mois d'avril, il publie au bout de dix jours une table où la comète était calculée comme l'aurait pu être une ancienne planète.

Il détermine la révolution de Jupiter autour de son axe, et publie un grand nombre d'ouvrages, entre autres des éphémérides du mouvement des ombres des satellites sur le disque de Jupiter, pour répondre à ceux qui les confondaient avec les taches, et écrit plusieurs lettres à ce sujet, qui lui attirent de grandes discussions.

Rom. in-folio. Astronomicæ epistolæ duæ (8 *augusti et pridie id. sept.* 1665). *Altera adm. Rev. P. Egidii Franc. Gottigniez. Soc. Jes. in Romano colleg. Profess. ad perillustr. et excell. D. Joan.-Domin. Cassinum, Bon. Arch. Astr. Altera ejusdem D. Cassini responsiva de difficultatibus circa eclipses in Jove a mediceis planetis affectas; aliaque noviter detecta, cum earum solutionibus.* (*Journal des Savans*, 99-59.)

Bologna, in-folio. Due lettere astronomiche (*gli* 9 *e* 20 *maggio*) *al sign. Abbat. Falconieri, soprà il confronto di alcuni osservazioni delle cometa di quest' anno* 1665.

Roma, in-folio. Lettera astronomica (22 *luglio* 1665) *al sign. Abb. Ottavio Falconieri, soprà l'ombre de pianetini medicei in Giove, con le tavole dell' osservazioni ne due mesi seguenti.* (*Journ. sav.*, 22 *févr.* 1666.)

Rom., in-folio. Lettere astronomiche al sign. Abb. Ott. Falconieri, soprà le varietà delle macchie osservate in Giove, e loro diurne rivoluzioni. (*gli* 12, 20 *e* 26 *ottobre* 1665.)

Rom., in-folio. Tabulæ quotidianæ revolutionis macularum Jovis, nuperrime adinventæ a Joan.-Dom. Cassino.

Rom., in-fol. Theoria motûs cometæ anni 1664 *et* 1665, *Pars prima, etc.* (*Miscellanea italiana,* 1692.)

Rom., in-folio. Dissertatio apologetica de umbris mediceorum in Jove, con altre opere.

1666. — Il détermine la révolution de Mars autour de son axe, et réfute les objections de Riccioli, dans son Astronomie réformée, contre sa théorie des réfractions.

Bonon., in-folio. Martis circa proprium axem revolubilis, observationes Bononienses. (*Journ. sav.*, 259-157.)

Bonon., in-folio. Disceptatio apologetica de maculis Jovis et Martis (*Giustiniani,* page 371), en réponse à M. Serra.

Bonon., *in-folio. De solis hypothesibus et de refractionibus. Syderum ad dubia admodum R. P. Jo.-Bapt. Riccioli, societatis Jesu, epistola ad Gemin. Montanari. (Miscell. ital. et Journ. sav.,* 1693, 343-270.)

Romœ, in-folio. Joan.-Domin. Cassini Opera astronomica.

1667. — Il aperçoit une *nouvelle étoile dans l'Eridan,* et détermine la révolution de Vénus autour de son axe. Il répond aux mauvaises difficutés de Levera sur la méridienne de Bologne; fait répéter le premier, en Italie, les expériences de la transfusion du sang, et en écrit une longue lettre au sénateur Berlingerigessi, qui l'a fait imprimer parmi ses autres ouvrages.

Estratto di una lettera al sign' Petit, intornò a moto di Venere (Giorn. de litterat., 1668, p. 40; et *Mém. acad.* t. X, p. 467).

Nuntii syderei interpres, et de planetarum facie, maculis et revolutione. (Ouvrage dont il n'y a eu que 64 pages d'imprimées, *Journ. sav.,* 182-122.)

Rom., in-folio. Dissertationes apologeticæ de duplici gnomone in divi Petronii templo. (*Giustiniani, gli scritt. liguri,* page 365.)

1668. — Il est député par le Pape auprès du grand-duc de Toscane pour régler les confins de l'Etat ecclésiastique et de la Toscane. Il dédie au cardinal Caraffa une *Description des réjouissances solennelles qui ont eu lieu à Bologne,* au sujet de l'exaltation de Clément IX. Il apprend au mois de mai que le Roi de France désire qu'il soit en correspondance avec les membres de l'Académie royale des Sciences de Paris, et même que S. M. projette de le faire venir en France. Le Pape consent à ce voyage pour quelques années. En attendant, il publie une ébauche des *premières tables de satellites de Jupiter,* qu'il perfectionna par la suite en 1693. (*Hist. acad.,* tome Ier, page 313, et *Mém. acad.,* tome VIII, page 318.) Mais plusieurs autres ouvrages qu'il avait commencé à faire imprimer se trouvent interrompus par son départ pour la France.

Bonon., in-folio. Ephemerides Bononienses mediceorum syderum, ex hypothesibus et tabulis Joan.-Domin. Cassini (Giorn. de litterat. 1668, et *Journ. sav.,* 154-105.)

Bolog., in-folio. Spina celeste meteora, osservata in Bologna,

42

il mese di marso 1668, *da Giov. Domen. Cassini astron. dello studio publico.*

Bologn., *in-4°. Apparizioni celesti dell' anno* 1668 *osservate in Bologna da Giov. Domen. Cassini.* (*Journ. sav.*, 57-42.)

Observations sur les insectes qui s'engendrent dans le chêne. (*Journ. sav.*, 100-71.)

Bonon., *in-4°. Joan. Domin. Cassini Disceptatio apologetica, de maculis Jovis et Martis, annis* 1666 *et* 1667; *et de conversione Veneris circà axem.*

Novite osservata nelle stelle fisse. (*Giornal. de' litterat.*, 1668, page 122.)

Osservazione fatte in Roma della stella rinascente nel collo della Balena li 14 *gennaro, per aviso ricevuto dal sign. Cassini.* (*Hist. acad.*, tome Ier, page 132; *Giorn. de' litter.*, pages 7-36.)

Osservazione dell' eclisse solare fatta in Bologna li 24 *nov.* 1668. (*Giorn. de' litter.*, 1668, page 154.)

Osservazione di una eclissa lunare fatta in Roma la notte seguente lo 25 *maggio* 1668. (*Giorn. de' litter.*, 1668, page 71.)

Observations de la comète de 1668. (*Acta. Reg. Soc. Lond.*)

1668. — *Astronomia geometrica.* (*Lettera al Gassendo.*)

Geodesia nova. (*Geographia reformata. Riccioli.*)

Astronomia optica (*lettere al Malvazia e al Montanari.*)

Plantographia nuova.

Almagestum promotum. Ces cinq derniers ouvrages n'ont pas été achevés ni publiés.

1669. — Il part de Bologne le 25 février pour se rendre en France, arrive le 4 avril à Paris, et est présenté au Roi le 6.

Bonon. in-4°. Nova ratio inveniendi metricè et directè apogæa, excentricitates et anomalias motus planetarum (*Hist. acad.*, tome Ier, page 110; *Mém.*, tome X, page 488; *Journ. sav.*, 34-22.)

1670.—Observations sur l'étoile nouvellement découverte proche de la tête du Cygne, par D. Anthelme, chartreux de Dijon. Table des changemens et apparitions de la changeante du col de la Baleine. (*Hist. acad.*, tome Ier, page 132; *Mém.*, tome X, page 496; *Journ. sav.*)

Méthode pour trouver la différence des longitudes des lieux par les observations correspondantes des phases des éclipses de soleil. (*Hist. acad.*, tome Ier, page 133.)

1671. — Il s'établit à l'Observatoire royal le 14 septembre ; observe en mai, août et novembre les phases de l'anneau de Saturne, et découvre près de cette planète *un nouveau satellite,* qu'il aperçoit pour la première fois vers la fin d'octobre et au commencement de novembre, mais qu'il perd bientôt de vue. (*Hist. acad.*, tome Ier, pages 115, 150 et 174.)

Il aperçoit *cinq nouvelles étoiles* dans Cassiopée. (*Hist. acad.*, tome II, page 224.)

Observations sur une *nouvelle étoile* qui a paru proche de la cons-tellation du Cygne, et sur les étoiles qui paraissent et disparaissent de tems en tems. (*Journ. sav.*, pages 34-61.)

Observations des satellites de Jupiter, correspondantes à celles de M. Picard à Uranibourg. (*Mém. acad.*, tome VII, page 228.)

Paris, in-4°. Nouvelles observations des taches du soleil, faites à l'Académie royale des Sciences, les 11, 12 et 13 août 1671.

1672. — Il s'occupe particulièrement à Paris des observations cor-respondantes à celles que doit faire M. Richer à Cayenne, ainsi qu'à déterminer, par l'ingénieuse méthode qu'il avait imaginée, *la paral-laxe de Mars et celle du soleil* qu'il réduit à 9 secondes et demie ou 10 secondes. Il va faire des observations en diverses provinces pour la perfection de la géographie du royaume. Il découvre encore *un nou-veau satellite à Saturne,* en recherchant celui qui lui avait échappé en novembre 1671, et qu'il revoit en même tems. (*Hist. acad.*, tome Ier, page 159.) Le 25 janvier 1672, il croit apercevoir un satellite à Vénus. (*Mém. acad.*, tome VIII, page 183.) Il propose son idée d'un zodiaque pour les comètes. (*Hist. acad.*, tome Ier, page 160.)

Histoire de la découverte de deux planètes autour de Saturne, faite en 1671 et 1672. (*Mém. acad.*, tome X, page 584; *Journ. sav.*, 1677, page 70-40.)

Observations de la comète de 1672 avec des réflexions. (*Mém. acad.*, tome Ier, page 160; tome X, page 518 et 526; *Journ. sav.*, 73-29 et 84-35.)

Relation du retour de la grande tache permanente dans Jupiter, vue en 1665 (*Mém. Acad.*, tome X, p. 513 ; *Journ. sav.*, 68-25), et qui a servi a déterminer la révolution de cette planète autour de son axe.

Observations faites en diverses endroits du royaume. (*Mém. Acad.,* tome VII, page 349; *Recueil d'Observ.*, *in-folio*, 1693.)

1673. — Il est naturalisé Français et s'établit.

Il revoit en février le premier satellite de Saturne qu'il avait découvert en 1671, lequel a la singularité de disparaître lorsqu'il est dans la partie orientale de son cercle la plus éloignée de Saturne.

Paris, in-folio. Découverte de deux nouveaux satellites autour de Saturne. (C'est le 5ᵉ et le 3ᵉ qui depuis les découvertes de M. Herschell sont devenus le 7ᵉ et le 5ᵉ.)

1674. — Le retour de M. Richer à la fin de 1673 confirme ses théories, l'historien de l'Académie s'exprime ainsi : *On eût dit que M. Cassini s'était entendu avec les astres. Ce qu'il avait conjecturé devint indubitable, et ses suppositions se changèrent en principes; le ciel décida absolument pour les réfractions et les parallaxes de M. Cassini.* (*Hist. acad.*, tome Iᵉʳ, page 271.)

Les élémens de l'astronomie vérifiés, par le rapport des tables de M. Cassini aux observations de M. Richer à Cayenne. (*Mém. Acad.,* tome VIII, page 55; *Recueil d'Observ.*, *in-folio,* 1693.)

1675. — Observation de l'éclipse de soleil du mois de janvier. (*Journ. sav.*)

Pleni lunii ecliptici die 7 jul. Schema.

Hypotheses circà motus librationis lunæ.

Observations des éclipses du 11 janv. et 7 juillet. (*Hist. acad.,* tome Iᵉʳ, page 205; *Mém.,* tome X, page 544 et 555.)

Observations nouvelles touchant le globe et le *double anneau de Saturne.* (*Mém. acad.,* tome X, page 582; *Journ. sav.,* 1677.)

1676. — Extrait d'une lettre à l'auteur du *Journal des Savans,* contenant quelques avertissemens aux astronomes touchant les configurations des satellites de Jupiter pour les années 1676 et 1677 (*Hist. acad.,* t. Iᵉʳ, p. 212; *Mém.*, t. X, p. 572; *Journ. sav.,* 214-122.)

Paris, in-4°. La méthode de déterminer les longitudes des lieux de la terre par les observations des satellites de Jupiter, vérifiée et expliquée par M. Cassini. (*Mém. acad.,* tome X, page 569; *Journ. sav.,* 192-109.)

Observations de l'éclipse du soleil du 11 juin, faites en plusieurs endroits de l'Europe. (*Mém. acad.* , tome X, page 571.)

Description du mouvement qu'a fait une tache dans le soleil sur la fin de novembre 1676. (*Hist. acad.* , tome Ier, page 216; *Mém. acad.* , tome X, page 578; *Journ. sav.* , 239-135.)

Relation d'un feu prodigieux qui parut à Rome, à Bologne et autres lieux d'Italie, le 31 mars 1676. (*Journ. sav.* , 118-66.)

Balance arithmétique, sa description et son usage pour connaître les nombres par les poids (*Hist. acad.* , tome Ier, page 217; *Machines acad.* , tome Ier, page 143; *Journ. sav.* , 253-145.)

1677. — Il aperçoit pour la première fois sur Saturne une bande parallèle à la ligne des anses, traversant le disque très-près du centre. (*Hist. acad.* , tome Ier, page 376; *Journ. sav.* , 56-32.) Il propose un *nouveau jovilabe* ou instrument pour représenter les mouvemens et les configurations des satellites de Jupiter. (*Hist. acad.* , tome Ier, p. 248; *Explicatio jovilabii Cassiniani* , Weidler, 1727, Wittemb.) Il donne, dans une seule proposition très-simple et très-ingénieuse, la théorie de la projection des bombes (*Hist. acad.* , tome Ier, p. 235.) Les places qu'il possédait en Italie sont supprimées.

Paris, in-4º. Nouvelle théorie de la lune. (*Mém. acad.* , tome X, page 589; *Journ. sav.* , 117-66.)

Réflexions sur les observations de Mercure dans le soleil, vu à la Chine. (*Mém. acad.* , tome X, page 599; *Journ. sav.* , 244-159.)

Observations sur la rotation de Jupiter et autres changemens dans cette planète. (*Lectures and Collect. Rob. Hooke.*)

Tache sur Jupiter aperçue le 5 juillet 1677. Vérification de la période de la révolution de Jupiter autour de son axe par des observations nouvelles. (*Mém. acad.* , tome X, page 526; *Journ. sav.* , 214-134.)

Avis sur la comète de 1677. (*Mém. acad.* , tome X, page 582.)

Théorie de la comète qui a paru aux mois d'avril et de mai 1677, tirée des observations des plus célèbres astronomes. (*Hist. acad.* , tome Ier, page 236; *Mém. acad.* , tome X, page 592; *Journ. sav.* , 120-68.)

Suite des observations faites à l'Observatoire royal, touchant la tache qui a paru dans le soleil, les mois d'octobre, novembre et décembre 1677. (*Mém. acad.*, tome X, p. 581; *Journ. sav.*, 8-6.)

Apparences météorologiques, observées à Paris le 17 mai 1677, d'une croix blanche autour de la lune, d'une couronne autour du soleil, et de trois faux soleils. (*Mém. acad.*, tome X, page 583.)

Avis aux astronomes sur le retour de l'étoile de la Baleine. (*Hist. acad.*, tome Ier, page 238; *Mém. acad.*, tome X, page 600.)

1678. — Il observe au mois de mai Vénus à moitié illuminée comme la lune dans son premier quartier. Les équinoxes de cette année, déterminées avec soin, se trouvent conformes à ses tables du soleil, mais elles sont éloignées de trois heures des tables rudolphines. Il aperçoit des taches sur Jupiter dans l'endroit où doivent se trouver les satellites dans leur conjonction inférieure, et il en conclut que *les satellites ont des taches*, qu'ils nous paraissent plus petits qu'ils ne sont en effet, et qu'ils ont *un mouvement sur leur axe*. Il soupçonne *un atmosphère au premier satellite*. (*Hist. acad.*, t. Ier, p. 266.)

Observation d'une nouvelle tache dans le soleil. (*Mém. acad.*, tome X, page 601; *Journ. sav.*, 88-49.)

Occultation de Saturne par la lune le 27 février. (*Hist. acad.*, tome Ier, page 264; *Mém. acad.*, tome X, page 602.)

Observations de taches et facules dans le soleil au mois de mai. (*Mém. acad.*, tome X, page 604; *Journ. sav.*, 248-132.)

Observation de l'éclipse de lune du 29 octobre. (*Hist. acad.*, tome Ier, page 264; *Mém. acad.*, tome X, page 612.)

Observation d'une *étoile double* au front du Scorpion. (*Hist. acad.*, tome Ier, page 266.)

1679. — Réglement des tems par une méthode facile et nouvelle par laquelle on fixe pour toujours les équinoxes au même jour de l'année. (*Hist. acad.*, tome Ier, page 314; *Mém. acad.*, tome X, page 615; *Journ. sav.*, 97-55 et 113-64.)

Méthode de rétablir l'usage du nombre d'or pour régler toujours les épactes d'une même façon. (*Mém. acad.*, tome X, page 618.)

Observation de l'éclipse de Jupiter et de ses satellites par la lune, le 5 mai. (*Hist. acad.*, tome Ier, page 303; *Mém. acad.*, tome X, page 620; *Journ. sav.*, 191-195.)

Découverte d'une tache extraordinaire dans Jupiter le 29 mai. (*Journ. sav.*, 1686.)

1680. — Il imagine une *Nouvelle progression de nombres* applicable à la théorie des planètes, et qui offre plusieurs belles propriétés. (*Hist. acad.*, tome Ier, page 309.) Il revoit le 8 avril la grande tache de Jupiter (*Hist. acad.*, tome Ier, page 314.), et corrige ses premières tables des satellites de Jupiter, et particulièrement celles du premier dont il prend, pour nouvelle époque du mouvement, l'immersion du 21 juillet 1680 à 13 heures 54 minutes. (*Hist. acad.*, tome Ier, page 313.)

Ephémérides des satellites de Jupiter pour les années 1681 et 1682. (*Hist. acad.*, tome Ier, page 331.)

Taches sur le disque du soleil, observées le 20 mai. (*Hist. acad.*, tome Ier, page 317.)

1681. — N'ayant encore observé qu'une fois la comète du mois de décembre 1680, il prédit au Roi, en présence de toute la cour, qu'elle suivra la même route que la comète observée par Tycho en 1577. Elle la suivit en effet.

Paris, *in-4°*. Observations et réflexions sur la comète qui a paru aux mois de décembre 1680 et de janvier 1681, présentées au Roi. (*Journ. sav.*, 145-96.)

Abrégé des observations sur la comète de 1680. (*Hist. acad.*, tome Ier, page 331.)

Instruction générale pour les observations astronomiques et géographiques à faire dans les voyages (*Mém. acad.*, tome VII, p. 432.)

Observation de Vénus dans le parallèle du soleil pour la détermination de sa parallaxe et de sa distance à la terre. (*Hist. acad.*, tome Ier, page 331.)

Nouveau planisphère d'argent fait et présenté au Roi ; sa description et ses usages. (*Hist. acad.*, tome Ier, page 317, et tome II, p. 100; *Journ. sav.*, 317-148; *Mach. acad.*, tome Ier, page 133.)

Observation de l'éclipse de lune du 29 août 1681. (*Hist. acad.*, tome Ier, page 331; *Acta Lips.*, 1682.)

1682. — *Paris*, *in-4°*. Premières observations de la comète de 1682, présentées au Roi. (*Journ. sav.*, 209-188.)

Méthode pour trouver la parallaxe de Vénus par sa comparaison avec une étoile qui se rencontre dans le même parallèle que cette planète, invitation aux astronomes d'en faire usage en février 1683. (*Hist. acad.*, tome Ier, page 251.)

Réflexions sur deux éclipses de lune de cette année. (*Hist. acad.*, tome Ier, page 349.)

Réflexions sur l'éclipse observée à Jutthia, le 22 février, par le père Thomas. (*Mém. acad.*, tome VII, page 694.)

Expériences sur un grain de phosphore sec. (*Hist. acad.*, tome Ier, page 343.)

1683. — Il découvre la *lumière zodiacale* le 18 mars, la même qu'il avait déjà aperçue à Bologne le 10 mars 1668. Il commence au midi de Paris les mêmes opérations que Picard avait faites vers le nord pour la mesure du degré du méridien. Il communique à l'Académie une méthode de déterminer la parallaxe des planètes, une théorie des étoiles fixes, une théorie de Vénus, et diverses additions et corrections au calendrier. (*Hist. acad.*, tome Ier, page 383.)

Nouveau phénomène rare et singulier d'une lumière céleste qui a paru au commencement du printems. Comparaison de cette apparence à d'autres semblables. (*Mém. acad.*, tome X, page 637 et 640; *Journ. sav.*, 119-76.) Découverte de la lumière céleste qui paraît dans le ciel. (*Hist. acad.*, tome Ier, p. 378; *Mém. acad.*, tome VIII, page 121; *Recueil d'observations*, in-folio, 1693.)

Réflexions sur les *bandes* et la *rotation de Saturne*. (*Hist. acad.*, tome Ier, page 376.)

Histoire de quelques parélies vus en avril et mai en différens endroits. (*Mém. acad.*, tome X, page 646; *Journ. sav.*, 191-119.)

Réflexions sur les nœuds de la lune et sur son éclipse observée à Macao, en juillet, par le père Thomas. (*Mém. acad.*, tome VII, page 701.)

Observations sur une liqueur renfermée dans une bouteille et qui fume aussitôt qu'on ôte le bouchon.

1684. — Il découvre encore au mois de mars *deux nouveaux satellites très-proches de Saturne*, par le moyen d'objectifs de Campani de

100 pieds et de 136 pieds de foyer. On frappe à cette occasion une médaille qui représente le système de Saturne avec cette légende : *Saturni satellites primum cogniti.* (*Hist. acad.* , tome Ier, p. 415.) Saturne se trouvait alors accompagné de cinq satellites, dont le quatrième découvert par Huguens en 1655, les quatre autres, premier, deuxième, troisième et cinquième, découverts par Cassini. (Depuis, en 1787 et 1789, M. Herschell en a découvert encore deux plus près que tous les autres du corps de Saturne.) Il achève la description du méridien depuis Paris jusqu'à Bourges, travail qui ne fut repris et poursuivi qu'en 1700.

Nouvelle découverte des deux satellites les plus proches de Saturne. (*Mém. acad.* , tome X, page 584 et 694; *Journ. sav.* , année 1686, 97-77.) Ils sont devenus le troisième et le quatrième depuis les découvertes de Herschell.

Description d'une tache qui a paru dans le soleil au mois de mai, facules observées à sa place au mois de juin, et retour de la tache à sa première forme. (*Hist. acad.* , tome Ier, page 408; *Mém. acad.* , tome X, pages 653 - 661.)

Remarques sur la parallaxe de Mars périgée, détermination de celle du soleil. (*Hist. acad.* , tome Ier, page 418.)

Observation de l'éclipse de lune du 27 juin et de l'éclipse de soleil du 12 juillet. (*Hist. acad.* , tome Ier, page 411; *Mém. acad.* , tome X, pages 664 et 667 ; *Jour. sav.* , 509-197.)

Observation de l'éclipse de lune du 21 décembre. (*Mém. acad.* , tome X, page 674.)

Réflexions sur l'observation de l'éclipse de lune, faite à Goa par le père Noël. (*Hist. acad.* , tome Ier, p. 436; *Mém. acad.* , tome VII, page 648.)

1685. — Observation de l'éclipse de lune du 10 décembre 1685, avec la supputation des longitudes de divers lieux, tant dans le royaume que dans les pays étrangers où elles ont été faites. (*Hist. acad.* , tome Ier, page 434; *Mém. acad.* , tome X, page 709; *Journ. sav.* , 1686, 317-266.)

Manière d'employer des tuyaux pour les objectifs à longs foyers, (*Hist. acad.* , tome Ier, page 432.

43

Remarques sur la grande et ancienne tache de Jupiter qui n'avait pas paru depuis six ans. (*Hist. acad.*, tome Ier, page 443.)

Sur un poisson qui fait l'effet d'un baromètre. (*Hist. acad.*, tome Ier, page 424.)

Sur diverses pierres dures dans lesquelles on trouve de petits animaux bons à manger. (*Hist. acad.*, tome Ier, page 426.)

Sur la décharge du Reno dans le Pô, proche Ferrare. (*Hist. acad.*, tome Ier, page 443.)

Expérience sur la quantité d'eau nécessaire pour faire aller un moulin. (*Hist. acad.*, tome Ier, page 444.)

1686. — Lettre au révérend père Gouye sur les observations de l'éclipse de Jupiter par la lune, faites à Paris et à Avignon le 10 avril. (*Hist. acad.*, tome II, page 11; *Mém. acad.*, tome X, page 704; *Journ. sav.*, 167-132.)

Découverte d'une tache extraordinaire dans Jupiter. (*Hist. acad.*, tome II, page 11; *Mém. acad.*, tome X, page 707; *Journ. sav.*, 201-161.)

Réflexions sur les observations des révérends pères Jésuites, faites à Louvean. (*Mém. acad.*, tome VII, page 630.)

Sur la période de 600 ans et le retour des éclipses de lune au bout de 669 mois. (*Hist. acad.*, tome II, page 13.)

Sur les cinq satellites de Saturne; rectification de leur période et de leurs mouvemens. (*Hist. acad.*, tome II, page 13.)

Observation de l'éclipse de lune du 10 décembre. (*Mém. acad.*, tome X, page 709.)

Observation d'une tache sur le soleil, le 4 mai.

1687. — Il croit revoir un satellite à Vénus, ainsi qu'en 1672. Il fait lecture à l'Académie de son Traité de l'origine et du progrès de l'Astronomie, qui n'a été imprimé qu'en 1693; d'un traité des éclipses de soleil; d'une méthode nouvelle d'observer les conjonctions des planètes, et d'une théorie de Jupiter. (*Hist. acad.*, tome II, p. 32.)

Observation d'un météore en forme de globe de feu de la grandeur de la lune (*Hist. acad.*, tome II, page 32.)

Expériences sur les aimans de M. Petit et du père Grandami, et conjectures sur la cause du changement de déclinaison des aiguilles aimantées. (*Hist. acad.*, tome II, pages 16 et 18.)

Observation sur une fontaine proche de Bologne qui prend feu en y approchant une chandelle. (*Hist. acad.*, tome II, page 23.)

Avis sur une grande comète vue en août 1686 à l'embouchure de la rivière des Amazones. (*Hist. acad.*, tome II, page 31.)

1688. — Il lit à l'Académie une dissertation sur le jour auquel on doit célébrer la fête de Pâques; répond aux objections de Vossius contre la méthode de déterminer les longitudes par les éclipses de satellites de Jupiter. Il va en Picardie et en Artois faire diverses observations pour la perfection de la géographie.

De la méthode de déterminer les longitudes des lieux de la terre par les observations des satellites de Jupiter. (*Mém. acad.*, tome VII, page 715; *Journ. sav.*, *deuxième Partie*, 198-165.)

Lettres sur quelques corrections à faire à la théorie du cinquième satellite de Saturne. (*Acta Lips.*, 1688.)

Observations sur différentes taches du soleil vues cette année, avec une méthode nouvelle pour déterminer la révolution du soleil. (*Hist. acad.*, tome II, page 57; *Journ. sav.*, 167-139.)

1689. — Il fait connaître à l'Académie sa divination des règles de l'astronomie indienne, et lui présente un nouvel instrument pour prendre les verticaux. (*Hist. acad.*, tome II, page 74.)

Règles de l'astronomie indienne pour calculer les mouvemens du soleil et de la lune. Réflexions sur la chronologie chinoise, note sur l'île Taprobane. (*Hist. acad.*, tome II, page 71; *Mém. acad.*, tome VIII, pages 214, 300, 312; *Journ. sav.*, 1691, 182-138; *Relation de Siam*, Laloubère, tome II; *Recueil d'observations*, in-folio, 1693.)

Réflexions sur la longitude de la côte orientale de la Chine. (*Mém. acad.*, tome VII, page 793.)

1690. — Il corrige et refond en entier ses tables de satellites de Jupiter. Il rejette l'idée qu'il avait eue le premier du mouvement successif de la lumière. (*Hist. acad.*, tome II, page 109; *Mém. acad.*, année 1707, pages 26 et 78.) Le roi d'Angleterre étant venu le

23 août visiter l'Observatoire, il célèbre cette visite dans une pièce de vers latins imprimée et qu'il lui présente.

Réflexions sur l'observation de Mercure dans le soleil, faite à la Chine par le père Fontenai en 1690, et publiée par le père Gouye. (*Hist. acad.*, tome II, page 194; *Mém. acad.*, tome X, page 308.)

Observations sur de nouvelles taches et de nouvelles bandes dans le disque de Jupiter. (*Hist. acad.*, tome II, page 104; *Mém. acad.*, tome X, page 598.)

1691. — *Paris, in-4°.* Nouvelles découvertes dans le globe de Jupiter, faites à l'Observatoire royal. (*Journ. sav.*, 51-38.)

Observation d'une conjonction précise d'un satellite de Saturne avec une étoile fixe, le 19 juin. (*Hist. acad.*, tome II, page 158; *Mém. acad.*, tome X, page 74; *Journ. sav.*, 1692, 215-163.)

Projet pour la continuation de la méridienne dans toute l'étendue du royaume. (*Hist. acad.*, tome II, page 131.)

1692. — Il fait graver une grande figure de la lune dont, pendant un intervalle de sept années, il s'était occupé d'observer chaque tache l'une après l'autre, et d'en faire faire des dessins parfaitement exécutés en grand par Patigny (1).

Nouvelles découvertes de diverses périodes de mouvement dans la planète de Jupiter depuis le mois de janvier 1691 jusqu'au commencement de l'année 1692. (*Hist. acad.*, tome II, pages 130 et 158; *Mém. acad.*, tome X, page 1ere; *Journ. sav.*, 84-64.)

Observation de la figure de la neige. (*Hist. acad.*, tome II, p. 141; *Mém. acad.*, tome X, page 37; *Journ. sav.*, 120-91.)

Remarques sur la longitude et la latitude de Marseille. (*Hist. acad.*, tome Ier, page 163; *Mém. acad.*, tome X, page 156.)

Observation d'un nouveau phénomène en forme de lance, faite à l'Observatoire royal le 20 mars. (*Mém. acad.*, tome X, page 90.)

Observation sur la conjonction de la lune et de Mars au mois

_____

(1) J'ai fait voir à l'Académie des Sciences, en 1787, la collection précieuse de ces dessins recueillis dans un atlas format grand-aigle, et j'ai publié la réduction de cette grande figure de la lune, gravée par Janinet, avec des observations très-curieuses qui n'avaient point été publiées.

d'avril. (*Hist. acad.*, tome II, page 159; *Mém. acad.*, tome X, page 98; *Journ. sav.*, 215-163.)

Observation du passage de la planète de Mars par la nébuleuse de l'écrevisse au mois de mai. (*Hist. acad.*, tome II, page 159; *Mém. acad.*, tome X, page 115.)

Observation faite en plein jour, le 19 mai, d'une éclipse de Vénus par la lune. (*Hist. acad.*, tome II, page 160; *Mém. acad.*, tome X, page 138.)

Avertissement sur l'éclipse de lune qui doit arriver la nuit du 28 juillet, et observation de cette éclipse avec une méthode pour déterminer les longitudes par diverses observations d'une même éclipse, interrompues et faites en différens lieux. (*Hist. acad.*, tome II, page 160; *Mém. acad.*, tome X, pages 126 et 150; *Journ. sav.*, 451-324-243.)

Eclipses des satellites de Jupiter qui auront lieu en 1693. (*Mém. acad.*, tome X, page 179.)

Observation de la conjonction de Vénus avec le soleil, du 2 septembre. (*Hist. acad.*, tome II, page 161; *Mém. acad.*, tome X, page 198.)

De la révolution des quatre satellites autour de Jupiter, comparée à celle de Jupiter autour du soleil. (*Hist. acad.*, tome II, p. 158.)

Diverses observations sur Jupiter après sa conjonction avec le soleil, le 9 juin 1692.

1693. — *Paris, in-folio*. De l'origine et du progrès de l'astronomie, et de son usage dans la géographie et dans la navigation. (*Recueil d'observations faites par ordre du Roi; Mém. acad.*, tome VIII, page 1ere; *Journ. sav.*, 1697, 111-98, et 1727, 436.)

Réflexions sur l'observation faite à Marseille par M. de Chazelle, de l'éclipse de lune du 22 juin. (*Hist. acad.*, tome II, page 191; *Mém. acad.*, tome X, p. 240; *Journ. sav.*, 132-99.)

S'il est arrivé du changement dans la hauteur du pôle ou dans le cours du soleil. (*Hist. acad.*, tome II, page 194; *Mém. acad.*, tome X, page 360.)

Sur une apparition nouvelle de l'ancienne tache de Jupiter au mois de février. (*Hist. acad.*, tome II, page 193.)

Paris, in-4°. Les hypothèses et les tables des satellites de Jupiter réformées sur de nouvelles observations. (*Mém. acad.*, tome VIII, page 317.)

Observation sur une éclipse de soleil vue à Paris en juillet. (*Hist. acad.*, tome II, page 192.)

Observation de deux parasélènes et d'un arc-en-ciel dans le crépuscule, le 10 juin. (*Hist. acad.*, tome II, page 103; *Mém. acad.*, tome X, page 400.)

Description de l'apparence de trois soleils vus en même tems sur l'horizon le 18 janvier. (*Hist. acad.*, tome II, p. 167 ; *Mém. acad.*, tome X, page 234; *Journ. sav.*, 132-99.)

Dissertation sur l'état des eaux à Ferrare. De la largeur et de la profondeur du Pô à Lago Scuro. (*Hist. acad.*, tome II, page 173.)

1694. — Observation de l'éclipse de lune du 7 juillet, et réflexions. (*Hist. acad.*, tome II, page 228.)

Observation des taches de Jupiter et de ses satellites; variations qu'elles peuvent causer à leurs éclipses. (*Hist. acad.*, tome II, page 224.)

Remarques sur le mouvement de l'étoile polaire en longitude et vers les pôles du monde. (*Hist. acad.*, tome II, page 229.)

Réflexions sur la conjonction de Mercure avec le soleil, dont les anciens et les modernes ont fait mention. (*Hist. acad.*, tome II, page 229.)

Relation d'une éruption du Vésuve. (*Hist. acad.*, tome II, page 204.)

Observation sur un baromètre lumineux. (*Hist. acad.*, tome II, page 202.)

Sur le mouvement d'oscillation de feuilles de papier suspendues par deux fils. (*Hist. acad.*, tome II, page 221.)

1695. — Il retourne en Italie et vérifie la méridienne de Sainte-Pétrone.

Bolog., in-folio. *La meridiana del tempio di S. Petronio tirata e preparata per le osservazioni astronomiche l'anno 1658, revista e restaurata dal sign. Giov. Domen. Cassini.* (*Hist. acad.*, tome II, page 265.)

Observation de l'éclipse de lune du 20 novembre, faite à Bologne. (*Hist. acad.* , tome II, page 264; *Mém. acad.* , tome VII, p. 515.)

Observation de l'éclipse de soleil du 6 décembre, faite à Gênes. (*Mém. acad.* , tome VII, page 521.)

1696. — Observations astronomiques faites en France et en Italie, en 1694, 1695 et 1696. (*Hist. acad.* , tome II, pages 268, 277, 292; *Mém. acad.* , tome VII, page 463.) .

Observations faites proche le solstice d'hiver. (*Hist. acad.* , tome II, page 290.)

1697. — De la justesse admirable de la correction grégorienne des cycles lunaires. (*Mém. acad.* , tome X, p. 739; *Journ. sav.* , 80-71.)

Réflexions sur l'ancien canon pascal de Saint-Hippolyte. (*Hist. acad.* , tome II, page 300.)

Réflexions sur le calendrier et sur la différence entre les cycles lunaires et solaires. (*Mém. acad.* , tome II, page 318.)

Réflexions sur deux éclipses de l'année 1677 et principalement sur celle de lune employée à l'examen du calendrier. (*Hist. acad.* , tome II, page 322.)

Sur l'étoile changeante du col de la Baleine et sur la conjonction écliptique de Mercure et du soleil, observée le 3 novembre. (*Hist. acad.* , tome II, page 331.)

1698. — Réflexions sur les intervalles de tems entre les éclipses des satellites de Jupiter, comparés au retour de Jupiter à son aphélie. (*Hist. acad.* , tome II, page 343.)

Corrections à faire à la révolution et à la première équation du premier satellite de Jupiter. (*Hist. acad.* , tome II, page 344.)

Réflexions sur Mercure dans sa plus grande digression du soleil. (*Hist. acad.* , tome II, page 344.)

1699. — Observation de l'éclipse de lune du 15 mars. (*Mém. acad.* , année 1699, page 13.)

Du retour et du zodiaque des comètes. (*Hist. acad.* , tome II, page 342; *Mém. acad.* , année 1699, page 36.)

Observation de trois nouvelles taches sur Jupiter. (*Mém. acad.* , année 1699, page 103.)

Observation de l'éclipse de soleil du 25 septembre, et réflexions. (*Mém. acad.* , année 1699, pages 103-274.)

Comparaison des observations de la comète de 1699, faites à la Chine par le père Fontenai, rapportées avec celles qui furent faites à l'Observatoire royal de Paris; description des quatre étoiles proche du cercle polaire avec lesquelles on commença d'apercevoir cette comète à Paris. (*Mém. acad.* , année 1701, pages 50-59.)

1700. — Il reprend à Bourges les opérations de la description de la partie méridionale du méridien qu'il avait commencée en 1683 et 1684. (*Mém. acad.* , année 1700; *Hist.* , page 123.)

Réflexions sur les observations faites en Bothnie. (*Mém. acad.* , page 39.)

Nouvelles règles pour trouver les épactes des centièmes années non bissextiles. (*Hist. acad.* , page 110.)

1701. — De la méridienne de l'Observatoire royal, prolongée jusqu'aux Pyrénées. (*Mém. acad.* , page 171.)

Observation de l'éclipse de lune du 22 février, et comparaison des phases principales observées en différentes villes d'Europe. (*Mém. acad.* , pages 65 et 68.)

Sur des taches dans le soleil, observées à Montpellier le 29 mars. (*Mém. acad.* , page 78.)

De la correction grégorienne des mois lunaires ecclésiastiques. (*Mém. acad.* , page 367.)

Avis sur la nouvelle réforme du calendrier. (*Mém. acad.* , *Hist.* , pages 106-108.)

1702. — Il prolonge les opérations de la description du méridien jusqu'au mont Canigou.

Comparaison des mesures itinéraires anciennes avec les modernes. (*Mém. acad.* , page 15.)

Observation d'un nouveau phénomène, faite à l'Observatoire le 2 mars, avec quelques réflexions et diverses autres observations sur une même comète. (*Mém. acad.* , page 107.)

Observations d'une comète vue à Rome au mois d'avril. (*Mém. acad.* , page 124.)

Sur une comète vue à l'embouchure du fleuve de Mississipi en février et mars. (*Mém. acad.* , page 223.)

1703. — Observations de l'éclipse de lune du 3 janvier faites à Paris et à Rome, comparées ensemble. (*Mém. acad.* , pages 5 et 23.)

Les observations de l'équinoxe du printems de cette année 1703, comparées avec les plus anciennes. (*Mém. acad.* , page 41.)

Table où les quatorzièmes pascales sont distribuées dans le cycle de 19 ans, suivant le concile de Nicée. (*Hist. acad.* , page 91.)

Sur une conjonction de Jupiter avec Saturne. (*Hist. acad.* , page 89.)

1704. — Réflexions sur des Mémoires touchant la correction grégorienne communiqués par M. Bianchini. (*Mém. acad.* , p. 142.)

Des équations des mois lunaires et des années solaires. (*Mém. acad.* , page 146.)

Observation de l'éclipse de lune du 17 juin. (*Mém. acad.* , p. 197.)

Occultation de Jupiter par la lune, observée en plein jour. (*Mém. acad.* , page 233.)

Conjonction de Jupiter avec la lune le 24 août. (*Mém. acad.* , page 247.)

Observation de l'éclipse de lune du 11 décembre. (*Mém. acad.* , page 356.)

1705. — Il est le premier qui ait employé les éclipses de soleil à la recherche des longitudes. (*Hist. acad.* , page 122.)

Réflexions sur les observations des satellites de Saturne et de son anneau. (*Mém. acad.* , page 14.)

1706. — Réflexions sur les observations envoyées à M. le comte de Pontchartrain, par le père Laval, sur les réfractions astronomiques. (*Mém. acad.* , page 78.)

Observations d'une comète qui a commencé à paraître au mois de mars. (*Mém. acad.* , pages 91 et 148.)

Sur les taches du soleil. (*Hist. acad.* , page 121.)

Observation de l'éclipse de lune du 28 avril. (*Mém. acad.* , p. 155.)

Observation de l'éclipse de soleil du 12 mai, et réflexions. (*Mém. acad.* , pages 169 et 249.)

Recherches sur la parallaxe de Mars. (*Hist. acad.* , page 99.)

44

1707. — Observation de l'éclipse de lune du 17 avril au matin. (*Mém. acad.*, page 168.)

De la dernière conjonction écliptique de Mercure avec le soleil. (*Mém. acad.*, page 175.)

Des irrégularités de l'abaissement apparent de l'horizon de la mer. (*Mém. acad.*, page 195.)

Réflexions sur les observations de Mercure. (*Mém. acad.*, pag. 85 et 359.)

Observations d'une comète. (*Mém. acad.*, page 558.)

1708. — Réflexions sur la comète qui a paru vers la fin de l'année 1707. (*Mém. acad.*, page 89.)

Observation d'une comète qui a paru à la fin de novembre 1707, faite dans l'Observatoire du comte Marsigli. (*Mém. acad.*, p. 323.)

Observation de l'éclipse de Vénus par la lune du 23 février. (*Mém. acad.*, page 106.)

Observation de l'éclipse de lune du 5 avril. (*Mém. acad.*, page 182.)

Observation du passage de la lune par les étoiles méridionales des pléïades, le 10 août au matin. (*Mém. acad.*, page 297.)

Observation de l'éclipse de soleil du 14 septembre. (*Mém. acad.*, page 407.)

Observations de l'éclipse de lune du 29 septembre, faites à Paris, à Marseille et à Gênes. (*Mém. acad.*, page 404 et 418.)

Réflexions sur les éclipses du soleil et de la lune du mois de septembre. (*Mém. acad.*, pages 410 et 412.)

Globe céleste construit par rapport au mouvement des étoiles fixes. (*Mém. acad.*, page 97.)

1709 (1). — Du mouvement apparent des planètes à l'égard de la terre. (*Mém. acad.*, page 247.)

1711. — Il devient totalement aveugle.

---

(1) Une éclipse de soleil, observée cette année, fit voir dans les lieux où elle fut totale cette chevelure lumineuse autour de cet astre que J.-D. Cassini avait prédite comme devant avoir lieu, selon son hypothèse sur la nature de la lumière zodiacale.

1712. — Il meurt le 14 septembre, âgé de 87 ans et 3 mois.

Il a laissé une grande quantité de manuscrits et de traités astronomiques; plusieurs pièces de vers latins et italiens, entr'autres une
cosmographie ou description du monde très-étendue en vers italiens,
dont on a rapporté un fragment; une correspondance considérable
avec les savans de son tems; des tables du mouvement du soleil et de
la lune; un ouvrage, qui n'a pas été publié, sous le titre de : *Magna
Periodus luni-solaris et pascalis, duobus libris comprehensa*, etc....
Il existe encore dans les journaux d'Italie, dans des receuils, et dans
plusieurs ouvrages particuliers, des lettres, des expériences et
différens Mémoires de Cassini, que l'on n'a pu citer ici. Ce qu'on en
a rapporté suffit pour donner une idée de l'immensité de ses travaux.
Il est peu de partie de l'astronomie qu'il n'ait ou ébauchée, ou étendue,
ou enrichie de quelque découverte.

C'est à lui que l'on doit les théories et la première détermination
exacte des réfractions et des parallaxes; la théorie et les premières
tables exactes du soleil et du mouvement des satellites de Jupiter et
de Saturne. Il a eu la plus grande part à la détermination des longitudes terrestres, rendue d'un usage presque journalier et universel par
ses éphémérides des éclipses des satellites de Jupiter; la méthode de
déterminer les mêmes longitudes par les éclipses de soleil est due à
lui seul. Il a découvert quatre satellites de Saturne, la duplication de
son anneau, la lumière zodiacale, les taches sur le disque des planètes, et celles des satellites de Jupiter, la rotation des planètes,
dont il a déterminé le tems de la révolution sur leurs axes. On lui est
encore redevable de la solution des plus importans problèmes de
l'astronomie, des méthodes et des explications les plus ingénieuses.
Enfin l'on peut dire que la perfection de l'astronomie et des nouveaux
instrumens depuis cent ans, n'a changé que peu de choses à plusieurs
des déterminations fixées par J.-D. Cassini.

ÉLOGE

DE M. MARALDI (1).

Jean-Dominique Maraldi, né à Perinaldo le 17 avril 1709, était neveu de Jacques-Philippe Maraldi, membre de l'Académie royale des Sciences, que Jean-Dominique Cassini, son oncle, avait fait venir auprès de lui pour l'instruire dans l'astronomie, et qui avait si bien profité des leçons d'un si grand maître. La petite ville de Perinaldo a donc eu l'avantage de produire trois astronomes célèbres ; car on sait que Maraldi l'oncle et le premier Cassini étaient nés dans ce même lieu.

Après avoir achevé ses études au collège des jésuites de San-Remo, le jeune Maraldi revint dans sa famille. Il ne fût pas long-tems incertain sur le choix d'un état ; car son oncle ayant écrit pour proposer à son père de le lui envoyer, le jeune homme saisit avec joie l'occasion de venir en France, de voir cette belle contrée qui retentissait encore du nom de Louis XIV, et ce Paris dont il avait fait la capitale du monde et la patrie adoptive des savans.

---

(1) L'éloge de M. Maraldi, suivant l'usage ordinaire, eût dû être fait par le secrétaire perpétuel de l'Académie royale des Sciences, et prononcé dans une des séances publiques de l'année 1789. Mais la révolution survint à cette époque. Les affaires politiques entraînant M. de Condorcet hors de sa sphère, enlevèrent à l'Académie un secrétaire éloquent, un géomètre profond, un de ses membres les plus distingués. Il n'y eut point d'éloges pour M. Maraldi. Il en méritait un, et j'ai cru devoir réparer cette omission. Parent et élève de cet estimable académicien, ayant vécu long-tems avec lui, j'ai eu l'avantage de le connaître très-particulièrement, et j'ai le droit d'invoquer l'amitié et la reconnaissance pour me prêter leur langage et m'apprendre à le louer dignement.

J'ai cru devoir rendre le même hommage à la mémoire de M. Le Gentil et de M. le président de Saron, dont les éloges n'avaient point encore été faits, et se trouveront à la suite de celui-ci.

Maraldi partit de Perinaldo au printems de l'année 1727 ; il n'avait encore que dix-huit ans. De combien de sentimens son ame dut être agitée en arrivant à Paris et en entrant à l'Observatoire ! Présenté par son oncle au fils et au petit-fils de Jean-Dominique Cassini, accueilli par eux et par plusieurs aûtres savans réunis dans ce temple de l'astronomie, il dut se trouver beaucoup plus heureux que ces anciens philosophes de la Grèce que les prêtres d'Egypte n'admettaient aux mystères de l'initiation, qu'après de vives sollicitations et de longues épreuves.

Le zèle , le dévouement et l'application que Maraldi montra dans ses premières études astronomiques, le rendirent bientôt digne de l'accueil qu'il avait reçu. Quelqu'agréable cependant que fût son noviciat , il ne fut pas tout-à-fait exempt de rigueurs. Une chambre de huit pieds carrés , pratiquée dans l'embrâsure d'une fenêtre d'une des grandes salles de l'Observatoire, fut le premier appartement et le seul qu'il fût possibe de donner au nouvel astronome. L'architecte qui avait tracé la distribution de l'Observatoire, n'y avait omis que les cheminées et les logemens. Il se proposait, dit-on, de loger les observateurs dans des bâtimens extérieurs. En conséquence, l'édifice n'était composé que de grandes salles voûtées où l'on a eu par la suite beaucoup de peines à pratiquer un très-petit nombre d'appartemens qui pussent offrir les principales commodités, auxquelles un astronome ne renonce pas tout-à-fait, quoiqu'il passe plus de la moitié de sa vie dans le ciel. On ne doit donc par être étonné que le dernier arrivé fût aussi mal logé : mais il était fort éloigné de s'en plaindre ; car cette petite cellule était très-conforme à son goût pour la solitude et à son caractère un peu sauvage , qui lui faisait trouver bon de ne pouvoir recevoir qu'une seule visite à la fois.

Au reste, c'était dans les vastes salles occupées par les instrumens qu'il fallait venir trouver le jeune Maraldi, si on voulait le voir ; c'était là qu'il passait la moitié du jour et la plus grande partie de la nuit. Il s'y exerçait sans cesse au maniement des lunettes, à la pratique des observations, à la connaissance des étoiles ; aussi fut-il bientôt en état de seconder son oncle dans l'entreprise qu'il avait formée de dresser un nouveau catalogue.

Mais cet oncle, ce protecteur, ce maître si précieux vint à lui manquer au moment où il devait le moins s'y attendre. Philippe Maraldi mourut deux ans après l'arrivée de son neveu. Cette perte eût été irréparable pour celui-ci, sans cette providence qui sait nous ménager des ressources dans le malheur, et qui lui fit trouver dans Jacques Cassini plus encore qu'il n'avait perdu ; car ce bon parent l'adopta dès-lors au nombre de ses enfans, le constitua le frère et l'émule de son fils Cassini de Thury, un peu plus jeune que Maraldi, et qui se disposait à courir la même carrière. On verra dans la suite les deux cousins s'associer pour les mêmes travaux astronomiques et géographiques, et devenus presqu'en même tems membres de l'Académie, présenter à la fois trois noms de la même famille incrits sur la liste académique.

Les premières recherches de Maraldi se tournèrent vers la théorie des satellites de Jupiter, à laquelle il se consacra d'une manière particulière, et qui fut pendant cinquante ans son objet de prédilection, le but principal de ses observations. Ces petites planètes semblaient être un domaine de famille que Dom. Cassini avait acquis de Galilée, et qu'il avait transmis par héritage aux Maraldi ses neveux. En effet, on se rappelle quel accroissement de réputation s'acquit le premier Cassini lorsqu'en 1668, il publia les nouvelles Ephémérides des satellites de Jupiter. Plusieurs astronomes, et Galilée

lui-même, avaient en vain tenté de calculer les mouvemens
de ces petits astres ; Cassini réussit le premier à déterminer
leurs révolutions, la durée de leurs éclipses, la grandeur de
leurs orbites, la position de leurs nœuds. Ses tables, qu'il
retoucha en 1693, furent long-tems les plus exactes. Après lui
Philippe Maraldi passa les vingt dernières années de sa vie à
les perfectionner. En 1712 il avait fait la remarque importante
que les durées des éclipses n'étaient pas toujours les mêmes à
égale distance des nœuds, et avait découvert une variation
dans l'inclinaison de l'orbite du quatrième satellite ; la mort
l'ayant surpris au milieu de ses recherches, son neveu Dominique Maraldi, dont nous faisons l'éloge, reprit le même
travail, et y apportant autant de zèle et non moins de sagacité,
il découvrit bientôt une semblable variation dans l'inclinaison
de l'orbite du troisième satellite, et ayant en même tems
reconnu une excentricité sensible dans l'orbite du quatrième,
on lui fut redevable d'une nouvelle preuve de cette vérité,
que les mêmes lois qui régissent notre système, gouvernent
également le monde des satellites de Jupiter. C'est en 1732
que M. Maraldi par ces recherches intéressantes justifia
l'adoption dont l'Académie l'avait honoré l'année précédente.

Son assiduité, sa persévérance pendant une longue carrière,
à suivre les satellites de Jupiter, à les observer dans tous les
points de leurs orbites et dans les circonstances les plus favorables, lui valurent encore par la suite d'autres découvertes.
En 1765, il reconnut un mouvement d'oscillation dans le
nœud du second satellite : et en 1769, il détermina la
période des variations de l'inclinaison du troisième, qu'il
trouva de 132 ans.

Nous pouvons assurer, d'après le témoignage des registres
de l'Observatoire, que depuis 1730 jusqu'en 1770, il n'a
échappé à M. Maraldi d'éclipses de satellites, que celles que

le mauvais tems ou une absence forcée lui ont fait manquer.
Il ne les a pas observées moins assidûment à Perinaldo, depuis
1770 jusqu'en 1785, où ses infirmités ne lui permirent plus
aucun genre d'occupation.

Il faut en convenir; de toutes les observations astronomiques, celles des éclipses de satellites sont les plus pénibles
à suivre. Elles n'ont lieu que la nuit, à des heures toutes
différentes ; elles sont fréquentes, et fatigantes pour la vue.
Mais, observer pendant les nuits, calculer pendant le jour,
passer alternativement et pour se délasser de la contention de
l'esprit aux fatigues du corps ; telle est la vie de l'astronome.
Il doit, de plus, ne se rebuter jamais ni des veilles, ni des
préparatifs perdus, ni des voyages, ni des dangers, ni des
sacrifices qu'un léger nuage, un simple brouillard peuvent
rendre inutiles ; enfin, il faut qu'à de vrais talens il réunisse
la force, le courage et la patience. Voilà sans doute ce qui
doit faire distinguer l'astronome des autres savans ; voilà ce
qui doit rendre plus rares et plus précieux ceux qui ont les
qualités nécessaires pour se livrer à l'astronomie. M. Maraldi
les avait toutes, et il eut l'occasion d'en faire usage dans un
autre genre de travail qui n'en exige pas moins.

Pendant huit années consécutives, de 1732 à 1740, il fut
associé à son cousin Cassini de Thury, dans la description
trigonométrique des côtes et des frontières de la France, ainsi
que dans le tracé de ces méridiens, de ces parallèles et de ces
perpendiculaires qui traversèrent le royaume dans tous les
sens, et qui, liés ensemble par une chaîne continue de quatre
cents triangles, appuyés sur dix-huit bases, formèrent le
cannevas de la grande carte générale de la France, en 180
feuilles, qui a été publiée depuis. Cette carte, le plus grand
monument élevé à la géographie, et le modèle de tous les
travaux de ce genre, dont l'entreprise hardie a été poursuivie

pendant près de cinquante ans au milieu des difficultés et des
contrariétés, a dû son entière exécution au zèle opiniâtre de
son auteur ; et plus encore, à la générosité d'une société de
citoyens dont les sacrifices patriotiques eussent été très-vantés,
s'ils eussent eu lieu chez nos voisins ; mais ils ont été long-
tems méconnus chez nous, et n'en méritent que davantage
aujourd'hui la reconnaisance publique.

La feuille des triangles comprenant ces travaux fonda-
mentaux de Maraldi et de Cassini de Thury, parut en 1744.

Il serait assez naturel de penser que les recherches sur les
satellites et les travaux géodésiques de notre académicien,
étaient plus que suffisans pour nourrir son activité et employer
tous ses momens : mais son goût pour le travail, son zèle pour
le service de l'Académie, lui firent accepter un surcroît
d'occupation, dont beaucoup d'autres auraient cherché à
s'exempter avec d'aussi bons prétextes que ceux qu'il pouvait
alléguer.

En 1735, M. Maraldi fut chargé de la Connaissance des
tems ; cet ouvrage, que l'Académie royale des Sciences
faisait publier tous les ans pour l'usage des astronomes, des
marins et des voyageurs, était une tâche pénible et ingrate
qu'elle imposait à celui de ses membres qui avait le courage
de consacrer une grande partie de son tems à de longs calculs,
auxquels ne sont attachés, il faut l'avouer, que bien peu de
mérite et encore moins de gloire. Mais l'amour de la science,
et le désir d'être utile, soutinrent M. Maraldi dans ce travail
ingrat, pendant vingt-cinq ans, au bout desquels il fut
remplacé par M. de Lalande.

Nous ne parlerons pas ici de tous les Mémoires de
M. Maraldi insérés dans le Recueil de l'Académie des Sciences.
Les principaux traitent de la théorie des satellites de Jupiter ;
nous avons indiqué les résultats importans que l'auteur y a

45

établis. Mais nous déroberions quelque chose à sa gloire, si nous ne faisions remarquer que dans un Mémoire, lu en 1743, il donna le calcul de la comète de 1729 dans un orbite parabolique, et eut ainsi l'honneur d'être un des premiers en France à rendre hommage à la théorie newtonienne. Les astronomes français s'y décidèrent un peu tard : mais dans ce retard, il y eut sans doute plus de sagesse que d'esprit national. En effet, dans les sciences, c'est rendre hommage à la vérité de ne l'admettre qu'après un mûr examen. Ce qu'il y a de sûr, c'est que nos astronomes et nos géomètres sont ceux de tout le monde savant qui ont le plus généralement et le plus constamment rendu justice à la théorie de Newton, et que personne n'a plus contribué qu'eux à proclamer et à propager la gloire de son immortel auteur.

M. Maraldi que nous venons de présenter comme un savant laborieux, comme un astronome distingué, n'est pas moins intéressant à considérer sous un autre aspect. Doué d'une probité digne des premiers âges, il avait une austérité de mœurs et une franchise, qui n'étant point adoucies par des formes, pouvaient être prises quelquefois pour de la rudesse : mais cette rudesse n'était qu'une écorce, sous laquelle on trouvait bientôt la plus belle ame, le cœur le plus compatissant, le plus charitable. Il cherchait à la vérité à cacher aux autres et à lui-même sa sensibilité ; mais elle perçait malgré lui, et les bonnes œuvres qui en étaient le fruit, révélaient souvent son secret, non sans lui causer un vrai chagrin, je dirais même de l'humeur ; car il n'aimait pas qu'elles fussent connues, encore moins qu'on lui en témoignât de la reconnaissance.

On le vit cependant se livrer sans réserve à cette sensibilité, et en donner les plus grandes marques dans deux occasions : à la mort de Jacques Cassini, son second père, et à celle de

M. l'abbé de Lacaille, le seul homme avec lequel il eût formé une liaison intime. Le choix d'un tel ami, et la manière dont il sut apprécier deux hommes d'un si rare mérite, feraient seuls l'éloge de M. Maraldi. Accablé par ces deux pertes irréparables pour lui, il renonça presqu'à toute société, il ne sortait de l'Observatoire que pour aller à l'Académie, et ne vivait plus qu'avec ses livres, ses intrumens, et les satellites de Jupiter.

La forte santé dont M. Maraldi avait toujours joui fut infiniment ébranlée vers la fin de 1763, par une enteroépiplocèle qui se déclara, mais dont les signes furent d'abord très-équivoques. Il fallut tout le talent de M. Tenon notre confrère (1) pour ne pas s'y méprendre, et sur-tout pour réussir dans une opération délicate à laquelle il fut indispensable d'en venir. Le traitement qui s'ensuivit dura trois mois entiers : le courage et la patience du malade furent inébranlables pendant une si longue épreuve. Quiconque connaît l'enthousiasme de M. Tenon pour son art, et son attachement pour tout ce qui tenait à l'ancienne Académie des Sciences, pourra juger du bonheur qu'éprouva ce savant anatomiste lorsqu'il put se dire : « J'ai fait une belle opération, et j'ai sauvé mon confrère. » Ajoutons que ce n'est pas la seule occasion où M. Tenon ait pu se rendre cette justice, et où il ait éprouvé une si douce jouissance.

Une grande maladie, dans la première jeunesse, ne produit communément que l'effet de ces orages au fort de l'été, qui

---

(1) Le titre de *confrère*, je le sais, n'est plus de mode. Il est d'usage aujourd'hui d'y substituer celui de *collégue*. Pour moi, moins occupé de la propriété du mot que du sentiment qu'il exprime, je continue d'appeler confrères tous les savans, et particulièrement les membres de l'ancienne Académie royale des Sciences. (Voyez le *Dictionnaire de l'Académie*, art. *Collégue*.)

passent et ne font que purifier l'air : mais dans un âge avancé,
l'ébranlement qu'elle cause à des ressorts qui commencent à
s'user, se prolonge jusqu'à la fin de la vie, et en rapproche
souvent le terme. Quoique parfaitement guéri de l'accident
qu'il avait éprouvé en 1763, M. Maraldi avait conservé de sa
longue maladie une affection scorbutique, qui dérangeait
fréquemment cette santé robuste dont il jouissait autrefois.
Un de ses neveux, qui professait la médecine, vint en France
passer quelque tems auprès de lui. Il lui persuada que le
changement de lieu, de vie, et sur-tout l'air natal, pouvaient
seuls le rétablir dans son ancien état. Il le pressa vivement de
revenir au sein de sa famille recouvrer la santé. Comment ne
pas se livrer à un si doux espoir? comment fermer l'oreille à
la voix d'une famille qui nous rappelle, et le cœur à cet amour
de la patrie que rien ne peut entièrement éteindre et qu'un
rien sait rallumer? M. Maraldi se décida donc à retourner à
Perinaldo.

Il lui en coûta sans doute de s'éloigner de l'Académie, et de
sortir de l'Observatoire; mais depuis long-tems il n'observait
plus que les éclipses des satellites de Jupiter, auxquels il avait
voué un culte particulier; or, pour ce genre d'observations,
Perinaldo lui offrait un ciel bien plus propice que celui de Paris.
Il partit au mois d'avril 1770, emportant avec lui pendule,
quart de cercle et lunettes, dont une de Campani, avec laquelle
il observait depuis quarante ans. C'est avec cet attirail qu'il
alla s'établir à Perinaldo. Cette ville qui avait vu naître plusieurs astronomes, méritait bien de posséder enfin un observatoire. Pendant quinze ans, M. Maraldi y poursuivit le cours
de ses observations sur les satellites, et il ne manqua pas d'en
faire part, de tems en tems, à l'Académie, à laquelle il resta
constamment attaché de cœur et d'esprit jusqu'à son dernier
soupir. C'est, au reste, ce que l'on peut dire de tous ceux qui

ont eu le bonheur d'appartenir à ce corps illustre, et qui sont morts dans son sein.

L'air natal procura pendant plusieurs années à M. Maraldi ce qu'il s'en était promis : mais rien ne peut préserver des ravages du tems, des infirmités de l'âge et des maux attachés à l'humanité. En 1785, notre académicien, âgé de soixante-seize ans, fut attaqué d'une espèce de maladie noire, fort singulière. Les accès se renouvelaient et disparaissaient tous les trois mois. Le malade n'y succomba qu'au bout de trois ans. Il mourut le 14 novembre 1788, avec une résignation et un courage que ne manque jamais d'inspirer la vraie philosophie, c'est-à-dire, la religion ; car M. Maraldi fut du nombre, plus grand qu'on ne le pense communément, des savans qui se sont fait honneur de professer les principes du christianisme et d'en remplir les devoirs.

Sa mort n'a point laissé de place vacante à l'Académie ; il avait obtenu la vétérance deux ans après son départ. C'est M. Mechain qui l'a remplacé à l'Observatoire royal de Paris.

ÉLOGE

DE M. LE GENTIL.

GUILLAUME-JOSEPH-HYACINTHE-JEAN-BAPTISTE LE GENTIL naquit à Coutances, le 12 septembre 1725. Son père, gentilhomme de Normandie peu fortuné, sut cependant faire des sacrifices pour lui procurer une bonne éducation. Il voulut assurer à son fils le seul héritage qui fut dans tous les tems à l'abri des caprices du sort, et avec lequel celui qui sait le faire valoir n'éprouve jamais le besoin, parvient souvent à l'aisance et quelquefois même à la fortune.

Après avoir fait ses premières études à Coutances, le jeune Le Gentil quitta sa province et vint à Paris. Ne sachant d'abord à quelle carrière il devait préférablement se livrer, il commença par étudier la théologie et prit l'habit ecclésiastique. On sait qu'autrefois ce costume donnait bien des priviléges dont on abusait fréquemment : mais celui qui, en le portant, voulait et savait en conserver la décence et la dignité, en retirait de véritables avantages; il était toujours sûr alors de s'attirer un certain respect et des égards qui le plaçaient souvent au-dessus de son rang et de sa fortune. Au reste, M. Le Gentil ne garda l'habit d'abbé que jusqu'au moment où le titre de savant lui procura une considération et une existence moins équivoques.

L'abbé Le Gentil, en poursuivant son cours de théologie, eut la curiosité de venir quelquefois au Collége royal entendre le célèbre professeur Delisle. Les leçons d'astronomie firent tort bientôt à celles de théologie. Le jeune homme trouva beaucoup plus agréable d'employer les soirées à observer le ciel, que de passer une partie de la journée sur les bancs de l'école à disputer sur de vains argumens. Il continua son nouveau cours, et se fit distinguer de son illustre professeur dont il sut mériter les bontés. Un de ses amis lui ayant proposé de le mener à l'Observatoire et de le présenter à MM. Cassini, il saisit avec empressement l'occasion de former une liaison si profitable à son goût naissant pour la science des astres.

Jacques Cassini, âgé alors de 71 ans, et doyen des astronomes de l'Académie, le reçut avec cette aménité, cette bonté patriarchale qui touchent et gagnent si facilement le cœur d'un jeune homme. Le vieillard regardait comme ses enfans tous ceux qui voulaient s'adonner à l'astronomie. Instruit des dispositions du jeune Le Gentil, il lui proposa de venir s'exercer à l'Observatoire sous la direction de Cassini de Thury son fils, et de Maraldi son neveu, déjà membres de l'Académie des Sciences. La proposition avait été, pour ainsi dire, acceptée d'avance; car on l'avait pressentie, et elle avait été le but secret de la visite. Le jeune Le Gentil, s'étant montré très-assidu à l'Observatoire, y obtint bientôt un logement, et s'y consacra entièrement à l'étude du ciel.

En peu d'années, le nouvel astronome se rendit familiers l'usage des instrumens, les observations les plus délicates, et les calculs les plus difficiles. Son zèle et ses connaissances acquises lui ouvrirent les portes de l'Académie des Sciences : il y fut reçu en 1753, et justifia bientôt sa nomination par un grand nombre de Mémoires sur différens points d'astronomie qu'il traita avec beaucop de sagacité. Quelques années après, en 1760, il se présenta une occasion brillante de témoigner un grand zèle et un beau dévouement pour les sciences; M. Le Gentil ne la laissa point échapper.

L'époque approchait de ce premier passage de Vénus sur le soleil, si long-tems attendu, et qui devait enfin décider une

grande question sur la parallaxe et sur la distance des planètes. Cette détermination d'un des points les plus importans
du système du monde occupait depuis des siècles les astronomes peu d'accord entr'eux. Ptolémée avait supposé la parallaxe du soleil de 2 min. 50 secondes ; Riccioli, de 28 secondes
seulement ; Halley la faisait de 25 secondes, et Dominique
Cassini la réduisait à 9 secondes et demie ou 10 secondes au
plus. Les discussions que ces différentes opinions avaient
occasionnées, l'attente et l'annonce éclatante de ce fameux
passage, qui devait, comme un oracle, prononcer sans appel
entre des hommes célèbres, avaient fini par attirer l'attention
générale, tant des savans que de ceux qui ne l'étaient pas ;
car on voit quelquefois l'ignorance elle-même prendre intérêt
à des questions qu'elle ne comprend point, ou dont elle ne
démêle pas trop l'importance ; mais le bruit et le cas qu'elle
en voit faire aux autres la déterminent à y prendre part.
D'ailleurs, malgré qu'il fût assez indifférent pour bien des
personnes que le soleil se trouvât plus près ou plus loin de
nous de quelques millions de lieues, c'était toujours à leurs
yeux une entreprise très-singulière et fort curieuse que celle
de mesurer cette distance et de prétendre l'assigner, ainsi que
l'annonçaient les astronomes. Tout le monde parut donc s'intéresser aux préparatifs des voyages qui allaient être exécutés
par des savans de toutes les nations, pour aller en différens
points du globe observer le passage de Vénus sur le disque
du soleil, qui devait avoir lieu le 6 juin 1761. On sut le plus
grand gré aux hommes courageux qui se dévouèrent à ces
courses lointaines ; et l'on forma pour leurs succès des vœux
aussi ardens que ceux qui accompagnèrent autrefois le départ
et l'expédition des Argonautes.

. Une telle faveur publique était bien faite pour exciter
l'émulation d'un ami de la gloire : mais il n'en fallait pas

tant pour enflammer le zèle d'un savant qui n'a communément devant les yeux d'autre but que le progrès des sciences,
et d'autre récompense que des découvertes utiles. M. Le
Gentil, animé de ces sentimens, brigua et obtint l'honneur
d'être du nombre des voyageurs proposés par l'Académie et
nommés par le Gouvernement. L'abbé Chappe fut destiné
pour la Sibérie; l'abbé Pingré, pour l'île Rodrigue; Mason,
pour le Cap de Bonne-Espérance, et Le Gentil, pour Pondichéri.

Il partit le 26 mars 1760. Il était prudent de s'y prendre de
bonne heure : un grand éloignement et un long trajet de mer
exigeaient d'accorder une grande latitude aux évènemens et
aux retards qu'on peut éprouver dans un pareil voyage. La
traversée fut très-heureuse jusqu'à l'Isle-de-France où notre
académicien arriva le 10 juillet; mais, en descendant à terre,
il apprit que la guerre, allumée entre la France et l'Angleterre,
ne lui permettrait probablement pas de se rendre à Pondichéri; car on n'avait point encore eu la belle idée de former
ce pacte, établi de nos jours, à la faveur duquel le paisible
savant, ami de tous les hommes, parcourt l'univers et ne
trouve partout que sûreté, accueil et protection, au milieu
même des guerres les plus animées, au travers des combat-
tans les plus acharnés à se détruire, et dont il a le bonheur
de suspendre un instant les fureurs.

Aucune occasion, aucun bâtiment ne se présentait pour
transporter M. Le Gentil aux Indes. Fort embarrassé de
sa position, notre académicien eut l'idée de passer à l'île
Rodrigue. Il se préparait à y aller faire son établissement,
lorsqu'un aviso, arrivé de France vers le milieu de février
1761, avec des ordres très-pressans, donna lieu d'expédier
sans délai une frégate pour Pondichéri. Notre voyageur crut
bien faire en saisissant une si belle occasion, d'autant qu'on

46

l'assura qu'il ne fallait que deux mois dans la saison la plus
défavorable, pour se rendre de l'Isle-de-France à la côte de
Coromandel. Il s'embarqua donc le 11 mars sur la frégate
la Sylphide, avec l'espérance d'arriver au plus tard au milieu
du mois de mai. Malheureusement, toujours contrariée par
les calmes et les folles ventes de la mousson du nord-est,
la Sylphide, errant pendant cinq semaines dans les mers
d'Afrique, d'Arabie et le long de la côte d'Ajan, ne se trouva
devant Mahé, à la côte de Malabar, que le 24 mai ; là, pour
comble de malheur, on apprit que Mahé et même Pondichéri venaient de tomber au pouvoir des Anglais. Il fallut, au
grand regret de M. Le Gentil, retourner à toutes voiles à
l'Isle-de-France. Ce ne fut donc que chemin faisant, en pleine
mer, et de dessus le pont mal assuré d'une mobile frégate,
que notre astronome eut le triste loisir, non d'observer, mais
d'apercevoir le 6 juin le passage de Vénus sur le soleil ; car on
devine aisément que ce n'était pas d'un Observatoire aussi
peu solide qu'on pouvait observer avec la précision requise
un phénomène dont on se proposait de tirer des résultats si
importans. Le beau tems qui régnait ce jour-là ne fit qu'augmenter les regrets du malheureux astronome, à qui il ne
resta que la douleur d'avoir fait inutilement plusieurs milliers
de lieues.

Mais non : le simple curieux et le voyageur peu instruit,
qui n'ont qu'un but, risquent sans doute de perdre souvent
leurs pas. Il n'en est pas de même du savant et de l'observateur éclairé qui trouvent en tout tems, en tous lieux, mille
occasions de satisfaire leurs regards, de faire des découvertes
et de tirer profit de leurs voyages. Il n'est jamais pour eux de
courses inutiles ni perdues. C'est, dans cette occasion, ce
qui dut procurer à M. Le Gentil une véritable consolation.

Des observations précieuses sur les vents alisés, sur les

moussons, les courans et les marées; la description des différentes routes et des plus courts trajets à faire sur les mers
des Indes; l'étude des mœurs, des usages et des sciences des
Indiens, peuple si peu connu; tout, dans cette partie de
l'ancien monde, n'offrait-il pas à notre académicien la plus
abondante moisson de recherches utiles à son pays, et bien
capables de dédommager amplement les autres et lui-même
du peu de succès qu'il avait obtenu sur le principal objet de
son voyage? Cette pensée, sans doute, lui inspira le grand
projet qu'il conçut et le noble sacrifice auquel il se détermina.
Se trouvant tout porté dans les Indes, et un second passage
de Vénus devant s'y renouveler à huit années de là, il prit sur-
le-champ son parti. Résigné à un long exil hors de ses foyers,
et faisant un nouvel adieu à sa patrie, à ses amis, à sa
famille, il résolut d'attendre dans l'Inde le second passage
de Vénus, qui ne devait avoir lieu que le 3 juin 1769. Quel
courage! Quelle abnégation de ses goûts, de ses habitudes,
de sa tranquillité, auxquels un savant est peut-être plus
attaché que tout autre! M. Le Gentil, trop plein de son
objet, ne se douta pas heureusement que la calomnie pourrait chercher à dénaturer ses motifs, à présenter sous de
fausses couleurs son généreux dévouement. Il est partout, et
dans tous les tems, de ces cœurs jaloux, de ces esprits chagrins, que les belles actions affligent, que les vertus blessent,
et que les meilleures intentions trouvent toujours incrédules.
On accusa le savant de ne rester aux Indes que pour y faire
le commerce et s'y enrichir. On n'eut pas tout-à-fait tort : car
nous conviendrons que pendant les dix années de son séjour
en Asie, il y amassa le plus riche trésor d'observations astronomiques, physiques et politiques dont à son retour il com-
posa des Mémoires très-précieux, qu'il a publiés en deux gros
volumes in-4°. La rédaction de cet ouvrage fut la jouissance

et l'occupation de la plus grande partie du reste de sa vie.
Voilà les seules, mais véritables richesses que M. Le Gentil
rapporta de ses voyages, pour ne point démentir tout-à-fait
ses calomniateurs.

Nous n'entreprendrons point de suivre notre voyageur
dans toutes les excursions qu'en attendant le second passage
de Vénus, il fit à plusieurs reprises aux îles de France, de
Bourbon, de Rodrigue et de Madagascar, aux Philippines, à
Manille et à la côte de Coromandel. Il nous suffira de dire
sommairement que les nombreux détails qu'il a donnés sur
ces différentes contrées sont du plus grand intérêt et de la
plus exacte vérité. Il a beaucoup ajouté aux connaissances
que nous en avaient données des voyageurs trop peu éclairés
ou qui n'y avaient jeté qu'un coup-d'œil superficiel. Enfin, il
a étendu ses recherches sur tout ce qui pouvait contribuer à
la perfection de la physique, de la navigation et de l'histoire.
Mais sur quoi nous appuierons davantage, ce dont les astronomes lui doivent savoir plus de gré, c'est la connaissance
toute nouvelle qu'il nous a rapportée du zodiaque des Indiens
et de l'astronomie des Brames, dont il s'est procuré les tables
pour le calcul des éclipses, avec la manière d'en faire usage.

Ce ne fut pas sans beaucoup de patience, de travail et
d'adresse, que notre astronome parvint à arracher le secret
de ces hommes d'autant plus jaloux de leurs connaissances,
qu'ils sont peu capables de les apprécier et d'en faire la comparaison avec celles des étrangers qu'ils regardent comme des
ignorans. M. Le Gentil s'abaissa jusqu'à devenir pendant plusieurs mois l'écolier d'un Brame bouffi d'orgueil, qui ne
cherchait, comme les empiriques, qu'à faire parade de son
savoir, à l'amuser et à le tromper. Il ne faisait jamais devant
lui, qu'avec une promptitude extrême, des opérations dont il
ne donnait ni la clé, ni l'explication : mais notre voyageur, à

force de voir opérer le Brame et en consultant un Talmout
de bien meilleure volonté, qui avait reçu de ces mêmes doc-
teurs dont il parlait la langue, des notions de pratique assez
étendues, parvint enfin à deviner une grande partie de ce
qu'on voulait lui cacher, de sorte que, au bout de quelques
mois, l'astronome français, le membre de l'Académie des
Sciences de Paris, fut en état de calculer assez facilement une
éclipse à la manière indienne. Il réussit même à dévoiler avec
une grande sagacité la charlatanerie de certains nombres mys-
térieux dont les calculateurs indiens enveloppent leurs opérations, peut-être sans malice; car il y a fort à croire que les
Brames d'aujourd'hui n'opèrent souvent que machinalement,
sans trop savoir ce qu'ils font, mais d'après des règles dont
ils n'ont que la tradition et la routine.

Il résulte des recherches de M. Le Gentil sur l'astronomie
indienne, que cette science, toute imparfaite qu'elle est dans
l'Indostan, mais supérieure encore à celle que nos mission-
naires trouvèrent à leur arrivée en Chine, vient de la
Chaldée. L'auteur développe dans une dissertation particulière cette conformité ou cette ressemblance de l'astronomie
des Brames modernes avec celle des anciens Chaldéens. Ces
Brames, selon lui, ont tiré probablement toutes leurs connaissances des anciens Brachmanes, et ceux-ci des Chaldéens.
Mais les Brames de nos jours n'ajoutent rien à ce qui leur a
été transmis. Toutes leurs observations se réduisent à celles
des éclipses et de la longueur de l'ombre des gnomons. Il
paraît que les anciens astronomes indiens connaissaient mieux
qu'Hipparque et Ptolémée la longueur de l'année solaire. Ils
faisaient le mouvement des étoiles en longitude de 54 secondes
par an. Ils distinguaient l'apogée et le périgée du soleil. Selon
eux, la durée totale du monde, partagée en quatre âges,
doit être de quatre millions trois cent vingt mille ans;

ce nombre exagéré, à en juger par celui qui exprime la durée
des âges déjà passés, semble d'abord n'être que le produit
d'une imposture grossière et ridicule; mais, à l'aide d'une
scrupuleuse attention et d'une grande sagacité, M. Le Gentil
est parvenu à découvrir que ce n'est ici qu'une combinaison
de révolutions de l'équinoxe, et que ces quatre âges de la
durée du monde, dont les Indiens d'aujourd'hui parlent avec
tant d'emphase, ne sont que des périodes astronomiques du
mouvement des étoiles en longitude que l'on peut faire varier
et remonter à l'infini. L'auteur explique aussi d'une manière
non moins ingénieuse et naturelle comment on doit entendre
cette longue durée de quatre cent trente-deux mille ans du
règne de ces dix rois que les Chaldéens prétendent avoir
précédé le déluge. Toutes ces fameuses autorités dont s'ap-
puyent les partisans de la grande antiquité du monde, et sur-
tout ceux qui prennent à tâche de renverser la chronologie
des livres saints, se trouvent de jour en jour annulées, con-
fondues, et elles se dissipent devant le flambeau de la critique
impartiale et judicieuse des astronomes de bonne foi. C'est
ainsi qu'il appartient à la plus belle, à la plus ancienne des
sciences, de déposer en faveur de la plus auguste et de la
plus ancienne des religions, et de lui rendre une justice et
un hommage éclatans.

Le zodiaque, qu'a rapporté M. Le Gentil, porte le cachet
d'une grande antiquité par sa division en 27 constellations,
laquelle, étant réglée sur le mouvement de la lune, est la
plus naturelle et sans doute la première qui ait eu lieu.

Nous n'en dirons pas davantage sur les discussions savantes,
sur les recherches curieuses et sur les nombreuses observations astronomiques et physiques dont est remplie la collection des Mémoires qui composent la relation imprimée de
M. Le Gentil. C'est en s'occupant d'amasser les matériaux de

ce grand ouvrage que notre académicien charmait ses ennuis
et l'impatience qu'il avait de voir arriver le second passage de
Vénus. Ses calculs lui avaient fait connaître que pour le lieu
de cette observation, il devait donner la préférence aux Philippines ou aux îles Mariannes. Il se rendit à cet effet à
Manille dès le mois d'août 1766 : mais une lettre qu'il y reçut
de France lui ayant appris qu'on trouvait qu'il allait trop loin
et que l'on désirait qu'il revînt à la côte de Coromandel, il
se décida pour Pondichéri, non sans peine, car la beauté du
climat de Manille lui avait inspiré beaucoup de confiance
pour le succès de l'observation dans ce lieu. Il arriva à Pondichéri à la fin de mars 1768, plus d'un an avant l'époque du
passage. Il eut donc tout le loisir de s'y préparer. Rien ne lui
manqua; un Observatoire solide et bien disposé lui procura
toutes les commodités qu'il pouvait désirer : mais, par une
fatalité qui semblait le poursuivre, le tems serein, qui avait
régné tout le mois de mai et s'était prolongé jusqu'au 3 juin
1769, cessa le jour même où il en avait le plus besoin. Un
coup de vent s'éleva de très-grand matin, le ciel fut couvert
constamment pendant toute la durée du passage de Vénus; il
s'éclaircit une demi-heure après; le reste de la journée et les
jours suivans il fit le plus beau tems du monde. Cela eut lieu
tout le long de la côte, de sorte qu'à Madras les Anglais per-
dirent aussi leurs préparatifs. Pour comble de regrets, M. Le
Gentil apprit bientôt qu'à Manille, qu'il avait quittée presque
malgré lui, le ciel avait été très-favorable. Deux de ses amis,
qu'il avait précédemment formés aux observations, et qu'en
partant il avait munis de toutes les instructions nécessaires,
avaient parfaitement réussi à observer le passage de Vénus.
M. Le Gentil a rapporté dans son ouvrage cette importante
observation, dont on lui est certainement redevable en grande
partie.

Il était bien naturel que notre académicien, ayant encore manqué ce second passage, qui ne devait plus se renouveler qu'au bout d'un siècle, désirât retourner en Europe le plus tôt possible : mais il était destiné à éprouver toutes sortes de contrariétés. Il tomba sérieusement malade de fatigues, sans doute, peut-être aussi de chagrin. Il fallut donc retarder son départ jusqu'au printems de l'année suivante. Il partit même alors sans être encore parfaitement rétabli ; mais, dans l'impatience où il était de regagner sa patrie, comment ne pas profiter d'un vaisseau qui retournait en Europe ? Arrivé à l'Isle-de-France, il ne put continuer sa route et fut forcé de rester long-tems dans cette relâche pour y soigner sa santé fort délâbrée. Lorsqu'elle fut entièrement remise, on lui proposa une nouvelle excursion à l'île d'Otaïti. Il s'y refusa ; car, ainsi qu'il l'avoue lui-même, il commençait à se dégoûter des voyages. Ce dégoût était sans doute bien pardonnable au bout de dix ans d'allées et de retours sur les mers des Indes.

M. Le Gentil ne retrouva d'occasion de s'embarquer pour la France que le 19 novembre 1770. Au bout d'une douzaine de jours de route, accueilli d'un coup de vent épouvantable, le vaisseau qui le portait, après avoir eu la barre de son gouvernail rompue, et presque tous ses mâts abattus, eut mille peines à regagner l'Isle-de-France, où il arriva faisant eau de toute part. On peut juger du chagrin de notre voyageur. A ce nouveau contre-tems se joignirent des tracasseries suscitées par des gens dont il ne devait pas en attendre, et qui ne lui permirent de se remettre en mer pour la dernière fois qu'à la fin de mars suivant, sur une frégate espagnole. Il arriva enfin à Cadix le 1er août 1771. Fatigué autant qu'ennuyé des trajets de mer, il se rendit à Paris par terre, et ne se retrouva dans ses foyers qu'au bout de onze ans et demi d'absence.

Comme il s'était déjà passé deux années depuis le dernier

passage de Vénus sans que l'on vît revenir M. Le Gentil, on
était assez généralement persuadé qu'il était mort. Ses héritiers sur-tout se l'étaient imaginé, même depuis plusieurs
années, et voulaient agir en conséquence. Averti par le fondé
de pouvoir qu'il avait laissé, M. Le Gentil avait écrit plusieurs fois de l'Inde pour suspendre le partage trop prématuré
de sa succession : mais le procureur ne montrait point ses
lettres, il voulait que l'on crût l'existence de son client sur sa
seule parole, et il s'amusait à batailler avec les avides héritiers,
dont les espérances et les prétentions croissaient de jour en
jour d'après le long silence des papiers publics qui avaient
parlé de tous les observateurs en route, hors de M. Le Gentil.
Il était donc très-instant que le nouvel arrivé se rendît dans
son pays pour confirmer sa résurrection d'un manière authen-
tique. Au moment où il s'y disposait, une fièvre maligne
vint l'arrêter. Grâces aux soins et à l'habileté de M. Bourdelin
son confrère à l'Académie, il échappa à ce nouveau danger.

A peine fut-il guéri, qu'il s'empressa d'aller manifester son
existence au milieu de ses compatriotes. On n'y crut que
lorsqu'on le vit. Ses parens parurent renoncer de bon cœur,
pour le moment, à leurs prétentions; mais le procureur nor-
mand en éleva d'autres à son tour, qui ne furent pas si faciles
à écarter. Compte fait de la recette et de la dépense, ainsi
que des doubles honoraires qu'il s'adjugea pour une gestion
de plusieurs années, il lui restait encore des deniers à restituer : mais lorsqu'il fut question de réaliser cette fin de
compte, il se trouva, par l'évènement le plus inattendu, que
le procureur venait d'être volé tant de son argent que de celui
de M. Le Gentil; c'est du moins ce qu'il déclara et ce qu'il
soutint devant le présidial où il avait évoqué la citation qui
lui avait été faite pardevant le sénéchal, afin d'éviter les
chances d'un appel. On n'était pas d'abord très-disposé à lui

47

donner raison ; mais il retourna tellement l'affaire et fit si
bien, qu'il finit par avoir gain de cause. On jugea que M. Le
Gentil avait été bien volé ; il perdit son argent et fut con-
damné aux dépens. Il n'en pouvait être autrement, car la
lutte n'était pas égale entre un simple savant et un habile
procureur de Coutances.

Notre académicien, de retour à Paris, y avait rapporté une
très-mauvaise opinion des procureurs, des juges, mais non
des dames de son pays ; car il y avait fait connaissance d'une
demoiselle fort aimable, dont la famille était déjà depuis
long-tems liée avec la sienne. Dégoûté des voyages et des
affaires, M. Le Gentil résolut de vivre désormais à l'Observatoire dans le plus parfait repos de corps, et seulement
occupé de mettre en ordre ses Mémoires et de rédiger la
relation de ses différentes courses dans les Indes : mais voulant tempérer l'austérité de la retraite et de l'étude par les
charmes d'une société douce et d'une tendre union, il prit le
parti de se marier et de demander la main de la jeune personne qu'il avait vue à Coutances. Il était tems, vu son âge,
de songer à un établissement. Les savans, à la vérité, ne sont
jamais très-pressés de former des nœuds qui effarouchent toujours un peu leur liberté, ou, si l'on veut, leur indépendance : mais il vient un tems où un certain vide se fait sentir
à l'homme le plus occupé de méditations et de pensées profondes. Il commence alors à reconnaître qu'après avoir si
long-tems satisfait son esprit, il est bien juste d'accorder
quelque chose à son cœur ; car, il faut en convenir, *savoir*
est un plaisir de l'être intelligent, mais *aimer* est un besoin
de l'être sensible. Il se persuade enfin qu'un bon ouvrage
peut bien faire la réputation d'un auteur, mais que des enfans
aimables, vertueux, bien élevés, font à coup sûr l'espérance
et la félicité d'un père. Ces réflexions, sans doute, détermi-

nèrent M. Le Gentil à contracter un mariage qui lui procura tout ce qu'il en avait attendu. Une fille, unique fruit de cette heureuse union, devint l'objet de ses plus tendres affections. Il se plut à former et à instruire lui-même son enfance. La jeune personne répondit à ses soins et se réunit à sa vertueuse mère pour faire oublier à son père les grandes fatigues, les dangers et les contre-tems inséparables de la vie errante et agitée qu'il avait menée.

M. Le Gentil, dans son long exil, avait éprouvé des chagrins de tous les genres ; un de ceux auxquels il avait été le plus sensible fut celui d'apprendre que l'Académie avait douté comme les autres de son retour, et qu'en conséquence elle lui avait donné la vétérance : mais à peine fut-il arrivé qu'on lui fit reprendre son rang ; cette justice lui était due. Il n'en témoigna pas moins toute sa reconnaissance en redoublant de zèle et en faisant succéder à son grand ouvrage une infinité d'excellens Mémoires dont il n'a cessé d'enrichir les volumes de l'Académie. Les années qui s'écoulèrent après son retour furent pour lui, malgré ses travaux prolongés, une vie de repos et de bonheur, ainsi qu'il nous l'assure lui-même dans un de ses écrits. Il n'est sans doute que des êtres privilégiés qui puissent en dire autant de la fin de leur carrière. A la vérité, la vieillesse est sur ce point plus facile à satisfaire et à contenter que la jeunesse, qui désire toujours, et n'a jamais assez de plaisirs et de jouissances : mais la tranquillité et l'absence des maux, voilà ce qui suffit à la félicité des derniers tems de notre vie.

Un tempérament robuste, que les voyages avaient plutôt fortifié qu'affaibli, exemptait M. Le Gentil de toute infirmité et lui eût procuré de plus longues années, si une maladie vive ne l'eût enlevé au mois d'octobre 1792. Il n'était âgé que de 67 ans ; mais la mort, en abrégeant ainsi ses jours, lui épargna au moins le spectacle des grands orages qui allaient éclater, et de la destruction de l'Académie des Sciences qui, certainement, aurait troublé cette paix et ce bonheur dont il se vantait de jouir. Sa figure ne prévenait point en sa faveur; mais, animée par la conversation, elle prenait une expression d'esprit et d'originalité qui plaisait. Dans ses voyages sur mer il avait contracté un peu de sauvagerie et de brusquerie, mais sans rudesse; car dans l'intimité il était gai, aimable et doux. Enfin, pour achever de le peindre, nous dirons qu'il fut bon confrère, très-bon mari, et excellent père.

Sa place à l'Académie n'a point été remplie. En 1793, il ne fut plus question de nommer aux Académies, on s'occupa de les supprimer.

ÉLOGE

DE M. LE PRÉSIDENT DE SARON.

Jᴇᴀɴ-Bᴀᴘᴛɪsᴛᴇ-Gᴀsᴘᴀʀᴅ Bᴏᴄʜᴀʀᴛ ᴅᴇ Sᴀʀᴏɴ, premier président du Parlement, et membre honoraire de l'Académie
royale des Sciences de Paris, naquit en cette ville le 16 janvier 1730. Descendant en ligne directe de François Bochart
de Champigny, son quatrième aïeul, ambassadeur à Venise,
ministre des finances, et en dernier lieu premier président
du Parlement de Paris sous Louis XIII, il comptait encore
dans les diverses branches de sa famille plusieurs personnages
non moins distingués par leur mérite que par leur naissance;
entr'autres, Antoine et Jean Bochart qui, sous François Iᵉʳ,
s'acquirent une juste célébrité dans le barreau ; et le fameux
Samuel Bochart, ministre protestant, si savant dans les
langues, si ardent dans la controverse, et si malheureux dans
sa dispute avec Huet, au milieu de laquelle la voix lui manqua
tout-à-coup, et il expira.

D'illustres ancêtres, une place éminente et de la fortune,
voilà sans doute de quoi flatter la vanité et même l'orgueil;
mais lorsque, par le concours le plus rare, ces avantages se
trouvent réunis à des goûts simples, à des mœurs douces, à
un jugement solide qui fait préférer l'obscurité à l'éclat,
l'oubli à la renommée, le bonheur vrai à ce qui n'en offre
que le fantôme ; tous ces titres héréditaires ou d'emprunt,
tout ce lustre étranger, perdent leur valeur, et paraissent
souvent à charge aux yeux du sage qui en reconnaît le faux
brillant. Tel fut M. le président de Saron : il ne suffisait pas
à sa modestie de ne point s'enorgueillir d'un mérite dû au

hasard, elle le portait à ne faire, pour ainsi dire, aucun cas de ses propres talens et de ses connaissances, qu'il s'étudiait à cacher aux autres, qu'il voulait ignorer lui-même. Ce caractère distinctif de l'académicien dont nous faisons l'éloge, va se trouver justifié par des faits, qui, dans le cours d'une vie pleine, mais trop tôt interrompue, ne nous donneront que l'embarras du choix.

Le jeune Bochart avait à peine deux ans lorsque son père mourut. La mère la plus vertueuse, la plus tendre et en même tems la plus éclairée, après avoir prodigué ses soins aux premières années de son enfance, eut le bon esprit de confier sa jeunesse et la direction de son éducation à son beau-frère Elie Bochart, chanoine de Notre-Dame et conseiller clerc à la Grand'Chambre. Ce magistrat jouissait dans son corps de la plus haute considération, tant pour ses talens que pour son exacte probité. Il sentit toute l'importance du dépôt remis entre ses mains. Il connut tout ce qu'il avait à faire pour remplir ses engagemens envers une mère et envers le public; car l'une devait lui redemander un fils digne de sa tendresse, et l'autre un magistrat qui lui rappelât les vertus et les talens de ses ancêtres.

Ces titres et ces professions héréditaires, avouons-le, avaient alors un avantage bien réel, celui d'inspirer une vive émula-tion, un noble orgueil, et pour ainsi dire un esprit de famille, dont chaque génération nouvelle se sentant animée, cherchait à surpasser ou du moins à égaler en mérite et en gloire celle qui l'avait précédée. D'ailleurs l'héritier d'un beau nom, celui qui, dès sa naissance, était appelé à un honorable emploi, recevait dès le berceau toutes les impressions, toutes les impulsions conformes à sa destinée. Sans cesse entouré de grands exemples, nourri de bons préceptes, instruit des devoirs qu'il devait remplir un jour, encouragé par la faveur

publique, il s'élançait dans la carrière et la remplissait avec
honneur. Tels furent (pour nous renfermer ici dans l'ordre
de la magistrature) les descendans des Molé, des Lamoi-
gnon, des d'Aguesseau, des d'Ormesson, des Séguier, des
Fleury, des Nicolaï, et de tant d'autres dont les noms seront
chers à la France tant qu'elle aura des lois et qu'elle honorera
ses magistrats.

Elie Bochart se garda bien de faire donner à son neveu
une éducation domestique qui présente sans doute quelques
avantages en théorie, mais qui renferme dans la pratique de
graves inconvéniens. Il pensa que celui qui était destiné à
juger les intérêts des hommes devait, plus que tout autre,
être élevé au milieu d'eux. Ce fut aux jésuites qu'il confia
l'éducation de son pupille, et ces maîtres habiles, si bons
connaisseurs et si sûrs de leurs moyens d'enseignement,
répondirent bientôt des succès du nouveau disciple. Le jeune
Saron reçut donc au collége de Louis-le-Grand les premiers
élémens des lettres et des sciences, et, ce qui est plus précieux
encore, les principes de cette sublime morale qui forme les
bons citoyens et les hommes d'Etat. Il doit être compté au
nombre des élèves qui ont fait le plus d'honneur à cette
société célèbre, dont la destruction fut un grand évènement à
une époque où l'on ne prévoyait pas comme si prochaines des
destructions bien plus importantes et plus étonnantes encore.

Le jeune Saron fit de très-bonnes études. Une grande
facilité, beaucoup d'amour pour le travail, et la mémoire la
plus heureuse assuraient ses succès : mais il se distinguait
principalement par la solidité de son esprit, par la bonté de
son cœur, et par la douceur de son caractère.

Avec de telles dispositions, on doit bien penser que l'époque
de la sortie du collége ne fut point pour Saron, comme pour

le commun des jeunes gens, celle de l'abandon aux dissipations, aux plaisirs et à la frivolité. L'entrée d'un jeune homme
dans le monde est un moment décisif. C'est celui où il est
communément plus facile de juger ce qu'il est et ce qu'il sera
un jour. Ses premiers pas montrent la direction qu'il va
suivre, ses premiers goûts décèlent ses inclinations. Il donne,
pour ainsi dire, en ce moment, le programme entier de
sa vie.

C'est ainsi qu'à l'âge de 18 ans Saron se montra tel qu'on
l'a vu depuis à 60. Sa famille, à la vérité, put être inquiète
un moment du goût très-décidé qu'il annonça d'abord pour
les mathématiques, pour cette science qui devient si facilement la passion des esprits justes et de ceux qui aiment la
vérité. Le descendant d'illustres magistrats devait se diriger
vers une étude non moins sérieuse, mais différente, et qui
lui préparait une autre destinée que celle d'un homme uniquement dévoué aux sciences. Mais cette même rectitude
d'esprit qui entraînait le jeune Saron dans la recherche des
vérités mathématiques, lui fit en même tems reconnaître qu'il
est, dans l'ordre de la société, des positions qui commandent
le sacrifice de ses goûts à ses devoirs, celui de ses inclinations
aux convenances. Il sentit parfaitement que l'homme qui
préfère ce qui lui plaît à ce qu'il doit faire, qui met ses pen-
chans à la place de ses obligations, se rend coupable d'un
égoïsme blâmable, dont il ne peut se disculper que par des
succès brillans, dus au génie seul, et qui prouvent l'impulsion
irrésistible de la nature. Ainsi Montesquieu ne se fit pardonner
d'avoir abandonné les fonctions de la magistrature qu'en
publiant son immortel ouvrage. La modestie de Saron ne lui
permettait pas un tel espoir. La science des lois devint donc
sa principale étude, et la géométrie l'objet de ses délassemens.

Reçu à 18 ans conseiller au Parlement, et trois ans après, maître des requêtes, il fut nommé avocat-général en 1753, et devint président à mortier en 1755. Ainsi placé dès l'âge de 25 ans au rang des chefs du premier Parlement du Royaume, le nouveau président sut, malgré sa jeunesse, se montrer digne du poste éminent qu'il occupait. Sa sagesse, son équité et ses lumières s'y firent admirer tour à tour. Un calme imperturbable, une douceur conciliante, une modestie franche, le rendaient facilement maître des esprits et des cœurs de ceux qu'il avait à présider, dans un corps dont il ne convenait à personne de se montrer le dominateur, et dont les chefs ne devaient être que les régulateurs et les guides. Le président de Saron tirait son autorité toute entière de l'exemple qu'il donnait d'une assiduité, d'une gravité et d'une intégrité constantes. Dans les questions difficiles, sa logique était sûre, son résumé clair et précis, sa conclusion juste et modérée. Il y développait même une érudition, une connaissance des lois, surprenantes dans un homme qu'on savait occupé de beaucoup d'autres études.

La retraite du premier président d'Aligre en 1788, plaça M. d'Ormesson à la tête du Parlement de Paris. Le président de Saron suivait immédiatement ; sa modestie fut un instant troublée en ne voyant plus qu'un pas pour arriver à la première place. A la vérité, l'âge, la force, la santé de celui qui le précédait éloignèrent bientôt de Saron la crainte de succéder de sitôt à d'Ormesson ; l'amitié même étouffa le germe d'une pareille idée. Mais que deviennent nos calculs et nos espérances à l'instant où le maître des destinées prononce son arrêt et où notre sort s'accomplit ? Celui du premier président fut aussi malheureux qu'imprévu : d'Ormesson mourut subitement le 26 janvier 1789. Saron reçut de lui le plus funeste et le plus dangereux des legs, celui de la première présidence

48

du Parlement de Paris au moment des plus épouvantables orages, à l'entrée de la plus grande révolution qu'un Gouvernement ait jamais éprouvée. Quelle force humaine pourrait comprimer les convulsions de la nature, les explosions des volcans ? Les révolutions politiques ne sont pas moins au dessus de la force du plus grand génie ; à la vérité, s'il ne peut en arrêter le cours, nous éprouvons au moins qu'il sait en réparer les ravages.

Le président de Saron, disons-le franchement, n'avait point ce caractère imposant, ces qualités physiques et morales qui, dans les circonstances difficiles, peuvent quelquefois intimider la révolte et la sédition, prévenir leurs attaques. Cependant, sans avoir les grands moyens nécessaires pour oser engager ou soutenir une lutte terrible et peut-être inutile alors, il eut ce courage tranquille qui voit la tempête et l'attend : il eut l'immobilité du chêne qui courbe sa tête sous l'orage, mais que la foudre seule peut abattre.

Ne nous occupons point encore d'événemens qui nous entraîneraient avec trop de rapidité vers le récit d'une catastrophe dont nous voudrions pouvoir détourner nos regards, après lequel nous n'aurions plus la force de poursuivre cet Éloge. Il est tems et il est plus doux pour nous et pour nos lecteurs de considérer le président de Saron comme membre de cette illustre compagnie qui, pendant si long-tems, brilla dans l'empire des sciences du plus vif éclat, et dont peuvent également se faire honneur deux siècles si dignes de rivaliser, au moins dans ce genre.

Le président de Saron fut nommé honoraire surnuméraire à l'Académie royale des Sciences en 1779, et deux années après, il remplit la place vacante par la mort du marquis de Courtanvaux. Ce titre d'honoraire, il nous en souvient, choqua beaucoup à une certaine époque l'oreille délicate des partisans de l'égalité. Ils allèrent même jusqu'à faire un crime à l'Académie des Sciences de conserver une pareille dénomination qui, selon eux, était une tache de son ancienne constitution. Serions-nous accusés de paradoxe, si nous soutenions au contraire que l'orgueil du plus grand nombre des académiciens devait trouver quelqu'avantage dans une distinction qui évitait le mélange et rangeait chacun à sa véritable place ? Au reste, nous ne nous permettrons plus que deux remarques à ce sujet ; la première, que les honoraires furent souvent de la plus grande utilité aux sciences et à l'Académie, en attirant sur elles l'attention et les grâces du souverain ; la seconde, que plusieurs d'entr'eux eurent des titres scientifiques capables de soutenir le parallèle avec ceux des membres ordinaires ; c'est ce que nous allons reconnaître dans la personne de celui dont nous faisons l'éloge, et qui s'est rendu si digne d'appartenir à l'Académie comme savant, comme ami des arts qu'il cultivait lui-même, en un mot, comme un véritable académicien.

Saron, ainsi que nous l'avons dit plus haut, fut à peine sorti du collége qu'il se sentit entraîné par un penchant secret vers l'étude de la géométrie. En entrant dans le vaste champ des vérités mathématiques, son esprit juste aperçut avec admiration cette chaîne continue qui les unit toutes, cette évidence avec laquelle elles se déduisent les unes des autres, cette force mutuelle qu'elles se prêtent et qui les rend inébranlables. Il ne fut pas long-tems initié dans la science des géomètres sans connaître ce charme qu'on éprouve à chaque pas dans la poursuite des vérités qu'elle enseigne, et sans goûter cette jouissance que procure la solution du premier problème qu'on parvient à résoudre. Mais ce qui l'attacha encore davantage à cette étude, c'est l'usage qu'il vit que l'on pouvait en faire dans toutes les branches des connaissances humaines ;

c'est sur-tout l'application précieuse de cette science à la
perfection de tous les arts, aux besoins et à l'agrément de
la société, dont le géomètre peut devenir en même tems la
lumière et le bienfaiteur. En effet, les vérités les plus abs-
traites, les méthodes les plus savantes, les formules les plus
ingénieuses, découvertes et imaginées par les inventeurs de
la géométrie transcendante et du calcul infinitésimal, ont dû
sans doute exciter dans l'origine une vive admiration pour
la sagacité de leurs auteurs; mais depuis que les Euler, les
Lagrange, les Laplace en ont eu fait l'application à la mécanique céleste, à l'astronomie, à la navigation, ces brillantes
découvertes, devenues plus généralement utiles, ont acquis
à nos illustres savans de nouveaux droits à la reconnaissance
de tous les âges.

Voulant donc appliquer ses connaissances mathématiques
à un art utile autant qu'agréable, Saron devint opticien. Pendant le cours d'une petite-vérole qui était venu interrompre
ses nouvelles occupations, il conçut le projet et prépara les
modèles d'un télescope d'une construction particulière. L'impatience de mettre la main à l'œuvre, abrégea peut-être plus
que l'art du médecin, le tems de la convalescence. Il fondit
lui-même et polit ses miroirs. L'instrument réussit beaucoup
mieux que l'auteur ne s'en était flatté, car Saron se flattait
peu : mais l'instrument n'ayant qu'un pied de longueur, le
succès de ce premier essai enhardit notre opticien à de plus
grandes entreprises; il se mit à exécuter un télescope de
30 pouces de foyer sur 6 de diamètre. Il travailla les miroirs
avec un soin extrême et une telle perfection qu'ils devinrent
susceptibles de supporter un grossissement extraordinaire
relativement à la longueur du foyer. Ce télescope se trouva
supérieur à tous ceux qui avaient été exécutés à Paris dans les
mêmes dimensions.

La géométrie avait conduit le jeune savant à l'optique, l'optique l'entraîna vers l'astronomie. L'on conçoit toutes les jouissances du nouvel astronome lorsqu'il fit ses premières observations avec les instrumens qu'il avait construits lui-même : mais bientôt son tems et sa main ne pouvant suffire à sa curiosité et à ses désirs, il prit le parti d'acheter et de faire venir de toutes parts les instrumens les plus parfaits. Il mit à contribution les meilleurs artistes de Paris, mais préférablement ceux de Londres, et se forma en peu d'années la plus riche collection qu'il y eût dans aucun Observatoire de l'Europe. Il fit venir en France une des premières et des meilleures lunettes achromatiques sorties des mains de Dollond. Il en perfectionna même l'usage par un mécanisme ingénieux et par l'application d'un mouvement d'horlogerie qui faisait suivre à la lunette le mouvement de l'astre sur lequel on l'avait une fois dirigée. Il se procura aussi une des premières montres de longitude, dites chronomètres, du célèbre Emery. L'artiste anglais, jaloux de sa découverte qu'il voulait cacher à ses confrères, avait recouvert le mouvement d'une calotte que retenait un secret. Saron, horloger lui-même, chercha pendant deux ans le moyen d'enlever la calotte. Il le découvrit enfin. Saisi d'admiration à la vue du mécanisme et de l'ingénieux échappement de ce chef-d'œuvre d'horlogerie, il en fit faire aussitôt des modèles en grand, qu'il livra aux regards et qu'il consacra à l'instruction des artistes français. Voilà ce que l'on put appeler, en 1786, un véritable *patriotisme*. Quelques années après, le même mot eut une acception bien différente.

M. de Courtanvaux avait laissé en mourant un excellent équatorial, chef-d'œuvre de Ramsden, le plus habile constructeur que nous ayons jamais eu dans ce genre. Saron ne laissa pas échapper l'instrument, il voulut le conserver à son

pays. Il acquit aussi du même Ramsden une machine à diviser
de la plus ingénieuse construction, et la prêta souvent aux
artistes qui désiraient en faire usage. Jamais amateur ne fit
pour les instrumens des sacrifices pécuniaires aussi considérables et aussi profitables à la science et aux savans.

On s'imaginera sans doute qu'ayant rassemblé une si
brillante et si nombreuse collection d'instrumens d'astronomie, Saron finit par se faire construire un vaste et bel
Observatoire pour y déposer toutes ces richesses, les exposer
aux yeux des curieux, et en jouir lui-même. Point du tout : il
était dans son caractère de fuir une telle ostentation. Son
amour véritable pour la science, sa générosité et la bonté de
son cœur, lui avaient suggéré un autre moyen de rendre ses
nombreux instrumens bien plus utiles que s'il les eût tenus
dans un Observatoire particulier. Il en gardait quelques-uns
pour son usage. Les autres, il les prêtait aux astronomes, et
les laissait à la disposition de M. Messier, de M. Méchain, de
M. Le Gentil, ses amis et ses confrères. C'était, selon lui,
les remettre en meilleures mains ; et les excellentes observations que les trois habiles astronomes faisaient avec ces instrumens, étaient, aux yeux du généreux propriétaire, l'intérêt presqu'usuraire de l'argent qu'ils lui avaient coûté.

Le goût de l'astronomie, lorsqu'il se borne à la possession
de beaux instrumens et à la pratique des observations intéressantes et curieuses, constitue l'amateur, mais non pas le
savant. Le président de Saron fut l'un et l'autre ; nous allons
montrer que son nom mérita d'être inscrit sur la liste des
véritables astronomes.

L'apparition des comètes a cessé d'être pour les peuples un
sujet de terreur ; mais elle sera toujours, pour ceux qui se
livrent à l'étude profonde du système du monde, un objet de
recherches nouvelles, d'observations assidues, et de longs

calculs. Ces planètes lointaines, long-tems regardées comme
étrangères à notre système, ont enfin été reconnues pour lui
appartenir et semblent ne s'y montrer de tems à autre, que
pour faire constater leur titre de famille. Il faut donc adroitement saisir le nouvel astre, dans le court espace d'une
apparition de quelques semaines, souvent de quelques jours ;
il faut, d'après le très-petit arc décrit dans sa route visible,
conclure l'immense orbite qu'il doit parcourir dans son
absence et jusqu'à son retour. Voilà le problème que l'astronomie et la géométrie ont à résoudre. On en sent toute la
difficulté. Quelle précision ne faut-il pas dans les observations, pour éviter les moindres erreurs, si dangereuses
quand il s'agit de conclure du petit au grand! Comment
reconnaître à quelle courbe appartient un arc si peu alongé
que sa courbure peut être confondue avec celles de plusieurs
orbites de dimensions très-différentes! Les plus habiles géomètres se sont exercés sur ces difficultés ; pour les résoudre ils
ont donné des méthodes très-rigoureuses, très-élégantes,
mais qui exigent de longs calculs. Les astronomes ont plus
besoin de promptitude que de précision dans le cas, où
ils se trouvent fréquemment, d'avoir à rechercher une
comète difficile à voir et qui leur a échappé, soit par le
mauvais tems, soit par la proximité des rayons du soleil. Ils
se servent alors de méthodes de fausse-position et d'opérations
graphiques, qui leur procurent promptement une ébauche
suffisante des élémens de l'orbite de la comète, et leur trace
la route sur laquelle ils doivent la chercher dans le ciel. Le
père Boscowich avait publié une de ces méthodes dans le
sixième volume des Savans étrangers. Le président de Saron
trouva le moyen de la simplifier, et se la rendit si familière
que personne ne réussissait aussi promptement que lui à
l'employer. Une comète venait-elle à paraître ? elle était

bientôt aperçue par le vigilant Argus à qui l'astronomie semblait avoir confié la découverte et la surveillance de ces astres
particuliers. M. Messier courait aussitôt avertir M. le président de Saron, lui portait ses premières observations, et
celui-ci calculait les élémens de l'orbite, tandis que l'autre
poursuivait l'astre et ne le perdait de vue que lorsque
son éloignement ne permettait plus de l'apercevoir; car,
jusque-là, quelque détour qu'il fît, quelque fausse route qu'il
pût prendre, les calculs de Saron remettaient tout de suite
M. Messier sur la voie, et la comète était bientôt retrouvée.
C'est cette heureuse association entre un de nos plus célèbres
observateurs et un de nos plus subtils calculateurs, qui a
contribué dans ces derniers tems à enrichir considérablement
la liste des comètes calculées. C'est ce doux concert qui, pendant trente ans, a resserré les nœuds d'une amitié si touchante
et si respectable entre deux savans que la conformité de
goûts, de caractère et de vertus devait naturellement réunir.

Mais Saron rendit à l'astronomie un service encore plus
important. Tout le monde a présente encore à l'esprit la
découverte faite en mars 1781 de cette huitième planète qui,
depuis tant de siècles, confondue dans la foule des étoiles,
tournait en silence avec nous autour du même soleil, suivait
les lois de notre système, mais restait toujours inconnue.
Elle fut d'abord prise par M. Herschell et par tous les astronomes pour une simple comète. M. Messier l'observa comme
telle, en communiqua, selon sa coutume, les positions à
M. de Saron, qui aussitôt les soumit au calcul : mais pour
cette fois notre calculateur fut arrêté; il fallut ralentir sa
marche, essayer, recommencer; quoi qu'il fît, la dernière
observation ne cadrait jamais avec les précédentes. C'est ce
qu'éprouvèrent également plusieurs astronomes et géomètres
qui tentèrent les mêmes recherches. Enfin, à force de

combinaisons et de réflexions, Saron vint à soupçonner qu'on devait supposer au nouvel astre une bien autre distance périhélie que celle des comètes. Il eut seul, et le premier, l'idée de la porter à douze fois la distance du soleil à la terre, et dès-lors l'astre ne se montra plus si rebelle à suivre la route qu'il lui traça, et fut reconnu pour une véritable et huitième planète. D'après cela, nous oserions réclamer pour notre académicien honoraire une partie de la gloire de la découverte de M. Herschell, s'il ne nous semblait en ce moment entendre l'ombre modeste de Saron nous le défendre et nous menacer de son désaveu.

La physique et la chimie partageaient quelquefois avec l'astronomie les loisirs et les affections de cet amateur universel des sciences et des arts. Une chambre contiguë à sa bibliothèque renfermait un laboratoire et tout l'attirail nécessaire aux expériences les plus délicates qui se répétaient là dans un petit comité, composé de quelques chimistes, membres de l'Académie, ayant seuls le privilége d'entrer dans ce sanctuaire, ignoré des gens mêmes de la maison ; car la porte en était masquée. Un des premiers succès de la fonte du platine eut lieu dans ce laboratoire.

Le président de Saron, horloger, tourneur et graveur (car on a de lui le portrait à l'eau forte du savant Boscowich), imitait et exécutait tout ce qu'il voyait faire : mais de tous les arts que cet ardent amateur a professés, celui dont il nous a laissé le monument le plus précieux, c'est l'imprimerie. Il avait à Paris une petite presse, et à sa terre une plus grande. On lui avait envoyé d'Angleterre un très-bel assortiment de caractères. Le tout était encore plus soigneusement caché que les instrumens de physique et de chimie. Cela devait être, puisque la possession d'une presse était alors prohibée. C'est donc dans le plus grand secret que Saron, le tablier devant

lui, le composteur à la main, n'ayant d'autre aide que sa
femme dans le même costume, s'amusait à imprimer quelques
pièces de vers ou de prose, composées par ses amis ou dans
sa société. Mais ce n'était là qu'un prélude qui amena bientôt
nos deux apprentis à l'exécution d'un ouvrage complet devenu
également précieux à la littérature et à la typographie, par
l'intérêt qu'inspireront toujours les noms de l'auteur et des
imprimeurs. M. et Mme de Saron entreprirent donc d'imprimer
en entier un manuscrit inédit du chancelier d'Aguesseau,
ayant pour titre : *Discours sur la vie et la mort, le caractère et les mœurs de M d'Aguesseau, conseiller-d'État;*
volume in-8° de 266 pages, dont il ne fut tiré que 60 exemplaires. Aussi cet ouvrage rare, et d'ailleurs très-bien exécuté,
est-il fort recherché des bibliographes. Vers la fin de la composition, il manqua quelques caractères, mais notre savant
imprimeur sut bientôt y suppléer; il fit lui-même les moules,
les matrices, et coula les lettres dont il avait besoin.

Astronome, physicien et chimiste dans son cabinet et avec
ses confrères de l'Académie, imprimeur pour ses amis et dans
le secret de sa maison, Saron devenait encore peintre et
musicien avec ses enfans. Il était leur instituteur dans les arts
d'agrément et les y exerçait en jouant avec eux. Quel char-
mant tableau que celui d'un si bel emploi du tems, d'un
intérieur si patriarchal! Qui put être le témoin de pareilles
scènes sans se dire avec émotion :... Ah! combien les sciences et
les arts sont aimables, lorsqu'ainsi cultivés pour eux-mêmes
et sans prétention, ils ajoutent chaque jour quelque chose
aux charmes d'une vie solitaire, au bonheur de la vie domestique!

Enfin notre reconnaissance particulière ne nous permet
pas d'omettre que M. le président de Saron voulut bien partager avec nous le titre modeste de directeur de la carte de la

France. Il n'avait pas été de la première association dans cette grande entreprise, mais il avait succédé à un ancien action- naire; car tel était son caractère : il ne voulait jamais se montrer le premier, même quand il s'agissait de faire le bien ; sa modestie ne lui permettait pas un tel orgueil. Devait-il donc lui en coûter si cher pour avoir une fois consenti à occuper une première place dans une circonstance où il obéissait au devoir et aux convenances ? Eh! voilà l'homme dangereux qui donna de l'ombrage aux partisans de l'égalité! voilà le prétendu conspirateur qu'on crut devoir immoler pour le salut de la patrie!

Après avoir fait le tableau des vertus douces et des talens modestes de M. le président de Saron , qu'il va nous en coûter de changer si subitement de couleurs et de peindre d'autres objets! Que nous aurons de peine à parler de prisons, de crimes, d'échafauds, sujets si étrangers, ce semble, au récit d'une si belle vie! Mais, en cédant à la nécessité de retracer la dernière et sanglante catastrophe qui la termina , prenons pour modèle celui même dont nous faisons l'éloge. Calmes comme lui, comprimons notre indignation, et dans le récit de sa mort, apportons la même modération, le même sang- froid qu'il a montrés en recevant son arrêt et en subissant sa destinée.

Nous ne nous arrêterons point ici à rechercher ni à discuter les raisons particulières et trop peu connues qui purent déter- miner à envelopper tous les membres du Parlement de Paris dans la proscription générale. Pouvait-il en être autrement? Eh! ne suffisait-il pas, pour être compris dans la liste des proscrits et des victimes, d'avoir un rang, un nom, de la for- tune ou des vertus ? Nous nous bornerons donc à rappeler les faits et à dire que tous les membres du Parlement, qui se

trouvèrent dans la capitale, furent arrêtés le même jour et presqu'à la même heure. On alla chercher M. le président de
Saron jusque dans une maison peu distante de Paris où il
s'était retiré avec sa famille, et on le conduisit dans la prison
de la Force le 18 décembre 1793. Quelques jours après, il y
vit arriver son gendre et le père de celui-ci. L'un et l'autre,
au bout d'un mois, expirèrent sous ses yeux, de maladie et
de chagrin. Le président, plus fort et plus courageux, leur
survécut pour les pleurer et pour être réservé à de plus grands
malheurs.

La levée des scellés et l'examen des papiers, faits à l'hôtel
Saron, n'ayant pas fourni le moindre chef d'accusation, il
fallut bien chercher à se procurer au moins quelque prétexte
de condamnation; on eut recours au moyen si commode et si
usité dans ce tems-là contre ceux que l'on voulait perdre : on
supposa une conspiration tramée dans un petit village près de
Beaumont-sur-Oise, et dans laquelle on eut soin d'envelopper
un fermier des terres de M. de Saron et un de ses valets-de-
chambre. Or, le maître de deux conspirateurs ne pouvait être
lui-même qu'un conspirateur; c'est ainsi qu'alors on raison-
nait devant le peuple, et une trop grande partie du peuple
touvait ces raisonnemens très-justes. Il fut donc établi dans
l'opinion du public révolutionnaire, que le premier président,
ainsi que tous les membres du Parlement, étaient ennemis
déclarés de l'Etat et reconnus criminels de *lèse-nation*. On le
proclama dans les clubs, on le répéta dans les journaux, et
le sort de ces malheureuses victimes fut dès-lors décidé.

Au milieu de ces odieuses manœuvres et de ces clameurs
qui retentissaient jusqu'au fond des prisons, quelle était la
situation de M. de Saron ? Fort de son innocence, il voyait
sans se troubler l'orage se former autour de lui; mais, en

attendant le coup dont il prévoyait qu'il serait bientôt frappé, il se livrait à ses anciennes occupations, il calculait l'orbite d'une comète dont on lui avait fait parvenir des observations. Tel autrefois un illustre géomètre poursuivait la solution d'un problème au milieu des flammes qui enveloppaient sa maison. Une note adroite, insérée dans un journal du tems, apprit par la suite au savant prisonnier, que la comète avait été docile à suivre la route qu'il lui avait tracée. Ce succès devait sans doute flatter son amour-propre, mais Saron n'en avait pas ; il pouvait le consoler un instant de l'injustice de ses ennemis, mais Saron ne s'occupait point d'eux, ou, s'il y pensait quelquefois, ce n'était que pour leur pardonner ; car, d'après tout ce que nous avons rapporté jusqu'ici des mœurs et du caractère de ce vertueux magistrat, on doit bien se douter qu'il était sectateur zélé de cette religion qui pardonne et qui ne sait point haïr.

Il y avait déjà quatre mois que le président de Saron était arrêté. Depuis quelque tems, on l'avait transféré de la Force dans une maison dite de santé. Ses autres confrères étaient répandus dans les diverses prisons de Paris. Le 19 avril 1794, on vint lui annoncer qu'il allait être conduit à la Conciergerie avec plusieurs autres prisonniers. Voyant qu'un de ses compagnons d'infortune se disposait à faire emporter ses matelas et ses meubles : *Croyez-moi*, lui dit-il tranquillement, *laissez tout cela ; demain, ni vous ni moi n'aurons plus besoin de rien..* En partant, il écrivit à sa fille d'obéir sur-le-champ à la loi qui ordonnait aux nobles de s'éloigner de Paris.

Le lendemain, jour de Pâques, le président de Saron comparut devant le tribunal révolutionnaire avec trente autres accusés, dont vingt-six membres de divers Parlemens. Quel spectacle ! Quel renversement d'ordre ! L'innocence citée

devant le crime ! Le coupable interrogeant le juge, prononçant
son arrêt !/ et de quelle manière ? Sans instruction, sans pro-
cédure ; point de témoins, pas même d'accusation précise ou
motivée. Avec de telles formes, le procès des trente-une victimes fut bientôt jugé : il suffit d'une seule et même séance.
A la fin d'un interrogatoire aussi court qu'insignifiant : *N'as-tu
rien à ajouter pour ta défense ?* demanda-t-on au premier
président. *Deux seuls mots*, répondit Saron, *vous êtes
juges, et je suis innocent.....* Incapable de sentir la profondeur d'une telle réponse, le sanglant tribunal prononça.....
La mort! et le peuple de 1794 répondit... *Vive la République!*

Les échafauds sont prêts. Jetés confusément dans des char-
rettes et les mains liées derrière le dos, nos vingt-six magistrats s'avancent lentement vers la place dite de la Révolution.
Un peuple immense les accompagne, mille spectateurs les
attendent : les uns, conduits par une curiosité bien étrange ;
les autres, par un sentiment de pitié mêlé de terreur ; le plus
grand nombre, peut-être, animé de cette basse envie qui voit
avec satisfaction la prospérité déchue, la supériorité anéantie,
la grandeur humiliée. Combien en est-il encore qui, dans ce
jour, se croient enfin vengés des jugemens que ces intègres
magistrats avaient plus d'une fois prononcés contre eux ?

On arrive enfin ; le signal est donné : l'infernale machine
tombe et retombe sur ces vénérables têtes qui, l'une après
l'autre, roulent sous le fer tranchant. Saron, cruellement
réservé le dernier, voit sans pâlir arriver l'instant fatal. En
mettant le pied sur l'échafaud, il songe aux illustres, aux
innocentes victimes qui l'ont précédé en ce même lieu, à cette
même place!..... Il croit les voir..... Il va les suivre..... Son
sacrifice alors n'a plus rien qui lui coûte ; il s'abandonne au
bourreau.

Au coup mortel qui frappe le dernier chef de cet antique
Parlement de Paris, conservateur des lois, protecteur de
l'innocence, vengeur du crime, l'anarchie triomphante pousse
un cri de joie; et la justice éplorée, laissant échapper ses
balances, se couvre du voile qui nous l'a cachée si long-
tems, mais que le génie de la France lui a fait quitter pour
jamais.

FIN DE LA TROISIÈME ET DERNIÈRE PARTIE.

TABLE DES MATIÈRES.

PREMIÈRE PARTIE.

SECONDE PARTIE.

TROISIÈME PARTIE.

Vie et Éloges.

FIN DE LA TABLE DES MATIÈRES.

ERRATA.

Ire. PARTIE. *Page* 33, *ligne* 14, pour les ciences, *lisez :* pour les sciences.

Page 55, *à la note* (1), *au bas de la page*, *ajoutez :* mais son Excellence le Ministre de l'intérieur vient d'ordonner que la statue soit achevée. M. Stouf, habile sculpteur, et ami de M. Moitte, s'est chargé de la terminer et de la mettre en état de paraître à l'exposition de la présente année.

Page 57, *ligne* 24, T tour orientale octogone, *ajoutez :* on voit au-dessus de la corniche, dans le pan du milieu, l'ouverture longitudinale et perpendiculaire dans laquelle se plaçaient les objectifs de lunettes à longs foyers, dont l'observateur, placé dans la cour en bas, tenait l'oculaire.

Page 79, *ligne* 5, réparant et faisant connaître, *lisez :* séparant et faisant connaître.

IIe. PARTIE. *Page* 164, *note* (1), *ligne* 2, faire mon rapport, *lisez :* faire un rapport.

Page 165, *ligne* 19, un autres vers le milieu, *lisez :* un autre vers le milieu.

Page 200, *note* (1), *ligne* 7, chacun comme ils le voulaient, *lisez :* chacun comme il le voulait.

Page 221, *ligne* 5, toute l'exécution, *lisez :* toute l'extension.

Page 229, *ligne* 8, configuration exacte de terrain, *lisez :* configuration exacte du terrain.

IIIe. PARTIE. *Page* 258, *ligne* 1re, lisait ces extraits au Théatins, *lisez :* lisait ces extraits aux Théatins.

Page 264, *note* (1), *ligne* 1re, il paraît d'après cette anecdote, *lisez :* on voit d'après cette anecdote.

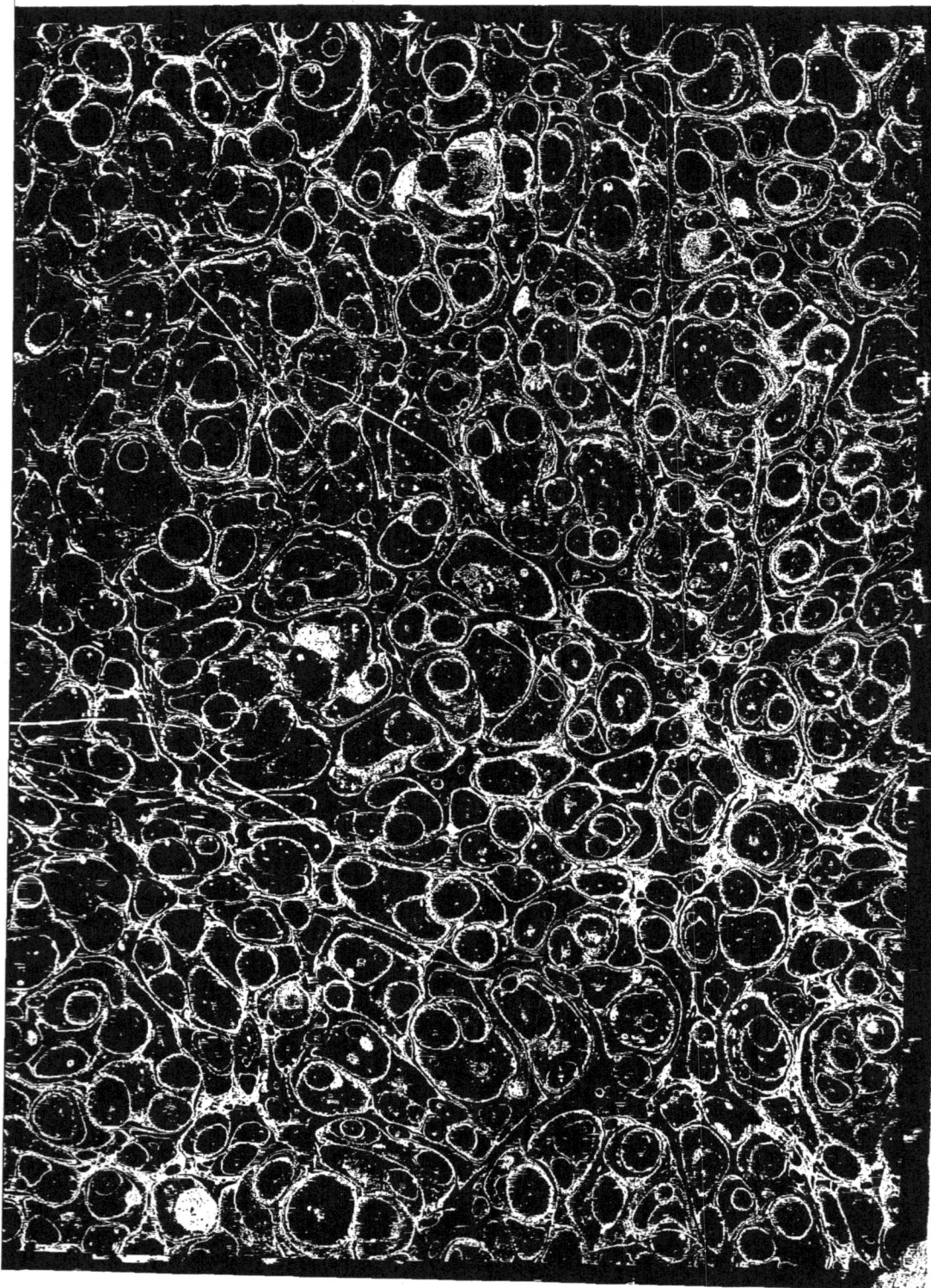

www.ingramcontent.com/pod-product-compliance
Lightning Source LLC
Chambersburg PA
CBHW060532220326
41599CB00022B/3505